陕北夏马铃薯栽培

张春燕 巩玉峰 郑太波 汪 奎 主编

中国农业出版社

北 京

内 容 简 介

"夏马铃薯"即夏季收获的马铃薯，指早春播种、夏至到立秋前收获的马铃薯，上市时间恰逢全国马铃薯鲜薯供应淡季，销售价格较秋马铃薯（秋季收获的马铃薯）高出 50％ 左右，加上复种蔬菜和牧草收入，经济效益非常显著。本书根据陕北榆林、延安两市夏马铃薯的实际生产情况，介绍了马铃薯起源、传播以及生产布局；全面系统地阐述了陕北马铃薯育种和栽培方面的科研成果和生产成就；同时，也在生长发育、脱毒种薯繁育等基础理论方面予以概要性阐述。作为马铃薯生产中的保证环节——病、虫、草害的防治与防除，环境胁迫及其应对等，本书从理论和实践等方面对相关内容予以具体论述。最后介绍了马铃薯的营养品质、加工方式和综合利用等内容。

作 者 队 伍

顾 问　杨　辉（榆林市农业科学研究院）

　　　　姚贵军（延安市农业科学研究院）

主　编　张春燕（榆林市农业科学研究院）

　　　　巩玉峰（米脂县植保植检站）

　　　　郑太波（延安市农业科学研究院）

　　　　汪　奎（榆林市农业科学研究院）

副主编　（按姓氏音序排序）

　　　　方玉川（榆林市农业科学研究院）

　　　　高青青（榆林市农业科学研究院）

　　　　李　媛（延安市农业科学研究院）

　　　　闫　俊（延安市农业科学研究院）

　　　　张媛媛（榆林市农业科学研究院）

　　　　赵艳群（榆林市农业技术服务中心）

编　委　（按姓氏音序排序）

　　　　白凤巧（吴堡县农业技术推广中心）

　　　　陈丽娟（榆林市农业科学研究院）

　　　　陈　宇（延安市农业科学研究院）

　　　　党菲菲（延安市农业科学研究院）

　　　　邓长芳（延安市农业科学研究院）

　　　　杜红梅（延安市农业科学研究院）

　　　　房浪涛（西安友农现代农业科技有限公司）

　　　　冯蕾蕾（米脂县植保植检站）

　　　　冯瑞瑞（榆林市农业科学研究院）

　　　　高　瑞（延安市农业科学研究院）

　　　　高　祥（榆林市榆阳区农业技术推广中心）

　　　　高治保（米脂县植保植检站）

　　　　郭春燕（靖边县农业技术推广中心）

　　　　郭海鹏（陕西省植物保护工作总站）

　　　　贺　峰（西安友农现代农业科技有限公司）

胡晓燕（榆林市农业科学研究院）

霍延梅（延安市农业科学研究院）

吕　军（榆林市农业科学研究院）

宋　云（延安市农业科学研究院）

王毛毛（榆林市农业科学研究院）

席　晓（榆林市农产品质量安全中心）

杨　洁（延安市农业技术推广中心站）

杨　婧（延安市宝塔区植保植检站）

前　言

陕北是全国较早种植马铃薯的地区之一，也是全国马铃薯的优生区和高产区。中国共产党领导的马铃薯事业也是从陕北开始的，1944 年陕甘宁边区政府就曾指导推广种植马铃薯。新中国成立以来，各级政府高度重视马铃薯产业发展，相继出台了多项政策和措施推动马铃薯产业发展。近年来，陕北榆林、延安两市党委、人民政府均将马铃薯产业作为优势农业来抓，不仅培育了一批马铃薯规模种植基地和大量专业经营主体，而且机械装备和技术水平也得到了逐步提升，正在实现由"传统生产经营方式"向"现代化产业体系"的转型。"陕北大土豆""榆林马铃薯""定边马铃薯""子长洋芋""沙地马铃薯"等品牌影响力逐步提升，陕北成为国内知名的马铃薯商品薯生产基地，生产的鲜食菜用薯有"沙窝窝里的金蛋蛋"的美誉，畅销全国 26 个省份。

"夏马铃薯"即夏季收获的马铃薯，指早春播种、夏至到立秋前收获的马铃薯。夏马铃薯栽培选择生育期≤95 天的中、早熟鲜食菜用型品种，上市时间为每年 7—8 月，恰逢全国马铃薯鲜薯供应淡季，销售价格较秋马铃薯（秋季收获的马铃薯）高出 50% 左右，加上复种蔬菜和牧草收入，经济效益非常显著。据统计，目前陕北夏马铃薯种植面积为 25 万～30 万亩，占陕北马铃薯总种植面积的比重不足 10%，但总产量达到 80 万吨，约占该地区马铃薯总产量的 25%，产值的比重更是达到 40% 左右，成为陕北地区"粮袋子"更实、"菜篮子"更稳、老百姓"钱袋子"更鼓的农业主导产业之一。

"十四五"期间，陕北抓住实施乡村振兴战略的重大机遇，坚持以"加快推进农业农村现代化"为主线，继续推进马铃薯产业的良种化、标准化、规模化、机械化、品牌化，促进产业的全面转型升级。由于陕北平均海拔高、无霜期长、雨热同季，夏马铃薯产业又属投资少、周期短、见效快的"短平快"农业产业项目，近年来，陕北夏马铃薯种植面积越来越大、播种时间越来越早、生产效益也越来越好。但马铃薯过早播种使得晚霜危害、土传病害、茎叶生长盛期缺素和结薯期高温胁迫风险增加，给陕北地区夏马铃薯产业高质量发展带来隐患。为此，特组织专人编写《陕北夏马铃薯栽培》一书，目的就是对陕北马铃薯产业的发展历程进行全面梳理，系统总结该地区夏马铃薯产业的发展经验、优势资源与存在的问题，梳理总结出陕北马铃薯关键生产技术，供农业管理部门、农业院校、农业科研单位以及马铃薯生产等领域的人员参考，为促进陕北夏马铃薯产业转型升级贡献力量。

本书由榆林市农业科学研究院、延安市农业科学研究院、米脂县植保植检站、榆林市农业技术服务中心等单位的科研人员共同完成。全书分七章。第一章介绍马铃薯的传播与生产布局；第二章介绍马铃薯的生长发育和种质资源；第三章介绍马铃薯脱毒苗生产和种薯繁育技术；第四章从常规栽培、间套作栽培、特色栽培三个方面介绍了夏马铃薯具体栽培技术；第五章论述了马铃薯生长中的环境胁迫及其应对措施；第六章介绍马铃薯贮藏；第七章介绍马铃薯的利用与加工。

需要特别说明的是，本书中所用农药、化肥施用浓度和使用量，会因作物种类和品种、生长时期以及产地生态环境条件的差异而有一定的变化，故仅供读者参考。建议读者在实际应用前，仔细参阅所购产品的使用说明书，或咨询当地农业技术服务部门，做到科学合理用药用肥。

本书的出版得到了国家马铃薯产业技术体系、陕西省马铃薯产业技术体系、陕西省马铃薯工程技术研究中心、榆林市榆阳区国家现代农业产业园项目（农办规〔2019〕3号）、陕西省科技重点产业创新链项目（2018ZDCXL-NY-03-01）、陕西省农业协同创新与推广联盟项目（LM202104）、榆林市农业专家工作站（米脂）、延安市科技计划项目（SL2019ZCNY-007）、榆林市马铃薯团队特派员项目等科研平台和项目的资助与支持。在此，一并表示由衷的感谢。

限于作者水平，不当和纰漏之处，敬请同行专家和读者指正。

张春燕

2022年8月于陕西榆林

目　录

第一章 陕北马铃薯传播与生产布局

第一节 马铃薯的传播

一、马铃薯起源

世界马铃薯的地理起源中心有两个。其中，马铃薯栽培种起源于秘鲁与玻利维亚交界处的的的喀喀湖盆地中心地区，以及秘鲁经玻利维亚到阿第廷西北部的安第斯山脉高地，包括南美洲的哥伦比亚、秘鲁、玻利维亚的安第斯山脉及乌拉圭等地。马铃薯野生种则起源于中美洲和墨西哥中部，这里分布着不同倍性的野生种，但数量较少，至今没有发现原始栽培种分布。段绍光（2017）研究表明，马铃薯栽培种在南美洲有两个分布中心，一是智利南部地区，二是秘鲁-玻利维亚高原，分别称之为智利种和秘鲁-玻利维亚种，只有这两个种和近代的栽培种相似。

谷茂等（2000）通过对秘鲁-玻利维亚区域的自然地理状况的研究发现，马铃薯就起源于此区并形成了丰富的种质资源类型。该区域处于南美洲安第斯山脉中部西麓，濒临太平洋，气候主要受热带南太平洋气团影响，属性稳定，温凉爽燥，具有少雨多雾的特点，年降水量 100～500 毫米，空气相对湿度高达 70％以上。整个区域夏季不热，最热月平均温度 16～20 ℃。冬季不冷，最冷月平均温度 8～12 ℃。境内因西临海洋，东靠安第斯山，东西向狭窄、海拔高，具多种垂直地形。同时山地内部坡向迥异复杂，峡谷延绵，造就了多样的小生态环境。在这样的气候地理条件下，南美洲形成了一支独特的植物区系——安第斯山脉植物亚区。

据考古学家考证，马铃薯在南美洲起源地至少存在了万年之久，其在古印第安人的社会生活中也扮演着重要角色。他们以烧熟一罐马铃薯所需的时间作为计时单位，用马铃薯创造各种艺术形象，绘制在陶器、农具等用品上。他们认为马铃薯是有灵魂的，尊其为"生长之母""丰收之神"，马铃薯歉收就是得罪了神，必须举行盛大的祭祀，祈求马铃薯神保佑丰收。在马铃薯种植的基础上，他们又发展畜牧业，成为当时美洲唯一饲养大牲畜的部族，创造出"农畜互促共养"的生产发展模式。他们饲养骆马和羊驼，不仅为人们提供肉食和毛皮，还为农业生产提供优质肥料和动力，促进了粮食产量的提高（王秀丽等，2020）。

二、马铃薯的世界传播过程

（一）马铃薯传入欧洲

马铃薯从原产地传入欧洲的具体时间至今难以确定，或许永远都无法确定。但可以确定的是马铃薯从原产地向外传播是在 16 世纪后叶，并首先被传到欧洲。赵国磐、佟屏亚等（1988）在大量研究基础上，对欧洲各国最早记录马铃薯的时间进行排序，可以大概看出这种农作物被欧洲所认识以及传播的进程：

1551 年，西班牙人瓦尔德姆向国王卡尔五世报告印第安人种植马铃薯的情况。

1553 年，西班牙航海家谢拉编写的《秘鲁趣事》一书中记述："印第安人栽培的一种农作物叫巴巴，生长着特殊的地下果实，煮熟后变得柔软，吃起来好像炒栗子一样""印第安人在巴巴丰收季节非常快乐，还要举行庆丰收的歌舞"。

1565 年，去新大陆的航海家把马铃薯运至西班牙；国王菲利佩二世又把它奉献给罗马教皇庇护四世。

1570 年，西班牙人引进大量马铃薯种薯在南部塞尔维亚地区种植。

1581 年，英国人德莱克在智利莫查岛见到马铃薯，并把它带回英格兰。

1583 年，罗马人把马铃薯从意大利带到比利时，随后又将马铃薯作为药物赠送给蒙萨德·谢弗利市长。

1586 年，英国人塞·华·雷利说，他曾在爱尔兰庄园中种植马铃薯。

1587 年，英国人卡翁杰什在圣玛丽亚岛看到正在装运的、作为礼品准备送给西班牙国王的几筐马铃薯。

1588 年，蒙萨德·谢弗利市长把收获的两个马铃薯块茎和一个浆果赠送给奥地利植物学家克鲁索斯。

1589 年，奥地利植物学家克鲁索斯将新收获的马铃薯块茎和种子赠送给德国法兰克福植物园。

1590 年，从新大陆归来的人把马铃薯作为礼品奉献给英国女王伊丽莎白一世。同一时期，苏格兰和威尔士，也有了关于种植马铃薯的记载。

1596 年，卡斯普尔·巴乌辛在巴塞尔编写出版的《植物图谱》中，绘制有马铃薯的图形。

1597 年，英国植物学家杰罗尔德所著《植物标本集》中，绘制有马铃薯图像：杰罗尔德手执马铃薯花枝，表示对这种植物的重视，还详细地记述了马铃薯的形态特征。

1598 年，意大利蒙斯行政长官菲利浦寄给植物学家克鲁索斯一幅马铃薯水彩画。此画现存于比利时安特卫普皇家美术博物馆。

1600 年，奥·狄·谢尔在《农业园地》一书中说，在他的庄园中种植着马铃薯。

1601 年，克鲁索斯著《稀有植物的历史》中，印有马铃薯的木刻图。

1640 年，捷克报道种植马铃薯。

1651 年，德国又从奥地利引进马铃薯种薯并大量种植。同年法国引种马铃薯。

1663 年，英国皇家学会发布文告，向农民推荐种植马铃薯。

1665 年，巴黎皇家花园栽培植物名录中正式记录马铃薯。

1683 年，波兰从瑞士引进马铃薯，最初种植在华沙郊区的皇家领地里。

从上述记录中可以看出，从 1551 年欧洲人发现马铃薯，到 1683 年欧洲普遍认识、记录或种植马铃薯，就历时 130 多年。而大面积生产则经历了更长时间。旷日持久的"七年战争"（1756—1763 年）成为马铃薯作为食物而大量种植的重要推手。"七年战争"又称"第三次西里西亚战争"，战场遍及欧洲、北美洲、亚洲部分地区，并出现一定规模的海上交战。其间，英国、西班牙和普鲁士的军队依靠这种耐饥易运的块茎作为给养。疲惫饥饿的士兵只要在篝火旁边烤熟几块马铃薯，就足以平息辘辘饥肠并使精神倍增，使很多其他参战国家的士兵大为羡慕。当战争结束的时候，他们千方百计把马铃薯块茎作为战利品带回自己的家园，促成了马铃薯在欧洲的广泛种植。1753 年瑞典生物学家卡尔·冯·林奈正式给它定名为 Solanum tuberosum，其语意就是"广泛种植"。

（二）马铃薯传入北美洲

北美洲引进马铃薯的时间比欧洲晚了半个多世纪，在 17 世纪之前，北美洲居民对它一无所知。直至 1621 年，才从英格兰引进了第一批马铃薯。根据赵国磐、佟屏亚（1988）的研究资料，对其在北美洲的传播和发展按时间排序如下：

1621 年，从英格兰引进第一批马铃薯，在北美洲弗吉尼亚种植。

1719 年，爱尔兰长老会的一批清教徒把马铃薯带到美国。至今美国的新罕布什尔州等地一直把它称为"爱尔兰薯"。

1851 年，美国驻巴拿马领事从市场上采购了许多马铃薯，古德里奇牧师把它带回美国，经过种植后，将其中一个优良品种命名为"智利粗紫皮"。通过该品种的实生苗，古德里奇从中选育出一个优良品种——红石榴，用它与欧洲引进的马铃薯品种杂交，选出许多优良品种，如早玫瑰、绿山、丰收、凯旋等。其中早玫瑰成为美洲和欧洲育种家选育早熟马铃薯品种的重要亲本材料。

1872 年，著名植物育种家路德·布尔班克编写了《如何培育植物为人类服务》一书。其中详细记述了他用早玫瑰品种培育出布尔班克薯的有趣经过。

1876 年，美国农业部正式推广布尔班克薯，在太平洋沿岸一些州的沙质土壤中种植，其产量很高。自此，布尔班克薯在北美洲以及欧洲许多国家迅速被推广种植。

马铃薯在欧洲传播有赖于"七年战争"，而在北美洲的传播则应归功于一个优良品种。在引入北美洲 150 年后，育种家路德·布尔班克在一个偶然的机会看到早玫瑰花枝上结出一个浆果，他收获了 23 粒种子，第 2 年播下后长出了形态各异的块茎。布尔班克明白早玫瑰是一个杂交种，后代变异丰富多样。他从中选出两个薯块大、芽眼多而深陷、纯白色的块茎进行繁殖，其产量比普通马铃薯高出 2～3 倍。布尔班克薯的诞生，推动了马铃薯在北美洲甚至在欧洲的快速发展（赵国磐等，1988）。

（三）马铃薯传入俄罗斯

马铃薯传入俄罗斯是在 18 世纪初期或中期。传说 18 世纪初期，周游欧洲的彼得大帝非常喜欢鹿特丹公园里名为"荷兰薯"的美丽花枝，便以重金购买一袋马铃薯送回国，种植在宫廷花园里以供观赏。之后几十年里，马铃薯仅作为观赏花卉或珍稀菜肴为上层社会享用。"七年战争"可能是马铃薯大量传入俄罗斯的重要时期，战争结束（1763 年）后的两年时间里，俄罗斯 10 个省的广大地区都种植了马铃薯。1765 年俄罗斯粮食匮乏，其枢密院根据叶卡捷琳娜二世的命令发布公告，在全国范围扩大马铃薯种植面积，有计划地从普鲁士、爱尔兰采购种薯，并颁布了《马铃薯种植条例》《马铃薯运输和贮存条例》等文件，这一系列措施对马铃薯在俄罗斯大面积推广发挥了重要作用。18 世纪末期，宫廷新设立的农业委员会为了扩大种薯繁殖，在皇家领地建立了育种地段，制订种薯繁殖计划，并从中选育出适宜不同地区种植的马铃薯品种，到 19 世纪中叶他们自己培育的品种已占全国栽培面积的一半（赵国磐等，1988）。"十月革命"后，苏联十分重视马铃薯事业的发展，革命成功初期，就在莫斯科建立了"马铃薯实验站"，后改名为"马铃薯栽培科学研究所"。1925 年在布卡索夫教授的率领下组成考察队，先后 4 次去南美洲采集马铃薯野生和栽培的种质资源，建立了种质资源库以及比较完整的马铃薯育种体系（金黎平等，2005）。1932 年，苏联在北极建立了"北极区实验站"，经过多年实验，终于培育出特别抗寒的马铃薯品种，使苏联的栽培区推进到堪察加等地方，扩大了近 1 000 万千米^2。到 1954 年，苏联马铃薯种植面积已成为世界第一。

（四）马铃薯传入亚太地区

有关马铃薯进入亚太地区的文献资料较少。美国学者认为，在莫卧儿帝国建立以后，葡萄牙人将马铃薯、玉米、番石榴、番茄引入了印度。莫卧儿帝国存在于 1526—1857 年，由此推知马铃薯大约在 16 世纪下半叶传入印度，随后传入印度尼西亚。另据西方史料，荷兰人于 1601 年把马铃薯运到长崎传入日本。18 世纪末，俄罗斯人又从北方把马铃薯传入北海道，马铃薯在日本东北部逐渐传开，并从用于观赏转为用作饲料，再转为用作蔬菜和粮食（张箭，2011）。也有学者推测，马铃薯是从海路传入亚洲和大洋洲的，其传播路线有三路：一路是 16 世纪末至 17 世纪初荷兰人把马铃薯传入新加坡、日本和中国台湾；第二路是 17 世纪中期西班牙人将马铃薯传到印度和爪哇岛等地；第三路是 1679 年法国探险者把马铃薯带到新西兰。此外还有英国传教士于 18 世纪把马铃薯引种至新西兰和澳大利亚等观点。

三、马铃薯在中国及陕西的传播

（一）马铃薯在中国的传播

关于马铃薯传入中国的时间，翟乾祥（1987）通过考证认为，明代与国外海运畅通，从海外引进了不少植物，甘薯、玉米、向日葵、马铃薯等多半是这个时期由南美洲原产地经东南亚传入中国的，并指出马铃薯是通过各种途径广泛传播到中国各地的，例如福建、广东、台湾的马铃薯由荷兰殖民者从南洋带来；东北地区的马铃薯是从俄罗斯引进的；德国殖民者将马铃薯带到了山东；陕西和甘肃的马铃薯是由法国和比利时的传教士带来的；四川的则是由美国、加拿大传教士带来的。翟乾祥（2004）进一步考证了 16—19 世纪马铃薯在中国的传播，认为马铃薯在明代万历年间传入中土，从东南沿海至北京。从清乾隆三十年（1765）后开始引入西南、西北山区，尤其是陕南高原（秦巴山地），种植作物以马铃薯、玉米为主。谷茂等（1999）通过对中国地方志资料的分析发现：川、鄂、陕、甘交界的山区是马铃薯最早的输入地和栽培区，并以此为中心向周围传播形成西南马铃薯主产区；从马铃薯生产区名称的演变可推断中国马铃薯栽培走向成熟的过程，及以晋北为中心的华北马铃薯主产区和东北马铃薯主产区的形成；论证了台湾和闽粤沿海不是中国马铃薯最早或较早输入地的观点。

因此，马铃薯传入中国的确切时间一直有争议。以翟乾祥先生为代表的学者认为马铃薯引入是在明万历年间（1573—1620），以谷茂先生为代表的学者则认为马铃薯最早引种于 18 世纪。学者争论的关键问题有两点：一是各史料中的土豆是否就是今天的马铃薯，二是史料中的香芋、黄独、土芋与马铃薯的关系究竟如何。因史料中描述香芋、黄独、土芋的特点与马铃薯和甘薯都有相似之处，将香芋、黄独理解为今天的马铃薯并就此推断出马铃薯传入中国大陆的时间在明末还需要进一步考证。由于马铃薯在栽培过程中有衰退、无性繁殖病害积累的问题，所以与其他作物如甘薯、玉米相比，它的传播链比较短、容易中断。而中国幅员辽阔，各地气候差别大，所以马铃薯由多条路径、分多次传入中国的可能性较大。

目前，学术界比较公认的马铃薯传入时间是明朝万历年间，传入途径有 3 种可能：一是荷兰人从海路引入京津地区，最大可能由外国的政治家、商人和传教士将马铃薯作为珍品奉献给皇帝，而后推广开来；二是荷兰人从东南亚引种传入东南沿海诸省，所以该地区称马铃薯为"荷兰薯"或"爪哇薯"；三是从陆地经西南或西北传入中国，所以西南和西北地区至今仍将马铃薯称为"洋芋"。考虑到明朝隆庆元年（1567）才解除海禁，另外四川、陕西、湖北等省份 17、18 世纪的地方志关于马铃薯记载最多，所以马铃薯从陆上丝绸之路传入中国的可能性更大。经过 400 多年的发展，今天，中国马铃薯产业已在全世界占据了重要地位。

（二）马铃薯在陕西的传播

1. 马铃薯引入陕西的时间分析 刘鑫凯等（2020）对陕西省地方志的系统搜集梳理表明，有 34 条关于马铃薯的记载，其中绝大多数对其称谓为"洋芋"，间或有"羊芋""阳芋""杨芋""南芋""回回山药"等。刊行最早的为清嘉庆二十五年（1820）的《定边县志》，言及"回回山药"。据尹二苟（1995）等学者考证，此处"回回山药"为马铃薯，因晋商或穆斯林从俄罗斯或哈萨克汗国（今哈萨克斯坦）引进而得名。涉及引入时间的有《修关中水利议》（清道光二十六年，即 1846 年）和《平利县志》（清光绪十五年，即 1889年）。其中《修关中水利议》称："洋芋来自海岛，自兴平杨双山（岫）载归，种于南山。乾隆时知食者少，嘉庆时渐多，近则高山冷处遍莳之。"《平利县志》记载："洋芋，旧志未载，……或云乾隆间杨岫仕广东自外洋购归，未知孰是，俟考。"两则史料均称洋芋为杨岫从沿海地区引入，时间大约在乾隆年间。

据考证，杨岫字双山，陕西兴平人，清康熙二十六年（1687）生，乾隆五十年（1785）（一说乾隆五十九年）卒，清朝农学家，一生重视农业和农业技术教育，长期从事农业职业技术教育，办学规范，成绩卓然，是古代中国杰出的农业教育家。其 1740 年成书的《豳风广义》详细著述了栽桑、养蚕、缫丝之法，也介绍了园艺蔬菜作物的栽植要点，但没有马铃薯、洋芋，也未见有从东南沿海引进马铃薯的确切记载。刘鑫凯等（2020）认为，两则史料均是他人转述之说，故亦不排除民间附会的可能性。但从嘉庆、道光年间大量出现的关于马铃薯的记述中可以看出，19 世纪初陕西已广泛栽植马铃薯，引入时间应该在 18 世纪中期乾隆、嘉庆年间，陕西是较早引入马铃薯的地区之一。

2. 马铃薯引入陕西的路径分析 刘鑫凯等（2020）根据陕西省地方志记载，结合对当时历史背景和环境条件的分析认为，陕西省马铃薯具有多阶段、多渠道、多频次引种的特点。其引入渠道有三，即从东南沿海地区引入秦岭北麓山地，从川、鄂地区引进陕南山区，从蒙、晋等地引种至陕北边地。

从东南沿海引入秦岭北麓山地的主要依据，除前述两则文献中的杨岫引自"海岛"、购自"外洋"外，还有道光年间陕西巡抚杨名飏曾有"洋芋一种出自外洋，传入中国始于闽粤，遍及秦蜀"之说，也可以被视为马铃薯引自东南沿海地区的佐证。

从川、鄂地区引进陕南山区的主要依据是，明清之际，陕南的人口数量大增，而人口构成中流民的比例甚高。这些流民包含邻近的川、鄂地区的民众。陕南地区马铃薯种植发展的脉络，与流民进入陕南的脉络一致，文献记述中也不乏"客民来山开垦，其种渐繁"

的述说。联想到已见文献中，记录较早且较为集中的是四川、陕西、湖北，三地唇齿相依，由川、鄂进入陕南山区也不无可能。

从蒙、晋等地引种至陕北边地的主要依据是刊行于清嘉庆二十五年（1820）的《定边县志》有"回回山药，状圆"之记载，似为目前陕北出现马铃薯的最早记载。定边县与宁夏、内蒙古接壤，又有盐池，与周边少数民族进行贸易往来，马铃薯通过商人或穆斯林沿西北陆路经由山西、内蒙古或宁夏传入陕北（尹二苟，1995）是有可能的。

四、马铃薯在陕北的传播

（一）马铃薯引入陕北的时间考据

关于马铃薯引入陕北的历史，很少有人做过专门的研究。在陕北人眼中，祖祖辈辈种马铃薯，世世代代吃马铃薯，甚至有不少人认为马铃薯与糜谷、豆类等古老的作物一样，是本地固有的物种。也有人依据中国马铃薯引入的"万历说"，认为马铃薯是在明朝万历年间引进陕北的。但"万历说"存疑颇多，至今仍有争论。陕北作为中国马铃薯生产的重点地区，能否为"万历说"找到佐证，还有待于对其历史进行考据。

1. 明万历以来榆林地区地方志中与马铃薯相关的记载　清康熙十二年（1673）完稿，谭吉璁编《延绥镇志》卷二之四"物产"载，"……薯蓣，程棨曰：'避唐代宗讳豫，改名薯药。宋英宗讳曙，遂名山药。'"并引用明万历年间人屠本畯的诗句："谁将薯蓣沙畦植，煮得清泉映白石；但可吟边细细尝，岂应醉后频频食。"

清嘉庆七年（1802）刊行的《延安府志》卷三十三"物产·蔬属"中载，延绥镇有"薯蓣"。该志中还介绍了辖区各县物产，其中宜川县"蔬属"有"山药"、肤施县"药属"中有"山药"。

清道光十六年（1836）陕西巡抚杨名飏在《颁种洋芋法以厚民生谕》中记载："察看秦中无土不生五谷，惟南山一带多赖包（苞）谷以养生……北山地气较寒，二月甫经开冻，八月辄畏繁霜，地鲜膏腴，民多艰食，尤贵多方以为之计。查包谷亦间有种者，若洋芋则并无其种。兹由南山采买洋芋一万斤，分运延、榆、鄜、绥四府州……"

清道光十六年（1836）《马首农言》"种植"篇载有："凡五谷皆有花，畏雨。谷花青，瓜花黄。回回山药花白，回回白菜花黄，此二种近年始种。"

清咸丰六年（1856）《保安县志》载有"洋芋"。

清道光二十一年（1841）刊行，李熙龄编《榆林府志》卷二十三"食志·物产"载有"……薯蓣：即山药，南芋。近始有……"

清光绪二十四年（1898）刊行《保安县志略》载有"羊芋"。

清光绪二十五年（1899）《靖边县志》有"洋芋"记载。

清光绪二十六年（1900）《神木乡土志》物产中有"莲花菜，山药，芋，红豆菜……"

清光绪三十三年（1907）刊行的《米脂县志》中载有"山药：县治沙滩地有种者，本名薯蓣，唐改名薯药，宋名山药"，又有"野芋：芋有六种，青芋、紫芋、真芋、白芋、连禅（禅）芋、野芋也（《本草纲目》。今县产只有野芋。其根连珠，大者如拳，可御冬，俗名山蔓菁。一名洋芋。"

民国十四年（1925）《横山县志》载："山藥（药），本草为薯蓣，一作山药。老者谓此物自道光间与阿芙蓉并传来。二月采根剖种，赤茎细蔓；五月开白花；后渐结根块如姜。有白、紫二种，其产于沙地者尤为鲜美。可供馔县俗，农家恒有种至四五垧者，收获颇多，可以代粮。"

民国三十三年（1944）《府谷县志》记载有"山芋：俗名山蔓菁，长山药，甜苣……"

2. 周边地区关于马铃薯的史料记载　清雍正十三年（1735）成书的《陕西通志》，参考诸志，对旧时的山药、芋、土芋、土豆等作物作了解释："山药，藷蓣（薯蓣），出三辅，白色者善（《范子》）。秦名玉延（《吴氏本草》）。始生赤茎，细蔓、花白、实青、根黄、中白、皮黄，类芋（《马志》）。薯蓣，程棨曰：唐改名薯药，宋名山药（《延绥镇志》）。华阴山药天下之异品也（《华州志》）。山产者良（《华阴县志》）。山药极佳（《山阳县志》）；芋，关中土宜芋（《汉书东方朔传》）。天芋生终南山，叶似荷而厚（《酉阳杂俎》）。芋有六种，青芋、紫芋、真芋、白芋、连襌（禅）芋、野芋也。关陕诸芋遍有，山南惟有青、白、紫三芋而已（《本草纲目》）。一名土芝，一名蹲鸱（《洋县志》）。栽田畔可供玉糁羹（《沔县志》）。有水陆二种，苗可作蔬（《山阳县志》）；土芋，似小芋，肉白、皮黄，梁汉人名为黄独，蒸食之（《唐本》）；土豆，即少陵之黄独（《山阳县志》）。"

清乾隆壬午年（1762）成书《中卫县志》卷一"蔬类"中载有"山药"并附注："近年始种成，惟宣和堡有之。"

清光绪八年（1882）刊本的《寿阳县志》中载："山药，本草一名薯蓣。邑地所产不及他处之肥大。近又有回回山药，相传也出回国，其形圆，其味似薯蓣，种者颇多。"

清宣统元年（1909）《固原志》卷二"物产"载有"羊芋"。

民国十五年（1926）《朔方道志》卷之三"物产"载有："西番豆，回回豆，番穀（谷），羊芋：可做穀食。又一种红芋，味甘美，植之易生，兼可救荒。"

3. 马铃薯引入陕北的时间分析　根据上述史志记载及称谓辨析，可以确定陕北最早记录马铃薯种植的时间为清嘉庆二十二年，即公元1817年。鉴于《延安府志》和《定边府志》虽成稿于嘉庆年间，但始修年限在乾隆年间（公元1770年左右）。也就是说，在1770年前后，延安和定边已经有马铃薯种植，引入陕北的时间可推定为18世纪中期，陕北应该是中国引入马铃薯较早的地区之一。此后明确记载马铃薯种植的则为《榆林府志》中的"南芋"，时间在道光年间（约公元1841年），前后相差有几十年之久。及至道光之后，陕北各县以及周边地区的记载才比较多，说明即使马铃薯在乾隆年间引进陕北，但初期发展也并不是很快。

清中期是人口从长城以里向长城之外迁徙的活跃期，也就是史上著名的"走西口"。移民以及后期的教会活动，对陕北对外交流发挥了一定作用，也是农作物相互引种的开始。从榆林第一部官方史志明万历《延绥镇志》，到全国广泛兴起地方志修纂的清光绪各县地方志看，作物栽培种类大幅度增加。明万历《延绥镇志》载有谷类19种、蔬类32种、果类22种，清光绪《榆林府志》则载有谷类28种、蔬类60余种、果类22种。其中不乏东南传统产区种植的作物，如山药、玉环菜（甘露子）；也有境外引入的"洋"物种，如洋芋（马铃薯）、玉米、菊芋、洋烟（罂粟）等，都是这一时期新引进的作物。

（二）马铃薯引进陕北的路径考据

1. 马铃薯引入陕北的路径分析　根据前述文献，陕北引入马铃薯有两条路线。从"回回山药"的叫法以及《延安府志》出现的"山药"记载判断，《定边县志》《马首农言》和《寿阳县志》所言"回回山药"，是18世纪中叶从西域"回回国"一带，由晋商或穆斯林间交往进入宁夏中卫等地区。据考证，中卫宣和堡（今宁夏中卫市东南宣和镇）是回族穆斯林聚集居住地区，同陕北一样，属明朝重点边防军事地带，明中期之后边防稳固，沿现青银高速一线，又是中原通商西域的大通道。马铃薯由此通道传入比邻回民区且有大量回民定居的定边一带，再传入山西寿阳地区。清中后期随"走西口"的移民又折转回陕北沿黄河一线，取代了原有的薯蓣科山药，因而这一线的晋陕居民仍称洋芋为"山药"。其传入路径为：

西域"回回国"——→中卫——→定边——→山西——→陕北黄河沿岸县（区）。

第二条路线为 19 世纪 30 年代，在陕西巡抚杨名飏的主持下，从南山（秦岭北麓）引种到陕北地区，之后向陕北中西部各县扩散。因来源于南部，初称"南芋"，后转换为"洋芋"。其传入路径为：

东南沿海地区——→南山（秦岭北麓）——→延安府——→陕北中、南部地区。

此外，同期发生的鸦片战争、传教活动等重大历史事件也可能是马铃薯传入陕北的重要媒介。

2. 马铃薯在榆林的传播过程　两个人物及其历史事件对陕北马铃薯的早期传播发挥了积极作用。

其一是清道光十六年（1836），时任陕西巡抚的杨名飏颁布《种洋芋法》，并从秦岭山地采买马铃薯在陕北各地推广。《种洋芋法》详细介绍了马铃薯的栽培、加工方法："洋芋一种出自外洋，传入中国始于闽粤，遍及秦蜀。有红白二种，性喜潮湿，最宜阴坡沙土黑色虚松之地，不宜阳坡干燥赤黄坚劲之区。栽种之法，南山多在清明天气和煦之时，北山须俟谷雨地气温暖之候。先将山地锄松，拔去野草，拣颗粒小者为种子，大者切两三半（'半'即今用的'瓣'），慎勿伤其眼窝。刨土约深四五寸，下种一二枚；其切作两三半者须将刀口向下，眼窝向上，拨土盖平。每窝相去尺许，均匀布种。白者先熟，红者稍迟，须分地种之。俟十余日苗出土约一二寸，将根傍之土锄松，俾易生发。一月以后，视出苗长五六寸，将根傍野草拔去，锄松其土，壅于根下约二三寸。至六月内根下结实一二十个不等，大如弹丸，即可食矣。……白者结粒较大，一斗可收二三石。食用不尽，并可磨粉。磨法：洗净切碎，浸泡盆中，带水置磨内碾烂，用水搅稀，竹筛隔去粗渣，再用罗布滤出细粉，澄去清水，切片晒干，其渣仍可饲猪。"

这一举措对推动马铃薯在陕北的传播产生了重大影响。在此之后，陕北地方志对马铃薯的记载增多，说明马铃薯在该地区的种植区域快速扩大。

其二是抗日战争时期，陕甘宁边区政府在米脂籍民主人士李鼎铭先生的倡议下推广马铃薯种植。政协陕西省榆林市委员会编纂的《榆林纪事》中，收录了"李鼎铭先生生平与功绩"一文。其中记载，在边区经济建设方面，李鼎铭先生认为农业比任何事情都重要，他建议，为预防荒年，要多种洋芋（马铃薯），因为洋芋可当饭吃，又便于贮藏。1943 年12 月 16 日，边区政府副主席李鼎铭在第一届劳模大会闭幕典礼会上，发表了《边区老百姓要尽心尽力拥护军队》的讲演，强调"要多种洋芋，一亩①洋芋顶粮食好几倍，我们多多地储存洋芋，有了灾荒也不怕。"在这次会议上，边区 185 名劳模发表联合宣言。

李鼎铭及边区劳模的倡议得到了中央的肯定，1944 年 2 月 26 日陕甘宁边区政府发布

---

① 亩，非法定计量单位，1 亩＝1/15 公顷。——编者注

《陕甘宁边区政府指示信》，对增加边区粮食产量，推广种植洋芋问题做了专门指示。

第二节　马铃薯生产布局

一、中国马铃薯生产布局

（一）全国马铃薯生产布局

1. 根据种植条件划分　滕宗璠等（1989）在全国各地调查资料的基础上，将中国马铃薯生产按气候和种植条件划分为4个栽培区域，即：北方一季作区、中原二季作区、南方二季作区、西南一季作和二季作垂直区。20世纪末至21世纪初，南方广东省、广西壮族自治区、福建省等利用冬闲田种植一季马铃薯的种植模式得到了广泛推广，栽培季节与传统的南方二季作区有所不同。

金黎平等（2003）根据各地栽培耕作制度、品种类型及分布，把中国马铃薯栽培区域划分为北方和西北一季作区、中原及中原二季作区、南方冬作区和西南一二季作垂直分布区等4个区域。孙慧生（2003）把中国马铃薯产区分为4个类型：北方一季作区、西南单双季混作区、中原二季作区和南方冬作区。至此，将中国马铃薯生产栽培区域划分为4个区域在马铃薯学术界达成共识，即北方一季作区、中原二季作区、西南一二季混作区和南方冬作区。①北方一季作区，包括北方地区的黑龙江省全部、吉林省全部、辽宁省除辽东半岛以外的大部分、河北省北部、山西省北部、内蒙古自治区全部，西北地区的陕西省北部、宁夏回族自治区全部、甘肃省全部、青海省全部和新疆维吾尔自治区的天山以北地区。本区是中国重要的种薯生产基地，也是加工原料薯和鲜食薯生产基地，本区马铃薯播种面积约占全国马铃薯总播种面积的49%。②中原二季作区，位于北方一季作区以南，大巴山、苗岭以东，南岭、武夷山以北。包括辽宁、河北、山西三省南部，湖南、湖北二省东部，江西省北部，以及河南省、山东省、江苏省、浙江省和安徽省。受气候条件、栽培制度等影响，本区马铃薯栽培分散，播种面积约占全国马铃薯总播种面积的7%。③西南一二季混作区，包括云南、贵州、四川、重庆、西藏等省（自治区、直辖市），以及湖南、湖北二省西部和陕西省南部。这些地区以云贵高原为主，湘西、鄂西、陕南为其延伸部分。该区马铃薯的播种面积占全国马铃薯总播种面积的39%，是仅次于北方一季作区的中国第二大马铃薯生产区。④南方冬作区，位于南岭、武夷山以南的各省份，包括江西省南部、湖南省南部、湖北省南部、广西壮族自治区大部、广东省大部、福建省大部、海南省和台湾省。大部分地区位于北回归线附近，约在北纬26°以南。本区是目前中国重要的商品薯出口基地，也是目前马铃薯发展最为迅速的地区，面积约占全国马铃薯总播种面积的5%。

2. 根据地理区域划分　钟鑫等（2016）根据全国综合农业区划10个一级农业区的划分，参考马铃薯种植特点，将马铃薯种植区域划分为东北、黄淮海、长江中下游、西北、西南、华南6个区域。其中，东北地区包括黑龙江、吉林、辽宁和内蒙古；黄淮海地区包括北京、天津、河北、河南、山东、安徽；长江中下游地区包括湖北、湖南、江西、江苏、浙江、上海；西北地区包括山西、陕西、宁夏、甘肃、新疆、青海；西南地区包括四川、重庆、贵州、云南、西藏；华南地区包括福建、广东、广西、海南。他们又运用综合比较优势指数法和灰色系统预测模型，对马铃薯主产区的比较优势及其变化趋势进行分析。结果显示：西北、西南地区是中国马铃薯生产最具综合比较优势的区域，种植主要集中在西南、西北和东北三大区域，重心逐步从东北、西北向西南地区转移，各马铃薯种植区域已形成各具特色的栽培模式；西北、西南和东北三个地区的马铃薯生产综合比较优势较高；经过 GM（1，1）模型的预测发现，未来 10 年马铃薯生产优势区将进一步向西南、西北地区集中，中国马铃薯生产比较优势区个数也将增加。《中国马铃薯优势区域布局规划（2008—2015）》根据中国马铃薯主产区自然资源条件、种植规模、产业化基础、产业比较优势等基本条件，将中国马铃薯主产区规划为五大优势区：①东北种用、淀粉加工用和鲜食用马铃薯优势区。包括东北地区的黑龙江、吉林、内蒙古东部、辽宁北部和西部，为中国马铃薯种薯、淀粉加工用薯的优势区域之一。②华北种用、加工用和鲜食用马铃薯优势区。包括内蒙古中西部、河北北部、山西中北部和山东西南部，适合二季马铃薯生产，是中国早熟出口马铃薯生产优势区。③西北鲜食用、加工用和种用马铃薯优势区。包括甘肃、宁夏、陕西西北部和青海东部，马铃薯为区域的主要农作物，产业比较优势突出，生产的马铃薯除本地作为粮食、蔬菜、淀粉加工和种薯用外，大量调运到华中、华南、华东作为鲜薯。④西南鲜食用、加工用和种用马铃薯优势区。包括云南、贵州、四川、重庆及湖北和湖南的西部山区、陕西的安康地区。马铃薯种植模式多样，一年四季均可种植，已形成周年生产、周年供应的产销格局，是鲜食马铃薯生产的理想区域和加工原料薯生产的优势区。⑤南方马铃薯优势区。包括广东、广西、福建、江西南部、湖北和湖南中东部地区。适于马铃薯在中稻或晚稻收获后的秋冬栽培，是中国马铃薯种植面积增长最快和增长潜力最大的地区。

（二）西部省份马铃薯生产布局

1. 重庆市马铃薯生产布局 杨世琦等（2013）选取 1971—2000 年气候数据，基于 GIS① 进行空间化分析，同时结合实地调研等相关资料，对马铃薯进行气候区划，划分出 7 个不同类型栽培区。①一年二到三熟光照较丰马铃薯栽培区。分布于重庆市西部、西南部地区，以及东北部沿江河谷低坝地区，种植面积占全市面积的 23.96%。②一年二到三熟光照一般马铃薯栽培区。分布于重庆市主城区、中部、西南部部分地区，以及西南部海拔较低的局部地区，种植面积占全市面积的 19.50%。③一年二熟光照较丰马铃薯栽培区。分布于东北部的一年二到三熟光照较丰马铃薯栽培区的以北地区，以及中西部的低山区，种植面积占全市面积的 20.28%。④一年二熟光照一般马铃薯栽培区。分布于东南部及綦江、南川等部分地区，种植面积占全市面积的 17.67%。⑤一年一到二熟光照较丰马铃薯栽培区。分布于东北部的城口、巫溪、巫山、奉节以及石柱等较高海拔地区，云阳县和开州区也有零星区域，种植面积占全市面积的 6.49%。⑥一年一到二熟光照一般马铃薯栽培区。分布于东南部以及南川、丰都等地的较高海拔区，种植面积占全市面积的 5.08%。⑦气候冷凉不适宜区。分布于大巴山、武陵山的高海拔地区，种植面积占全市面积的 7.02%。

2. 四川省马铃薯生产布局 卢学兰等（2007）根据四川省马铃薯生态优势、市场区域优势和产业发展方向等，将四川省马铃薯生产规划为 4 个产业发展区。一是川西南山地产业发展区，重点建立专用加工高淀粉马铃薯生产基地，大力发展马铃薯淀粉加工业。二是盆周山区产业发展区，重点建设多用途加工马铃薯基地。三是盆地丘陵产业发展区，重

---

① GIS 指地理信息系统。——编者注

点发展菜用型马铃薯，兼顾发展加工用马铃薯。四是川西平原产业发展区，重点发展菜用型鲜食马铃薯，满足成都等城市的蔬菜市场需求。

3. 贵州省马铃薯生产布局 吴永贵等（2006）曾把贵州省马铃薯种植划分为 4 个一级区，8 个二级区。杨昌达等（2008）再次介绍了贵州省马铃薯种植区划，与 2006 年报道的研究结果一致。4 个一级区、8 个二级区的生产布局符合全省春播、秋冬播马铃薯生产实际。

（1）**春播一熟区**。春播一熟区气候凉爽，适宜生长期长，昼夜温差大，有利于马铃薯块茎膨大，病虫害较轻，是马铃薯生长的最适宜区。本区春旱较重，早霜早、晚霜迟，应加强基本农田建设，加快农业机械化生产步伐，保持水土和供水，催芽、适期播种保证种植密度是高产栽培中特别需要重视的问题，也需要重视马铃薯晚疫病等重要病害的防治。该区包括 2 个二级区。①黔西北高原中山区。主要是指黔西北威宁、赫章等县及条件相似的乡镇，种植面积和总产量分别约占全省的 11.1％和 15.45％。耕作制度为一年一熟，主要是马铃薯（或玉米），采用品种是晚熟淀粉加工型品种（或鲜食型）。一般 3—4 月播种，8—10 月收获。②黔西、黔中高原中山丘陵区。指黔西北盘州市、纳雍县、毕节市、大方县等，种植面积和总产量分别约占全省的 25.63％和 23.87％。耕作制度为一年一熟或一年两熟，主要是马铃薯或马铃薯套作玉米间大豆二熟。采用品种是中晚熟、晚熟粮饲兼用型或淀粉加工型品种。一般 3 月前后播种，7—8 月收获，生产水平较高，单产每亩可达 2 000 千克。

（2）**春、秋播两熟区**。两熟区生态类型复杂，气候变化大，病虫害重。春薯常发生初春旱或春雨，应注意抗旱防渍。秋播不宜过早，过早土温高容易诱发病害，造成缺苗断垄。该区包括 3 个二级区。①黔西南高原中山丘陵区。包括黔西、兴义、安龙、镇宁、长顺、紫云等县（市），种植面积和总产量分别约占全省的 9.00％和 7.29％。耕作制度为一年两熟。稻田，薯—稻；旱地，春薯—秋薯。采用品种是中、早熟鲜食，菜用型品种，旱地春薯可搭配中晚熟品种。一般春薯 2 月播种，5 月前后收获；秋薯 8 月中下旬播种，11月收获。单产每亩可达 1 500～2 000 千克，是中、早熟品种适宜区。②黔北、黔东北中山峡谷区。指黔北、黔东北的道真、务川、正安、遵义、湄潭、德江、印江、铜仁、石阡等地，种植面积和总产量分别约占全省的 35.92％和 36.66％。耕作制度为一年两熟。稻田，薯—稻；旱地，春薯—秋薯。品种以中、早熟鲜食、菜用型品种为主。春薯 2 月前后播种，5 月收获；秋薯 8 月下旬播种，11 月收获。单产每亩可达 1 500 千克左右，是早、中熟品种适宜区。③黔中、黔东南高原丘陵区指黔中、黔东南的贵阳、惠水、福泉、剑河、台江、雷山、凯里、天柱等地，种植面积和总产量分别约占全省的 14.93％和 13.95％。耕作制度为一年两熟。稻田，薯—稻；旱地，春薯—秋薯。采用品种主要有早、中熟搭配中晚熟鲜食、菜用兼用型品种。春薯 2 月播种，5 月前后收获；秋薯 8 月中旬播种，11 月前后收获，平均每亩产量 1 500 千克。

（3）**冬播区**。包括黔南、黔西南低山丘陵区（主要指罗甸、册亨、望谟、荔波等）、黔东南低山丘陵区（主要指榕江、从江、黎平等）和黔北低热河谷区（主要指赤水、仁怀等）等 3 个亚区，黔南、黔西南低山丘陵区种植面积和总产量分别约占全省的 0.49％和0.42％，黔东南低山丘陵区种植面积和总产量分别约占全省的 1.56％和 1.03％，黔北低热河谷区种植面积和总产量分别约占全省的 1.32％和 1.32％。冬播区地域分散，气候、生态条件、马铃薯生产特性、发展方向大同小异。耕作制度为一年三熟。稻田，冬薯—稻—秋菜；旱地，冬薯—春菜—甘薯。采用品种主要是早熟鲜食、菜用、休闲食品型品种，通常12月下旬播种，收获期3月下旬，播种至收获70～80天，≥10℃积温1 300℃以上，单产每亩可达1 500千克以上。冬播区主要是在施足肥、调节好种植密度的条件下，掌握播种适期，播后使之低温时段后出苗（即在低温条件下，利用芽期在土里生长，避开冷害），早追肥，保早发快长，是高产栽培的关键。

（4）不适宜区。主要指海拔高度在2 200～2 700米的山区，温度低，年均气温＜8℃，7月平均气温＜15℃，有霜期在130天以上的地区，不宜种植马铃薯。

4. 云南省马铃薯生产布局 桑月秋等（2014）通过调研云南省马铃薯种植区域分布和周年生产情况，对数据进行统计分析。其结果显示，马铃薯是云南省主要的优势农作物之一，分布在16个州（市）的128个县（市、区），总种植面积48.58万公顷，总产量950.8万吨。以曲靖市、昆明市和昭通市为主产区，3个主产市的生产面积和产量分别是34.78万公顷和762.1万吨，占全省的71.6%和80.2%。全省10大马铃薯主产县生产面积为25.92万公顷，总产量547.6万吨，分别占全省的53.4%和57.6%。从周年分布状态分析，大春（2～4月播种）马铃薯主要集中在宣威市、会泽县、镇雄县和昭阳区等县（市、区），种植面积和产量分别占全省的66.1%和66.3%；小春（12月至翌年1月播种）马铃薯主要集中在陆良县、宣威市、广南县和腾冲市等县（市、区），种植面积和产量分别占全省的18.5%和19.6%；冬季马铃薯种植面积呈现逐年增加的态势，主要在巧家县、盈江县、建水县和泸水市等县（市、区），种植面积和产量分别占全省的8.6%和8.8%；秋作马铃薯种植面积变化不大，主要集中在宣威市和陆良县，种植面积和产量分别占全省的6.8%和5.3%。

王栋等（2017）报道，为了对云南省的马铃薯种植进行气候适宜性区划，以云南省境内125个气象监测站测得的温度、降水、日照时数等气象数据和云南省地理信息数据为基础，结合前人对马铃薯生长的生理生态研究成果，通过专家打分法和层次分析法等技术手段建立了云南省马铃薯种植气候适宜性评价指标体系。该评价体系包括生育期平均气温、生育期降水量、生育期日照时数、云南省7月平均气温和云南省地理海拔高度5个评价指标，按照每个指标划分为最适宜区、适宜区和次适宜区3个区域。在该评价体系的基础上构建了综合评价模型，运用地理信息系统（GIS）技术，对云南省马铃薯种植的气候适宜性进行了区域划分，可以分为最适宜种植区、适宜种植区和次适宜种植区。云南省种植马铃薯的最适宜气候区域主要分布在滇东北区域和滇西北高海拔生态区域以及滇西的部分区域，主要有宣威市、寻甸回族彝族自治县、马龙区、富源县、陆良县、沾益区、腾冲市、石林彝族自治县、会泽县等36个县（市、区），根据区划的统计结果，此区域合计156.45万亩，占云南省总面积的24.6%。云南省种植马铃薯的气候适宜区域主要分布在滇东区域和滇西区域范围内，主要有禄劝彝族苗族自治县、禄丰县、昌宁县、凤庆县、云县、武定县、开远市等55个县（市、区），根据区划的统计结果，此区域合计357.15万亩，占据云南省总面积的56.1%。除以上的最适宜区和适宜区之外，剩下的区域大都在次适宜区范围内，其大都分布在滇中地区。主要有德钦县、香格里拉市、维西傈僳族自治县、盐津县、元谋县、洱源县等29个县（市、区），统计结果显示，此区域合计122.55万亩，占云南省总面积的19.3%。

5. 甘肃省马铃薯生产布局　吴正强等（2008）根据生产布局，将甘肃省马铃薯种植区域划分为中部高淀粉及菜用型生产区、河西及沿黄灌区全粉及薯片（条）加工型生产区、天水陇南早熟菜用型生产区等三大优势生产区域，优势产区种植面积占到了甘肃省马铃薯总种植面积的70%以上。①中部高淀粉及菜用型生产区。包括定西、兰州、临夏、白银、平凉、庆阳6个市（州）的15个县（市、区）。该区是甘肃省马铃薯重点种植区域，气候较冷凉，年平均气温5～9℃，年降水量200～650毫米，最热的7月平均气温20℃左右，全年≥10℃积温2 000～3 000℃，马铃薯生长期130～177天。年种植面积375万亩。②河西及沿黄灌区全粉及薯片（条）加工型生产区。包括武威市和张掖市的凉州区、民乐、山丹和古浪等县（市、区），是甘肃省近年新兴发展的优质马铃薯高产区。该区一年四季气候凉爽，年降水量38～250毫米，但农业生产和灌溉条件较好。该区重点以培育食品加工专用型产品的生产优势区域为目标，每年优势区域种植面积达75万亩。③天水陇南早熟菜用型生产区。主要包括天水市和陇南市的秦州、秦安、武山、甘谷、武都、宕昌、西和、礼县等县（市、区）。该区气候湿润，年降水量450～950毫米，年平均气温7～15℃，最热月份（7月）平均气温22～24℃，≥10℃的积温2 200～4 750℃，马铃薯生长期130～246天。该区近年以早春商品薯供应为主，结合种植生产加工专用薯，每年优势区域种植面积225万亩左右。

6. 宁夏回族自治区马铃薯生产布局　冯瑞萍等（2009）根据《宁夏农业统计年鉴》和《中国农业统计年鉴》进行分析，马铃薯在宁夏主要种植在中南部，北部灌区基本不种植。从种植面积区域分布来看，2000年以来，中部干旱带三县马铃薯种植面积约占宁夏马铃薯总种植面积的32%；南部山区马铃薯种植面积约占宁夏马铃薯总种植面积的68%。从各县马铃薯种植面积占该县粮食播种面积的比例来看，西吉县的马铃薯种植面积占粮食播种面积的51.63%，为该县第一大农作物，其次是泾源县，占30%以上，原州区占25%左右。

二、陕西省马铃薯生产布局

（一）陕西省马铃薯生产区划

陕西省是全国马铃薯主要生产省份之一。马铃薯种植主要在陕北黄土高原和陕南秦巴山区。

1. 陕北一熟区　主要包括陕西省北部榆林和延安两市，是陕西马铃薯的主产区，播种面积占全省的60%以上。其中定边县马铃薯年种植面积达到100万亩以上，为陕西省马铃薯第一种植大县。长城沿线及以北风沙区平均海拔1 000米以上，年平均气温8℃左右，无霜期110～150天，降水量300～400毫米，地势平坦，地下水资源较为丰富，适宜发展专用化和规模化马铃薯生产基地，也是陕西省脱毒种薯繁育基地。

陕北南部丘陵沟壑区，平均海拔800米左右，年平均气温8.5～9.8℃，无霜期150～160天，降水量450～500毫米，适宜发展淀粉加工薯和菜用薯。

本区马铃薯无霜期较短，马铃薯一年一熟，一般种植中晚熟品种，与玉米、大豆、小杂粮等作物轮作。

2. 秦岭东段二熟区　主要包括关中地区和陕南的商洛地区。该区年平均气温12～13.5℃，无霜期199～227天，降水量600～700毫米，雨热条件可以保证一年两熟。生产上多与玉米、蔬菜等作物间作套种，主要种植早熟菜用型马铃薯品种。

播期类型有冬播、春播和秋播，其中，以春播马铃薯为主要类型，占总量的 90% 以上。生产上马铃薯多与玉米、蔬菜、豆类等作物间作套种，既有保护地栽培也有露地栽培。

3. 陕南二熟至多熟过渡区 主要包括陕南的安康市和汉中市。雨量充沛、气候湿润，年均气温 12～15 ℃，无霜期 210～270 天，年降水量 800～1 000 毫米，属一年两熟区。浅山区每年 11—12 月播种，通过保护地栽培，4—6 月上市，生产效益较高。高山区每年 2—3 月播种，6—8 月上市，大都是单作，也有间作套种。

马铃薯在川道、浅山区经常与水稻进行年内轮作种植，即马铃薯收获后种植秋稻；马铃薯与油菜、水稻进行年际间轮作种植。在山区则经常与玉米、甘薯、豆类和蔬菜等作物以及茶树、果树间作套种，可以极大地提高光能和土地利用率，增加单位面积经济效益。

(二) 陕北马铃薯生产布局

陕北马铃薯常年种植面积 350 万亩左右，年产鲜薯 350 万吨以上，是区域农民致富的主导产业之一。

1. 榆林市马铃薯生产布局

(1) 榆林市马铃薯生产区划。 目前，全市已形成 3 条特色明显的产业带。一是北部风沙草滩区种薯、优质商品薯产业带，主要包括长城沿线及以北风沙区，主要以脱毒种薯繁育和生产早熟外销、加工专用薯为主，年种植面积达到 70 万亩左右，以夏波蒂、费乌瑞它、V7（露辛达）、冀张薯 12、LK99、陇薯 7 号、陇薯 10 号、希森 6 号等优质商品薯品种为主，与玉米、蔬菜、牧草等作物轮作。二是西部白于山区商品薯产业带，主要以鲜薯外销型品种为主，年种植面积 130 万亩左右，以克新 1 号、陇薯 7 号、冀张薯 8 号等抗旱性好、鲜薯型品种为主，与荞麦、油菜、玉米等作物轮作。三是南部丘陵沟壑区淀粉、鲜薯兼用产业带，主要以抗旱鲜食和淀粉加工型品种为主，年种植面积 80 万亩左右，以克新 1 号、晋薯 16、青薯 9 号、庄薯 3 号等抗旱性好、淀粉含量较高的品种为主，与大豆、谷子、杂豆类作物轮作。

(2) 榆林市马铃薯生产情况。 2017—2021 年，榆林市马铃薯播种面积 250.5 万亩，鲜薯年平均总产量 290 万吨，约占全省马铃薯种植面积和总产量的 54% 和 73%。2013—2017 年，累计实施马铃薯良种繁供"一亩田"工程 30.25 万亩，覆盖全市 12 个县（区），全市马铃薯脱毒种薯推广面积达到 120 万亩，占到全市马铃薯播种面积的 44.3%，增产幅度达到 15% 左右，全市马铃薯良种覆盖率达到了 80% 以上。全市有马铃薯加工企业 16 家，专业加工村 20 多个，年加工转化能力 40 万吨，主要生产淀粉、粉条、粉皮、粉丝等产品；从事生产、销售的马铃薯专业合作社达到 60 多家，年外销鲜薯 150 万吨以上。

2. 延安市马铃薯生产布局

(1) 延安市马铃薯生产概况。 延安市地处黄土高原沟壑区，马铃薯种植模式主要是一年一茬单作或与玉米、豆类、荞麦间作套种，年际间实行轮作。由于地形限制，马铃薯基本靠自然降水生产，因而马铃薯产量年际间波动较大。马铃薯是延安仅次于玉米的第二大粮食作物，种植区域遍布 13 个县（市、区），在延安国家现代农业示范区建设规划中，马铃薯被列为粮食作物"三个百万亩"之一。2020 年，全市马铃薯种植面积 79.5 万亩，占粮食作物播种面积的 26.2%，折粮总产量达 15.8 万吨，占粮食总产量的 20%。

（2）延安市马铃薯主粮化发展趋势。马铃薯在延安人民的生活中一直扮演着重要角色，人们一日三餐都离不开马铃薯，有人戏称"陕北妇女离开土豆就不会做饭"，可见马铃薯在陕北人民生活中有多么重要！在延安，马铃薯吃法多种多样，烤、蒸、煮、炖、炒皆是美食，"洋芋擦擦""洋芋馍馍""土豆凉粉""羊杂碎""炖土豆"等以鲜薯或马铃薯淀粉、粉条为食材加工的菜肴成为延安地方特色菜的代表。随着国家"马铃薯主粮化战略"推进，马铃薯在延安的种植面积还将不断扩大，产量水平也必然会逐年提高，为了丰富和满足不断升级的市场消费需求，加强马铃薯产业科技研发投入、优化品种结构、提高马铃薯深加工技术工艺、丰富马铃薯加工产品形式将成为延安马铃薯主粮化的发展趋势。

参考文献

白虎，侯英，2011. 膜下滴灌技术在马铃薯种植中的应用 [J]. 中国农业综合开发 (7)：54-55.

包开花，蒙美莲，陈有君，等，2015. 覆膜方式和保水剂对旱作马铃薯土壤水热效应及出苗的影响 [J]. 作物杂志 (4)：102-108.

曹莉，秦舒浩，张俊莲，等，2013. 轮作豆科牧草对连作马铃薯田土壤微生物菌群及酶活性的影响 [J]. 草业学报，22 (3)：139-145.

陈功楷，权伟，朱建军，2013. 不同钾肥量与密度对马铃薯产量及商品率的影响 [J]. 中国农学通报，29 (6)：166-169.

陈占飞，常勇，任亚梅，等，2018. 陕西马铃薯 [M]. 北京：中国农业科学技术出版社.

成广杰，2017. 马铃薯水肥一体化高产栽培技术 [J]. 中国蔬菜 (5)：102-104.

程玉臣，路战远，张德健，等，2015. 平作马铃薯膜下滴灌栽培技术规程 [J]. 内蒙古农业科技 (5)：97-98.

范宏伟，曾永武，李宏，2015. 马铃薯垄作覆膜套种豌豆高效栽培技术 [J]. 现代农业科技 (13)：105.

方彦杰，张绪成，于显枫，等，2019. 甘肃省马铃薯水肥一体化种植技术 [J]. 甘肃农业科技 (3)：87-90.

方玉川，2019. 榆林北部马铃薯全程机械化生产技术 [J]. 农业开发与装备 (1)：193-194.

方玉川，张万萍，白小东，等，2019. 马铃薯间、套、轮作 [M]. 北京：气象出版社.

付业春，顾尚敬，陈春艳，等，2012. 不同播种深度对马铃薯产量及其构成因素的影响 [J]. 中国马铃薯，26 (5)：281-283.

高青青，方玉川，汪奎，等，2019. 陕西榆林市马铃薯优良品种引进比较试验 [J]. 安徽农业科学 (17)：52-54.

海月英，2013. 豌豆间套种马铃薯栽培技术 [J]. 内蒙古农业科技 (6)：107.

侯慧芝，王娟，张绪成，等，2015. 半干旱区全膜覆盖垄上微沟种植对土壤水热及马铃薯产量的影响 [J]. 作物学报，41 (10)：1582-1590.

黄飞，2015. 喷灌马铃薯高产栽培技术 [J]. 现代农业 (2)：46-47.

雷靖，2017. 马铃薯膜下滴灌栽培技术 [J]. 商品与质量 (17)：156-157.

李保伦，2010. 播期对马铃薯产量的影响研究 [J]. 中国园艺文摘 (6)：41.

李建红，任凤霞，刘志德，2017. 榆林市马铃薯双膜覆盖栽培技术 [J]. 农民致富之友 (18)：131.

李建军，刘世海，惠娜娜，等，2011. 双垄全膜马铃薯套种豌豆对马铃薯生育期及病害的影响 [J]. 植物保护，37 (2)：133-135.

李龙江，张宝悦，马海莲，2017. 冀西北地区马铃薯膜下滴灌水肥一体化技术 [J]. 农业科技通讯 (6)：182-185.

李萍，张永成，田丰，2012. 马铃薯蚕豆间套作系统的生理生态研究进展与效益分析 [J]. 安徽农业科学，40（27）：13313-13314.

李倩，刘景辉，张磊，等，2013. 适当保水剂施用和覆盖促进旱作马铃薯生长发育和产量提高 [J]. 农业工程学报，29（7）：83-90.

李雪光，田洪刚，2013. 不同播期对马铃薯性状及产量的影响 [J]. 农技服务，30（6）：568.

梁希森，梁召坤，孔海明，2020. 马铃薯水肥一体化栽培技术 [J]. 现代农业科技（3）：116.

林妍，狄文伟，2015. 钾肥对马铃薯营养元素吸收的影响 [J]. 新农业（21）：16-18.

刘世菊，2015. 早熟马铃薯与夏秋大白菜轮作经济效益高 [J]. 农业开发与装备（12）：129.

刘先芬，李志栋，郭宏伟，2014. 呼和浩特市马铃薯膜下滴灌栽培技术 [J]. 内蒙古农业科技（3）：111-113.

马敏，2014. 陕北马铃薯水地高产栽培技术 [J]. 农民致富之友（20）：169.

牟丽明，谢军红，杨习清，2014. 黄土高原半干旱区马铃薯保护性耕作技术的筛选 [J]. 中国马铃薯，28（6）：335-339.

裴泽莲，姚志刚，李秀娟，等，2014. 马铃薯大垄三行栽培模式与机械化种植技术研究 [J]. 农业科技与装备（11）：29-30.

秦军红，陈有军，周长艳，等，2013. 膜下滴灌灌溉频率对马铃薯生长、产量及水分利用率的影响 [J]. 中国生态农业学报，21（7）：824-830.

秦舒浩，曹莉，张俊莲，等，2014. 轮作豆科植物对马铃薯连作田土壤速效养分及理化性质的影响 [J]. 作物学报，40（8）：1452-1458.

任稳江，任亮，刘生学，2015. 黄土高原旱地马铃薯田土壤水分动态变化及供需研究 [J]. 中国马铃薯，29（6）：355-361.

桑得福，1999. 高海拔地区马铃薯全生育期地膜覆盖栽培技术 [J]. 中国马铃薯，13（1）：38-39.

石晓华，张鹏飞，刘羽，等，2017. 内蒙古滴灌马铃薯水肥一体化技术规程 [J]. 新疆农垦科技，40（3）：67-69.

石学萍，秦焱，兰印超，等，2020. 冀西北高寒区马铃薯中心支轴式喷灌机水肥一体化技术规程 [J]. 新疆农垦科技，43（8）：23-24.

司凤香，贾丽华，2007. 马铃薯不同生育阶段与栽培的关系 [J]. 吉林农业（9）：18-19.

宋树慧，何梦麟，任少勇，等，2014. 不同前茬对马铃薯产量、品质和病害发生的影响 [J]. 作物杂志（2）：123-126.

宋玉芝，王连喜，李剑萍，2009. 气候变化对黄土高原马铃薯生产的影响 [J]. 安徽农业科学，37（3）：1018-1019.

田英，黄志刚，于秀芹，2011. 马铃薯需水规律试验研究 [J]. 现代农业科技（8）：91-92.

王东，卢健，秦舒浩，等，2015. 沟垄覆膜连作种植对马铃薯产量及土壤理化性质的影响 [J]. 西北农业学报，24（6）：62-66.

王凤新，康跃虎，刘士平，2005. 滴灌条件下马铃薯耗水规律及需水量的研究 [J]. 干旱地区农业研究，23（1）：9-15.

王国兴，徐福来，王渭玲，等，2013. 氮磷钾及有机肥对马铃薯生长发育和干物质积累的影响 [J]. 干旱地区农业研究，31（3）：106-111.

王红梅，刘世明，2012. 马铃薯双垄全膜覆盖沟播技术及密度试验 [J]. 内蒙古农业科技（3）：34-35.

王乐，张红玲，2013. 干旱区马铃薯田间滴灌限额灌溉技术研究 [J]. 节水灌溉（8）：10-12.

王文祥，达布希拉图，周平，等，2017. 海拔高度对马铃薯地方品种形态结构及解剖结构的影响 [J]. 中国马铃薯，31（2）：77-85.

王雯，张雄，2015. 不同灌溉方式对榆林沙区马铃薯生长和产量的影响 [J]. 干旱地区农业研究，33（4）：153-159.

王小英，王孟，王斌，等，2018. 马铃薯与绿豆间作模式研究 [J]. 陕西农业科学，64（8）：19 -
　　21，50.

魏玉琴，姜振宏，陈富，等，2014. 包膜控释尿素对马铃薯生长发育及产量的影响 [J]. 中国马铃薯，28
　　（4）：219 - 221.

吴炫柯，韦剑锋，2013. 不同播期对马铃薯生长发育和开花盛期农艺性状的影响 [J]. 作物杂志（4）：
　　27 - 31.

武朝宝，任罡，李金玉，2009. 马铃薯需水量与灌溉制度试验研究 [J]. 灌溉排水学报，28（3）：
　　93 - 95.

肖国举，仇正跻，张峰举，等，2015. 增温对西北半干旱区马铃薯产量和品质的影响 [J]. 生态学报，35
　　（3）：830 - 836.

谢伟松，2014. 马铃薯播前良种选择及种薯准备 [J]. 农业开发与装备（5）：115.

邢宝龙，刘小进，季良，2018. 几种药食同源豆类作物栽培 [M]. 北京：中国农业科学技术出版社.

薛俊武，任穗江，严昌荣，2014. 覆膜和垄作对黄土高原马铃薯产量及水分利用效率的影响 [J]. 中国
　　农业气象，35（1）：74 - 79.

杨泽粟，张强，赵鸿，2014. 黄土高原旱作区马铃薯叶片和土壤水势对垄沟微集雨的响应特征 [J]. 中
　　国沙漠，34（4）：1055 - 1063.

姚素梅，杨雪芹，吴大付，2015. 滴灌条件下土壤基质对马铃薯光合特性和产量的影响 [J]. 灌溉排水
　　学报，34（7）：73 - 77.

易九红，刘爱玉，王云，等，2010. 钾对马铃薯生长发育及产量、品质影响的研究进展 [J]. 作物研究，
　　24（1）：60 - 64.

殷永霞，朱晓梅，蒋丽美，2021. 靖边县马铃薯水肥一体化技术研究 [J]. 农家致富顾问（8）：105.

余帮强，张国辉，王收良，等，2012. 不同种植方式与密度对马铃薯产量及品质的影响 [J]. 现代农业
　　科技（3）：169，172.

张朝魏，董博，郭天文，等，2011. 施肥与保水剂对半干旱区马铃薯增产效应的研究 [J]. 干旱地区农
　　业研究，29（6）：152 - 156.

张海，2015. 不同施肥处理对马铃薯性状及产量的影响 [J]. 现代农业科技（14）：63.

张建成，闫海燕，刘慧，等，2014. 榆林风沙滩区秋马铃薯高产栽培技术 [J]. 南方农业（21）：19 - 20.

张凯，王润元，李巧珍，等，2012. 播期对陇中黄土高原半干旱区马铃薯生长发育及产量的影响 [J].
　　生态学杂志，31（9）：2261 - 2268.

张明娜，刘春全，2015. 马铃薯复种油葵两茬生产技术 [J]. 新农业（7）：16 - 17.

张文忠，2015. 马铃薯的生长习性及需肥特点 [J]. 农业与技术，35（22）：28.

翟乾祥，1987. 我国引种马铃薯简史 [J]. 农业考古（2）：270 - 273.

翟乾祥，2004.16—19 世纪马铃薯在中国的传播 [J]. 中国科技史料，25（1）：49 - 53.

赵年武，郭连云，赵恒和，2015. 高寒半干旱地区马铃薯生育期气候因子变化规律及其影响 [J]. 干旱
　　气象，33（6）：1024 - 1030.

朱江，艾训儒，易咏梅，等，2012. 不同海拔梯度上地膜覆盖和不同肥力水平对马铃薯的影响 [J]. 湖
　　北民促学院学报（自然科学版）（3）：330 - 334.

朱旭良，2018. 马铃薯大垄三行栽培模式与机械化种植技术研究 [J]. 新农业（19）：9 - 10.

第二章 马铃薯生长发育和种质资源

第一节 生育进程

一、生育期

在田间生产中，马铃薯为一年生草本植物，其生育进程是从播种种薯（块茎）开始至收获成薯（块茎）结束，是一个从块茎至块茎的完整生活周期。根据生育期天数多少，即从出苗期（75%的植株出苗）至成熟期（75%的植株枯黄）的天数，人为地将马铃薯熟性划分为极早熟（生育期≤60天）、早熟（61～75天）、中早熟（76～90天）、中熟（91～105天）、中晚熟（106～120天）、晚熟（121～135天）、极晚熟（＞135天）。马铃薯各品种熟性如表2-1所示。

表2-1 常见马铃薯品种熟性

（汪奎整理，2022）

熟性	品种
早熟	费乌瑞它、中薯2号、中薯3号、中薯4号、中薯5号、中薯6号、中薯7号、中薯8号、中薯12、克新4号、克新9号、克新25、克新28、东农303、东农304、春薯1号、郑薯3号、郑薯5号、郑薯6号、郑薯7号、郑薯8号、郑薯9号、早大白、尤金、希森3号、希森4号、兴佳2号、虎头、早大白、辽薯6号、龙薯12、本薯11
中早熟	大西洋、中薯10号、中薯11、中薯13、中薯14、克新21、克新34、青薯7号、LK99、鄂马铃薯4号、富金、秦芋32、川芋5号、川芋10号、希森6号、北方002
中熟	中薯9号、中薯15、中薯17、中薯18、中薯19、中薯20、克新1号、克新2号、克新3号、克新17、克新18、克新19、克新20、克新33、青薯8号、陇薯13、冀张薯11、冀张薯12、冀张薯26、京张薯1号、京张薯2号、京张薯3号、晋薯13、同薯22、延薯9号、夏波蒂、V7、延薯9号
中晚熟	青薯2号、新大坪、陇薯3号、陇薯6号、陇薯7号、陇薯8号、陇薯9号、陇薯10号、天薯10号、天薯11、丽薯6号、丽薯7号、冀张薯8号、冀张薯14、晋薯14、晋薯15、晋薯16、晋薯27、同薯20、同薯23、同薯28、阿克瑞亚、维拉斯、底西芮、内薯7号
晚熟	中薯21、青薯168、青薯6号、青薯9号、青薯10号、庄薯3号、天薯9号、宁薯14、晋薯7号、布尔班克

在陕北马铃薯生产中，有夏马铃薯和秋马铃薯两种概念。其中夏马铃薯指夏季收获的马铃薯，一般在7月中下旬至8月中旬收获；其特点是在清明前后种植，立秋前收获，选

择生育期短的中早熟品种。秋马铃薯指秋季收获的马铃薯，一般 8 月下旬以后收获；其特点是 4 月下旬至 6 月上旬种植，8 月下旬处暑以后收获，尤其特指 9 月中旬以后收获的马铃薯，选择生育期长的中晚熟品种。

二、生育时期

一般来说，马铃薯的生育时期分为块茎（种薯）播种期、出苗期、现蕾期、始花期、开花期、盛花期、成熟期、收获期。但实际上，马铃薯从播种到收获的过程中，包括植株地上部分和地下部分两套生育时期。

（一）植株地上部分

植株地上部分生育时期分为块茎（种薯）播种期、出苗期、团棵期、现蕾期、开花期、成熟期。

1. 播种期　进行马铃薯种质资源形态特征和生物学特性鉴定时的播种日期，也就是种薯播种当天的日期为播种期。播种时，种薯上的芽眼便有萌发迹象；播种后，芽眼萌芽，形成幼芽，此后随着幼芽的生长，在幼芽节处发生新根和匍匐茎。播种期应根据品种、栽培措施以及当地气候条件来确定。播种期以"年月日"表示，格式为"YYYYMMDD"。

2. 出苗期　田块出苗株数达 75% 的日期为出苗期，开始出苗后隔天调查。幼芽破土并生长出 3～4 片微具分裂的幼叶时即为出苗。出苗后，以茎叶生长和根系生长为中心。其根由种子繁殖为直根系，由块茎繁殖为须根系，栽培上一般指须根系。须根系又分为两类，一类为在幼芽基部 3～4 节上发生的不定根，为芽眼根或节根；一类为幼芽基部形成的地下茎（节数多为 8 节）的每个节上发生的不定根，为匍匐根。其茎分为地上茎、地下茎、匍匐茎和块茎。幼芽发育形成的地上枝条为地上茎；幼芽发育后埋在土壤内的茎为地下茎；地下茎节上的腋芽发育后形成匍匐茎；匍匐茎顶端膨大后形成块茎。陕北区域，播种至出苗一般需要 20～30 天。出苗期以"年月日"表示，格式为"YYYYMMDD"。

3. 团棵期　从幼苗出土至早熟品种第 6 片叶或晚熟品种第 8 片叶展平，即完成第一个叶序的生长为团棵期，一般为 15～20 天。该期仍进行茎叶生长和根系发育，地上茎节开始拔高，并伴随着匍匐茎的伸长和花芽分化。团棵期以"年月日"表示，格式为"YYYYMMDD"。

4. 现蕾期　花蕾超出顶叶的植株占田块总株数 75% 的日期为现蕾期，开始现蕾后隔天调查。当幼苗达 7～13 片叶时，茎的顶端第一花序开始孕蕾，同时其下侧枝叶开始发生，叶的生长进入加速期，而茎的向上生长开始变得缓慢。马铃薯幼芽破土后最初发生的几片叶为单叶，之后逐渐长出奇数羽状复叶。每个复叶由顶小叶、侧小叶、小裂叶、小细叶、中肋、叶柄以及托叶组成。叶片作为进行光合作用的主要器官，对产量的形成十分重要。此期一般为 15～25 天。现蕾期以"年月日"表示，格式为"YYYYMMDD"。

5. 开花期　第一花序有 1～2 朵花开放的植株占田块总株数 75% 的日期为开花期，开花后隔天调查。第一花序有 1～2 朵花开放的植株占田块总株数 10% 的日期称为始花期。种植田块开花的植株达到 100% 时称为盛花期。一般在主茎达 8～17 片叶时第一花序开始开花。马铃薯的花序为聚伞花序，花冠的颜色有白、浅红、紫和蓝紫等多种颜色，花冠中心有 5 枚雄蕊围绕着 1 枚雌蕊。马铃薯的开花时间与其品种和所处环境有关，不同品种始花期不同,有的品种只现蕾不开花,通常在日照较长的地区开花较好。马铃薯在开花期完成自花授粉,在受精后 5～7 天子房开始膨大,后逐渐形成自交果实(圆形或椭圆形浆果)。在开花末期,主茎及主茎叶完全建成,分枝及分枝叶也已大部分形成扩展,叶面积和株高逐渐达到最大值,根系不断扩大,匍匐茎顶端膨大并形成块茎。早熟品种的块茎增长阶段与开花期一致,中晚熟品种块茎增长阶段则与盛花期一致。该时期一般为 20～30天。开花期以"年月日"表示,格式为"YYYYMMDD"。

6. 成熟期 全株有 50% 以上叶片枯黄的植株占种植田块总株数 75% 的日期为成熟期,在生长后期每周调查两次。该期茎叶衰老至枯萎,果实成熟并结籽(种子),同时块茎进入淀粉积累期。种子很小,为扁平椭圆形,种皮为淡黄色或暗灰色,种皮外覆盖一层胶膜,阻碍种子的萌发,收获后会有 6 个月左右的休眠期。成熟期以"年月日"表示,格式为"YYYYMMDD"。

(二)植株地下部分

植株地下部分生育时期分为块茎形成期、块茎膨大期、块茎成熟期。块茎是由匍匐茎顶端膨大而形成的。了解植株地下部分生育时期,需先对匍匐茎以及块茎的分化和形成进行了解。

1. 匍匐茎的分化和形成 匍匐茎是地下茎的分枝,是由地下茎节上的腋芽发育而来的,是形成块茎的器官。匍匐茎在地下生长过程中呈水平方向伸长,具有伸长的节间,顶端呈弯曲状,在匍匐茎伸长过程中该弯曲状节间对顶端内侧的茎尖(生长点)起保护作用。匍匐茎一般为白色,有的品种为紫红色。地下茎的节数多为 8 节,在每个节上先发生匍匐根 3～6 条,之后发生匍匐茎 1～3 条。匍匐茎的数目与品种和环境有关,通常每株可形成 20～30 条,多者可达 50 条以上,但不是所有的匍匐茎均形成块茎,一般有 50%～70% 的匍匐茎形成块茎,其余匍匐茎在生育后期便自行死亡。在生产中,大多数品种有 5～8 条匍匐茎形成块茎,每条匍匐茎形成的块茎少则 2 个,多则达 10 余个,其中早熟品种结薯较少,中晚熟品种结薯较多。在选用优良品种时,多选用形成块茎适中的品种。匍匐茎具有向地性和背光性,黑暗潮湿的土壤利于匍匐茎发育,匍匐茎入土不深,大部分集中在地表 0～10 厘米的土层内。匍匐茎的长短也因品种而异,早熟品种较短,中晚熟品种较长,一般为 3～10 厘米,长者可达 30 厘米以上,野生种可达 1～3 米。

匍匐茎顶端的发生通常在种薯出苗后 7～10 天,出苗 15 天左右多数匍匐茎顶端开始形成,早熟品种形成匍匐茎的时间早于中晚熟品种。匍匐茎具有地上茎的一切特性,但比地上茎细弱得多。匍匐茎可以输送块茎所需的营养和水分,其形成与同植株的其他器官的生长发育密切相关,尤其与叶片数目和叶片面积相关。幼茎叶是形成匍匐茎的物质基础,与匍匐茎同时期发生,两者之间对光合产物存在竞争关系,苗期叶片数目少、叶片面积大,更有利于匍匐茎的形成。外界环境对匍匐茎的形成也存在影响,增施磷肥可以促进匍匐茎形成;氮肥过多造成地上部茎叶徒长而抑制地下部生长;培土不及时或干旱高温,造成匍匐茎数量减少,有的穿出地面而形成地上茎。

2. 块茎的分化和形成

(1)分化部位。 块茎是大大缩短且增厚的变态茎,长有鳞片叶及腋芽,是匍匐茎顶端停止极性生长后,由于皮层、髓部及韧皮部的薄壁细胞分生和扩大,并积累大量淀粉,从而使匍匐茎顶端膨大而形成的。

(2) 块茎的形成。

① 块茎形成期。匍匐茎顶端停止极性生长后开始进入块茎形成期，从植株地上部生长变化来看，即从现蕾至开花为块茎形成期，一般持续 20～30 天。块茎形成先从匍匐茎顶端以下弯钩处的一个节间开始膨大，接着稍后的第二个节间也开始进入块茎的发育期。当匍匐茎的第二个节间进入膨大期后，由于这两个节间的膨大，匍匐茎的钩状顶端变直，此时匍匐茎的顶端有鳞片状小叶。当匍匐茎顶端膨大成球状、剖面直径达 0.5 厘米左右时，匍匐茎顶端上有 4～8 个芽眼明显可见，并呈螺旋形排列，可看到 4～5 个顶芽密集排在一起。当匍匐茎顶端直径达 1.2 厘米左右时，鳞片状小叶消失，表明块茎的雏形已经形成。该时期以块茎形成为生长中心，同时地上部主茎叶形成，分枝叶扩展，主茎现蕾至第一花序开始开花。同一植株的块茎多在此期形成，此期是决定单株结薯数的关键时期。

② 块茎膨大期。从开花期或盛花期至茎叶基部开始衰老为块茎膨大期，又称块茎增长期。块茎膨大是细胞分裂和细胞体积增大的结果，块茎膨大速率与细胞的数量和细胞增长速率呈直线相关关系。该时期以块茎膨大为生长中心，块茎的体积和重量急速增长，是决定块茎大小的关键时期。此期地上部茎叶全部长成，植株开花完成授粉后逐渐形成浆果，光合作用强，对水肥需求旺盛，光合产物从地上部转移至块茎，为块茎膨大持续提供营养物质。

③ 块茎成熟期。从茎叶开始衰老至茎叶枯萎、脱落为块茎成熟期。块茎膨大到一定体积后，便不再增大，开始进入淀粉积累期，光合产物不断向块茎输送，块茎重量则持续增加。该时期以淀粉积累为生长中心，随着淀粉不断积累，干物质、蛋白质、微量元素含量相应增加，可溶性糖和纤维素逐渐减少，对产量和品质有着重要的影响。此期地上部茎叶枯萎，浆果成熟并结籽，块茎皮层变厚，薯皮色泽正常，由成熟开始进入休眠期。块茎成熟后，品种性状形成，块茎形状有圆形、椭圆形、扁圆形、长筒形等；皮色有白色、黄色、红色、紫色等；肉色有白色、黄色、红色、紫色等；表皮有光滑、粗糙以及网纹之分。

(3) 块茎形成的影响因素。 马铃薯的最终产物是块茎，研究块茎的生长发育规律，找出影响块茎形成的因素，对促进马铃薯生长、提高产量有着相当重要的意义。

马铃薯性喜凉，块茎发育时对温度的要求比茎叶更为敏感，因此温度是调控马铃薯块茎形成的一个重要因子。Manriqueet 等（1989）和连勇等（1996）通过试验研究发现马铃薯块茎形成和干物质积累在较低的温度下会达到最优效果。Stewardet（1981）、Bennettet 等（1991）和 Tib-bitts 等（1990）研究发现温度的昼夜变化能有效地促进块茎形成，且能避免连续光照对马铃薯植株造成的伤害。Ewing 等（1992）试验表明马铃薯匍匐茎向块茎转变的过程会受到高温抑制，但高温对马铃薯匍匐茎的形成无明显影响。柳俊等（1994）发现试管苗块茎生长最适宜温度为 18 ℃，在该温度调节下试管苗块茎发育的形状正常且较为整齐，薯块较大；温度高于 20 ℃ 或低于 16 ℃ 时，对试管中块茎的形成均有影响。连勇等（1996）也探讨了温度与试管中块茎形成的相关性，发现温度范围在 15～20 ℃ 时最适宜试管中块茎形成，高于 25 ℃ 或是低于 15 ℃ 时试管中块茎形成的数量均大幅度减少；试验还发现相对于外源诱导物质对试管中块茎形成的作用，温度对试管中块茎形成的作用更大。Gopal 等（1998）试验表明，前期试管苗在 25 ℃ 条件下培养，到生长后期温度降低至 18 ℃ 时可以逐渐诱导试管中块茎形成，能够较为明显地提高试管中单株结薯个数以及薯块的重量。Geigenberger 等（1998）研究证实，高温对马铃薯块茎生长的抑制作用主要是因为温度过高会诱导马铃薯植株呼吸作用加强，导致 3 - 磷酸甘油酸（3 - PGA）含量急剧下降，进而抑制与块茎形成关系密切的 ADP - 葡萄糖焦磷酸化酶（ADP - PGLC）的生物活性，最终导致块茎内淀粉合成受阻。

光周期是诱导马铃薯块茎形成的一个关键环境因子，大量研究表明短日照条件对马铃薯块茎的分化和形成有促进作用，通常高温短日照下块茎的产量要比高温长日照下高，日照时间以 11～13 小时为宜，因为在短日照条件下，植株叶片会合成某种促进块茎形成的激素，传到基部刺激块茎的形成。早期 Blanc 等（1986）采取控制光照以及使用不同光源等方式对马铃薯试管苗块茎形成的影响进行研究，试验发现每天光照 8 小时试管结薯数明显比每天光照 16 小时高，且采用荧光灯作为光源比采用白炽灯更有利于促进试管中块茎的形成。柳俊等（1994）发现，当试管苗生长 30 天时，对其先进行 48 小时黑暗处理，再每天进行 8 小时的短日照处理更有利于葡匐茎的发生以及块茎形成和膨大。刘梦芸等（1994）通过对光照的处理，发现短日照处理下马铃薯块茎形成较长日照提早近 20 天，且在块茎形成后的 1 个多月时间里，块茎的大小以及重量都高于长日照处理，但结薯数减少，植株生长受到抑制，淀粉含量降低。马伟清等（2010）研究了光照时间、强度及温度对试管薯诱导的影响，发现短光周期培养有利于试管薯的诱导，但产生的试管薯较小，适当延长光照时间有利于诱导产生较大的试管薯，且不同品种所需光照度不同。

光周期调控马铃薯块茎形成是一个复杂的调控过程，谢婷婷等（2013）通过光周期诱导马铃薯块茎形成的分子机理研究，发现马铃薯的块茎形成与拟南芥等植物的开花过程有较多相似之处，大量参与植物开花的重要基因如光敏色素、*CONSTANS*、*FLOWERING LOCUS T*、*LOV* 蓝光受体蛋白家族及 *CDF* 转录因子等在马铃薯块茎形成过程中起到重要的调控作用；此外在马铃薯中发现的同源异型框基因 *POTH1* 及其相互作用基因 *StBEL5* 也在块茎形成过程中发挥着重要作用。Yanovsky 等（2000）研究发现，光敏色素中的 *PHYA* 与 *PHYB* 能够分别在远红光和红光条件下感知光信号，并将信号传递下去，最终调控马铃薯块茎形成。研究人员还发现，马铃薯中转基因表达 *StCDF1* 后，植株块茎形成能力显著提高，说明 *StCDF1* 的表达水平与马铃薯块茎形成有密切关系。

块茎形成过程中对水分的需求有所不同，武朝宝等（2009）对马铃薯整个生育期需水量进行试验研究，结果表明马铃薯的块茎形成期、块茎膨大期与淀粉积累期对水分的需求较多，如果水分不足会影响块茎形成和膨大。Shock 等（1992）研究表明在严重干旱条件下播种，将会明显延迟马铃薯结薯时间，使块茎形成期缩短。乌兰（2015）等研究表明，苗期适度水分亏缺有助于提高块茎产量，主要是通过控制结薯数与增加块茎重量产生增产效应。Ahmadi 等（2017）研究发现在水分亏缺灌溉下，根系生物量与马铃薯块茎总产量呈显著正相关关系。Cantore 等（2014）和 Levy 等（2013）认为在马铃薯的整个生育期给予适当的水分供应可以促进块茎形成，显著提高马铃薯的单株产量、单薯重与大薯比例。

马铃薯在块茎形成过程中需要多种营养元素，其中氮、磷、钾是必需的矿物质营养。大量研究发现，氮、磷、钾配合使用，对马铃薯的生长发育起到促进作用。关于氮肥对马铃薯块茎形成的影响，张宝林等（2003）发现充足的氮肥供应，可以促进马铃薯茎叶生长，增加叶面积指数，增强光合作用，进而对块茎膨大有重要影响。苏亚拉其其格等

（2015、2016）论述了氮素对马铃薯块茎形成的影响及机理，认为氮素水平过高或过低均不利于块茎的形成和发育，并且不同马铃薯品种对氮素的需求不同，对于特定基因型的品种，适宜的氮素水平才有利于块茎发育。李明月（2014）论述了氮肥管理对马铃薯块茎生长发育的影响，提出合理施用氮肥可以通过提高单株结薯数和平均薯块重来有效增加马铃薯产量。关于钾肥的作用，刘克礼等（2003）指出，钾素影响着植株叶绿素含量、光合作用效率以及光合产物的运输，对块茎中淀粉积累以及块茎品质提升有着重要的作用。尹梅等（2015）发现，马铃薯在块茎膨大期和淀粉积累期对钾素的需求处于高水平。马铃薯对磷肥的需求相对于氮肥和钾肥较少，但磷肥依然对块茎形成有着重要影响。磷肥充足时，早期可以促进根系生长，后期则有助于淀粉合成和积累，对块茎膨大起到重要作用，高聚林等（2003）通过试验发现磷素对块茎增大有着重要影响。还有研究表明施用磷肥可以促进植株对氮素的吸收，进而促进块茎形成，而且同时施用磷肥和钾肥可使马铃薯的成熟期提前，降低块茎中还原糖含量，提高淀粉含量。此外，在块茎形成过程中还需要其他的中量元素和微量元素，如 B、Ca、Mg、S、Zn、Cu、Fe、Mn 等，缺少这些元素会影响植株正常生长，进而对块茎形成造成影响。有研究报道，Cu 对马铃薯块茎中淀粉含量影响最大，其次为 Mn、B、Fe 和 Zn。

蔗糖对马铃薯块茎形成也有显著作用。巩慧玲等（2016）论述了蔗糖调节马铃薯块茎形成机制的研究进展，得出高浓度蔗糖能够促进马铃薯结薯，其作用机制可能有多种途径。一是蔗糖可特异性调控结薯相关基因如 *patatin class I*、*CDPK1* 等的表达，进而调控结薯；GA、CTK、JA 等激素也能够通过调节蔗糖代谢而促进或抑制块茎形成。二是蔗糖转运蛋白 SUT1、STU4 通过主动运输蔗糖或调控结薯关键基因 *CO* 等表达调控结薯。Khuri 等（1995）分析认为，蔗糖对马铃薯结薯的诱导作用可能是因为蔗糖更有利于马铃薯吸收和代谢。Geigenberger（2003）认为在马铃薯块茎发育过程中，高浓度蔗糖能够促进储藏蛋白的合成，诱导蛋白酶抑制剂、Patatin 和 AGPase 相关基因的表达，加速淀粉合成，从而促进块茎淀粉的积累。王迎男等（2015）研究了外源蔗糖供应对马铃薯块茎形成的影响，得出外源蔗糖供应对块茎形成有影响，8％蔗糖处理诱导马铃薯结薯效果最佳。

内源激素对块茎形成的作用，也有研究报道。其中赤霉素类（GA₃）物质对马铃薯块茎形成的影响，刘梦芸等（1997）认为 GA₃ 对块茎形成有抑制作用；肖关丽等（2010）也发现 GA₃ 是抑制马铃薯块茎形成的重要因子；Aksenova 等（2009）认为 GA[①] 促进细胞伸长生长而延缓块茎的横向生长，从而降低块茎的库容量而不利于块茎形成；但郭予榕（1996）试验发现 GA 块茎重量的提高，可能是通过调节植株体内 6－BA 的平衡实现的；张志军等（2003）试验表明外源添加 GA 能够促进马铃薯茎、叶以及匍匐茎的生长，但是会抑制块茎形成，而外源添加 GA 生物合成抑制剂能够降低马铃薯植株体内的 GA 水平和活性，进而促进块茎形成。脱落酸（ABA）对马铃薯块茎形成的影响研究不一致，肖关丽等（2010）研究表明脱落酸（ABA）以及茉莉酸（JA）含量升高与植株衰老的关系比与块茎形成的关系更为密切；Menzel（1980）认为外源喷施 ABA 可以抑制匍匐茎的伸长生长，但会促进块茎形成并使块茎开始发育时间提前；刘梦芸等（1997）也认为 ABA 的

---

① GA 指神经节苷脂，是一种复合糖脂，是细胞膜的重要组成部分。——编者注

含量随块茎的形成而增加，外加 ABA 处理对块茎形成有明显的促进作用；但郭得平（1991）认为 ABA 的主要作用是抵消 GA$_3$ 的活性，本身并不能诱导块茎形成；蒙美莲等（1994）认为 ABA 与 GA$_3$ 处于一定平衡水平时才开始形成块茎，且在块茎形成期间，ABA 与 GA$_3$ 的比值一直较高。有关细胞分裂素（CTK）对马铃薯块茎形成的影响，其报道也不一致，田长恩（1993）认为 CTK 可以诱导匍匐茎顶端膨大，从而促进块茎形成；宋占午（1992）试验表明 CTK 含量与马铃薯块茎形成没有明显的联系；还有其他报道称 CTK 对块茎形成有抑制作用，出现这种矛盾的情况可能是因为 CTK 的作用决定于其与其他激素的共同作用或作用时间不同。关于生长素（IAA）对马铃薯块茎形成的影响，李曙轩（1992）认为 IAA 对块茎形成有促进作用；胡云海（1992）也得出同样的结论，内源 IAA 的上升有利于块茎形成；杜长玉（2000）认为生长素类物质是马铃薯生长发育所必需的调节物质，具有延长光合时间、促进根系发育，从而可以提高产量的作用；但 Kumar 等（1974）认为 IAA 的浓度过高对块茎形成有抑制作用；王军等（1984）认为 IAA 虽能增加试管薯大小，但对块茎形成并无诱导作用。乙烯对马铃薯块茎形成的影响也有两种不同观点，一些研究学者认为乙烯可以促进块茎形成，但另一些研究学者认为乙烯对块茎形成有抑制作用。Vregdenhil（1989）认为存在这种分歧主要是因为乙烯对匍匐茎的伸长以及块茎发生有双重作用，但他发现乙烯对块茎形成的抑制作用十分短暂，因此可以认为乙烯是可以促进块茎形成的。其他植物激素对马铃薯块茎形成的影响也有报道，Cenzano 等（2003）认为茉莉酸（JA）可以诱导马铃薯匍匐茎顶端分生组织的形成，从而促进块茎发育；Sohn 等（2011）也发现 JA 和 MeJA[①] 通过抑制匍匐茎的伸长从而促进顶端细胞的膨大，最终促进块茎膨大；还有试验结果表明，施用一定浓度多效唑可以增加块茎数量和重量，进而提高产量；在一定时期内施用一定浓度丁酰肼（B9）也可以调节营养物质运输，从而使更多同化产物向块茎运输，增加块茎数目，加快块茎膨大速率，进而提高产量。

（三）马铃薯地上与地下部分生育时期的对应关系

马铃薯地上部分与地下部分生育时期及对应关系如图 2-1 所示。

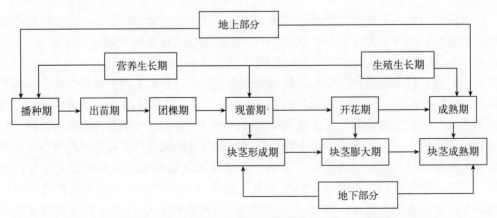

图 2-1 马铃薯地上部分与地下部分生育时期及对应关系（郑太波，2016）

---

① MeJA 指茉莉酸甲酯，是调节植物应激反应的天然植物生长调节物质。——编者注

三、生育阶段

马铃薯的生育阶段划分为 6 个，分别为芽条生长阶段、幼苗阶段、块茎形成阶段、块茎增长阶段、淀粉积累阶段和块茎成熟阶段。不同生育阶段对田间管理要求不同，充分了解马铃薯各生育阶段的特点，可以有针对性地为其配备相应的农艺措施，实现马铃薯高产高效栽培。

（一）芽条生长阶段

芽条生长阶段为种薯（块茎）播种后芽眼萌芽至幼苗出土的阶段。该阶段主要进行芽条生长和根系生成，是保证马铃薯正常出苗、形成壮株和结薯的前提。播种时，种薯上的芽眼便有萌发迹象，播种后，芽眼萌芽，形成幼芽。幼芽是靠节间的连续发生并伸长扩展而生长的。因此，随着幼芽的生长，幼根在幼芽基部的几个节上发育，同时幼芽基部形成地下茎，节数多为 8 节，在每个节上先发生匍匐根 3～6 条，之后发生匍匐茎 1～3 条。

该阶段生长时间长短与品种特性、种薯发育状态、播种时间以及栽培技术措施有关，一般从播种到出苗需 3～4 周。其芽条生长和根系生成的关键因素取决于种薯本身，即种薯休眠解除的程度、种薯生理年龄、种薯中营养成分及其含量和种薯是否携带病毒等。外界主要影响因素为温度，当土温稳定在 5～7 ℃时才可播种，适宜温度为 10～18 ℃。该阶段作为马铃薯高产的基础，其栽培主攻方向是选择优质种薯和地力肥沃的沙壤土田块，满足芽条生长阶段所需营养，适期播种，根据土壤墒情播种后适量浇水，苗前及时耙地松土，通过栽培措施充分调动种薯中的养分、水分以及内源激素，促进芽条生长、根系生成以及叶原基的分化和生长。

（二）幼苗阶段

幼苗阶段为幼苗出土至现蕾的阶段。该阶段主要进行茎叶生长和根系发育，匍匐茎的伸长、花芽以及侧枝茎叶的分化也在此阶段发生。幼苗出土后，仍从种薯中吸取养分，根茎生长很快，平均每 2 天便长出一片新叶，匍匐茎在出苗后 7～10 天伸长，再经 10～15 天顶端膨大，开始现蕾时顶端停止极性生长，块茎开始形成，幼苗阶段结束。

该阶段生长时间一般为 15～20 天，早熟品种一般为第六叶展平，晚熟品种一般为第八叶展平。该时期虽植株总生长量不大，对肥水需求也较少，占全生育期的 15% 左右，但决定着匍匐茎数量和根系的发达程度，关系着马铃薯产量的形成，是承上启下的时期。栽培主攻方向为及早中耕，注重肥水管理，促进根系向深扩展，增加匍匐茎数量，满足茎叶生长和根系发育所需的氮、磷元素和水分，保证茎叶和根系的协调生长，为后期块茎形成和高产打好基础。

（三）块茎形成阶段

块茎形成阶段为现蕾至开花初期（第一花序开始开花）的阶段。该阶段主要进行茎叶生长和块茎形成，生长特点为由地上部茎叶生长（营养生长）转向地上部茎叶生长（营养生长）与地下部块茎形成（生殖生长）同时并行。此时期主茎现蕾并急剧伸长，株高达到最大株高的 50% 左右，主茎叶建成，分枝叶扩展，匍匐茎顶端膨大开始形成块茎，第一花序开始开花进入开花初期，块茎形成阶段结束。

该阶段生长时间一般为 20～30 天，块茎形成后最大块茎直径达到 3～4 厘米。此时期尽管块茎增长速度慢，但是块茎形成快，是决定单株结薯数的关键时期，因此需要大量的营养物质来满足茎叶生长和块茎形成的需求，建立强大的同化体系，为块茎增长打好基础。栽培主攻方向为满足生长所需的水肥条件，促进茎叶生长，防止氮素过多造成茎叶徒长，与此同时结合中耕培土，合理调控温、光，控秧促薯，使茎叶生长转向块茎生长。

（四）块茎增长阶段

块茎增长阶段为开花期或盛花期至茎叶基部开始衰老的阶段。该阶段主要进行块茎膨大，决定着块茎大小，进而决定着经济产量的形成，是马铃薯全生育阶段极为关键的时期。此时期茎叶仍在增长，叶面积和株高逐渐达到最大值，植株的光合产物快速向块茎转移，块茎的体积和重量急速增加达到盛期，栽培条件适宜时，可增加 20～50 克。

该阶段生长时间一般为 15～25 天，受品种、栽培季节、气候条件、管理措施以及病虫害的影响，其生长时间长短会有所变化。在北方一作区，早熟品种的块茎增长阶段与开花期相一致，中晚熟品种与盛花期相一致。此时期是茎叶达到顶值的时期和块茎膨大盛期，约 80% 的产量在此阶段形成，是马铃薯生长周期中水肥需求最多的时期。栽培主攻方向为满足水肥需求，在陕北地区及时抓住降水时机进行追肥，有灌溉条件的可以 7～10天浇水 1 次，注重增施钾肥和防治病虫害，加强田间管理，延长茎叶生长时间，增加光合产物，防止早衰。

（五）淀粉积累阶段

淀粉积累阶段为茎叶开始衰老至茎叶约 70% 开始枯黄的阶段。该阶段主要进行淀粉积累，光合产物不断向块茎输送，块茎体积不变，块茎重量则持续增加。此时期地上部茎叶不再生长，基部茎叶开始衰老枯黄，直至茎叶约 70% 开始枯黄，这时块茎易从匍匐茎顶端脱落，周皮加厚，薯皮易剥离，块茎由成熟逐渐转入休眠期。

该阶段生长时间一般为 20～30 天，是马铃薯一生中淀粉积累速度最快的阶段。随着淀粉不断积累，干物质、蛋白质、微量元素含量相应增加，糖分和纤维素逐渐减少。该时期关系着马铃薯的品质问题，其栽培主攻方向为合理浇水和追施叶面肥，防止茎叶早衰，避免水分、氮肥过多，造成贪青晚熟或烂薯，影响产量和品质，同时注意加强该区域早霜天气防范工作。

（六）块茎成熟阶段

块茎成熟阶段一般为茎叶枯萎至块茎开始收获的阶段。此时期茎叶接近枯萎，块茎中的淀粉含量达到最大值，块茎充分成熟。

该阶段生长时间变化很大，在生产实践中没有绝对的成熟期，根据市场需求以及栽培目的成熟期会有所变动。陕北区域，一般早熟品种茎叶枯萎时开始收获，中晚熟品种会因生长期和初霜期的限制未等到茎叶全部枯萎即开始收获。该期栽培主攻方向是适时收获，选择晴天进行，有灌溉条件的收获前 10～15 天停止浇水。

第二节　影响马铃薯生长发育的因素

一、温、光、水条件的影响

（一）温度的影响

温度对马铃薯的影响是一个复杂的生态、生理问题，本节仅从作物栽培的角度来论述温度对马铃薯生长发育的影响。

马铃薯性喜凉，忌高温和霜冻，生育期间温度过高或过低对马铃薯的正常生长和发育均有影响，以平均气温 17～21 ℃为宜。全生育期需有效积温 1 000～2 500 ℃（以 10 厘米土层 5 ℃以上温度计算），多数品种为 1 500～2 000 ℃。在播种前，块茎便有萌发迹象，块茎萌发的最低温度为 4～5 ℃，当土温稳定在 5～7 ℃时才可播种，播种后，马铃薯的生长发育在不同生育阶段对外界温度要求不同。

芽条生长阶段一般需要积温为 260～300 ℃，早熟品种要求较低，中晚熟品种则要求较高。该阶段芽苗生长的水分和养分都由种薯供给，温度便是这时的关键因素。所需适宜温度为 13～18 ℃，在此温度下芽条生长苗壮，发根少；最低温度不能低于 4 ℃，否则种薯不能发芽；最高温度不能超过 36 ℃，否则块茎不萌发且造成大量烂种。新收获块茎的芽条生长则要求 25～27 ℃的高温，但生长出的芽条细弱且根数少。种薯播种后，如果遇到持续 5～10 ℃的低温，就会造成幼芽不易出土甚至形成"梦生薯"（马铃薯萌芽后受低温影响幼芽膨大而形成小薯块）。

幼苗阶段开始进入茎叶生长期，直到块茎增长阶段达到峰值。茎叶生长的适宜温度为 15～21 ℃，最低温度为 7 ℃，日平均温度达到 25～27 ℃时，茎叶生长就会受到影响，光合作用减弱，呼吸作用旺盛，蒸腾作用加强，当土温在 29 ℃以上时，茎叶生长停止。幼苗时，容易受倒春寒影响，当温度低于－1 ℃时，出现明显的冻害，低于－3 ℃时，幼苗全部冻死。对花器官的影响主要是夜温，夜温 12 ℃形成花芽，但不开花，18 ℃时大量开花。

块茎形成的适宜温度为 20 ℃，低温更有利于块茎形成，如在 15 ℃出苗后 7 天形成，25 ℃出苗后 21 天形成，温度高于 29 ℃时，块茎发生次生生长并形成畸形小薯。有研究表明，马铃薯块茎形成和干物质积累在较低的温度下会达到最优效果。

块茎增长的适宜温度为 15～18 ℃，高于 20 ℃时块茎增长速度减缓，高于 25 ℃时块茎生长趋于停止，在 29 ℃以上时，块茎完全停止生长。高温对块茎生长的不利影响，主要是呼吸作用加强，植株养分多被茎叶消耗，不利于光合产物向块茎中运输。研究发现变化的昼夜温度更能有效地促进块茎生长，且能避免连续光照对马铃薯植株造成的伤害。夜间温度低，可以使植株和块茎的呼吸作用减弱，养分消耗减少，利于块茎中光合产物的积累。如果昼夜温差不大，或者夜温不低于日温，白天的光合产物向下运输速率就会降低甚至不运输。陕北区域，昼夜温差大，更有利于块茎的膨大和淀粉积累。

块茎成熟时应及时收获，因为马铃薯抗低温能力较差，当气温降到－4 ℃时，块茎易发生冻害。

在陕北夏马铃薯栽培方面，马铃薯种植户为了追求提早上市，尤其在榆林市的定边县和靖边县，最早会在 3 月 15 日开始播种，这时地温没有达到播种要求，播种时需要覆盖白色薄膜，提高地温，促进马铃薯提早发芽，减少低温引起的黑痣病和"梦生薯"的发生。在出苗时，需要人工破膜，或者培土压膜，一是促进出苗，二是保证在 7—8 月地温不至于太高，影响薯块膨大和淀粉积累。同时在 7—8 月，有条件的地方要勤灌溉，达到降低地温的目的，促进薯块膨大和淀粉积累。

（二）光照的影响

1. 光周期的影响

（1）光周期对马铃薯地上部分的影响。 马铃薯属于长日照植物，长日照条件促进植株地上部分的花芽分化、开花和结实，在"源、流、库"的关系中，有利于"源"的作用。

在长日照条件下，光照 16 小时左右，枝叶生长旺盛，植株健壮，芽的寿命变长，容易开花结果。在弱光条件下，如树荫下或与玉米等高秆作物间套作时，光照不足，植株矮小，茎叶嫩弱，开花少。

光周期由叶片感知，并且叶子的局部受光可能影响马铃薯植株对光周期的反应。研究发现，植物开花时间由生物钟信号和光信号重叠一致来调节，由 CO（CONSTANS）基因的转录丰度和 CO 蛋白的稳定性共同决定，而 CO 蛋白的存在状态在不同的光照条件下有差异。长日照（LD）条件下 CO 蛋白在午后最稳定，而短日照（SD）条件下 CO 蛋白整天都不稳定。CO 基因的表达受光周期调节，长日照（LD）条件下 CO 的表达会引起开花基因 FT 的表达，进而诱导开花；短日照（SD）条件下 CO 的表达只出现在夜间，而此时开花基因 FT 不表达，花期推迟。因此，长日照条件可以促进 CO 蛋白积累和引起开花基因 FT 的表达，进而诱导植株开花。Lorenzen 和 Ewing（1991）研究表明，叶面积在 10 小时短日照（SD）或 18 小时长日照（LD）的全光照条件下迅速增加，与之相比 10 小时全光加 8 小时暗光（DE）条件对短期叶生长有明显的抑制作用。张永成（1996）以青薯 168 为试验材料，研究了日照时数对马铃薯的生长发育影响，发现日照时数与株高有着密切的关系，二者之间呈极显著正相关关系，随着日照时数的增加，植株高度也在增加；叶面积与日照时数也呈显著正相关关系；茎叶重与日照时数关系为茎叶重先随着日照时数的增加而增加，但长到一定重量后则下降。李华鹏等（2018）以中早熟品种川芋 10 号为试验材料，在室内利用 LED 灯增加每日光照时间（12 小时、14 小时、16 小时），研究了在成都平原地区增加光照时数对马铃薯开花的影响效果，结果表明延长光照时数增加了每日开花的数量、开花的周期，并且增强了马铃薯开花期对低温的抵抗能力。

马永珍等（2020）以国外 2 号、闽薯 1 号和青薯 9 号等 3 个马铃薯品种为试验材料，设定 3 种不同光周期，分别为 8 时/天、12 时/天和 16 时/天，通过分析马铃薯的表型性状和生理生化指标筛选出能够反映马铃薯光周期敏感性的指标性状，对 3 个马铃薯品种的光周期相对敏感性进行分析，结果表明：3 个马铃薯品种表型性状，鲜质量、干质量、茎粗和根长均随光照时数的延长而增加；方差分析表明，光周期对马铃薯的干质量、根数有极显著影响，对鲜质量以及总根长有显著影响；品种对株高和根数有极显著影响；光周期与品种互作效应对茎粗、可溶性蛋白含量、过氧化氢酶（CAT）活性、超氧化物歧化酶（SOD）活性、丙二醛（MDA）含量和脯氨酸（Pro）含量均有极显著影响。

（2）光周期对马铃薯地下部分的影响。 马铃薯虽然是长日照植物，但是马铃薯栽培的目的是收获地下营养器官——块茎。大量实验和实践证明，短日照条件可以促进块茎的分化、形成和发育，有利于淀粉等的积累，也有利于一些内源激素的积累。

马伟清等（2010）研究了不同光周期对费乌瑞它、大西洋和克新 1 号的影响，结果表明 3 个品种对光周期的敏感度不同，大西洋最为敏感，黑暗诱导的前 2 天，长光周期培养的试管苗没有试管薯产生，而克新 1 号最不敏感，黑暗诱导 2 天后，各个处理都有试管薯产生，只是长光周期培养的试管苗产生的试管薯少一些。刘梦芸等（1994）以晋薯 2 号为材料，进行长日照（自然光照长度）处理和短日照（每天 8 小时光照）处理，结果表明短日照处理使块茎形成显著提早，但使结薯数减少，植株茎叶生长受抑，块茎淀粉含量降低；同时短日照处理使叶片中 ABA 含量提早增高，GA_3 含量提早减少，GA_3 与 ABA 的比值提早显著降低。龙维彪等（2013）以马铃薯米拉的脱毒试管苗为材料，在 0 时/天、

4时/天、8时/天和12时/天的光照条件下培养诱导试管苗结薯，结果表明，全黑暗条件有利于促进米拉试管薯的形成，试管苗的结薯率、平均单薯重和每瓶结薯个数均较高；在光照度为2 000～2 500勒克斯时，4时/天的光照时间对试管薯诱导形成的效果最好。张小川等（2017）以青薯9号脱毒苗为材料，也研究了不同光周期（8时/天、10时/天、12时/天和14时/天）对试管薯形成的影响，结果发现不同光照周期对试管薯的形成影响效果显著，黑暗有助于试管薯的形成，与光照时间长的处理相比，光照时间短的处理的试管薯结薯率、结薯个数和小薯率相对较高，但是单瓶产量和单粒薯重却相对较低；10时/天的光周期处理效果最好，产量为1 019.1毫克/瓶，平均结薯1个/株，单瓶结薯率为92%，其中大薯率26%，中薯率54%。研究者还对野生型马铃薯品种 S. andigena 进行处理，发现该品种只在8小时光照/16小时黑暗条件下能形成块茎，而在16小时光照/8小时黑暗条件下则不能形成块茎，并且即使是在8小时光照/16小时黑暗条件下，仅在午夜补充15分钟的光照都会导致马铃薯不能形成块茎，说明马铃薯野生型品种结薯严格受到短日照调控，同时也说明诱导块茎形成的是黑暗持续的时间，而不是光照持续的时间。

　　Martinez-Garcia等（2002）最先研究了拟南芥来源的 AtCO 基因对马铃薯块茎形成的影响，发现相比野生型马铃薯植株，过表达 AtCO 的转化植株在短日照条件下块茎形成推迟了7周以上；进一步的嫁接试验显示，野生型马铃薯上部嫁接到 AtCO 过表达植株中并不影响马铃薯块茎形成，反之则显著推迟马铃薯块茎形成。

　　2. 光照度的影响　马铃薯光饱和点为3万～4万勒克斯。光照度大，叶片光合强度高，块茎产量和淀粉含量均高。

　　马铃薯在不同生育期对光照度要求不同，在幼苗期、团棵期和结薯期需要较强的光照。光照充足，其他条件得到满足，马铃薯便生长旺盛，茎秆粗壮，光合产物多，薯块大，产量高。因此高海拔和高纬度地区，因为光照强、温差大，适合马铃薯的生长和养分积累，通常可以获得较高的产量。

　　日长、光强和温度三者之间有互作效应。在强光照、较短日照下同一品种的植株高度较长日照条件下矮；高温、弱光和长日照会使茎叶徒长，块茎几乎不能形成；开花则需要强光、长日照和适当高温；高温、短日照下块茎的产量往往要比高温、长日照下高。

　　光照度也会因品种不同而有所变化。马伟清等（2010）以早熟品种费乌瑞它、中熟品种大西洋和晚熟品种克新1号为试验材料，在不同光照度〔20微摩/（米²·秒）、40微摩/（米²·秒）、60微摩/（米²·秒）、80微摩/（米²·秒）〕处理下，研究了光照强度对试管薯诱导的影响，结果发现不同品种对光照度的反应不同，其中费乌瑞它和克新1号在80微摩/（米²·秒）的光照条件下产生的试管薯数量最多，大薯率和总重量也最高，而大西洋在20微摩/（米²·秒）的光照条件下试管薯数量、大薯率和总重量达到最优效果。李润等（2013）以青薯9号和黔芋1号试管苗为材料，研究了不同光照度（14时/天光照，强度2 000勒克斯；自然光；黑暗条件）对马铃薯脱毒试管苗生长的影响，结果表明14时/天光照、强度为2 000勒克斯，是马铃薯脱毒试管苗生长的最优光照条件，其次为自然光条件。郭佳卓等（2021）以二倍体马铃薯5个品系和四倍体马铃薯7个品种为材料，置于光照培养箱培养，设置3种光照度：3 000勒克斯（CK）、1 800勒克斯（60%）和600勒克斯（20%），对组培苗进行12时/天照射处理，28天后测定其植株性状和生理生化特性，结果表明，在组培苗生长过程中给予100%光照度其植株性状最佳，且在弱光下，二倍体和四倍体马铃薯组培苗表现情况基本一致；随着光照度的降低，二倍体马铃薯组培苗叶片的动力学荧光参数最大光化学量子产量 F_v/F_m 先升后降，四倍体显著下降；在弱光下，快速光曲线参数最大电子传递速率 ETR_{max}、半饱和光强 Ik 和光能利用率 α 也显著低于对照，说明光照度降低会导致植株光合作用降低，光合能力受到抑制。米宝琴等（2019）通过一步法进行试管微型薯的诱导，研究在试管苗培养的 50 天中，不同光照度对大西洋和陇薯 3 号试管微型薯诱导的影响，结果表明，就结薯数而言，大西洋适宜的光照度是全黑暗，而陇薯 3 号则是自然光；关于微型薯的直径，大西洋在自然光下最好，与全黑暗存在显著性差异（$P<0.05$），陇薯 3 号也是自然光最好，但其与强光存在显著性差异（$P<0.05$）；就其薯质量而言，大西洋在自然光下可达到 55.66 毫克，与其他处理存在显著性差异（$P<0.05$），陇薯 3 号在自然光处理下与全黑暗、强光存在显著性差异（$P<0.05$）；大西洋品种更利于试管微型薯的诱导。

（三）水分的影响

1. 水分的生理作用 水分对马铃薯维持正常生长起着重要作用，它不仅是马铃薯的重要组成部分，还是马铃薯新陈代谢、营养物质的吸收和转化所不可缺少的。与其他作物相比，马铃薯是需水较多的作物，且对水分敏感。水分亏缺会直接对马铃薯造成伤害，而水分过度饱和也会间接对马铃薯造成伤害，当植株长期浸泡在水中时，会使根系进行无氧呼吸，在呼吸过程中产生有毒物质进而对植株造成伤害。

马铃薯植株光合作用和呼吸作用一刻也离不开水，水分不足，影响养分制造和运输，造成茎叶萎蔫，产量下降。研究表明，每生产 1 千克马铃薯鲜块茎，需要吸收 140 千克左右的水。马铃薯生长所需要的各种矿质营养元素，都必须溶解于水，呈离子状态才便于根系吸收利用，否则施肥再多，也不被根系吸收利用。植株光合产物的运输需要以水为载体，在马铃薯全生育期内，必须提供足够的水分才有助于块茎发育。如在马铃薯块茎形成期缺水会使块茎周皮细胞木栓化，当水分充足时，块茎又恢复生长，形成畸形薯，影响商品性。马铃薯植株直立、叶片扩展以及花朵开放等也需要水分参与，当细胞含有充足水分时，可以保持细胞膨胀，使马铃薯植株保持固有体态。

武朝宝等（2009）对马铃薯整个生育期需水量研究表明，马铃薯的块茎形成期、块茎膨大期与淀粉积累期对水分的需求较多。马铃薯块茎形成期至块茎膨大期，也是植株体内营养分配由供应茎叶生长为主转向供应块茎膨大为主的转变时期，该期的生长由以细胞分裂为主转向以细胞体积增大为主，是需水量最多的时期，一般耗水量占全生育期总耗水量的 50%，若水分不足，块茎不能迅速膨大导致严重减产，此时期也是对水分最为敏感的时期，过多的水分也会对马铃薯生长不利，若土壤水分过多，则会引起茎叶徒长甚至倒伏，进而影响块茎的产量形成。淀粉积累期也需要适量的水分，以维持植株绿叶面积，有利于有机物向块茎运输，促进块茎产量的形成。李志涛等（2022）以马铃薯品种海斯薯为试验材料，于 2018 年和 2019 年在大田遮雨棚和膜下滴灌条件下设置 6 个田间持水量梯度处理（分别为 85%～95%、75%～85%、65%～75%、55%～65%、45%～55% 和不灌水处理），研究了不同田间持水量对马铃薯叶片的生理特性（SOD、MDA、Pro）、光合特性（Pn、Ci、Gs、Ls）及块茎产量的影响。结果表明，随田间持水量降低，光合速率（Pn）和气孔导度（Gs）逐渐下降，膜脂过氧化产物丙二醛（MDA）和脯氨酸（Pro）含量逐渐升高，气孔限制值（Ls）和超氧化物歧化酶（SOD）活性呈先升后降的变化趋势，

而细胞间隙 CO_2 浓度（Ci）则呈先降后升的变化趋势。其中，持水量 $65\%\sim95\%$ 处理的光合速率（Pn）和气孔导度（Gs）显著高于其他处理；持水量 $55\%\sim65\%$ 处理的超氧化物歧化酶（SOD）活性和气孔限制值（Ls）显著高于其他各处理，但其细胞间隙 CO_2 浓度（Ci）最低。根据细胞间隙 CO_2 浓度（Ci）和气孔限制值（Ls）的变化趋势分析得出：持水量 $55\%\sim65\%$ 可能为气孔限制与非气孔限制因素的临界区间；持水量 $55\%\sim65\%$ 处理下膜脂过氧化产物丙二醛（MDA）和脯氨酸（Pro）含量显著高于其他各处理，说明田间持水量低于 55% 时，膜脂过氧化程度较高，植物细胞受到严重损伤；持水量高于 65% 处理下的块茎产量显著高于其他处理，相较于不灌水处理显著增加了 $138.82\%\sim257.61\%$，补偿效应显著；持水量 $75\%\sim85\%$ 处理下产量最高，平均产量为 4.53 千克/米²。

2. 马铃薯的需水量和需水节律 马铃薯是需水较多的作物，但不同生育期需水量明显不同。在整个生育期间，土壤湿度保持在田间持水量的 $60\%\sim80\%$ 为宜。

芽条生长阶段对水分要求不高，芽条生长靠种薯中的水分便可正常进行，待芽条长出根系从土壤中吸收水分后方可正常出苗。此阶段土壤含水量保持在田间持水量的 $40\%\sim50\%$ 即可，即使缺水，只要种薯不要过小，也能正常萌动、发芽和出苗，具有一定的抗旱能力。

幼苗阶段对水分需求也不大，占一生总需水量的 $10\%\sim15\%$，土壤含水量保持在田间持水量的 $50\%\sim60\%$ 为宜，可以促进植株根系充分发育，为后期生长创造有利条件。当土壤含水量低于田间持水量的 40% 时，会对茎叶生长产生不良影响。

块茎形成阶段对水分需求明显增加，占全生育期总需水量的 30% 左右，土壤含水量保持在田间持水量的 $70\%\sim75\%$ 为宜，可以提高植株对 N、P、K 的吸收速率，促进茎叶生长，为块茎膨大提供物质基础。为防止后期茎叶徒长，可以适当降低土壤水分。

块茎增长阶段对水分需求最大，全生育期总需水量的 $45\%\sim50\%$，土壤含水量保持在田间持水量的 $75\%\sim80\%$ 为宜。此阶段茎叶和块茎的生长达到一生的高峰，是马铃薯需水临界期，需要保证水分的均匀供给。如果前期水分不足，后期又进行充分灌溉，就会形成各种畸形薯。

淀粉积累阶段对水分需求减少，占全生育期总需水量的 10% 左右，土壤含水量保持在田间持水量的 $60\%\sim65\%$ 即可，一方面可以促进块茎表皮木质化，收获时减少损伤，另一方面也可以避免收获时土壤过分干燥而对块茎表皮进行摩擦损伤。

总体来说，马铃薯全生育期的需水规律是前期耗水量小、中期变大、后期又减小的近似抛物线的变化趋势。不同种植区域，不同品种对水分需求不同，必须依据当地常年降水情况、降水季节以及品种特性来满足马铃薯对水分的需要量和需水节律。

3. 马铃薯植株（地上和地下部分）的水分循环和平衡 在正常情况下，马铃薯植株一方面蒸腾失水，另一方面又不断地从土壤中吸收水分，在其生命活动中形成了吸水与失水的连续运动过程，从而保持水分循环。当植物吸水与用水、失水达到和谐动态关系时，植株水分达到动态平衡，可以维持马铃薯进行旺盛的生命活动。

马铃薯的蒸腾系数为 $400\sim600$。植株中水分占比 90% 左右，块茎中水分占比 80% 左右。若年降水量 $400\sim500$ 毫米，且均匀分布在生长季节，即可满足马铃薯对水分的需求。当马铃薯植株的叶水势为 -0.35 兆帕时，马铃薯叶片的气孔开始关闭，通过减弱蒸腾作用来减少水分消耗。与谷类作物在 -1 兆帕时和棉花在 -1.3 兆帕时才开始关闭气孔相比，马铃薯抗水胁迫的能力显然要弱得多。

土壤水分因土壤、植株的蒸发和蒸腾作用而逐渐消耗,当水分由田间持水量损失到作物生长开始受限制的水量时,这一水量称临界亏缺。临界亏缺值以降水量单位"毫米"表示,它相当于土壤恢复到田间持水量所需补充的水量。马铃薯的水分临界亏缺值估计为25毫米,这相当于每亩17米^{3}的水量。土壤水分消耗超过这一临界值时,马铃薯叶片的气孔便缩小或关闭,蒸腾速率随之下降,生理代谢不能正常进行,生长受阻,从而导致减产。

维持马铃薯植株水分平衡,需增加吸水或者减少蒸腾,一般在马铃薯各个生育期间满足生长所需要的水分,即可保证植株正常生长,而通过减少蒸腾的办法会降低植株的光合作用,进而影响植株的生长和产量。

二、纬度和海拔的影响

马铃薯普遍种植于不同纬度和不同海拔地区。纬度和海拔对其生育进程有明显影响,但是对于其量化关系,尚鲜见报道。

在不同纬度和不同海拔地区,皆有马铃薯农田分布。随着纬度和海拔梯度的变化,温度、湿度和光照度等都会有不同程度的变化,从而导致马铃薯一系列生理生态特性发生变化,最终影响到生长发育全过程。

淀粉作为马铃薯块茎干物质的主要成分,是衡量块茎品质的首要指标,其含量受多种环境因素的影响,纬度和海拔是主要影响因素,但相关研究结果并不一致。

王新伟等(1998)研究发现,同一马铃薯品种的淀粉含量随种植地区生态环境的不同而发生相应的变化,其中纬度为主要影响因素;在同纬度地区,海拔为主要影响因素;高纬度地区的淀粉含量高于低纬度地区,且在37.2°—59°综合纬度范围内纬度每升高1°,淀粉含量即升高0.1个单位。宿飞飞等(2009)将8个不同马铃薯品种分别种植在8个不同纬度生态区,分析纬度生态因子对马铃薯淀粉含量以及淀粉品质的影响,结果发现,马铃薯淀粉含量变化总趋势为东北和西北地区较高,华北地区较低;在北纬40°—48°区域内,淀粉含量随纬度升高逐渐增加;在同纬度地区,淀粉含量随海拔升高而增加;淀粉黏度随纬度的变化趋势与淀粉含量基本一致。

阮俊等(2008)选择了4个海拔不同的试验点,研究川西南不同海拔条件对马铃薯产量的影响,发现随着海拔的升高,小区产量升高,出苗率、主茎数、单株薯块数有增加的趋势;在川西低海拔地区,马铃薯适宜播期为2月下旬;在海拔2 000米及以上地区,马铃薯适宜播期为2月中旬至3月上旬。阮俊等(2009)也研究了不同海拔对川西南马铃薯品质的影响,试验中,海拔在1 600~2 600米,干物质、蛋白质、淀粉含量随海拔的升高的变化趋势呈现开口向上的抛物线特征,在海拔1 800~2 200米时具有较小的含量;在海拔2 200米以上地区,随着海拔的升高,干物质、蛋白质和淀粉含量逐渐增加,还原糖和维生素C含量逐渐减少。但Hamouz(2005)等认为高海拔地区的生态条件相对不利于马铃薯块茎淀粉的积累。郑顺林等(2013)在2 500米、1 800米、800米等不同海拔高度条件下,研究了不同海拔高度对紫色马铃薯产量、品质及花青素含量的影响,结果表明,随着海拔的升高,紫色马铃薯产量、粗蛋白、淀粉、花青素含量呈不断增加趋势,而可溶性糖含量呈不断降低趋势,并且海拔主要影响块茎表层花青素的含量。肖厚军等(2011)研究了贵州不同海拔地区马铃薯施用氮、磷、钾肥的效应，结果发现不同海拔马铃薯熟期不同，对氮、磷、钾肥需求也有差异；在施足氮肥情况下，中低海拔地区种植早熟马铃薯（费乌瑞它）对磷比较敏感，高海拔地区种植晚熟马铃薯（威芋3号）对钾比较敏感。黄绍军（2020）以13个马铃薯品种为研究对象，在海拔1500～2700米分5个梯度开展种植试验，分析马铃薯品种在不同海拔地区的适应性与产质量差异。结果表明：随海拔升高，各品种出苗期、现蕾期、开花期、封行期、成熟期和生育期均明显延长；出苗率、株高、茎粗、单株结薯数与海拔的关系不明显；主茎数、覆盖度、晚疫病病情指数和蛋白质含量均下降；单薯重、单株产量、干物质含量、淀粉含量、还原糖含量及铁含量均增加。有关研究结果表明，因海拔高度的差异，同一熟期类型马铃薯品种的生育进程常相差十余天甚至1个月，高海拔地区的马铃薯在不同播期播种至出苗的时间均长于低海拔地区同期的播期处理。王显模（2015）开展了5个马铃薯品种不同海拔种植产量与经济性状分析试验，结果表明，在习水县不同海拔区均能正常成熟，生育期82～106天；同一品种在不同海拔高度种植，生育期随海拔高度的上升而呈逐渐延长趋势。王文祥（2017）测定和分析了在不同海拔种植的3个马铃薯地方品种的形态和解剖结构特点。结果表明：3个马铃薯地方品种的自身组织结构随着海拔的升高而存在着一定的规律性，又向着有利于生长方向发展而存在着特异性；3个品种的株高、分枝长和分枝数都是在海拔2000米处的数值最大，茎粗都是在海拔1000米处最大；3个品种的上下表皮厚度都是随着海拔的升高而增加；3个品种在海拔3000米处的海绵组织厚度最大；3个品种的气孔开度都是在海拔1000米处最大，海拔2000米处最小；除老家洋芋外，其他2个品种的气孔数都是随着海拔的升高而增加，而老家洋芋在海拔2000米处的气孔数最多，在海拔3000米处的气孔数最少。

陕北长城沿线风沙区和丘陵沟壑一季单作区包括陕西榆林和延安两市，是陕西马铃薯的主产区，一年一熟，一般3月中旬至6月上旬播种，7月下旬至10月中旬收获，适宜种植早熟、中熟、晚熟等不同熟期品种。其中长城沿线风沙区平均海拔1000米以上，夏马铃薯主栽品种为希森6号、费乌瑞它，一般3月中旬至4月上旬播种；秋马铃薯主栽品种是希森6号、V7、冀张薯12、陇薯7号等，一般4月下旬至5月中旬播种。陕北南部丘陵沟壑区平均海拔800米左右，夏马铃薯在川坝地种植，主栽品种有费乌瑞它、希森6号，一般3月中旬至4月上旬播种；秋马铃薯在塬坡地播种，无法灌溉，需选择耐旱品种，主栽品种为克新1号、青薯9号等，一般在5月下旬至6月上中旬播种。

三、栽培措施的影响

详见本书第五章第二节。

第三节　陕北马铃薯种质资源

一、陕北马铃薯种植历史

（一）马铃薯的起源

马铃薯有两个起源中心，其中一个起源中心以秘鲁和玻利维亚交界处的的的喀喀湖盆地为中心地区。这里发现了所有的原始栽培种，其中 *Solannum stenotomum* 的二倍体栽培种密度最大，该种被认为是所有栽培种的祖先。野生种约 150 个，大多数也在这里发现。另一个起源中心则是中美洲及墨西哥，那里分布着具有系列倍性的野生多倍体种，即 $2n=24$、$2n=36$、$2n=48$、$2n=60$ 和 $2n=72$ 等种。

（二）马铃薯栽培种的起源

马铃薯栽培种起源之争有单一源头和多源头两种观点。单一源头论认为，种植马铃薯起源于秘鲁南部或玻利维亚北部两地之一；而多源头论认为，不同品种种植的马铃薯可能从秘鲁、玻利维亚、阿根廷等多处起源。最激烈的争论集中表现在秘鲁和智利对马铃薯起源的争论。智利农业部称，世界上 99% 的马铃薯都起源于智利；秘鲁方面则强烈反对，理由是马铃薯起源于安第斯山脉和的的喀喀湖附近，今天这个区域大部分位于秘鲁境内，而且秘鲁土地上有 3 000 多个马铃薯品种。

直到 2005 年 10 月，美国农业部的植物分类学家大卫·斯普纳等人利用 DNA 技术，证明世界上种植的马铃薯品种，都可以追溯到秘鲁南部的一种野生祖先。从而为种植马铃薯起源的争议画上句号。研究成果发表在 2005 年 10 月《美国科学院院刊》上。

（三）马铃薯传入中国的历史及发展进程

1. 马铃薯传入中国的历史　根据中国科学家对资料的考证，马铃薯最早传入中国的时间在明万历年间（1573—1620），明万历年间蒋一葵写的《长安客话》卷二"黄都杂记"中"土豆，绝似吴中落花生及香芋，亦似芋，而此差松甘"，记述北京地区种植的马铃薯称为"土豆"。

据史料记载和学者的考证，马铃薯可能由东南、西北、南路等路径传入中国。①荷兰是世界上出产优质马铃薯种薯的国家之一，荷兰人将马铃薯带到台湾种植，后马铃薯传入广东、福建一带，并向江浙一带传播，在这里马铃薯又被称为"荷兰薯"。②西北路马铃薯由晋商自俄罗斯或哈萨克汗国（今哈萨克斯坦）引入中国，并且由于气候适宜，其种植面积得到扩大。③南路马铃薯主要由南洋爪哇岛传入广东、广西，在这些地方马铃薯又被称为"爪哇薯"，马铃薯自此又向云南、贵州、四川传播，四川《越西厅志》（1906）有"羊芋，出夷地"的记载。

2. 中国马铃薯的发展历程　早期马铃薯通过各种途径传入中国之后，传播区域集中在气候适宜、利于生长发育和种性保存的高寒山地及冷凉地区，如四川、贵州、云南、湖北、湖南、陕西等地的山区。至 1960 年，全国马铃薯种植面积 1 600 万～1 700 万亩。至 1984 年，马铃薯种植面积达到 3 842.4 万亩，总产量上升至 2 840 万吨。随着马铃薯脱毒种薯的普及，以及国内对马铃薯需求的增加，至 2007 年，全国马铃薯种植面积达到了 6 645.45 万亩，总产量达到 6 486.4 万吨，中国成为世界第一大马铃薯生产国，产量和种植面积均居第一位。

3. 中国马铃薯品种选育历程　中国马铃薯育种始于 20 世纪 30 年代末期，早期的育种工作以引种为主，1936—1947 年，从英国、美国、苏联等引进的材料和杂交组合中鉴定出胜利（Triumph）、卡它丁（Katahdin）等 6 个品种。1947 年杨洪祖先生从美国引进的 35 个杂交组合后代中，选育出巫峡、多子白等品种，曾在生产上发挥了很大作用。20 世纪 50 年代，从苏联和东欧引进马铃薯资源，国内各育种单位陆续育出自己的品种。但育成品种亲本来源单一，遗传背景狭窄，没有突破 S. tuberosum 的种质范围，约 68.5% 的品种是用卡它丁、多子白、艾波卡（Epoka，又名疫不加）、米拉（Mira）、白头翁（Anemone)、燕子（Schwalbe）、小叶子等7个亲本育成，最著名的马铃薯品种克新1号就是这段时间育成的。20世纪80年代以来，随着对外合作交流增多，马铃薯引种数量增多、范围扩大，荷兰、美国、加拿大等均成为中国的引种国家，引进的品种如大西洋、夏波蒂、布尔班克、费乌瑞它。在育种技术方面，除了常规的杂交外，还注重体细胞无性系变异和诱变育种技术的利用。1988年，李宝庆等利用费乌瑞它茎尖愈伤组织产生的体细胞无性系变异，选育出一个与原品种差异明显的新品种金冠。山东省农业科学院原子能农业应用研究所用$^{60}Co-\gamma$射线照射郑薯2号，选出鲁马铃薯2号，1990年通过审定。该阶段马铃薯育种以鲜食和专用品种为主。2011年，马铃薯基因组测序完成，提供全部完整的基因注释，大大促进了对马铃薯野生种优异基因的利用。利用$2n$配子的倍性育种技术选育出中大1号马铃薯新品种。在育种后代的选择方面，分子标记辅助选择技术已经在青枯病抗性、晚疫病抗性、加工品种选育、品种多样性研究等方面得到了广泛应用。2021年，黄三文团队选育的二倍体杂交马铃薯品系优薯1号，产量接近每亩3000千克，淀粉和蛋白质含量相对较高，有丰富的干物质和类胡萝卜素，颜色深黄，口感软糯。

（四）马铃薯传入陕西省的时间和发展历程

1. 马铃薯传入陕西省的时间　马铃薯在清代初期传入陕西，已有约300年历史。据《陕西通志》（雍正十三年版）载："土豆，即少陵之黄独。"《山阳县志》（嘉庆元年版）中也有"土豆，即少陵之黄独"的记载。《古今图书集成》说："少陵之黄独即今日之马铃薯。"清末光绪九年（1883）出版的《孝义厅志》记载，洋芋系嘉庆四年（1799）时杨大人即杨候遇春自西洋高山带至孝义厅（今柞水县）种植，高山人民以此为主食。嗣后相继传入关中、陕北各地种植。还有一部分品种，是19世纪中期以前，由德国、比利时籍传教士引入陕西的。马铃薯引入陕西后，初在秦巴山区种植。《定远厅志》（今镇巴县）载："高山之民，尤赖洋芋为生活，道光前惟种高山，近则高下俱种。"又说："洋芋有红、白、黄、乌四种，宜高山，喜旱，畏潦，做饭做菜皆可。"19世纪末期，在陕北丘陵山区也有种植。《保安县志》（今志丹县）载："杂粮中以包谷、洋芋为良……二物皆不费人工，贱值多获，亦山中备荒之糇粮也。"

2. 陕北地区马铃薯发展历程　马铃薯引入陕西后至20世纪初，方在全省广泛种植。民国时期，陕南、关中、陕北的多数县志中，有关于马铃薯的记载，而且在陕南山区曾成为人民的主要食粮。据《中农月报》资料：民国21年（1932）陕西马铃薯产量为59万担[①]，栽培面积为9万亩。陕北马铃薯在20世纪40年代有了较大发展。至新中国成立时，陕北马铃薯种植面积约为180万亩，单产每亩仅有300千克左右，马铃薯基本上被作为粗粮食用。至20世纪70年代末，随着沙杂15品种的应用，种植面积不断扩大并稳定到了260万亩左右，平均亩产达到600～750千克，不仅彻底解决了陕北人民的温饱问题，而且实现了鲜食有余，加工业开始兴旺，民间出现粉条手工作坊，传统的淀粉加工业形成。2008年榆林市定边县、靖边县马铃薯创出5项全国最高单产纪录，靖边县的布尔班克马铃薯品种最高亩产5136千克。之后，马铃薯规模化生产如雨后春笋般出现，马铃薯生产积极跟进国际先进经营模式，涌现出大量的农场主，农场面积在2000～20000亩，每年

---

① 担，非法定计量单位，1担＝50千克。——编者注

马铃薯规模化生产总面积达 35 万亩以上。

二、陕北马铃薯种质资源

(一) 种质资源

1. 种质资源的征集

(1) 国内种质资源的征集。1936—1945 年，管家骥、杨鸿祖共搜集了 800 多份地方材料。1956 年组织全国范围内的地方品种征集，共获得马铃薯地方品种 567 份，经研究归类合并后，保存了 100 余份具有独特性状的地方品种资源。筛选出 36 个优良品种，如抗晚疫病的滑石板、抗二十八星瓢虫的延边红。又据介绍，在 1983 年出版的《全国马铃薯品种资源编目》，收录了全国保存的马铃薯种质资源 832 份，为杂交育种提供了丰富的遗传资源。

(2) 外国种质资源的征集。1934 年开始我国从国外引进了大批的品种、近缘种和野生种。

1934—1936 年，管家骥从英国和美国引进 14 个品种。20 世纪 40 年代中期，中央农业试验所从美国农业部引入了 62 份杂交组合实生种子。

1936—1945 年，中国从英国、美国、苏联等国引进的材料中鉴定出胜利、卡它丁等 7 个品种在各地推广。

1947 年杨鸿祖从美国引进了 35 个杂交组合，选育出巫峡、多子白等品种，20 世纪 50 年代曾在生产上发挥了很大作用。

20 世纪 50 年代，开展了全国马铃薯育种协作，抗晚疫病是当时引种和育种的主要目标，从苏联和东欧引进的材料中选出 36 个品种，当时的主栽品种是米拉、白头翁、艾波卡 (疫不加) 等。

1981—1985 年，中国成立马铃薯科研攻关协作组，加强了马铃薯种质资源的研究，整理了国内地方品种，从国外引进优良栽培种和野生种，分别在黑龙江、河北和湖北的马铃薯种质库中保存。杨鸿祖、滕宗璠等 (1983) 编写出版了《全国马铃薯品种资源编目》，收录了全国保存的种质资源 832 份，其中中国筛选和育成的品种 93 个，引进鉴定推广品种 27 个，引进品系 302 份，优良品系 171 份，地方品种 123 个，野生近缘种 116 份，这些资源极大地丰富了马铃薯基因库，为杂交育种提供了丰富的遗传资源。

20 世纪 80 年代末至 90 年代初，从国际马铃薯中心引进群体改良无性系 1 000 余份，引进杂交实生种子 140 份，筛选出了一批高抗晚疫病和青枯病的种质资源。

1995 年以后，随着中国经济的发展，在优质、抗病和高产等方面对马铃薯作物的要求越来越高。通过增加国际交往，引进了各类专用型品种、育种中间材料和杂交组合实生种子，丰富了遗传资源。如中国农业科学院蔬菜花卉研究所通过执行国际合作项目，分别从美国、荷兰、加拿大、意大利和国际马铃薯中心 (CIP) 引进各类专用型品种 70 多个、育种中间材料 40 多个、杂交组合 600 多个以及 $2n$ 配子材料、野生种和近缘栽培种材料、优良孤雌生殖诱导者、双单倍体与野生种杂种等共 200 多份。国际马铃薯中心在中国的马铃薯种质资源改良和育种中扮演了极其重要的角色，中国从 CIP 共引进了马铃薯抗病毒、抗干旱、抗晚疫病、抗青枯病和加工品质优良等种质资源 3 900 多份，利用这些资源作亲本，已在中国育成了中薯 2 号、青薯 9 号、冀张薯 8 号等多个品种。

据估计，2015 年中国共保存了 4 000 多份种质资源，其中国家种质资源克山试管苗库现保存各类种质资源 2 200 余份，中国农业科学院蔬菜花卉研究所保存 2 000 余份（表 2 - 2）。保存的材料包括：国内育成和国外引进的品种和优良无性系、2n 配子材料、新型栽培种、优良加工亲本材料、野生种和近缘栽培种材料、优良孤雌生殖诱导者、双单倍体与野生种杂种、耐旱高淀粉材料等。

表 2 - 2 中国农业科学院蔬菜花卉研究所资源库保存的马铃薯种质资源

（汪奎整理，2017）

类别	份数
国外品种/系	346
CIP 资源	292
国内品种	384
二倍体/野生种	430
优良品系	720
地方品种	56

资料来源：2015 年全国马铃薯区试培训会议资料。

2. 种质资源的研究和利用

（1）马铃薯种质资源的主要性状鉴定。 刘喜才等（2007）针对育种和生产最为重要的主要农艺、抗病性、抗逆性和品质性状，对 1 100 余份马铃薯种质资源进行了初步的特性鉴定，对部分材料还进行了多点种植综合评价。初步鉴定出一批综合性状优良或单一性状突出的材料，已供育种利用。其中早熟的种质 90 份，高产的种质 260 份，高淀粉含量的 43 份，高维生素 C 的 8 份，低还原糖的 32 份，食味优良的 56 份，抗晚疫病的 152 份，抗癌肿病的 39 份，抗疮痂病的 9 份，抗环腐病的 29 份，抗青枯病的 14 份，抗黑胫病的 7 份，抗 PVX 的 33 份，抗 PVY 的 79 份，抗 PLRV 的 26 份，抗 PVA 的 25 份，抗二十八星瓢虫的 1 份，耐寒的 5 份，耐旱的 20 份，耐涝的 6 份。

（2）马铃薯种质资源的研究利用。 马铃薯普通栽培种经过不断传播和适应性选择，形成了大量适应不同生态条件和不同用途的栽培品种，具有抗晚疫病、抗疮痂病、抗马铃薯病毒病、高淀粉、高蛋白、低还原糖、适应性广、薯形好等多种经济特性和形态学特征，是育种的主要亲本资源，也是种间杂交中改良其他种不良性状的主要回交亲本。多子白、卡它丁、艾波卡（疫不加）、米拉、白头翁、小叶子是中国马铃薯育种中最常用的亲本材料，用这些亲本育成了 80 多个品种，几十年来，创造了几百份具有不同特性的优良亲本材料。据不完全统计，利用上述种质资源，国内育种单位已选育推广了包括东农 303、克新系列、中薯系列、春薯系列、坝薯系列、高原系列、内薯系列、晋薯系列、鄂马铃薯系列、宁薯系列、郑薯系列等优良品种 200 多个，同时创造了几百份具有不同特性的优良品系。

为了克服普通栽培种基因狭窄问题，近年来各育种单位开始将马铃薯野生种和原始栽培种用于品种改良中，并取得了较好的效果。安第斯亚种遗传变异类型多，含有多种抗原（如抗癌肿病、黑胫病、病毒病等），且有高淀粉、高蛋白质和低还原糖含量等优良基因。

在广泛收集安第斯亚种的基础上，长日照条件下，通过多于6周期的轮回选择，获得了适应长日照条件、经济性状和特性近似于普通栽培种、遗传基础更丰富、变异更广泛的新型栽培种（*Neo-tuberosum*）。20世纪70年代通过轮回选择方法对引进的经初步改良的安第斯亚种进行群体改良，东北农业大学等选育出了 NS12-156、NS79-12-1等高淀粉、高蛋白、低还原糖的新型栽培种亲本，拓宽了中国马铃薯育种的遗传基础，并选育出东农304、克新11、内薯7号、中薯6号、尤金等10余个新品种。中国农业科学院蔬菜花卉研究所和中国南方马铃薯研究中心通过对富利哈种（*S. phureja*）、落果种（*S. demissum*）和无茎种（*S. acaule*）等野生种和近缘栽培种的种间杂种鉴定，筛选出高淀粉（18%～22%）材料67份。河北省坝上地区农业科学研究所利用野生匍枝种（*S. stoloniferum*）与栽培品种杂交和回交，选出了淀粉含量高达22%的坝薯87-10-19。黑龙江省农业科学院马铃薯研究所利用野生匍枝种（*S. stoloniferum*）、无茎种（*S. acaule*）等与普通栽培种杂交和回交，筛选出40份抗PVX、PVY的材料。应用各种育种技术将野生种和近缘栽培种的有用基因转育到四倍体栽培品种中的方法，育成国家级审定品种中大1号（高淀粉品种）。

中国马铃薯种质资源改良总体上与世界先进水平有一定差距，野生资源开发利用进展缓慢，缺乏长期和系统的研究。栽培种的改良要想有较大的突破，必须将新型栽培种和野生种的种质导入普通栽培种中，因此，野生种和原始栽培种的研究与利用是非常重要的课题。在资源利用过程中，应有针对性地收集与引进，对已引进的资源材料，必须及时有效地评价与鉴定，防止丢失。另外，中国拥有丰富的地方品种资源，具有独特的区域适应性，所以在引进国外资源的同时，也应当重视国内地方品种资源的筛选利用。在资源利用的总体策略上应做到"在鉴定中发掘，在发掘中改良，在改良中创新，在创新中利用"。

3. 陕北种质资源 魏延安（2005）介绍陕西省在新中国成立初期进行了马铃薯品种征集，共获得210份原始材料。后由于老品种退化，开始从外地引进。20世纪50年代，延安市农业科学研究所（原光华农场）先后从内蒙古引进野黄、292-20、六十天等品种；1958年榆林地区农业科学研究所从河北、黑龙江、青海、内蒙古等地引进200多个品种材料进行试验和观察。

在陕北开展马铃薯育种工作的单位有3家，分别是榆林市农业科学研究院、延安市农业科学研究院、西北农林科技大学。榆林市农业科学研究院、延安市农业科学研究院在20世纪70—80年代曾开展过育种工作，两家单位在20世纪90年代中断过马铃薯研究，致使大量种质资源流失，2000年才逐渐恢复马铃薯研究工作，致使整个陕北地区目前种植品种仍以外引为主。2013年西北农林科技大学推进马铃薯育种项目，省内马铃薯育种实力进一步增强。各育种单位以加工品质优良、淀粉含量高、抗旱、耐涝、高抗晚疫病为育种目标，从国内外收集优良材料，配制了大量杂交组合，创造出了多个系列的马铃薯新种质及育种中间材料。可用于杂交育种的新品种（系）约有114份。

陕北现有选育和引进的品种主要有：沙杂15、榆薯1号、榆薯3号、榆薯4号、榆薯5号、秦彩薯1号、秦薯101、秦薯104、秦薯105、秦薯106、秦薯107、秦薯109、商芋1号、秦芋30、秦芋32、老红皮、大西洋、夏波蒂、阿克瑞亚、费乌瑞它、荷兰14、V7、V8、雪川红、沃土5号、中薯9号、中薯10号、中薯18、中薯19、中薯20、中薯21、中薯22、中薯25、中薯26、中薯27、中薯28、中薯38、中薯568、中薯早35、中薯红 1 号、东北白、虎头、青薯 9 号、青薯 10 号、LK99、晋薯 7 号、晋薯 16、晋薯 27、春秋 15、春秋 16、天薯 15、天薯 16、天薯 17、东农 310、东农 322、甘农薯 7 号、甘农薯 9 号、甘农薯 13、陇薯 3 号、陇薯 7 号、陇薯 14、L0 109‑4、陇薯 22、陇薯 20、陇薯 19、维拉斯、华颂 7 号、华颂 34、延薯 9 号、延薯 13、丽薯 6 号、丽薯 7 号、丽薯 14、丽薯 16、宁薯 18、宁薯 19、克新 1 号、克新 25、克新 28、克新 33、克新 34、北方 002、北方 013、北方 016、龙薯 12、龙薯 15、本彩薯 1 号、本薯 11、本薯 9 号、北薯 1 号、北薯 2 号、北薯 3 号、北薯 5 号、垦薯 1 号、京张薯 1 号、京张薯 2 号、京张薯 3 号、冀张薯 8 号、冀张薯 12、冀张薯 14、冀张薯 26、定薯 4 号、定薯 6 号、闽薯 4 号、闽薯 6 号、辽薯 6 号、希森 6 号、南中 101、鄂马铃薯 10 号、鄂马铃薯 13、鄂马铃薯 14、红玫瑰、黑玫瑰、紫玫瑰、黄玫瑰。

（二）陕北代表性品种选育

马铃薯品种按照用途可以分为鲜薯食用型、淀粉加工型、低还原糖加工型和彩色特用型四类品种，在陕北这四类品种都有，其中鲜薯食用型最多，然后依次为淀粉加工型、低还原糖加工型、彩色特用型。栽培品种也较多，其中克新 1 号年播种面积 100 万亩以上，费乌瑞它年播种面积 50 万亩以上，V7 年播种面积 25 万亩以上，冀张薯 12 年播种面积 20 万亩，青薯 9 号年播种面积 20 万亩，希森 6 号年播种面积 12 万亩，陇薯 7 号年播种面积 10 万亩，晋薯 16 年播种面积 5 万亩，大西洋、东农 310 等其他品种播种面积较小。现就陕北这些栽培品种介绍如下。

克新 1 号：由黑龙江省农业科学院克山分院于 1958 年以 374‑128 为母本、Epoka 为父本，经有性杂交系统选育而成，原系谱号克 5922‑55，1967 年经黑龙江省农作物品种审定委员会审定。1984 年经全国农作物品种审定委员会审定为国家级品种，在全国推广。中熟鲜食品种，生育期 90 天左右。株型直立，株高 70 厘米左右。茎粗壮、深绿色，复叶肥大、深绿色。花淡紫色，有外重瓣，花药黄绿色，雌雄蕊均不育。块茎椭圆形，大而整齐，白皮白肉，表皮光滑，芽眼中等深。耐贮性中等，结薯集中。高抗环腐病，抗 PVY 和 PLRV。较抗晚疫病，较耐涝，食味一般。淀粉含量 13%，每 100 克鲜薯维生素 C 含量 14.4 毫克，还原糖含量 0.25%。每年在陕北种植面积保持 100 万亩以上。在陕北丘陵沟壑区适宜 5 月中旬至 6 月上旬播种，由于是旱地种植，种植密度以每亩 2 300 株为宜。在榆林长城以北，4 月至 5 月中旬播种，水地种植密度以每亩 3 500 株为宜。

费乌瑞它：1981 年从荷兰引入，原名为 Favorita，山东省农业科学院蔬菜花卉所引入山东栽培，取名鲁引 1 号；1989 年天津市农业科学院蔬菜花卉所引入，取名津引 8 号，又名荷兰薯、晋引薯 8 号、荷兰 15，为中国主栽早熟品种之一。费乌瑞它生育期 60～70 天，株高 60 厘米，植株直立，繁茂，分枝少，茎粗壮，紫褐色，株型扩散，复叶大，叶绿色，侧小叶 3～5 对，叶色浅绿，生长势强。花冠蓝紫色，花粉较多，易天然结果。块茎长椭圆形，皮色淡黄，肉色深黄，表皮光滑，芽眼少而浅，结薯集中单株结薯 4～5 个，块茎大而整齐，休眠期短。块茎淀粉含量 12%～14%，粗蛋白含量 1.67%，每 100 克鲜薯含维生素 C 含量 13.6 毫克，品质好，适宜鲜食。植株对 A 病毒和癌肿病免疫，抗 Y 病毒和卷叶病毒，易感晚疫病，不抗环腐病和青枯病。每年在陕北种植面积保持 50 万亩以上。在陕北丘陵沟壑区适宜 3 月下旬至 4 月上旬播种，种植密度以每亩 3 500 株为宜。

V7（露辛达）：该品种从荷兰引进，属中熟鲜食型品种，生育期 95 天左右。植株直立繁茂，分枝较多，株高60～80厘米，生长前期较弱；叶片小而碎，颜色为浅绿色，茎秆较细呈绿色，花冠为白色，花期较短；单株结薯9～11个，块茎膨大的速度较快，块茎为椭圆形，黄皮黄肉，薯皮光滑，芽眼稀少、浅，大薯率高，商品薯率85％以上。高抗烟草脆裂病毒，易感PVY和疮痂病。在榆林长城以北，4月至5月中旬播种，种植密度每亩3 800株为宜。

冀张薯12：河北省高寒作物研究所选育，母本为大西洋，父本为99-6-36，2015年1月19日经第三届国家农作物品种审定委员会第四次会议审定通过。该品种属中熟鲜食型，生育期96天左右。株型直立，株高68厘米，茎绿色，叶绿色，生长势强，单株主茎数2.85个，花冠淡紫色，块茎长圆形，白皮白肉，薯皮光滑，芽眼浅，单株结薯4.9个，商品薯率含量87.6％。薯块淀粉含量15.52％，干物质含量19.21％，还原糖含量0.25％，粗蛋白含量3.25％，每100克鲜薯含维生素C 18.9毫克。抗普通花叶病、重花叶病、卷叶病；经晚疫病离体叶片接种检测，属于抗病型品种。田间表现花叶病、卷叶病发生轻，晚疫病、早疫病未发病。在陕北种植面积在5万亩以上，并且逐年增加。陕北丘陵沟壑区适宜5月中旬至6月上旬播种，由于是旱地种植，每亩种植密度2 300株为宜。榆林长城以北，4月至5月中旬播种，水地每亩种植3 800株为宜。

希森6号：乐陵希森马铃薯产业集团有限公司选育，母本为Shepody，父本为XS9304。2017年9月3日审定，登记编号为GPD马铃薯（2017）370005。薯条加工及鲜食中熟品种，生育期90天左右，株高60～70厘米，株型直立，生长势强。茎色绿色，叶色绿色，花冠白色，天然结实性少，单株主茎数2.3个，单株结薯数7.7个，匍匐茎中等。薯块长椭圆形，黄皮黄肉，薯皮光滑，芽眼浅，结薯集中，耐贮藏。干物质含量22.6％，淀粉含量15.1％，蛋白质含量1.78％，每100克鲜薯含维生素C 14.8毫克，还原糖含量0.14％，菜用品质好，炸条性状好。高感晚疫病，抗PVY，中抗PVX。在陕北种植面积在3万亩以上，并且逐年增加。在榆林长城以北，3月下旬至5月中旬播种，水地种植密度以每亩3 800株为宜。

晋薯16：山西农业大学高寒区作物研究所选育，父本为NL94014，母本为9333-11，2006年通过山西省品种审定委员会审定，命名为晋薯16。该品种属中晚熟品种，从出苗至成熟120天以上，生长势强，植株直立，株高106厘米左右。茎粗1.58厘米，分枝数3～6个，叶片深绿色，叶形细长，复叶较多，茎绿色，花冠白色，天然结实少，浆果绿色有种子，在陕北有落雷现象。薯形长圆，薯皮光滑，黄皮白肉，芽眼深浅中等，结薯集中，单株结薯4～5个。蒸食菜食品质兼优，干物质含量22.3％，淀粉含量16.57％，还原糖含量0.45％，每100克鲜薯维生素C含量为12.6毫克，粗蛋白含量2.35％；植株抗晚疫病、环腐病和黑胫病，根系发达，抗旱耐瘠；薯块大而整齐，耐贮藏，大中薯率95％，商品性好，商品薯率高。在陕北丘陵沟壑区适宜5月中旬至6月上旬播种，旱地每亩以栽植2 300株为宜。

陇薯7号：甘肃省农业科学院选育，母本为庄薯3号，父本为菲多利。属于中晚熟鲜食品种，生育期115天左右。株高57厘米左右，株型直立，生长势强，分枝少，枝叶繁茂，茎、叶绿色，花冠白色，天然结实性差；薯块椭圆形，黄皮黄肉，芽眼浅；区试平均单株结薯数为5.8个，平均商品薯率80.7％。植株抗PVX、中抗PVY，轻感晚疫病。淀粉含量13.0％，干物质含量23.3％，还原糖含量0.25％，粗蛋白含量2.68％，每100克鲜薯维生素 C 含量为 18.6 毫克。陕北种植面积在 1 万亩以上，并且逐年增加。在陕北丘陵沟壑区适宜 5 月中旬至 6 月上旬播种，旱地种植密度每亩 2 300 株为宜。榆林长城以北，4 月至 5 月中旬播种，水地种植密度以每亩 3 500 株为宜。

青薯 9 号：青海省农林科学院选育，2001 年从国际马铃薯中心北京办事处引进杂交组合（387521.3×APHRODITE）实生 1 代材料 C92.140 系统选择育成。属于晚熟淀粉型品种，生育期 120 天以上，株型平展，株高（97±10.4）厘米，茎秆紫色，分枝多，长势繁茂。叶色深绿，花冠浅红，开花繁茂性中等，天然结实性弱。薯块椭圆形，表皮红色，有网纹，芽眼浅，肉黄色，结薯集中，单株结薯 8～11 个，整齐度高，大中薯率 80% 以上。薯块休眠性中等，耐贮性好。青薯 9 号植株田间抗晚疫病、病毒病，抗旱性强。干物质含量 25.72%，淀粉含量 19.76%，还原糖含量 0.253%，每 100 克鲜薯维生素 C 含量为 23.03 毫克。陕北丘陵沟壑区适宜 5 月中旬至 6 月上旬播种，旱地种植密度每亩 2 300 株为宜。

大西洋：美国育种家用 B5141-6（Lenape）作母本、旺西（Wauseon）作父本杂交选育而成，1978 年由农业部和中国农业科学院引入中国后，由广西壮族自治区农业科学院经济作物研究所筛选育成。属于低还原糖中早熟品种，生育期 85 天左右，株型直立，株高 50 厘米左右，茎基部紫褐色，叶绿色。花冠浅紫色，天然结实少。块茎圆形，麻皮，白色薯肉，芽眼浅，块茎大小中等而整齐，结薯集中。植株不抗晚疫病，对 PVX 免疫，较抗 PLRV 和网状坏死病毒，不抗晚疫病，感束顶病、环腐病，在干旱季节薯肉有时会产生褐色斑点。鲜薯淀粉含量 15.0%～17.9%，还原糖含量 0.03%～0.15%。目前主要的炸片品种。在陕北丘陵沟壑区适宜 5 月中旬至 6 月上旬播种，旱地种植密度以每亩 2 300 株为宜。在榆林长城以北，4 月至 5 月中旬播种，水地种植密度以每亩 4 000 株为宜。

东农 310：东北农业大学用尼古林斯基×新型栽培种混合花粉选育的马铃薯品种。2015 年 9 月 2 日经第三届国家农作物品种审定委员会第六次会议审定通过，审定编号为国审薯 2015 004。属中熟淀粉加工型品种，生育期 96 天左右。株型直立，生长势强，株高 65.0 厘米，茎绿色，叶绿色，花冠淡紫色，天然结实少。块茎扁圆形，白皮，乳白肉。匍匐茎长度中等，芽眼浅，单株主茎数 4.0 个，平均单株结薯 9.0 个，平均单薯重 95.0 克，商品薯率 76.0%。人工接种鉴定，高抗马铃薯晚疫病，抗马铃薯轻花叶病和重花叶病；田间自然诱发鉴定，对晚疫病抗性高于对照品种。100 克鲜薯维生素 C 含量 16.60 毫克，淀粉含量 17.40%，干物质含量 26.70%，还原糖含量 0.40%，粗蛋白含量 2.41%。在陕北丘陵沟壑区适宜 5 月中旬至 6 月上旬播种，旱地每亩以栽植 2 300 株为宜。在榆林长城以北 4 月至 5 月中旬播种，水地种植密度以每亩 3 500 株为宜。

（三）陕北马铃薯品种演替

1. 中国马铃薯的引种选育概况 中国从 20 世纪 30 年代后期开始马铃薯品种改良工作，经历了引种至育种的过程。1934—1936 年，管家骥教授搜集整理了全国马铃薯的地方品种，并从英国和美国引进 14 个品种，选出了卡它丁（Katahdin）、七百万（Chippewa）、红纹白（Red Warba）和 Golden 4 个优良品种，并在江苏、陕西等地进行示范推广。这时中国马铃薯种植面积为 540 万亩。1941—1942 年姜诚贯先生在贵州研究了天然授粉和人工杂交技术。1939—1940 年杨鸿祖先生从美国学成归来后，从美国、苏联引进了马铃薯自交种子、杂交组合和野生种，在四川开展了马铃薯的杂交育种和种间杂交育种工作。1936—1945 年，中国搜集了 800 多份地方材料，先后 5 次从英国、美国、苏联等国引种 74 个品种（系），杂交种子 62 个组合，自交种子 45 份，野生种 16 个，先后鉴定出胜利（Triumph）、卡它丁等 6 个品种在各地推广。1947 年杨鸿祖从美国育种学家 F. J. Stevenson 引进了 35 个杂交组合，选育出巫峡、多子白等马铃薯品种，20 世纪 50 年代曾在生产上发挥了很大作用。当时中国的马铃薯种植面积最大的品种是西北果、火玛、红纹白和七百万。

20 世纪 50 年代，中国开展了全国的马铃薯科研协作，从搜集引进资源至开展育种工作取得了很大成果。1951 年马铃薯晚疫病大流行，使抗晚疫病成为 1950—1960 年中国马铃薯引种和育种的主要目标。其间共搜集了地方品种 567 份，筛选出 36 个优良品种，为后来的马铃薯杂交育种提供了优良亲本材料，如多子白作为亲本在以后育成了 20 多个品种。并从苏联和东欧引进了马铃薯品种资源 250 多份，进行了保存评价和利用，阿普它（Apta）、米拉（Mira）、北斗星、白头翁（Anemone）、艾波卡（Epoka）、疫畏它（Everest）等高抗晚疫病、高产品种，成为当时的主栽品种。

20 世纪 60—70 年代，中国马铃薯栽培面积达到 4 600 万亩。抗病毒病成为当时的主要育种目标。中国各育种单位陆续育出自己的品种，育成了克新系列、高原系列、坝薯系列品种及其他品种 80 多个，并在生产上大面积推广应用。

20 世纪 70 年代，成立了全国马铃薯实生种子利用选育协作组，选育了后代分离小、一致性好的杂交实生薯在 16 个省份推广应用，1976 年全国推广面积扩大 15 万亩之多。

20 世纪 80 年代初，国家科委和农业部组织全国的马铃薯研究单位进行种质资源创新和新品种重点课题攻关，在新型栽培种、二倍体野生种和近缘种的利用上有了新的进展。1981—1989 年全国共引进了国外品种 300 多个，育成优良品种 50 多个。至 1995 年，全国共育成优良品种 150 多个。

1995 年后，随着国际交流的增加和马铃薯加工业的发展，我国从荷兰、美国、加拿大、俄罗斯、白俄罗斯等国家和国际马铃薯中心引进了食品、淀粉加工和抗病等各类专用型品种资源，在进行品质、抗性鉴定、适应性评价和利用的同时，作为种质资源许多引进的和育成的材料已应用于国内的品种选育中。"九五"攻关在各种专用型育种材料的选育尤其是加工品质等方面有了显著改善，育成了中薯、晋薯、鄂马铃薯、春薯、郑薯、陇薯、青薯、宁薯等系列品种，引进的早熟品种费乌瑞它、加工用品种大西洋和夏波蒂等随着高效优质农业的建立和加工业的发展也有了一定的种植面积。至 2010 年，马铃薯栽培面积稳定达到 7 500 万亩以上。2013 年全国马铃薯种植面积排名前列的品种如表 2-3 所示。

表 2-3　2013 年全国种植面积排名前 13 位的马铃薯品种

（汪奎整理，2017）

品种	面积（万亩）	推广区域
克新 1 号	1 179	北方
米拉	711	西南

（续）

品种	面积（万亩）	推广区域
费乌瑞它	611	全国各地
威芋3号	386	西南
会-2	385	西南
鄂马铃薯5号	276	西南
合作88	193	西南
陇薯6号	152	西北
庄薯3号	148	西北
早大白	140	东北、中原
青薯168	134	西北、西南
大西洋	123	华北、西北
中薯3号	111	中原、南方

资料来源：2015年全国马铃薯区试培训会议资料。

全国应用1 000万亩以上的品种1个，100万亩以上的品种16个，50万亩以上的品种29个，10万亩以上的品种75个。

2. 陕北马铃薯品种演替　陕北马铃薯种植历史悠久，从20世纪50年代至2022年，马铃薯面积和单产稳步攀升。种植品种由单一地方农家种向科研院所引进、育成的多类型新品种应用转变，各年代间品种应用及更新换代有力推动了整个陕西省马铃薯生产及产业发展。

1956年起陕西省陆续由外地引进新品种，延安地区农业科学研究所从内蒙古引入里外黄、四川洋芋等。1958年，榆林地区农业科学研究所从河北、黑龙江、内蒙古等省份引进200多个品种；1959年引进虎头进行试验观察，红洋芋、老红皮、虎头逐渐成为当地的主栽品种。1959年延安地区农业科学研究所从河北省张家口地区坝上农业科学研究所引进虎头进行试验示范，1963年开始推广，逐渐成为主栽品种。

1962年榆林地区农业科学研究所从河北省张家口地区坝上农业科学研究所引进的15个材料中，对金苹果与多子白杂交后代无性繁殖系58-1-19进行了三年试验示范，发现其耐旱、耐涝、抗晚疫病、产量高，将其定名为沙杂15，1966年开始推广。1976年延安地区农业科学研究所从榆林地区引进沙杂15并迅速推广，之后，沙杂15成为整个陕北的主栽品种。沙杂15的推广在陕北马铃薯生产上具有重要影响，一举扭转了马铃薯产量低而不稳的局面。1974—1975年，仅榆林地区马铃薯面积就从70多万亩猛增至150多万亩，单产提高近80%。

20世纪80—90年代，榆林和延安两地引进了东北白、东农303、白头翁、高原4号、高原7号、坝薯9号、坝薯10号、晋薯7号、晋薯8号等品种，之后，沙杂15、虎头、东北白成为陕北的主栽品种。榆林地区农业科学研究所育成了榆薯1号新品种。东农303、白头翁、高原4号、高原7号、坝薯9号也成为延安的主栽品种。

21世纪初期，随着榆林市农业科学研究院和延安市农业科学研究所大力推广脱毒技术，克新1号由于其优良的抗旱、丰产特性，逐渐成为陕北唯一的主栽品种，年播种面积

100 万亩以上。同时陕北引进了早熟品种费乌瑞它，并得到迅速推广，年播种面积在 50 万亩左右。引进加工专用品种夏波蒂、大西洋、布尔班克，年播种面积 5.5 万亩左右。淀粉型品种陇薯 3 号，曾经在清涧、定边等县种植面积较大。

2011 年以后，新品种被不断引进，并得到迅速推广，尤其在榆林长城以北，主栽品种更新换代周期为 5 年左右。陕北引进了冀张薯 8 号、冀张薯 12、兴佳 2 号、青薯 9 号、晋薯 16、LK99、陇薯 7 号、陇薯 10 号、希森 6 号、中薯 18、中薯 20、东农 310、阿克瑞亚、V7、V8 等多个品种。

参考文献

陈光荣，高世铭，张晓艳，2009. 施钾和补水对旱作马铃薯光合特性及产量的影响 [J]. 甘肃农业大学学报，44 (1)：74-78.

陈珏，秦玉芝，熊兴耀，2010. 马铃薯种质资源的研究与利用 [J]. 农产品加工（学刊）(8)：70-73.

代明，侯文通，陈日远，等，2014. 硝基复合肥对马铃薯生长发育、产量及品质的影响 [J]. 中国土壤与肥料 (3)：84-87，97.

郭佳卓，彭露，金磊，等，2021. 光照强度对马铃薯组培苗生长量和荧光参数的影响 [J]. 中国马铃薯，35 (4)：300-307.

黄绍军，杨志雄，张晓莹，等，2020. 海拔高度对马铃薯品种适应性与产质量的影响 [J]. 贵州农业科学，48 (12)：21-27.

李丽，黄先群，雷尊国，等，2012. 贵州马铃薯栽培品种遗传多样性的 SRAP 分析 [J]. 贵州农业科学，40 (9)：1-3.

李志涛，刘震，张俊莲，等，2022. 膜下滴灌条件下不同田间持水量对马铃薯生理特性及产量的影响 [J]. 植物生理学报，58 (5)：946-956.

马永珍，王芳，王舰，2020. 马铃薯光周期敏感性研究 [J]. 江苏农业科学，48 (3)：106-111.

米宝琴，王玉萍，徐炜，等，2019. 光照强度对马铃薯试管微型薯诱导的影响 [J]. 河南农业 (32)：23-24.

王文祥，达布希拉图，周平，等，2017. 海拔高度对马铃薯地方品种形态结构及解剖结构的影响 [J]. 中国马铃薯，31 (2)：77-85.

王显模，付庆中，付梅，2017. 习水县 5 个马铃薯品种不同海拔产量及经济性状分析 [J]. 耕作与栽培 (1)：38-41.

谢婷婷，柳俊，2013. 光周期诱导马铃薯块茎形成的分子机理研究进展 [J]. 中国农业科学，46 (22)：4657-4664.

叶景秀，张凤军，张永成，2013. 青海省 20 个主要马铃薯审定品种的 SSR 标记遗传分析 [J]. 种子，32 (6)：1-4.

张丽莉，宿飞飞，陈伊里，等，2007. 中国马铃薯种质资源研究现状与育种方法 [J]. 中国马铃薯，21 (4)：223-225.

周云，2008. 青海高原马铃薯种质资源的大田移栽保存技术 [J]. 中国种业 (6)：56.

第三章　马铃薯脱毒种薯生产

第一节　脱毒苗生产

一、病毒脱除

马铃薯在生长期间会出现植株变矮、变小，叶片皱缩失绿，生长势衰退，块茎逐渐变小，产量和品质明显下降的现象，如果继续将其作为种薯种植，产量将会逐年下降，甚至最后失去利用价值。以前人们无法解释这种现象，因此笼统称之为"马铃薯退化"。马铃薯退化究竟是什么原因造成的呢？国内外科学工作者经过长时期的研究，形成三种学说，即：衰老学说、生态学说和病毒学说。法国学者用感染病毒的马铃薯进行茎尖培养，获得了无病毒幼苗和块茎（Morel，1955）。并证明马铃薯植株在无病毒的情况下，能完全恢复品种的特性和产量水平。1956年中国微生物研究所为明确各种因素与马铃薯退化的关系，通过一系列试验，证明马铃薯的退化主要是由病毒侵染造成的，同时证明，在无病毒条件下，高温不会导致马铃薯退化（杨洪祖，1991）。至此，世界上公认马铃薯退化是由病毒侵染造成的，所以一般又称之为"病毒性退化"。

马铃薯作为一种无性繁殖的作物，连续多年采用块茎切块繁殖，容易使块茎内的病毒通过世代繁衍积累和传播，造成不同程度的减产，一般减产20%～30%，严重者减产80%以上。陕北地区马铃薯退化受海拔和气候的影响，陕北南部的延安和榆林南部县（区），平均海拔不足1000米，夏季最高气温可达35℃左右，马铃薯退化速度较快；而榆林北部的定边、靖边等地，平均海拔1200米左右，夏季30℃以上高温持续时间7天左右，马铃薯退化速度较慢，是陕西省主要的马铃薯脱毒种薯繁育基地。

目前应用最广泛而且在农业生产中取得巨大成功的植物脱毒技术，是生物技术中的植物茎尖分生组织培养脱毒技术，也就是马铃薯脱毒种薯生产中常说的"茎尖脱毒"。

马铃薯病毒脱除技术可使植株恢复原来的优良种性，生长势增强，是一种积极且有效防止退化、恢复种性的途径。应用马铃薯脱毒技术，可以保持种薯健康，应用组培和原原种生产等快速繁育技术生产优质健康种薯，可使马铃薯增产30%～50%甚至成倍增产。马铃薯贮藏一段时间后，尤其是发芽或变绿的马铃薯食用时口感发麻，所以很多人对脱毒马铃薯的理解有误区，以为脱毒马铃薯就是脱除了块茎中这种口感发麻的毒素，其实口感发麻是由于马铃薯块茎中含有龙葵素。龙葵素是一种有毒的糖苷生物碱，在马铃薯的茎叶中大量存在，块茎中也含有龙葵素，一般新收获的块茎中含量较少，贮藏时间长或贮藏条件不好时，特别是接触阳光引起表皮变绿和发芽的块茎龙葵素含量增加。少量食用龙葵素不会引起中毒，但如果大量食用就可能引起急性中毒。龙葵素的含量和马铃薯的品种、贮藏条件、贮藏时间有关，与马铃薯的种薯级别无关，所以说，脱毒马铃薯不是脱除马铃薯块茎中的龙葵素，而是脱除块茎所含有的病毒。

2012 年，全世界范围内已发现的能够侵染马铃薯的病毒有 40 多种（Palukaitis，2012），其中能够对中国马铃薯产业造成显著影响的有 7 种，包括 6 种病毒（PVX、PVY、PVA、PVM、PVS、PLRV）和一种类病毒（PSTVd）。常见的马铃薯病毒病症状类型有花叶、卷叶、束顶、矮生四个。花叶类型中，又有各式各样花叶症状，其致病毒源复杂。由于品种抗病性不同，或者受温度条件等因素的影响，有时马铃薯症状相似，但其病原不同。而另三个类型（卷叶、束顶、矮生）的病原虽然较为单纯，但常常与花叶型的病毒复合侵染，呈现综合症状。除某种病原的特定症状是矮生外，有时一些抗病性弱的马铃薯品种，如果被多种病原侵染，发病严重，导致植株生育停滞，也会造成植株矮缩。

各种病毒的发生频率随年份及地域而有所不同。一般而言，当仅有一种病毒单独侵染马铃薯时，PVS 发病严重时可导致减产 10%～20%（王晓明等，2005；黄萍等，2009），PVA 最高可导致减产 40%（胡琼，2005），PLRV 最高可导致减产 40%～60%（王晓明等，2005），PVX 最高可导致减产 10%～50%（王仁贵等，1995；王晓明等，2005），PVY 最高可导致减产 20%～50%（王仁贵等，1995；郝艾芸，2007），PSTVd 可导致减产 35%～40%（崔荣昌等，1990；马秀芬等，1996）。当两种或多种病毒混合侵染时，马铃薯减产往往比一种病害单独侵染时严重。比如，PVS 单独侵染时，对马铃薯产量影响很小，当 PVS 与 PVM 或 PVX 混合侵染时，可致减产 20%～30%（Wang et al.，2011）；当 PVY 与 PVA 混合侵染时，发病严重时减产可达到 80%。侵染马铃薯的各种病毒因为病原物的不同，从症状表现到传播方式都存在较大差异（表 3-1）。

表 3-1 马铃薯病毒病症状类型及其病原

（李芝芳等，2004）

类型	病名	病原	病原生物学特性					病原传播方式
			形态结构	稀释限点	致死温度（℃）	体外存活期（天）	血清反应	
花叶型	马铃薯普通花叶病及轻花叶病	PVX	病毒粒体弯曲长杆状，13.6 纳米×515 纳米	10^{-6}～10^{-5}	68～76	60～90	+	汁液传播
	马铃薯重花叶病、条斑花叶病、条斑垂叶坏死病、点条斑花叶病	PVY	病毒粒体弯曲长杆状，11 纳米×730 纳米	10^{-3}～10^{-2}	52～62	2～3	+	汁液、昆虫（桃蚜）非持久性传播
	马铃薯轻花叶病	PVA	病毒粒体弯曲长杆状，11 纳米×730 纳米	$5×10^{-2}$～$5×10^{-1}$	44～52	0.5～1	+	汁液、昆虫（桃蚜）非持久性传播
	马铃薯潜隐花叶病	PVS	病毒粒体轻弯曲平直杆状，12 纳米×650 纳米	10^{-3}～10^{-2}	55～60	2～4（20℃下）	+	汁液、昆虫（桃蚜）非持久性传播

（续）

类型	病名	病原	病原生物学特性					病原传播方式
			形态结构	稀释限点	致死温度（℃）	体外存活期（天）	血清反应	
花叶型	马铃薯副皱缩花叶病、卷花叶病、脉间花叶病	PVM	病毒粒体弯曲长杆状，12 纳米 × 650 纳米	$10^{-3} \sim 10^{-2}$	65~70	2~4（20℃下）	+	汁液、昆虫（桃蚜）非持久性传播
	马铃薯黄斑花叶病，又名"奥古巴花叶病"	PAMV（F/G）	病毒粒体弯曲长杆状，11~12 纳米 × 580 纳米	F：5×10^{-2} G：10^{-3}	F：52~62 G：65	F：2~3 G：4	+	汁液、昆虫（桃蚜）非持久性传播
	马铃薯茎杂色病	TRV	病毒粒体平直杆状，由长短两种粒体组成，直径 25 纳米，长的 188~197 纳米，短的 45~115 纳米	10^{-6}	80~85	28~42（即 4~6 周）	+	昆虫（切根线虫）、汁液传播
	马铃薯黄绿块斑粗缩花叶病	TMV	病毒粒体直杆状，（15~18）纳米 × 300 纳米	病毒浓度高达 1 毫克/毫升	≤90（10 分钟）	1 年以上（20℃下）	+	汁液、种子、土壤传播
	马铃薯杂斑病、马铃薯块茎坏死病	AMV	病毒粒体多组分杆状，直径 18 纳米，含 5 种不同长度粒体，最长的 60 纳米	$10^{-5} \sim 10^{-2}$	55~60	3~4	+	汁液、昆虫（桃蚜）非持久性传播
	马铃薯皱缩黄斑花叶病、马铃薯轻皱黄斑花叶病	CMV	病毒粒体球形，直径 30 纳米	10^{-4}	60~75	3~7	+	汁液、昆虫（桃蚜）非持久性传播
卷叶型	马铃薯卷叶病	PLRV	病毒粒体球状，直径 23~25 纳米	10^{-4}	70	3~4	+	昆虫（桃蚜）持久性传播
束顶型	马铃薯纺锤块茎病、马铃薯纤块茎病、马铃薯块茎尖头病	PSTVd	无蛋白外壳的 RNA，为双链 RNA、链螺旋核酸	$10^{-4} \sim 10^{-2}$	90~100	—	—	汁液、带毒种子、昆虫（蚜蟛、马铃薯甲虫等）传播
	马铃薯紫顶萎蔫病	AYMLO（类菌原质体）	细胞圆形，无细胞壁，外有一层单位膜	—	—	—	—	昆虫（叶蝉）传播

（续）

类型	病名	病原	病原生物学特性					病原传播方式
			形态结构	稀释限点	致死温度（℃）	体外存活期（天）	血清反应	
矮生型	马铃薯黄矮病	PYDV	病毒粒体子弹状，15 纳米×380 纳米	10^{-4}～10^{-3}	50～53	0.1～0.5 小时（即 2.5～12 小时）		昆虫（叶蝉）、汁液传播
	马铃薯绿矮病	BCTV	病毒粒体杆状，（20～30）纳米×150 纳米	10^{-4}～10^{-3}	75～80	7～28		昆虫（叶蝉）传播
	马铃薯丛枝病	PWBMLO（类菌原质体）	细胞椭圆形，无细胞壁，外面包单位膜，直径 200～800 纳米	—	—	—	—	昆虫（叶蝉）传播

马铃薯病毒脱除技术包括物理学方法、化学药剂处理、茎尖分生组织培养、花药培养法、生物学方法、原生质体培养法以及实生种子选育等。目前主要应用并取得良好效果的马铃薯脱毒技术有 4 种，分别为茎尖分生组织培养、热处理钝化脱毒、热处理结合茎尖培养脱毒、化学药剂脱毒。主要方法如下。

（一）茎尖分生组织培养

White（1943）发现，一株被病毒侵染的植株并非所有细胞都带病毒，越靠近茎尖（图 3-1）和芽尖分生组织（图 3-2）病毒浓度越小，并且有可能是不带病毒的。经过研究者多方面分析，发生这一现象的原因可能有 3 个：一是分生组织旺盛的新陈代谢活动。病毒的复制需利用寄主的代谢过程，因而无法与分生组织的代谢活动竞争。二是分生组织中缺乏真正的维管组织。大多数病毒在植株内通过韧皮部进行迁移，或通过胞间连丝在细

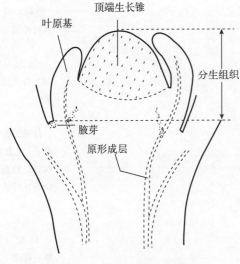

图 3-1　茎尖（Wang，1980）

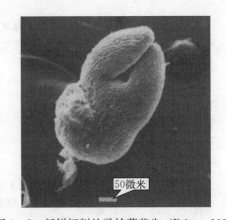

图 3-2　新鲜切割的马铃薯茎尖（Brian，1999）

胞之间传输。因为从细胞至细胞的移动速度较慢，在快速分裂的组织中病毒的浓度高峰被推迟。三是分生组织中高浓度的生长素可能影响病毒的复制。Morel（1957）以马铃薯为材料进行茎尖组织培养得到了无病毒植株，自此，茎尖组织培养的方法在很多国家得以应用，并得到了普遍肯定。

马铃薯茎尖分生组织培养脱毒技术，是根据植物细胞全能性学说和病毒在植物体内分布不均匀等原理，通过剥取茎尖分生组织进行离体培养而获得脱毒植株的方法，属于植物组织培养中的体细胞培养。通过茎尖分生组织培养来脱除病毒是最早发明的脱毒方法，该方法得到了研究者的普遍认可，一直沿用至今。

1. 马铃薯茎尖剥离程序 选择品种（系）农艺性状典型、健壮、没有明显病毒症状的单株，用挂牌做标识，到收获时取其所结的块茎，先用小毛刷刷洗干净后，用小纸箱装好，单收单藏，自然通过休眠期或人工打破休眠期。人工打破休眠期：块茎在恒温培养箱 35 ℃，光照 16 时/天，光照度 2 000 勒克斯，放置 30 天左右后，用赤霉素溶液浸泡 20～30 分钟，做催芽处理。赤霉素溶液的配制：若配制 20×10^{-6} 的赤霉素溶液，应先配 100 毫升 2 000 × 10^{-6} 的母液［称 0.2 克赤霉素（GA$_3$）用 75％乙醇与水稀释定容于 100 毫升］，使用时取 10 毫升母液，稀释至 1 000 毫升。若时间充足，建议自然萌芽以获取健壮、容易操作的芽。赤霉素催芽易获得细弱的芽，操作过程中难度大且容易折断。

整薯出芽眼时，将薯块放在有光处（光照度大约为 3 000 勒克斯），出的芽比较坚挺，取芽时，比较容易操作。从薯块上取下的芽，放入玻璃烧杯内，在烧杯上扎块纱布，放在水龙头下，采用小水流冲洗，持续冲洗 40～60 分钟，然后控干水，送达无菌工作室。无菌工作按照常规，提前灭菌消毒。通常二人配合操作比较快，一人打下手，看外植体消毒时间，绑扎试管或瓶口、标号记录；另一人具体操作，第一步在超净台内先用 75％乙醇浸泡 30～45 秒，并不断震动。第二步用无菌水摇动冲洗 3 遍，控净水。第三步用 6％次氯酸钠（NaClO）浸泡 10 分钟。在对外植体进行消毒处理的同时，对所要使用的器械进行消毒灭菌。放置剥离针和镊子的小架子用 75％乙醇浸泡后再置于酒精灯火焰上灼烧；镊子和剥离针插入高温灭菌器（温度达 300 ℃）3 分钟后取出放置于灭菌好的架子上，待冷却后即可使用。剥离针和镊子需要使用一次便消毒一次。第四步浸泡好的外植体用无菌水清洗 3～5 次，用无菌滤纸吸干水分备用。第五步在 40 倍的立体双筒解剖镜下，一手持镊子将其固定，另一手用剥离针将叶片一层一层剥掉，露出小丘样的顶端分生组织，之后用剥离针将顶端分生组织切下来，为了提高成活率，可带 1～2 个叶原基，接种到培养基上。用酒精灯烤干容器口和盖子并拧紧盖子，在瓶身上标明品种名称、接种序号、接种时间等信息。

2. 剥离前的准备

物品：若干个小烧杯、大烧杯（通用、存放废弃物）、滤纸、镊子、剥离专用针、无菌水（用组培瓶盛桶装水，不能太满，占容器的 1/3）。

灭菌：滤纸、专用剥离针、镊子用牛皮纸或报纸包好，放入高压灭菌锅内灭菌，培养基提前灭菌，在操作前送往超净台。

试剂：75％乙醇、10％次氯酸钠。

3. 茎尖剥离中注意事项

（1）无菌工作室长期停用后再用时，需进行熏蒸消毒。每次使用前用紫外线灯照射 1 小时左右，进行室内空气杀菌，同时将工作服、口罩灯一应物品一起照射消毒。

（2）每次剥离前，先用紫外线灯照射，再用 75％乙醇喷雾灭菌，同时超净工作台开始正常送风，然后开始剥离工作。

（3）工作人员操作前，先用肥皂洗涤双手，穿好工作服，戴好工作帽，端坐超净工作台前，再用 75％乙醇擦拭台面并为双手消毒。操作时，尽量不要讲话，以免喷沫造成污染。

（4）剥茎尖时必须防止因超净工作台的气流和解剖镜上碘钨灯散发的热而使茎尖失水干枯，因而操作过程要快速，以减少茎尖在空气中暴露的时间。超净工作台上采用冷源灯（荧光灯）或玻璃纤维灯更好。在垫有无菌湿滤纸的培养皿内操作也可减少茎尖变干。剥离针使用前后必须蘸 75％乙醇，并在酒精灯外焰上灼烧，或者直接插入灭菌器内消毒 10 分钟，冷却后即可使用。打开培养瓶时，注意不要污染瓶口。当把剥取的茎尖放置于培养瓶中后，把瓶口置于酒精灯火焰上烘烤，然后迅速用瓶盖封严。操作时还应注意手臂切勿从培养基、无菌材料、器械上方经过，以免引起再度污染。

4. 培养基制作　将通常用的植物生长素和细胞分裂素统一配成 10％的混合液母液（即 1 毫升溶液含 0.1 毫克激素），通常配制 100 毫升。放剥离茎尖的培养基比放组培苗的培养基略软点为佳，每升培养基比标准 MS 培养基少放 0.5 克凝固剂，pH 5.8～6。

5. 培养条件

培养温度：白天 24 ℃左右，夜晚 18 ℃，上下浮动不超过 1 ℃。

光照时间：光照时间 14 时/天，黑暗时间 10 时/天，光照变化与温度变化同步。

光照度：在愈伤组织形成和长出生长点时光照度在 1 500～2 000 勒克斯，通常在瓶上盖张报纸。

每隔 3～5 天观察 2 次，先长出愈伤组织，然后长出生长点，再抽出茎叶，应及时剪出生长点，转移到 MS 培养基上。

通常，一个剥离的叶原基就产生一个芽，若一个叶原基产生多个芽时应不予采用，以免有变异。等芽生长至能分清茎叶时，可剪出二叶一心的生长点，逐渐单株扩繁。

张艳艳、杨小琴等（2015、2016）通过试验，总结出不同的品种茎尖生长速度和成苗速度极为不同，如克新 1 号、荷兰 15 和陕北红洋芋等品种茎尖接种后 20 天就可见小叶片展出，而夏波蒂和大多数彩色薯的茎尖成活率偏低，即使是成活了的茎尖，长势也比较弱，相应的成苗率也很低。

除了品种差别的因素外，在茎尖培养过程中往往出现茎尖生长缓慢、茎尖黄化、水渍化甚至死亡等问题，其产生原因主要与剥离茎尖的大小、切割位置、接种的角度和培养基中生长调节剂的配比以及温度、光照等有关。为了改善这些问题，还需要继续摸索以避免茎尖死亡。

Mellor F. C. 和 Stace - Smith（1977）研究了茎尖大小对脱除马铃薯 PVX 病毒的影响，发现了一个明显的规律，茎尖大小对脱除病毒有影响，茎尖长度越小病毒含量越少，脱毒效果越好，但不易成活。G. Faccioli（1988）通过进一步研究，选用带有马铃薯卷叶病毒的 3 个马铃薯品种进行茎尖组织培养脱毒，详细对比茎尖大小与成活率和脱毒率之间的关系，得出相同结论。此外，张艳艳、杨小琴等（2015、2016）通过多年的茎尖脱毒试验发现，在春季马铃薯刚刚结束休眠期的时候给予合适的光照和温度，所获得的马铃薯芽剥取的茎尖成活率非常高。因此，在实际工作中应尽量在这一时间段内进行茎尖剥离工作。

茎尖培养不仅可以去除病毒，还可除去其他病原体，如细菌、真菌、类菌质体等。

（二）热处理钝化脱毒

热处理脱毒法又称"温热疗法"，已应用多年，且被世界多个国家应用。该项技术对设备条件的要求比较简单，操作简便易行。

热处理方法是根据高温可以使病毒蛋白变性从而使病毒失去活性的原理，利用寄主植物与病毒耐高温程度不同，对马铃薯块茎或苗进行不同温度、不同周期的高温处理，来达到钝化病毒的目的。Dawson 和 Coworker 发现，当植株在 40 ℃高温处理时，病毒和寄主 RNA 合成都是较为缓慢的，但是当把被感染的组织由 40 ℃转移到 25 ℃时，寄主 RNA 的合成立即恢复，病毒 RNA 的合成却推迟了 4～8 小时，例如烟草花叶病毒的 RNA 需要 16～20 小时才能恢复。根据此原理，可以设计不同时间段及温度脱除马铃薯病毒。1950 年 Kassanis 第一次用 37.5 ℃高温处理马铃薯块茎 20 天后，部分卷叶病毒被脱除，产生了无卷叶症状的植株。Chirkov 等（1984）研究发现，单一的茎尖组织培养对 PVY 和 PVA 的脱毒率达到 85%～90%，但对 PVX 和 PVS 的脱毒率却小于 1%，经过热处理后，茎尖培养脱除 PVS 的脱毒率提高至 11.4%。在一定的温度范围内进行热处理，寄主组织很少受伤害甚至不受伤害，而植物组织中很多病毒可被部分或完全钝化。

热处理方法的主要影响因素是温度和时间。在热处理过程中，通常温度越高、时间越长，脱毒效果就越好，但同时植物的生存率也呈下降趋势。因此，温度选择应当考虑脱毒效果和植物耐性两个方面。近年来，科学家们总结出了一些脱除不同病毒的热处理操作温度，将块茎放置在 37.5 ℃条件下 25 天，可钝化卷叶病毒（PLRV），种植后不出现卷叶病；或采用高低温度交替，如采用 40 ℃（4 小时）和 20 ℃（20 小时）也可脱除卷叶病毒。茎尖培养前，对发芽的块茎采取 32～35 ℃的高温处理，32 天可脱去 PVX 和 PVS 病毒。实践发现处理的天数越多脱毒率越高，处理 41 天能脱去 PVX 病毒 72.9%。另外热处理不适用于纺锤块茎病毒（PSTVd），因为高温适合类病毒的繁殖。国际马铃薯中心的科学家发现对患有这种病毒的块茎，在 4 ℃下保存 3 个月后，再在 10 ℃下生长 6 个月的植株，采用茎尖培养后脱毒效果较好。

热处理法的缺点是脱毒时间长，脱毒不完全，热处理只对球状病毒和线状病毒有效，但不能完全去除球状病毒，而对杆状病毒则不起作用。

（三）热处理结合茎尖培养脱毒

茎尖培养脱毒法脱毒率高，脱毒速度快，能在较短的时间内得到合格种苗，而热处理的缺点是植物的存活率低，且有些病毒通过单一的茎尖脱毒方法脱除率较低。为了克服这一局限，许多研究者把热处理与茎尖组织培养相结合，这种方法也成为较常见的马铃薯脱毒方法。S. Pennazio（1978）和 Manuela vecchiati（1978）首先将带有马铃薯 X 病毒的植株进行 30 ℃不同周期的热处理，处理后再进行茎尖分生组织培养，获得无毒植株并发现无毒植株数量与处理周期长度正相关，处理时间越长获得的无毒植株越多。H. Lozoya - Saldana（1985）和 A. Madrigal - Vargas（1985）将促进分生组织细胞分裂的激动素（Kinetin）按不同浓度加入培养基中，同时对试管苗进行 28 ℃和 35 ℃的高温处理。结果发现，温度越高马铃薯脱毒率越高，但脱毒苗成活率越低。而激动素含量的改变只对马铃薯生长的快慢产生明显影响，对脱毒率几乎没有产生任何影响。为平衡高温对马铃薯脱毒率和成活率的影响，H. Lopez - Delgado（2004）等将微量的水杨酸加入茎尖培养基中，培养4周后再进行热处理，结果发现，水杨酸的加入使马铃薯的耐热性得到了显著提高，其成活率提高了23%。盖琼辉（2005）经过研究发现，以40℃/天（4小时）和25℃/天（20小时）变温处理4周的方法脱毒效果最好，然后剥取带1～3个叶原基的茎尖进行脱毒可获得的脱毒苗成活率高达71.26%。

选择合适的热处理温度是马铃薯成功脱毒的重要因素。热处理与茎尖培养相结合的方法能有效提高脱毒效果，其机理是，热处理可使植物生长本身所具有的顶端免疫区得以扩大，有利于切取较大的茎尖（1毫米左右），从而提高茎尖培养的成活率和脱毒率。茎尖培养与热处理方法相结合脱除病毒的热处理一般是在35～40℃条件下处理几十分钟甚至数月，也可采用短时间高温处理。在最高温度、最低温度以及处理时间中间找到一个平衡点，既能很好地脱除病毒又不会对植株造成损伤、影响植株生长，这是热处理结合茎尖脱毒成功的关键。

（四）化学药剂脱毒

化学药剂脱毒是一种新的脱毒方法。其作用原理：化学药剂在三磷酸状态下会阻止病毒RNA帽子的形成，早期破坏RNA聚合酶的形成，后期破坏病毒外壳蛋白的形成。药剂能抑制病毒繁殖，有助于提高茎尖脱毒率。霍林斯（1965）曾指出，嘌呤和嘧啶的一些衍生物如2-硫尿嘧啶和8-氮鸟嘌呤等能和病毒粒子结合，使一些病毒不能繁殖。霍林斯和司通（1968）指出，用孔雀石绿、2,4-滴和硫尿嘧啶等加入培养基中进行茎尖培养时可除去病毒。德国学者Kluge（1987）证明硫代尿嘧啶类化合物能使红色苜蓿花叶病毒（RCMV）明显减少。Schuster（1991）在17种嘌呤和嘧啶衍生物中发现了8-氮杂腺嘌呤、8-氮杂鸟嘌呤和6-丙基-2-硫代尿嘧啶对马铃薯X病毒（PVX）具有抑制其活性的作用。Schulze（2010）则发现6-氨胸腺嘧啶和9-（2,3-二羟基丙基）腺嘌呤能抑制TMV和PVX复制酶的活性，从而抑制病毒在植物体内进行复制。

研究实践中常用的脱病毒化学药剂有利巴韦林（三氮唑核苷、病毒唑）（Ribavirin）、5-二氢尿嘧啶（DHT）和双乙酰-二氢-5-氮尿嘧啶（DA-DHT）。

嘌呤碱基代谢类似物利巴韦林是溶于水、稳定、无色的核苷，化学名称为1-β-D-呋喃核糖基-1H-1,2,4,-三氮唑-3-羧酰胺。最初是作为人体和动物抗病毒的药物被研究和开发出来的，又被称为尼斯可。利巴韦林能强烈抑制单磷酸嘌呤核苷（IMP）脱氢酶的活性，从而阻止病毒核酸的合成，除了对人和动物体内20多种病毒有良好的治疗作用外，还对马铃薯X病毒、马铃薯Y病毒、烟草坏死病毒（TNV）等植物病毒均有不同的预防和治疗作用，因此有人尝试把它以一定浓度加入培养基中，与茎尖分生组织培养相结合从而提高脱毒率。Lerch（1979）和Sidwell（1972）分别通过实验证实了仅仅单一地把利巴韦林加入培养基中只能临时抑制PVS在马铃薯中的复制，并不能彻底脱除病毒。Klein（1983）和Livingston（1983）验证了可以通过加入利巴韦林与茎尖组织培养相结合脱除马铃薯X病毒和Y病毒。Cassel（1982）和Long（1982）又相继报道了同种方法成功脱除马铃薯X病毒、Y病毒、S病毒和M病毒，在培养基中加入10毫克/升利巴韦林培养马铃薯茎尖（腋芽）20周，除去了Y病毒和S病毒，其中用20毫克/升利巴韦林加入培养基中，可脱掉Y病毒85%，脱去S病毒90%以上。Heide Bittner（1989）等把利巴韦林、DHT、GD、E30、Ly以一定的浓度相互混合加入培养基中对他们的脱毒效果进行对比试验，发现把利巴韦林和 DHT 同时放入培养基中可以提高马铃薯的脱毒率，并且在不同梯度下对利巴韦林的含量进行对比，发现当利巴韦林的浓度为 0.003% 时脱毒率最高。用利巴韦林处理患病毒的材料，都有良好的效果，特别是利巴韦林这种核苷结构的类似物，加入培养基中对病毒有抑制作用，培养的茎尖长度可达 3～4 厘米仍有较高的脱毒率，利巴韦林是很有应用前景的药剂。宋波涛等（2012）将感染病毒的马铃薯苗接种于含有利巴韦林浓度为 75～150 毫克/升的培养基上培养 45～135 天，发现这种方法对几种常见的马铃薯病毒均具有极高的脱除效率，可以在生产过程中使用，便于大批量处理材料，是一种高效的马铃薯病毒脱除技术。但利巴韦林对许多作物具有不同程度的药害，在某种程度上限制了它在防治植物病毒方面的应用。

此外，还有一些化学药剂可以脱除马铃薯病毒（0.1% 苯扎溴铵、0.05% 高锰酸钾、3% 过氧化氢、5% 尿素）。刘华等（2000）采用不同梯度高锰酸钾、过氧化氢、苯扎溴铵、尿素稀释液对马铃薯浸种，病毒钝化明显，发芽正常，田间试验出苗齐全，病毒再感染种类少，产量明显提高。

二、病毒检测

经过脱毒处理的植株必须经过病毒检测才能确定是否脱毒成功。鉴定马铃薯病毒，过去大多采用肉眼观察病毒间生物学特性差异的方式，如观察所致症状类型、传播方式、寄主范围等；近年来，随着生物科学的迅猛发展，免疫学方法、分子生物学方法等的应用，促进了病毒检测技术的改进与发展，现在又发展出了病毒核酸、蛋白分子生物学、生物化学等方面的方法。发展至今，主要采用的病毒检测方法有生物学法（指示植物鉴定法）、电子显微镜技术、酶联免疫吸附测定法、生物化学法（往返双向聚丙烯酰胺凝胶电泳法）、分子生物学法（NASH、RT‑PCR 法等），分别介绍如下。

（一）生物学法（指示植物鉴定法）

指示植物鉴定法是发展最早的一种方法，可用来鉴定病毒和类病毒，是美国病毒学家 Holmes 在 1929 年发现的。指示植物是用来鉴别病毒或其株系的具有特定反应的一类植株，凡是被特定的病毒侵染后能比原始寄主更易产生快而稳定并具有特征性症状的植物都可以作为指示植物。

指示植物鉴定法是将对某种病毒十分敏感的植物作为指示物，根据病毒侵染指示植物后表现出来的局部或系统症状，对病毒存在与否及其种类作出鉴别。不同的病毒往往都有一套鉴别寄主或特定的指示植物，鉴别寄主是指接种某种病毒后能够在叶片等组织上产生典型症状的寄主。根据试验寄主上表现出来的局部或系统症状，可以初步确定病毒的种类和归属。而这种指示植物检测法根据鉴别寄主种类又分为木本指示植物检测法和草本指示植物检测法两种。对于草本植物，接种方法有汁液摩擦接种法、媒介昆虫（桃蚜）接种法；对于木本植物，则用嫁接接种法。

1. 汁液摩擦接种法 先在鉴别寄主叶片上用小型喷粉器轻轻喷洒一层金刚砂（细度 400 目），然后用已消毒的棉球蘸取待鉴定的马铃薯汁液（添加 1/2 汁液量的 pH 7.0 的磷酸缓冲液），在鉴别寄主叶片上沿叶脉顺序轻轻摩擦接种后，及时用无菌水冲掉接种叶片上的杂质，置于有防虫网的室内培养，待 2～3 天后可逐日观察其症状反应，并做好文字、图片记录。

2. 媒介昆虫（桃蚜）接种法　接种用的桃蚜必须是无毒蚜，预先在白菜上饲育 4～5 代，即可得无毒桃蚜。

先将蚜虫用针挑至试管里饿 1～2 小时，然后放在马铃薯病株的叶片上饲毒（蚜虫口器刺吸叶片）。饲毒时间长短依鉴定的病毒种类不同而异，按昆虫不同传播方式分别对待，例如，马铃薯病毒 PVY 的蚜虫传毒为非持久性，时间只有 10～20 分钟，而马铃薯卷叶病毒（PLRV）为蚜虫持久性传毒，饲毒时间长达 24～48 小时。饲毒后将带毒蚜虫放在无毒的鉴别寄主的叶片上放毒，放毒时间亦按照病毒种类而异。以后用杀虫剂灭蚜。经 5～7 天后逐日观察其症状并做记录。

3. 嫁接接种法　将马铃薯病枝作为接穗嫁接至寄主植物上，利用作为砧木的寄主植物和作为接穗的马铃薯病枝之间细胞的有机结合，使病毒从接穗中进入砧木体内，然后观察砧木上新生叶片的发病症状。嫁接方法用常规的劈接法。

不同宿主所用的指示植物也不同，例如甘薯是巴西牵牛，马铃薯是烟草，番茄是番杏。目前，侵染马铃薯的病毒有 40 种之多，只有少数病毒对马铃薯危害严重。这些对马铃薯的产量和品质造成严重影响的病毒类型，在指示植物上接种后，反应有很大差别（表 3 - 2）。

指示植物鉴定法简单易行，优点是反应灵敏，成本低，无需抗血清及贵重的设备和生化试剂，只需要很少的毒源材料，缺点是工作量比较大，需要较大的温室培养供试材料，且比较耗时，不适合对大批量的脱毒苗进行检测。有时因气候或者栽培的原因，个别症状反应难以重复，难以区分病毒种类。

表 3 - 2　马铃薯几种主要病毒及类病毒在特定鉴别寄主上的症状

（李芝芳等，2004）

病毒名称	接种方式	在特定鉴别寄主上的症状
PVX	汁液摩擦	千日红：接种 5～7 天后叶片出现紫红环枯斑 白花刺果曼陀罗：接种 10 天后系统花叶 指尖椒：接种 10～20 天后接种叶片出现褐色坏死斑点，以后系统花叶 毛曼陀罗：接种 10 天后，接种叶片出现局部病斑及心叶花叶
PVY	汁液摩擦（或桃蚜）	普通烟草：接种初期明脉，后期有沿脉绿带症 洋酸浆：接种 10 天后，接种叶片出现黄褐色枯斑，以后系统落叶症（16～18 天） 枸杞：接种 10 天后接种叶片出现褐色环状枯斑，初侵染呈绿环斑
PVS	汁液摩擦	千日红：接种 14～25 天后，接种叶片出现橘红色小斑点，略微凸出的小斑点 昆诺瓦藜：接种 10 天后接种叶片出现局部黄色小斑点 德伯尼烟：初期明脉，以后系统绿块斑花叶
PVM	汁液摩擦	千日红：接种 15～20 天后，接种叶片沿叶脉周围出现紫红色斑点 毛曼陀罗：接种 10 天后，接种叶片出现失绿小圆斑至褐色枯斑，以后系统发病 豇豆：在子叶上接种 14～21 天后叶片上出现红色局部病斑 德伯尼烟：接种 10 天后接种叶片上出现红色局部病斑

（续）

病毒名称	接种方式	在特定鉴别寄主上的症状
PVA	汁液摩擦	直房丛生番茄：接种10天后接种叶片出现褐色坏死斑，以后由下部至上部叶片系统坏死 枸杞：接种5～10天后接种叶片出现不清晰局部病斑 马铃薯A6：接种3～5天后接种叶片出现星状斑点 香料烟：接种初期微明脉
PAMV	汁液摩擦	千日红：接种后无症状
（G株系）	汁液摩擦	指尖椒：接种10天后接种叶片出现灰白色坏死斑，以后系统褐色坏死斑，心叶坏死严重 心叶烟：接种15天后系统明显白斑花叶症 洋酸浆：接种15天后出现系统黄白组织坏死或褐色坏死斑
PLRV	桃蚜	白花刺果曼陀罗：蚜虫接种后叶片明显失绿，呈脉间失绿症，叶片卷曲 洋酸浆：接种20天后，植株叶片卷曲，因病毒株系不同，其植株高度有明显差别
AMV	汁液摩擦	千日红：接种7～10天后叶片出现紫红环枯斑，以后出现系统黄斑花叶症 洋酸浆：接种15天后出现系统黄斑花叶症 心叶烟：接种7～10天后，系统黄色斑驳，黄色组织变薄，呈轻皱状
TRV	汁液摩擦	千日红：接种4～5天后接种叶片出现红晕圈病斑，7天后呈红环枯斑，无系统症状 白花刺果曼陀罗：接种后发病初期，后期呈褐色圆枯斑 心叶烟：接种3～5天后接种叶片出现褐色圆枯斑 毛曼陀罗：接种5～6天后接种叶片出现褐色环枯斑，以后茎上出现褐色坏死，甚至全株枯死
TMV	汁液摩擦	千日红：接种叶片发病初期失绿晕斑，后期呈红环枯斑，无系统症状 心叶烟：接种叶片褐环小枯斑，无系统症状 普通烟草：接种叶片发病后干枯，后全株系统浓绿与淡绿相间皱缩花叶症
CMV	汁液摩擦	鲁特格尔斯番茄：接种30天后全株呈丝状叶片 毛曼陀罗：接种30天后系统叶片畸形，并呈浓绿疱斑花叶症
PSTVd	汁液摩擦	鲁特格尔斯番茄：成株在接种20天后，病株上部叶片变窄小而扭曲。番茄幼株接种后易矮化（27～30℃和强光16小时以上条件下） 莨菪：接种7～15天后接种叶片出现褐色坏死斑点（400勒克斯弱光下）

（二）电子显微镜技术

电子显微镜（以下简称"电镜"）以电磁波为光源，利用短波电子流，因此分辨率达到0.099纳米（0.99埃），比光学显微镜要高1 000倍以上。但是电子束的穿透力低，样品厚度必须在10～100纳米之间。因此，电镜观察需要特殊的载网和支持膜，需要复杂的制样和切片过程。

1. 电镜负染法 电镜负染技术的原理是一些重金属离子能绕核蛋白体四周沉淀下来，形成一个黑暗的背景，而在核蛋白体内部不会沉积形成一个清晰的亮区，衬托出样品的形态和大小，因此，人们习惯地称之为"负染色"。通过此方法可以观察到病毒粒子形态。此方法的主要操作步骤是：把有支持膜的铜网直接放在新鲜组织叶片的浸渍液滴上孵育5分钟，用滤纸吸干载网，放入 pH 7.0 的 2％磷钨酸染剂上漂浮 15 分钟，干燥后即可放在电镜下观察病毒粒子形态。

负染色技术不仅快速简易，而且分辨率高，目前广泛应用于生物大分子、细菌、原生动物、亚细胞碎片、分离的细胞器、蛋白晶体的观察及免疫学和细胞化学的研究工作中，尤其是病毒的快速鉴定及其结构研究所必不可少的一项技术。

2. 超薄切片法（正染色技术） 将样品经固定、脱水、包埋、聚合和超薄切片及用染色剂染色，在电镜下观察。此方法是观察病毒在寄主细胞内分布以及细胞病变的主要方法，用来观察各种病毒引起的寄主细胞病变和内含体特征。

3. 免疫电镜法 免疫电镜技术是将免疫学和电镜技术结合，将免疫学中抗原抗体反应的特异性与电镜的高分辨能力和放大技术结合在一起，可以区别出形态相似的不同病毒。在超微结构和分子水平上研究病毒等病原物的形态、结构和性质。配合免疫金标记还可进行细胞内抗原的定位研究，从而将细胞亚显微结构与其功能、代谢、形态等各方面研究紧密结合起来。主要操作步骤：把有支持膜的铜网在病毒抗血清液滴上孵育30分钟，用滤纸吸干后，放在新鲜组织叶片的浸渍液滴上孵育 30 分钟，用 20 滴 0.01％磷酸缓冲液冲洗载网，吸干后，在 pH 7.0 的 2％磷钨酸染色剂上漂浮 15 分钟，干燥后即可放在电镜下观察病毒粒子的形态。

朱光新等（1992）首次应用免疫电镜技术筛选出高纯度、高浓度的马铃薯毒源试管苗，为制作效价高、活性好的抗血清提供良好的抗原。论述了 PVX、TMV 和 PVY 3 种毒源在烟草寄主上繁殖时的拮抗关系，从而为马铃薯毒源繁殖和保存提供了科学依据。张仲凯等（1992）利用电镜负染色技术，对存在于寄主中的主要病原进行初步分类和诊断。周淑芹等（1995）应用电镜技术鉴定试管保存的马铃薯毒源，经过多次切段繁殖，观察了植株中病毒浓度和纯度的变化。这项研究有助于定期跟踪检测病毒在试管内增殖、递减与植物体生长发育之间的关系。通过掌握试管植物体病毒含量的高峰期，并根据高峰期的长短，确定毒源最佳的更新与利用时间，为相关领域的研究提供了有价值的参考。朱光新等（2003）又同时利用电子显微镜技术和血清学方法，对采自云南省马铃薯产区的 2 000 多份马铃薯病毒病样品及试管苗、微型薯样品进行了检测鉴定，检出了包括 PVX、PVY、PVM、PLRV 在内的 7 种马铃薯病毒。并利用电子显微技术和 TAS－ELISA 技术建立了脱病毒核心种苗的检测筛选技术体系。吴兴泉等（2005）为明确福建省马铃薯 S 病毒（PVS）的发生与分布情况，对福建省马铃薯主要种植区的 PVS 进行了鉴定和普查。在利用电镜技术和传统生物学方法鉴定的基础上，克隆了 PVS 外壳蛋白（*cp*）基因，依据 PVS 外壳蛋白的氨基酸序列建立了 PVS 不同分离物的系统进化树。依据此序列，可准确鉴定 PVS，同时可分析不同分离物间的分子差异。

（三）酶联免疫吸附测定法

酶联免疫吸附测定（ELISA）是一种免疫酶技术，它是 20 世纪 70 年代在荧光抗体和组织化学基础上发展起来的一种新的免疫测定方法。在不影响酶活性的前提下和免疫球蛋白分子共价结合成酶标记抗体。酶标记抗体可直接或通过免疫桥与包被在固相支持物上待测定的抗原或抗体特异性结合，再通过酶对底物作用产生有颜色或电子密度高的可溶性产物，借以显示出抗体的性质和数量。常用的支持物是聚苯乙烯塑料管或血凝滴定板。该方法利用了酶的放大作用，提高了免疫检测的灵敏度。优点是灵敏度高、特异性强，对人体基本无害，但价格昂贵，检测灵敏度在病毒量较少时会相对降低。

Casper（1977）首次用 ELISA 方法鉴定了 PLRV 病毒，后应用逐渐广泛。双抗体夹心法（DAS‐ELISA）（图 3‐3）在 ELISA 方法中应用最多，其中又包括快速 DAS‐ELISA 和常规 DAS‐ELISA。后者操作程序依次为包被滴定板、样品制备和加样、加入酶标抗体、进行反应、读数。相对于常规 DAS‐ELISA，快速 DAS‐ELISA 在振摇状态下，缩短了抗体、抗原、酶标的孵育时间，操作更为简便，时间和材料更为节省，重复性好，结果可靠。仲乃琴（1998）曾用常规 DAS‐ELISA 方法对 PVX、PVY 和 PLRV 进行了检测。刘卫平（1997）采用快速 DAS‐ELISA 方法对 PVX、PVY 进行了检测。白艳菊（2000）等改良了快速 DAS‐ELISA 方法，在同一块板上几种酶同时对应标记几种抗体，同时检测了 PVX、PVY、PVS、PVM 和 PLRV 5 种病毒，检测速度大大提高。常规 DAS‐ELISA 方法的操作步骤如下。

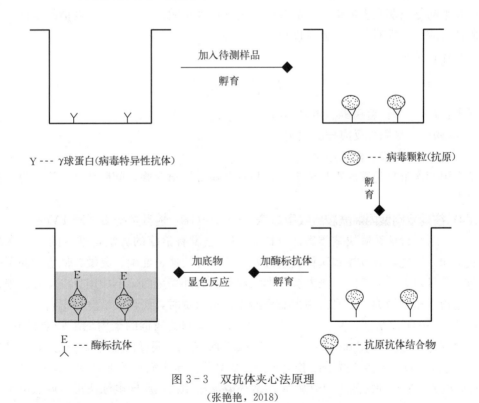

图 3‐3 双抗体夹心法原理

（张艳艳，2018）

1. 制样及点样

（1）取样。在无菌条件下，从瓶苗上剪下长 2 厘米的茎段，或可仅取植株中下部的叶片，放在研样袋内，在研样袋上将样品编好号，以便检测结果决定取舍。

(2) **向研样袋内加样品缓冲液**。加入液量依每个样品上样的孔数而定，例如每个样品准备上样一个样品孔时，可加入 0.4 毫升样品缓冲液，研磨后可得到匀浆，转入离心管内离心，取 200 微升上清液点样。

(3) **加入提取的样品液**。在编好号的微量滴定板（已包被）的样品孔内，按样品编号、逐个加入提取的样品液 200 微升，每一块微量滴定板上，可设两个阳性对照孔、两个阴性对照孔和两个空白对照孔。

2. 洗板 把加完样品的微量滴定板，在 37 ℃条件下孵育 2 小时，或在 4 ℃条件下过夜，然后用自动洗板机洗涤酶联板 8 次。

3. 加酶标抗体 把酶标记抗体用样品缓冲液按 1∶1 000 稀释，向每个样品孔中加入 200 微升稀释的酶标记抗体。将酶联板置于 37 ℃条件下孵育 2 小时，或在 4 ℃条件下过夜。之后在自动洗板机上洗涤酶联板 8 次，以除掉未结合的酶标记抗体。

4. 加底物 将底物片加入配制好的底物缓冲液内溶解，之后将底物缓冲液加入酶联板的每个孔内，避光放置，等待显色反应。

5. 结果判定

(1) **目测观察**。显现颜色的深浅与病毒相对浓度成正比。显现无色为阴性反应，记录为"－"；显现黄色即为阳性反应，记录为"＋"，依颜色逐渐加深记录为"＋"和"＋＋"。

(2) **用酶标仪测光密度值**。样品孔的光密度值大于阴性对照孔光密度值的 2 倍，即判定为阳性反应（阴性对照孔的光密度值应≤0.1）。

(3) **计算结果**。

$$I = \frac{m}{n} \times 100\%$$

式中：I——马铃薯病毒检出率，％；

m——呈阳性反应样品数量；

n——实验室样品数量。

结果用两次重复的算术平均值表示，脱毒苗病毒检出率修约间隔为 1，并标明经舍进或未舍未进。

（四）往返双向聚丙烯酰胺凝胶电泳法（R-PAGE）检测类病毒（PSTVd）

目前，对马铃薯纺锤块茎类病毒（PSTVd）还没有治疗的方法，唯一的途径就是淘汰染病植株。因此，有效控制这种类病毒就需要一种快速、准确、灵敏、低价，便于操作和判断，并且对人无危害的检测方法。类病毒不具有外壳蛋白，不能用免疫学方法来检测它们；用指示植物检测，需要占用大面积温床，费力费时，而且灵敏度也不高。

20 世纪 80 年代初期，Morris（1977）建立了检测类病毒的聚丙烯酰胺凝胶电泳法，但灵敏度较低。之后，Schumacher 和 Singh（1978）利用类病毒核酸高温变性迁移率变慢这一特点，建立了反向聚丙烯酰胺凝胶电泳法，提高了鉴定类病毒的准确性。崔荣昌（1992）等用反向电泳法成功地检测了 PSTVd，与常规电泳法相比，反向电泳法进行两次电泳，第一次电泳由负极到正极，室温，非变性条件下电泳；第二次电泳是正极到负极，高温，变性条件下电泳。反向电泳法灵敏度和准确性都高于常规法。李学湛（2001）等对聚丙烯酰胺凝胶电泳技术进行了改进，不采取割胶的方式，只利用加热，同样取得了较好的效果。

往返双向聚丙烯酰胺凝胶电泳法（R-PAGE）的操作步骤如下。

1. 样品总核酸 RNA 的提取　取样品（脱毒苗、薯块的薯肉）0.5 克左右放入干燥的研钵中，加入液氮冷冻，再加入少许十二烷基磺酸钠（SDS）、皂土进行研磨。研碎后向小研钵中加入 1 毫升核酸提取缓冲液，20 微升 β-巯基乙醇，2 毫升水饱和酚-氯仿（1∶1），研磨。

高速冷冻离心机 4 ℃、10 000 转/分钟离心 15 分钟，用移液器将上层水相（样品粗提液）吸取 350 微升转移至另一清洁的离心管中，或冻存（－20 ℃）。

2. 核酸纯化　将上步获得的上清液的离心管去除，加 3 倍体积的冰乙醇（1 毫升），置于－20 ℃冰箱 1.5 小时以上；用高速冷冻离心机 4 ℃、10 000 转/分钟离心 15 分钟；弃上清液，沉淀用 70%～75%乙醇洗盐 3 次；弃掉洗液，沉淀真空干燥；加入 100 微升 1×TAE 回融，放置冰箱内备用。

3. 电泳

（1）**制备**。5%聚丙烯酰胺，室温下凝固 0.5 小时。

（2）**上样**。制备好的核酸试样在振荡器上混匀，用溴酚蓝和二甲苯兰做追踪指示剂，上样量为 15 微升/孔（总核酸），指示剂为 2 微升/孔。

（3）**预电泳**。上样前，先将空白胶通电（电压 200 伏），预电泳 10～15 分钟。

（4）**正向电泳**。电极缓冲液为 1×TBE，电压 200 伏，待二甲苯兰跑到距胶板底部 1 厘米处停止电泳，将电泳槽中缓冲液倒掉。

（5）**反向电泳**（变性条件下进行）。电泳槽在 75 ℃的恒温箱中，放置 30 分钟，再将预热 75 ℃的 1×TBE 缓冲液加入槽内，变换电极进行电泳，电压 200 伏，电泳电流为 75 毫安，待指示剂接近点样孔时停止电泳。

（6）**固定**。把凝胶片放置在有 400 毫升核酸固定液的培养皿中，轻轻振荡 10 分钟，固定 0.5～1 小时，然后用 50 毫升注射器吸净固定液。

（7）**染色**。向培养皿中加入 400 毫升染色液，轻轻振荡 10 分钟，染色 30～40 分钟，然后吸出染色液（可重复使用）。

（8）**洗板**。用蒸馏水洗板 3 次，每次用水 400 毫升，每次冲洗 15 秒。

（9）**显色**。加入核酸显影液 400 毫升，轻轻摇荡，直到核酸带显现清楚为止。

（10）**增色**。将胶板放在 0.75%碳酸钠溶液中增色 5 分钟左右，吸掉增色液拍照。

4. 计算结果及判定　与阳性对照相同位置有谱带出现者为阳性。

$$马铃薯纺锤块茎类病毒（PSTVd）检出率=\frac{呈阳性反应样品数量}{实验室样品数量}×100\%$$

结果用两次重复的算术平均值表示，修约间隔为 1，并标明经舍进或未舍未进。

阳性对照（PSTVd 的 RNA）泳道下约 1/4 处应有拖后的黑色核酸带。

用全数值比较法，标准规定各级别种薯马铃薯纺锤块茎类病毒（PSTVd）允许率应为零，检出大于零或经舍弃为零者均不合格。

（五）聚合酶链式反应诊断技术

反转录-聚合酶链式反应（RT-PCR）的基本原理：以需要检测的病毒 RNA 为模板，反转录合成 cDNA，使病毒核酸得以扩增，以便于检测。具体操作步骤如下：提取病毒 RNA→设计合成引物→反转录合成 cDNA→PCR 扩增→用琼脂糖凝胶电泳对扩增产物进行检测。该方法不需要制备抗体，病毒量较 ELISA 方法也大大减少，仅需 ELISA 方法用量的 1/1 000 倍，灵敏度极高，国内外学者已用 RT - PCR 技术检测了马铃薯卷叶病毒、番茄斑萎病毒等主要病毒。

PCR 与酶学、免疫学等相结合，产生了诸如免疫捕捉 PCR 技术、简并引物 PCR 技术、生物素引物模板 PCR 技术、多重 PCR 技术、PCR - ELISA 定量分析技术、Real - time PCR 技术等一系列改良的检测技术。这些技术可同时检测多种马铃薯病毒，且对纯化的 RNA 检测灵敏度大大提高。

类病毒是没有外壳蛋白的裸露的闭合环状的 RNA 分子，RNA 分子大小在 246～399 碱基对之间，马铃薯纺锤块茎类病毒（PSTVd）的序列在 356～360 碱基对之间。根据 PSTVd 序列设计特异性引物，进行扩增，扩增片段大小为 359 碱基对左右。采用反转录-聚合酶链式反应方法检测马铃薯类病毒，其检测原理是：将类病毒的核酸 RNA 在反转录酶的作用下转录为 cDNA，再以此 cDNA 为模板，在 Taq DNA 聚合酶的催化作用下进行 PCR 扩增，最后根据判断 PCR 产物中是否有目标特异性条带，从而达到鉴定类病毒的目的。主要操作步骤如下。

1. 对照的设立 实验分别设立阳性对照、阴性对照和空白对照（即用等体积的 DEPC 水代替模板 RNA 做空白对照）。在检测过程中要同待测样品一同进行后续操作。

2. 样品制备 取马铃薯试管苗、块茎芽眼及周围组织或茎叶组织 0.05～0.1 克，现用现取或 4 ℃ 条件下保存，最多存放 3 天。

3. RNA 提取 用 RNA 提取试剂盒提取样品 RNA。

4. cDNA 的合成 在 200 微升 PCR 反应管中依次加入：引物 Pc（0.6 微升），模板 RNA（1 微升），dNTPs（1 微升），无菌 ddH$_2$O（9.4 微升），轻轻混匀，将该反应管在 65 ℃ 水中加热 5 分钟，放在冰上 5 分钟，低速离心（以 4 000 转/分钟离心 10 秒）。再加入：5×反转录反应缓冲液（4 毫升），0.1 摩/升 DTT（2 微升）；2 摩/升 RNA 酶抑制剂（1 微升）（40 酶活力单位[①]/微升）。轻轻混匀，42 ℃ 孵育 2 分钟，再加入 1 微升反转录酶（200 酶活力单位/微升），42 ℃ 孵育 50 分钟，然后在 70 ℃ 下失活 15 分钟。

5. 聚合酶链式反应（PCR） 将以上获得的产物 cDNA 进行 PCR 扩增。扩增程序：94 ℃ 2 分钟，30 次扩增反应循环（94 ℃ 1 分钟，55 ℃ 1 分钟，72 ℃ 1 分钟）；然后 72 ℃ 延伸 10 分钟。

6. PCR 产物的电泳检测 将 100 碱基对 DNA 分子量标记取 10 微升点入第一孔，将 20 微升 PCR 产物与 20 微升加样缓冲液混合，注入琼脂糖凝胶板的其他加样孔中。点好样后，盖上电泳仪，插好电极，在 5 伏/厘米电压条件下电泳 30～40 分钟。电泳结束后，将胶板平放到凝胶成像系统内，扫描成像图片并保存。

7. 结果判定 RT - PCR 扩增产物大小应在 359 碱基对左右，用 100 碱基对 DNA 分子量标记比较判断 PCR 片段大小。如果检测结果的阴性样品和空白样品没有特异性条带，阳性样品有特异性条带，则表明 RT - PCR 反应正确可靠。如果检测的阴性样品或空白样品出现特异性条带，而阳性样品没有特异性条带，说明在 RNA 样品制备或 RT - PCR 反应中的某个环节存在问题，需重新进行检测。待测样品在 359 碱基对有特异性条带出现，表明样品为阳性样品，含有马铃薯纺锤块茎类病毒（PSTVd）；若待测样品在 359 碱基对

---

① 酶活力单位（U，Active Unit），用来表示酶活力大小的单位，通常用酶量来表示。

没有该特异性条带出现，表明该样品为阴性样品，不含有马铃薯纺锤块茎类病毒。

三、脱毒苗繁殖

应用茎尖组织培养技术获得的、经检测确认不带马铃薯卷叶病毒（PLRV）、马铃薯Y病毒（PVY）、马铃薯X病毒（PVX）、马铃薯S病毒（PVS）、马铃薯M病毒（PVM）、马铃薯A病毒（PVA）等病毒且不带马铃薯纺锤块茎类病毒（PSTVd）的再生试管苗，即为脱毒苗。脱毒苗的繁殖包括基础苗繁殖和生产苗繁殖两个过程。脱毒苗培养应用的培养基为MS培养基（表3-3）。

表 3-3　MS 培养基贮备液的配制

（张艳艳，2018）

贮备液	成分	用量（毫克/升）	每升培养基取用量（毫升）
大量元素	硝酸铵（NH_4NO_3）	33 000	50
	硝酸钾（KNO_3）	38 000	
	磷酸二氢钾（KH_2PO_4）	3 400	
	硫酸镁（$MgSO_4 \cdot 7H_2O$）	7 400	
	氯化钙（$CaCl_2 \cdot 2H_2O$）	8 800	
铁盐	硫酸亚铁（$FeSO_4 \cdot 7H_2O$）	5 570	5
	乙二胺四乙酸二钠（$Na_2 \cdot EDTA$）	7 450	
微量元素	碘化钾（KI）	166	5
	钼酸钠（$Na_2MoO_4 \cdot 2H_2O$）	50	
	硫酸铜（$CuSO_4 \cdot 5H_2O$）	5	
	氯化钴（$CoCl_2 \cdot 6H_2O$）	5	
	硫酸锰（$MnSO_4 \cdot 4H_2O$）	4 460	
	硫酸锌（$ZnSO_4 \cdot 7H_2O$）	1 720	
	硼酸（H_3BO_3）	1 240	
有机物	盐酸硫胺素（维生素 B_1）	20	5
	盐酸吡哆素（维生素 B_6）	100	
	甘氨酸	400	
	烟酸	100	
	肌醇	20 000	
糖	蔗糖	30 000	—
	琼脂	7	

注：在配制大量元素贮备液时，最后加氯化钙；在配制铁盐贮备液时，分别溶解 $FeSO_4 \cdot 7H_2O$ 和 $Na_2 \cdot EDTA$ 在各自的 450 毫升蒸馏水中，适当加热并不停搅拌。然后将两种溶液混合在一起，pH 到 5.5，最后加蒸馏水定容到 1 000 毫升。培养基 pH 5.8。

（一）基础苗繁殖

基础苗的繁殖要求相对高温、弱光照、拉长节间距、降低木质化程度，以利于再次繁殖早出芽及快速生长，加快总体繁殖系数。在每一代快繁中，切段底部（根部）的脱毒苗转入生产苗进行繁殖，其他各段仍作为基础苗再次扦插繁殖。脱毒基础苗的整个生产流程主要包括培养基配制灭菌、试管苗切段及试管苗培养。

1. 培养基制备 将 MS 培养基配制成液，装入器皿（一般用组培专用玻璃瓶或者三角瓶盛装培养基），置于 121 ℃高压蒸汽灭菌锅灭菌 20 分钟，之后置于无菌室内冷却备用。

基本培养基有许多种，其中 MS 培养基适合于多数双子叶植物，B_5 培养基和 N_6 培养基适合于多数单子叶植物，White 培养基适合于根的培养。设计特定植物的培养基首先应当选择适宜的基本培养基再根据实际情况对其中某些成分做小范围调整。MS 培养基的适用范围较广，一般的植物培养均能获得成功。针对不同植物种类、外植体类型和培养目标，需要确定生长调节剂的浓度和配比。确定方法是用不同种类的激素进行浓度和比例的配合实验。在比较好的组合基础上进行微调整，从而设计出新的配方，经此反复摸索，选出一种最适宜培养基或较适宜培养基。

通常在培养基分装前要测 pH，偏酸的情况较多，需用 NaOH 调至 pH 为 5.8（1 摩/升 NaOH 的配制：称 40 克 NaOH 溶于 1 000 毫升水中）。培养基过酸，会导致培养基不凝固，或培养基太软，随意流动，无法定苗，生根慢。灭菌前瓶装培养基的 pH 与灭菌后瓶内培养基的 pH 大约相差 0.04。

分装培养基时，无论瓶子容量大小，需注意培养基的厚度，通常培养基的厚度在 1.87 厘米，组培苗生长舒展。培养基过厚，植株拔节高，嫩梢半透明，茎肿胀，生根慢，功能性气孔少，栅栏组织少，海绵组织增多，含水量高；干物质、叶绿体、蛋白质、纤维素和木质素含量低，影响了正常的光合作用，尤其在高温寡照的情况下，这一弊端更为明显。培养基过薄，苗茎发硬容易干，不容易长高。

目前在马铃薯组培苗培养中有液体培养和固体培养两种方法，居玉玲（2021）在多年的实际生产中总结出：液体培养的组培苗与固体培养相比较，繁殖周期短、组培苗较健壮，但具有繁殖系数低、污染率相对高、组培苗易沉入培养液中窒息不生长等缺点，不利于大规模工厂化快繁。因此，固体培养方式仍是马铃薯组培苗生产的主流。培养基中各种凝固剂的成本和使用效果在不断地被探讨和被改进，常用凝固剂大致有 4 种：第一种为最常用的固体培养基凝固剂琼脂，琼脂具有提高黏度、形成凝胶和保持水分的作用，但是透明度略差。第二种是以卡拉胶为凝固剂，卡拉胶的凝胶透明度和可逆性及抗酸性方面都优于琼脂。第三种是以冷凝胶为凝固剂，与琼脂相比省去了熬煮凝固剂的过程，可以直接灌装，节省了能源和人力。第四种是以倍力凝为凝固剂，纯净性和透明度优于前三种凝固剂。培养基中凝固剂的透明度对及时剔除组培苗培养过程中受到污染的苗是非常重要的，尤其是组培苗生长初期能及早观察到根系发育状况、根部是否有内生菌等。若透明度和培养基的硬度不合适，使观察是否染上极微量的内生菌变得困难，会导致下次扩繁组培苗的污染率升高。相比之下，倍力凝作凝固剂相对稳定、透明度好，使用 4 种凝固剂后培养基的透明清晰程度的排列：倍力凝＞冷凝胶＞卡拉胶＞琼脂。另外选用组培容器时，需考虑工作起来是否得心应手，容器过大，操作人员手不容易把握且易产生疲劳感，影响接苗速度；相对适中的容器，便于操作，可提高工作效率，选用的组培瓶最好不带瓶肩，宜选用直通型的。

2. 试管苗切段 严格按照无菌操作程序，将组培苗置于超净工作台上，器皿表面用 75％乙醇擦拭消毒，取出组培苗，按单茎切段，每个段带一片小叶摆放在培养基面上。一般每瓶可摆放 30～40 个茎段。

3. 试管苗培养 保存用基础苗一般要求相对低温，中等光照，使其节间短，尽量使其生长缓慢，以减少扩繁保存的次数。近年来很多学者针对试管苗的低温保存进行了研究。刘一盛等（2015）用不同浓度的山梨醇处理马铃薯品种川 117，对其在 4 ℃低温下的保存时间、生理变化以及保存后再生植株的遗传稳定性进行了研究，在 MS 培养基内添加 20 克/升山梨醇，结合 4 ℃低温处理，以抑制马铃薯试管苗的株高，效果较好。

居玉玲经过多年研究，认为甘露醇改变培养基物理性质不会引起试管苗变异，是组织培养保存试管苗、延缓生长较好的添加剂。甘露醇不是植物激素，是一种不易被植物吸收的蔗糖醇，是一种惰性物质，添加在培养基中可提高培养基渗透压，起脱水作用，抑制植株对养分的利用，从而达到延缓生长的目的。

即将投入生产的基础苗一般要求强光照，以使植株强壮、节间长、木质化程度高，这一结果利于移栽，成活率高。适宜的培养温度为 25～27 ℃，光照度 2 000～3 000 勒克斯，光照时间 10～14 小时，采用人工智能光照培养室培养。

（二）生产苗繁殖

生产用苗由基础苗扩繁数代而来，扩繁的流程与基础苗基本相同，不再赘述。不同之处是生产苗的培养条件要求相对较低。强光照能使植株强壮、节间长、木质化程度高，这一结果利于移栽，成活率高。适宜的培养温度为 22～25 ℃，光照度 3 000～4 000 勒克斯，光照时间 14～16 小时，在以自然光为主要光源的培养室内培养。20～25 天为 1 个周期，待苗长出 5 叶（株高大约 5 厘米以上），即可打开瓶盖炼苗，进行下一步的移栽。

第二节 脱毒种薯生产

一、脱毒种薯等级

脱毒种薯指从繁殖脱毒苗开始，经逐代繁殖增加种薯数量的种薯生产体系生产出来的符合质量标准的各级种薯。根据《马铃薯种薯》（GB 18133—2012）划分，马铃薯脱毒种薯分为四级：原原种、原种、一级种和二级种。

（一）原原种（G1）

原原种是利用组培苗在防虫网室和温室条件下生产出来的、不带马铃薯病毒、类病毒及其他马铃薯病虫害的、具有所选品种（品系）典型特征特性的种薯。一般情况下所生产的种薯较小，重量在 10 克以下，所以通常称为微型薯，或称为脱毒微型薯。

根据《马铃薯种薯》（GB 18133—2012），脱毒原原种属于基础种薯，是用脱毒苗在容器内生产的微型薯（Microtuber）和在防虫网、温室条件下生产的符合质量标准的种薯或小薯（Minituber）。因此，它们是不带任何病害的种薯，而且它们的纯度应当是 100%。只要发现带任一病害的块茎或有一块杂薯均可认为是不合格的。

微型薯生产是将无土栽培技术、植物组织培养技术、雾培技术和扦插快繁技术相结合，大规模、高标准生产马铃薯脱毒种薯的新技术。由于微型薯体积小，重量轻，便于运输，解决了马铃薯调种运输难的问题。因此，微型薯生产发展很快，已成为中国脱毒种薯生产的主要措施之一。至 2020 年，中国从事马铃薯脱毒种薯生产与销售的单位和企业有 200 多家，其中年产千万粒微型薯或繁育种薯万亩以上的企业 30 多家，微型薯产能 40 亿粒，每年实际生产 23 亿粒左右；脱毒种薯普及率为 30％左右。陕西省现有从事马铃薯微型薯生产的企业与单位共 12 家，每年生产微型薯 1 亿粒左右，脱毒种薯普及率达 25％～30％，榆林市脱毒种薯普及率最高，约为 37％。其中陕西大地种业（集团）有限公司年生产微型薯 3 000 万粒，脱毒原种 4 000～5 000 吨，为国家级农业产业化重点龙头企业。

（二）原种（G2）

原种是将原原种作为种薯，在良好的隔离环境中生产的、经质量检测不带检疫性病虫害，且非检疫性限定有害生物和其他检测项目应符合表 3-4、表 3-5、表 3-6 的最低要求，用于生产一级种的种薯。

表 3-4　各级别种薯田间检查植株质量要求

（白艳菊等，2012）

项目		允许率[a]（％）			
		原原种	原种	一级种	二级种
混杂		0	1.0	5.0	5.0
病毒	重花叶	0	0.5	2.0	5.0
	卷叶	0	0.2	2.0	5.0
	总病毒病[b]	0	1.0	5.0	10.0
青枯病		0	0	0.5	1.0
黑胫病		0	0.1	0.5	1.0

注：a 表示所检测项目阳性样品占检测样品总数的百分比。

　　b 表示所有有病毒症状的植株。

表 3-5　各级别种薯收获后检测质量要求

（白艳菊等，2012）

项目	允许率（％）			
	原原种	原种	一级种	二级种
总病毒病（PVY 和 PLRV）	0	1.0	5.0	10.0
青枯病	0	0	0.5	1.0

表 3-6　各级别种薯库房检查块茎质量要求

（白艳菊等，2012）

项目	允许率[b]（％）	允许率（个，以每 50 千克计）		
	原原种	原种	一级种	二级种
混杂	0	3	10	10
湿腐病	0	2	4	4
软腐病	0	1	2	2
晚疫病	0	2	3	3
干腐病	0	2	5	5
普通疮痂病[a]	2	10	20	25
黑痣病[a]	0	10	20	25

（续）

项目	允许率b（%）	允许率（个，以每50千克计）		
	原原种	原种	一级种	二级种
马铃薯块茎蛾	0	0	0	0
外部缺陷	1	5	10	15

注：a表示病斑面积不超过块茎表面积的1/5。

　　b表示允许率按重量百分比计算。

（三）一级种（G3）

一级种是在相对隔离环境中，将原种作为种薯生产的、经质量检测不带检疫性病虫害，且非检疫性限定有害生物和其他检测项目应符合表3-4、表3-5、表3-6最低要求的，用于生产二级种的种薯。

（四）二级种（G4）

二级种是在相对隔离环境中，将一级种作为种薯生产的、经质量检测不带检疫性病虫害，且非检疫性限定有害生物和其他检测项目应符合表3-4、表3-5、表3-6最低要求的，用于生产商品薯的种薯。

（五）种薯批

来源相同、同一地块、同一品种、同一级别以及同一时期收获、质量基本一致的马铃薯植株或块茎作为一批。

二、脱毒种薯批量生产

（一）脱毒苗扩繁

脱毒苗扩繁至足够的数量就可进行病毒和类病毒的检测，合格的苗就可移栽入室内观察品种表现型与原供体品种是否一致。如若一致就可作为脱毒核心苗投入生产使用。

（二）脱毒原原种生产

原原种是生产其他级别种薯的基础种薯，生产中要求极为严格。马铃薯原原种的生产主要有4种方法：一是土栽培，将马铃薯植株种植在土壤中。二是雾培法，将营养液压缩成气雾状直接喷到作物的根系上，根系悬挂于容器的空间内部。三是试管法，利用试管生产微型薯，通过改变培养基的配方，诱导试管苗结出气生块茎。四是无土基质栽培，普遍采用草炭、蛭石、椰糠、珍珠岩、沙子为基质。采用草炭作为培养基质，一定要消毒处理，草炭内腐殖质含有丝核菌，易感染植株，采用纯蛭石作为培养基质比较安全。目前，生产上使用最普遍的为无土基质栽培，下面以无土基质栽培法为例，介绍马铃薯原原种的生产方法。

1. 无土基质栽培生产原原种

（1）脱毒苗移栽季节。马铃薯脱毒苗从移栽至微型薯收获，生长周期为90天左右，在天气暖和后开始移栽，多雨季节前完成收获。陕北处于黄土高原和毛乌素沙地接壤的干旱半干旱地带，一般4月底天气暖和，适宜大田马铃薯播种，10月初多有连绵秋雨。所以，马铃薯脱毒苗理想的移栽时间为5月中下旬至6月中旬，收获时间为9月底。

（2）防虫网棚的建立及外围要求。选择四周无高大建筑物，交通便利，通风透光，水源、电源方便的地方建网棚，周围2千米内不能有马铃薯、其他茄科、十字花科作物和桃树，以及花色是黄色的植物。网棚长 30～50 米，宽 6～8 米，网棚内中间用砖头砌一条宽30～50 厘米的过道，网棚地表及网棚四周 2 米内铺砖硬化。棚架用热镀锌钢管作为支撑，一般高度为 3～3.5 米，隔离网纱的孔径要达到 60 目，用卡条固定好网纱。

网棚门口建成面积 1 米^2、高 2 米的缓冲间，并用隔离网纱包严、用卡条固定好。缓冲间地面撒生石灰，作为入口消毒措施。网棚门设置在东面，避风，因为有缓冲间，所以网棚门有内外两层，隔离效果更好。

网棚内的灌溉系统采用吊挂微喷系统，由东向西有 3 条固定在顶架上，每隔 1.5 米接一个吊挂喷头。

（3）**离地苗床的准备**。离地的苗床大约分成 3 类：第一类在畦面铺 4 厘米左右厚的小石子与土隔绝，小石子做消毒处理，上面铺黑色园艺地布。第二类用空心陶粒砖作为支撑，长度 2 米、宽度 1.5 米、高度 0.2 米的网片做成低价苗床，架起来离地 20～30 厘米高。第三类是用钢丝和铝合金做成的高架苗床，以水泥墩子为基座，以角钢为支柱的床架，离地 60～80 厘米高。不建议使用石棉瓦做苗床，一是石棉瓦高低不平，苗床铺上基质厚度不一致，苗期不会长得很整齐，二是石棉瓦使用久了，会渐渐释放出硅酸盐类矿物纤维，对植株生长有影响。三种类型的苗床均先铺黑色园艺地布，透气性好，但是成本略贵。苗床上每隔 15 米需插弓子，弓子长度 2.4 米，采用竹弓、钢筋索拉条（直径为 4 毫米，经得住覆盖物的重量）和有弹性的实心硬塑料弓均可以。应准备好无纺布、胶棉制成的小棉被御寒，这对组培苗和扦插苗早期发根起着至关重要的作用。

（4）**培养基质的准备**。苗床上先铺黑色园艺地布，用浓度为 0.5% 的高锰酸钾均匀喷洒 1 遍。蛭石和基肥混合拌匀（椰糠摆放在苗床上，洒湿压块椰糠，使其泡发呈松散粉末状），摊铺在苗床上，厚度大约 10 厘米；基肥用量为 40～50 克/米^2 氮磷钾复合肥（N：P：K＝10：15：20 或 N：P：K＝12：19：16）和中微量元素肥料。亦可以将肥溶于水中喷施，或喷施 MS 营养液，每平方米基质喷施 1 升营养液。在移栽的前一天用微喷浇水浸透，用手攥不滴水，指缝见水即可。每茬薯收后基质必须严格蒸煮消毒，可以反复使用3～4 年。为了严格控制土传病害发生，生产中基质一般每年一换。

（5）**炼苗**。脱毒组培苗在室内转接后 2～3 周（苗高 5～10 厘米），可以从室内培养架取出放置在防虫温室或温室里，打开或半打开瓶（或管）口放置 2～3 天炼苗，炼苗温度20～25 ℃，相对湿度 80%，在温室内 20 ℃左右条件下培育壮苗。

第一种方法是将在容器内的组培苗，先移到大棚炼苗，棚内的光照度高于组培室的灯光提供的光照度，炼苗 1 周左右，把大棚内的组培苗拔出来移栽至大棚，再清洗组培瓶和封口膜，送回组培室再次利用。通常这类组培苗在培养瓶内放的株数比较多，苗略弱些，通过炼苗不断健壮，提高在室内培养的组培苗移栽到大棚和温室后对生长条件的适应性，从而提高移栽后的成活率。第二种方法是在组培部门的出苗室，将组培苗从培养瓶内拔出，除净根部的培养基，整齐地放在塑料筐内，待移栽。这类苗需达到组培苗成品的标准：组培苗植株健壮，株高 8～10 厘米，叶片舒展，叶片数 8～10，根系发育正常，根系长 9～10 厘米。

上述第一种炼苗法比较粗放，在组培室时间相对短些，能节省能源，出苗多；但是由于炼苗在相对开放的环境中，会提高污染率，损耗大；且组培室的周转筐和组培瓶移到室外大棚内，易将室外的昆虫卵带到组培无菌区域，造成组培苗染上蓟马之类的微小昆虫。

若是采用有通气孔的瓶盖或封口膜在室外弄脏了需用水清洗，清洗中，会造成封口膜的破损，缩短使用寿命，增加了生产成本，若破损很微小，不及时挑出来，会给下次使用留下受污染的隐患。第二种方法在室内把组培苗直接拔出来，清理干净培养基，用生根水处理，直接移栽，成活率相当高，接近100%；不足之处是在组培室时间长，苗龄在18～20天之间，直径6厘米的组培瓶只能放16～18株，出苗量少，组培苗在生长中，有一定的管理要求。但这样的组培苗叶片肥厚，拔出来的苗有根茎叶，移栽至大棚后，通常在保温、保湿条件下，3天内组培苗浅绿色的根转化成白色根，7天长出新的根须，就可以浇营养液了，10～12天根系抱团，苗就可以进入苗期生长。

（6）移栽和注意事项。

① 组培苗在移栽前，通常采用1克ABT生根粉溶解于500毫升75%乙醇中，加500毫升水，定容至1 000毫升，即为1 000倍母液。取母液10毫升+水1 000毫升=10×10浓度的ABT生根粉浸根15～20分钟，ABT生根粉成分是吲乙·萘乙酸，在植物体内能诱导乙烯生成，内源乙烯在低浓度下有促进生根的作用。吲哚乙酸是植物体内普遍存在的内源生长激素，可诱导不定根的生成，促进侧根增多。处理过的苗生根会比不处理的苗生根略快些，不用生根剂处理的苗也可以正常生长。将拔出的组培苗整齐地码在带孔眼的塑料筐内，浸泡在配好的ABT生根粉水溶液中。成筐处理好的苗，放在湿润的无纺布上，同时在筐上盖上湿润的无纺布或薄布，送往大棚移栽，原则上当天洗出的苗，当天移栽种完，这是保证高成活率和正常生长的重要环节。

② 用镊子小心夹取苗，按株行距4厘米×8厘米栽入基质2～2.5厘米深，栽后及时小水细喷，使基质均匀封住根部周围的空隙，让基质与刚移栽的组培苗的根互相贴紧，保持湿度，确保发根快。若当天气温较低，可在苗床加盖薄膜，以保温保水，提高成活率，7天揭去薄膜。初移栽的苗拱棚外罩一层遮阳网，以防强光照使弱苗干枯失水，待苗缓过来可直立时撤去遮阳网。

③ 注意拿镊子的姿势，不要将组培苗揉坏、折断，用镊子夹着根部栽于松软的基质内，深度在2厘米左右即可，此深度不会影响根部正常形成匍匐茎。

（7）管理。

① 水肥管理。根据基质的干湿程度浇水。一般情况下，移栽时浇透水，之后5～7天不用浇水，基质的含水量保持在70%左右（手握成团，不滴水为宜）。浇水时间在上午10时之前或下午6时太阳落山后，中午不可浇水。如遇到高温、大风特殊天气情况，基质湿度会急剧下降，应及时观察浇水。

通常组培苗7～10天内长根，长根后用半量MS营养液浇灌，逐步过渡至用全量营养液，或遇到阴天蒸腾量小、苗生长需要营养时，可以浇双倍的营养液，然后轻轻地过一遍清水。根据天气情况和苗的长势交替浇清水与营养液。30天后视苗生长情况用尿素、钾肥进行叶面喷施；在现蕾期、开花期叶面喷施0.3%磷酸二氢钾和0.2%尿素混合液。

② 病虫害管理。栽苗前将杀菌剂多菌灵或者百菌清稀释后喷洒在网棚周围、网棚地面及苗床上，主要防治细菌、真菌性病害；移栽后主要防治蚜虫、红蜘蛛等，如发现有此类害虫入侵，可加大药剂量，缩短喷药间隔时间，尽早消灭。药剂用吡虫啉、氯氰菊酯、氯虫苯甲酰胺。

一般移栽后每7天喷1次防早、晚疫病农药，主要以预防为主，如发现病害植株，及时拔除。前期用嘧菌酯、嘧菌酯＋苯醚甲环唑、代森锰锌预防早疫病；中期用精甲霜锰锌、氟啶胺、烯酰吗啉，这三种有早、晚疫病综合防治的效果；后期用氟菌霜霉威、双炔酰菌胺预防晚疫病，可交替使用。

③后期管理。当苗生长2个月后，微型薯可长至重量为2～5克，这时就可以进行收获了。为保证收获的微型薯不易受到机械损失和便于长期存放，收获前逐渐减少水分和养分的供应，使植株逐渐枯黄至死亡后再收获。

(8) 原原种收获。早熟品种在移栽后60～65天，中熟品种在移栽后65～70天，晚熟品种在移栽后75～80天即可收获。收获时避免机械损伤和品种混杂。收后摊晾4～7天，剔除烂薯、病薯、伤薯及杂物。

(9) 原原种分级。原原种质量应符合国家标准《马铃薯种薯》（GB 18133—2012）的相关规定，马铃薯原原种应符合下列基本条件：

——同一品种；

——无主要病毒病（PVX、PVY、PVS、PVM、PVA、PLRV）；

——无纺锤块茎类病毒病（PSTVd）；

——无环腐病（*Clavibacter michiganensis* subsp. *sepedonicus*）；

——无青枯病（*Ralstonia solanacearum*）；

——无软腐病（*Erwinia carotovora* subsp. *atroseptica*，*Erwinia carotovora* subsp. *carotovora*，*Erwinia chrysanthemi*）；

——无晚疫病（*Phytophthora infestans*）；

——无干腐病（*Fusarium*）；

——无湿腐病（*Pythium ultimum*）；

——无品种混杂；

——无冻伤；

——无异常外来水分。

按种薯个体重量大小依次分为1克以下、2～4克、5～9克、10克以上4个规格分级包装，拴挂标签，注明品种名称、薯粒规格、数量。

在符合基本要求的前提下，原原种分为特等、一等和二等，各相应等级符合下列规定：

特等：无疮痂病（*Streptomyces scabies*）和外部缺陷。

一等：疮痂病≤1.0％，外部缺陷≤0.5％，圆形、近圆形原原种横向直径超过30毫米或小于12.5毫米的，以及长圆形原原种横向直径超过25毫米或小于10毫米的≤1.0％。

二等：1.0％＜疮痂病≤2.0％，0.5％＜外部缺陷≤1.0％，圆形、近圆形原原种横向直径超过30毫米或小于12.5毫米的，以及长圆形原原种横向直径超过25毫米或小于10毫米的≤2.0％。

不合格：达不到以上基本要求中任一项，或疮痂病≥2.0％，或外部缺陷≥1.0％，或圆形、近圆形原原种横向直径超过30毫米或小于12.5毫米的，以及长圆形原原种横向直径超过25毫米或小于10毫米的≥3.0％。

(10) 包装。原原种包装之前应该过筛分级，按照原原种的不同级别分类进行包装。原原种规格分为一级、二级、三级、四级、五级、六级、七级。圆形、近圆形原原种的规格要求如表 3-7 所示，长形原原种的规格要求如表 3-8 所示。

表 3-7　圆形、近圆形原原种的规格要求

（高艳玲等，2012）

级别	大小（毫米）						
	一级	二级	三级	四级	五级	六级	七级
横向直径	$\geqslant 30$	$25 \leqslant x < 30$	$20 \leqslant x < 25$	$17.5 \leqslant x < 20$	$15 \leqslant x < 17.5$	$12.5 \leqslant x < 15$	< 12.5

表 3-8　长形原原种的规格要求

（高艳玲等，2012）

级别	大小（毫米）						
	一级	二级	三级	四级	五级	六级	七级
横向直径	$\geqslant 25$	$20 \leqslant x < 25$	$17.5 \leqslant x < 20$	$15 \leqslant x < 17.5$	$12.5 \leqslant x < 15$	$10 \leqslant x < 12.5$	< 10

包装采用尼龙网袋，每袋 2 000 粒左右，按等级和收获期分品种装袋，做好标记，双标签，袋内袋外各一。

（11）贮藏。

① 贮藏方式。新收获的微型薯水分含量较高，需要在木条箱或塑料筐内放置数天，减少部分水分，使表皮老化或使小的伤口自然愈合，此过程中应避免阳光直晒。收获后在通风干燥的种子库预贮 15～20 天后入窖。入窖后按品种、规格摆放。

② 贮藏条件。低温贮存 2～4 ℃。相对湿度 80%～90%。

③ 贮藏（包装）量。晾干后的微型薯要按大小进行分级，例如小于 1 克、2～4 克、5～9 克、10 克以上，每种大小的微型薯分别装入尼龙纱袋中，每袋注明数量、大小规格、生产地点、收获时间等。装袋不超过网袋体积的 2/3，平堆厚度为 30 厘米左右。

（12）原原种质量控制。原原种是脱毒试管苗经隔离栽培收获的，因此对试管苗的质量控制是对原原种源头上的质量保证。原原种的质量控制应包括试管苗生产质量控制、原原种生产过程中检测、收获后检测及出库前检测。

① 试管苗生产质量控制。一是生产条件检验：生产试管苗的硬件设施应当具备单独及相互隔离的配药室、灭菌室、接种室及培养室。配药室要通风干燥，灭菌室要保持地面洁净，不可堆放污染物品。培养室和接种室定期用消毒剂熏蒸、紫外灯照射；污染的组培材料不能随便就地清洗；定期清洗或更换超净台滤器，并进行带菌试验；地面、墙面、工作台要及时灭菌；保持培养室清洁，控制人员频繁出入培养室。二是培养期间检验：接种后的瓶苗若用作基础苗，必须 100% 检测病害。种苗是生产原原种之前的最后一关，扩繁的数量很大，无法进行全部检测，所以为防止试管苗在接种过程中退化，感染病害，需定期抽取合适比例的样品进行检测，使其反映所生产种苗的基本质量状态。在检测参数选择上，由于核心苗和基础苗对病害已经进行了严格的检测，种苗繁育环节，可仅对 3 种对马铃薯影响特别大的病毒进行检测，即 PVX、PVY、PLRV。同时，为防止种苗在扩繁过程中品种特性的丢失和减弱，在生产过程中发现任一生物学特性为非病害、水肥和气候等原因导致的异常，需进行品种纯度和真实性的分子生物学检测。

② 脱毒原原种生产过程中的质量控制。一是生产条件检验：用于原原种生产的网室和温室必须棚架结实。网纱、玻璃或塑料覆盖物必须完整无缺，入口必须设立缓冲门。网室和温室内的基质必须是不带病虫害的新基质，或经过严格消毒处理的旧基质。网室和温室周围一定范围内（例如 10 米以内）不能有其他可能成为马铃薯病虫害侵染源或可能成为蚜虫寄主的植物。生产过程中，无关人员一律不得入内。二是生产期间田间检验：原原种生产期间将进行 2～3 次田间检验。检测原原种的田间检验，1 万株以下随机取样 2%，1 万～10 万株取样 1%，10 万株以上取样 0.5%，按表 3-9 取样方法设点。检测时不得用手直接接触植株。目测难以准确判断时，可采样进行室内检验。

表 3-9　原原种不同繁种田面积的检验点数和检验植株数

（尹江等，2006）

面积（公顷）	检验点数和每点抽取植株数
≤0.1	随机抽样检验 2 个点，每点 100 株
0.11～1	随机抽样检验 5 个点，每点 100 株
1.1～5	随机抽样检验 10 个点，每点 100 株
≥5	随机抽样检验 10 个点，每点 100 株，超出 5 公顷的面积，划出另一个检验区，按本标准规定的不同面积的检验点，抽取株数进行检验

③ 收获后检验。原原种收获后，按品种、大小分别包装在网纱袋中，保存在不受病虫害再次侵染的贮藏库中。每袋必须装有生产者收获时的标签，注明品种名、收获时间和粒数。合格的微型薯应当不破损、不带各种真菌细菌、不带影响产量的主要病毒和类病毒。最好能取一定数量的微型薯，进行催芽处理，待芽长到 2 厘米左右时，进行病毒和类病毒的检测，确保生产的脱毒原原种不带病毒和类病毒。

④ 库房检测。原原种出库前应进行库房检测，根据每批次数量确定扦样点数（表 3-10），随机扦样，每点取块茎 500 粒（依据 GB 18133—2012 国家标准）。

表 3-10　原原种块茎扦样量

（白艳菊等，2012）

每批次总产量（万粒）	块茎取样点数（个）	检验样品量（粒）
≤50	5	2 500
50<x≤500	5～20（每增加 30 万粒增加 1 个检测点）	2 500～10 000
>500	20（每增加 100 万粒增加 2 个检测点）	>10 000

⑤ 质量认证及溯源。要实现中国种薯的标准化、规范化生产，提高产品质量，就要建立质量认证体系建立质量合格认证试点，辐射带动认证体系的发展。同时要对上市的产品在包装上进行要求，推行产品分级包装上市，种薯包装内必须有质量认证标签，要标明产地和生产单位，建立产品质量追溯制度和体系。此外，对种薯生产单位建立产品"商标"授予工作。对上市的脱毒种薯在生产基地和市场上，要进行严格的检验，检验合格方可投入市场。

2. 土栽培生产原原种　对于易感病毒、退化较快且商品性要求较高的专用加工品种，如夏波蒂、布尔班克和大西洋等品种，生产上为了加快脱毒种薯繁育速度，采用土栽法（大田移栽法）生产原原种直接用于商品薯生产，可以在短时期内大量生产出高质量、高级别的脱毒种薯。吴艳莉等（2007）、方玉川等（2009）以榆林市为例，对这项技术进行了详细介绍。

（1）假植试管苗。4月下旬至5月上旬，防治地下害虫后，将合格脱毒试管苗利用营养钵假植在防虫网棚内，浇足水后盖上小膜保护，网棚外加盖农膜和遮阳网，将温度严格控制在15～25℃。3天后放风，7～10天后撤去小膜，并根据苗长势，结合浇水进行叶面追肥。生长20天后开始炼苗，苗龄25～30天时移栽。

（2）试管苗移栽。平整大田土地，深耕20厘米以上，施足基肥，亩施农家肥2 000千克，马铃薯专用肥（N∶P∶K∶S＝12∶19∶16∶2）50千克，用辛硫磷防治地下害虫后待用。将营养钵中的马铃薯幼苗运至大田，按照15厘米×85厘米的株行距，连营养纸钵一起移栽进大田中。为确保脱毒苗成活，随即浇水，灌溉采用大型指针式喷灌。

（3）大田管理。当苗高13～15厘米时中耕培土一次，15～20天后进行第二次培土，两次培土使垄高达到25厘米以上。整个生长期间不能缺水。肥料结合喷灌通过叶面追肥施入大田，亩追施马铃薯专用肥（N∶P∶K＝20∶0∶24）50千克、硫酸锰和硫酸锌各5千克、硫酸钾20千克，根据长势情况分批施入。7月中旬开始打药防治晚疫病、蚜虫等病虫害，每7天防治1次，药剂选择参照第五章。

（4）及时收获。由土栽培生产的原原种，由于株行距类似原种繁育，所以植株长势较旺，薯块一般150～250克。9月下旬提前杀秧，收获同原种繁育，随即包装入库。

3. 雾培生产原原种　雾培法又称"气培"或"雾气培"，对脱毒组培苗根部定期进行喷雾来生产微型薯。雾培栽培形式多样，成本低，产量高，其应用范围很广，易于管理，是一种新型前沿技术。据郝智勇（2017）介绍，雾培法生产微型薯不受气候条件和资源条件的限制，可以人为调节和控制马铃薯生长发育过程中的各种条件，缩短生产周期，提高收益。

（1）育苗。为使组培苗生长得更壮，更好地适应喷雾环境，在定植前要对组培苗进行"假植"，地点可选在温室中进行。先将组培苗从培养室取出放在常温下炼苗2～5天后，打开瓶口在空气中晾1天，洗净培养基将组培苗按株行距3厘米×5厘米移栽至拌有珍珠岩、蛭石或沙子的营养土上。要求：温度15～25℃，空气湿度70%～80%，日照时间15～20小时，有利于组培苗发根，生长5～7周后，再移栽至苗床上。育苗期间的适宜温度为：白天20～30℃，夜间13～18℃。根据具体情况，温度变幅可控制在白天20～32℃，夜间10～15℃，对幼苗生产无明显不良影响。

（2）定植及管理。定植时间一般选择阴天或晴天下午3时后进行。先向棚内喷水，使空气湿度达到饱和状态。将组培苗从营养土中起出，根部放在水中漂洗干净后，移至苗床板上，株行距均为20厘米。移栽时注意根和茎不能折断。定植1周内要用遮阳网进行遮光，室内温度保持18～22℃，湿度保持70%～80%，提高组培苗的成活率。温湿度及光照管理营养生长阶段温度保持在20～23℃，生殖生长阶段白天温度为23～24℃，夜间温度为10～14℃，结薯期间温度不能过高，温度高于25℃，结薯小，且变形。湿度保持70%～80%。光照时间不少于13小时，如果低于13小时，则需要用日光灯补充。由于组培苗是在良好的营养环境条件下生长的，又有适合的温湿度和光照条件，所以生长快，容易发生徒长现象。因此，当苗长到 50 厘米时，要给苗做支架，使其直立，以防倒伏。生长室内的温湿度很适应一些病虫害的发生，要定期喷施防治病虫害的药剂，以防病虫害的发生和蔓延。

(3) 配制雾培营养液。雾培法生产马铃薯原原种需要适时适量喷施营养液，因此营养液配方会对其生长发育产生影响。韩忠才等（2014）改变了 MS 培养基中大量元素的比例，对雾培生产马铃薯营养液进行了筛选，结果表明，配方 Ca（NO$_3$）$_2$·4H$_2$O 718 毫克/升、NH$_4$NO$_3$ 296 毫克/升、KNO$_3$ 455 毫克/升、KH$_2$PO$_4$ 254 毫克/升、K$_2$SO$_4$ 257 毫克/升、MgSO$_4$·7H$_2$O 554 毫克/升是最适合的营养液，匍匐茎数量多，结薯 45 粒/株，>6 克的微型薯比例高达 82.2%。孙海宏（2008）研究认为中早熟的马铃薯品种最适合的营养液是 3/4MS，产量最高，为 31.5～53.1 粒/株，烂薯率最低；晚熟品种宜采用 MS 营养液，产量可达 52.1 粒/株。王素梅等（2003）以 MS 培养基作为对照，对营养液配方进行了筛选，各营养液中微量元素含量与对照相同，最终研究表明，氮磷钾最适宜的比例为 2∶1∶3，磷、钾最适宜的含量分别为 373.9 毫克/升和 1 238.7 毫克/升，钙最适宜的含量控制在 110.0～150.0 毫克/升。此配方对马铃薯根系生长最有利，块茎膨大速度快，产量高。

(4) 采收与贮藏。雾培马铃薯采收要分次进行，每 7 天收 1 次，4～5 克的微型薯便符合采收标准。采收时动作要轻，不要拉断匍匐茎，影响下次采收。此方法采收的微型薯大小基本一致，商品性好，最高产量可达 50 粒/株以上。雾培法生产的微型薯含水量比较高，需要保存在合适的温湿度条件下，温度为 2～4 ℃、湿度为 80% 的冷库最为合适，可以防止其皱缩或腐烂。

4. 试管薯生产原原种 试管薯通常直径 2～10 毫米，单粒重约为 200 毫克。试管薯具有试管苗的所有优点，而且体积小、重量轻，贮藏、运输方便，容易栽培管理，成活率高；但生产周期较长，限制因素多，无法规模化生产，一般只用于专项研究。张健（2012）、罗彩虹、孙伟势等（2014）对试管薯生产技术及利用试管薯生产原原种技术进行了阐述。

(1) 试管薯母株培养。将健壮的基础苗剪去顶芽和基部（带 4～6 个节或叶片），用 MS 液体培养基，用浅层静止培养的方法培养母株，每瓶放 5～6 个茎段，3～4 周后每个茎段发育成一株具有 5～7 个节的健壮苗。培养室温度以白天 23～25 ℃、夜间 16～20 ℃ 为宜，光照时间 16 小时，光照 4 000 勒克斯以上。培养瓶要选用透气性好的封口物，以利于气体交换，促进壮苗的形成，一般需要 20～25 天。

(2) 试管薯诱导。在无菌条件下，将原来的培养基倒掉，加入诱导结薯培养基，在光照 16 小时条件下培养 2 天以促进匍匐茎的形成，然后转入 20 ℃ 黑暗培养，3～4 天后便可以产生试管薯，40～45 天试管薯发育到直径 5 毫米左右便可以收获。诱导结薯培养基为 MS 液体＋BA 5 毫克/升＋CCC 500 毫克/升＋白糖 80 克/升，pH 为 5.8。

(3) 试管薯收获贮藏。试管薯收获后要用清水多次冲洗，用滤纸吸去表面的水分，要于阴凉处阴干后再贮藏于透气的保鲜盒或保鲜袋中，置于冰箱 4 ℃ 保存。

(4) 试管薯播前准备及播种。播前要准备好温网室和基质，具体做法参考无土基质栽培生产原原种技术。试管薯播前要催芽，具体做法：将经过休眠期的试管薯置于 26 ℃ 的温室，黑暗处理 15 天发芽。新收获的试管薯要用赤霉素浸泡处理，打破休眠期。播种时开 2～3 厘米深的小沟，将催芽后的试管薯播入，株行距 4 厘米×6 厘米，覆盖蛭石浇足水后盖上薄膜，隔 2～3 天浇 1 次水。

（5）**田间管理及收获、分级、贮藏**。试管薯播后 7 天开始出苗，逐渐去掉薄膜，加强管理。其具体管理技术以及微型薯的收获、分级、贮藏可参考无土基质栽培生产原原种技术。

（三）脱毒原种繁殖

1. 原种生产田的选择 原种田应选择肥力较好、土壤松软、给排水良好的地块，土壤 pH≤8.5。平均海拔 1 200 米以上，具有良好的自然隔离条件，要求 3 年以上没有种植过茄科作物，1～2 年没有种植过十字花科和块茎、块根类作物。

陕北地区属温带干旱半干旱大陆性季风气候，光照充足，昼夜温差大，气候干燥，雨热同季，四季分明，农业生产主要限制因素是干旱，其南部延安地区和榆林南部 6 县（区）平均海拔不足 1 000 米，夏季高温持续时间较长，农业灌溉条件差，不适宜原种繁殖；而北部 6 县（区）长城以北地区，地势平坦、地下水位高，适宜农业机械化生产，尤其榆阳、定边、靖边 3 县（区），平均海拔 1 000～1 200 米，气候冷凉、昼夜温差大，井灌农业发达，是陕西省最适宜脱毒种薯繁育的地区。

2. 脱毒原种生产的种薯来源 脱毒原原种（微型薯）是生产脱毒原种的种薯来源。脱毒原原种可以是自己生产的，也可以是从其他生产单位购买的。但无论原原种的来源如何，都应当注意以下几个方面。

（1）**纯度**。用于原种生产的原原种（微型薯），其纯度应当为 100%，即不应当有任何混杂。由于微型薯块茎较小，一些品种间的微型薯差别很难判断。如果从其他生产单位购买原原种，一定要有质量保证的合同书。

（2）**大小**。一般来说，只要微型薯的大小在 1 克左右就能用于原种生产。即使这样，播种前也应当将微型薯的大小进行分级。因为大小差别较大的微型薯播种在一起，由于大微型薯的生长势较强，很可能会造成小微型薯出苗不好或长势较差。此外，大小分级后，还便于播种。因为一般微型薯较大时，播种的株行距可以适当加大一些，而微型薯较小时，株行距可以适当减小一些。

（3）**休眠期**。对同一个品种而言，其微型薯的休眠期要远远超过正常大小的块茎。因此，在播种微型薯前，一定在留足其打破休眠的时间。一般微型薯自然打破休眠的时间应当在 3 个月左右。如果收获至播种的时间不能使其自然度过休眠期，则应当采取一些措施打破休眠。常用的方法有变温法和激素处理方法。

3. 播种

（1）**种薯处理**。播种前 10～15 天，将原原种出库，置于 15～20 ℃条件下催芽，当种薯大部分芽眼出芽时，即可播种。播种前催芽，有利于种薯尽快结束休眠，确保全苗壮苗，促进早熟，提高产量。

（2）**播种时期**。一般当土壤 10 厘米深处地温稳定达到 7～8 ℃就可以播种。为了保证脱毒种薯质量，原种生产时提倡适当晚播。中早熟品种繁种时，陕北地区适宜 5 月中下旬播种。晚熟品种繁种时，适宜 4 月下旬至 5 月上旬播种。

（3）**播种深度**。播种深度受土壤质地、土壤温度、土壤含水量、种薯大小与生理年龄等因素的影响。当土壤温度低、土壤含水量较高时，应浅播，盖土厚度 3～5 厘米。如果土壤温度较高、土壤含水量较低，应适当深播，盖土厚度 8～10 厘米。原原种一般个头较小，适宜浅播，但当原原种单粒超过 10 克，也可适当深播。老龄种薯应在土壤温度较高时播种，并比生理壮龄的种薯播得浅一些。土壤较黏时，播种深度应浅一些，而土壤沙性较强时，应适当深播一些。

(4) 播种密度。播种密度取决于品种和施肥水平等因素。作为脱毒种薯生产，播种密度应当比商品薯生产大一些。一般来说，播种密度每亩应当在 5 000 株以上；早熟品种可达到每亩 6 000 株，晚熟品种可以降到每亩 4 000 株。同样的品种，如果在土壤肥力较高或施肥水平较高的条件下，可适当增加密度；反之，则应适当降低密度。具体的株距和行距，应根据品种特征特性和播种方式来确定。如果用机械播种和收获，则应考虑到播种机、中耕机和收获的作业宽度来决定其株距和行距。

(5) 播种方式。

① 人工播种。适合于农户小面积繁育马铃薯原种用。陕北南部丘陵区由于春季播种时，土壤墒情不好，为保墒一般不用畜力开沟播种，采用人工挖穴种植。

② 畜力播种。当马铃薯播种面积较大，地形复杂难以利用播种机械时，利用畜力开沟种植马铃薯是一种较好的选择。播种时可开沟将肥料与种子分开，然后再用犁起垄。

③ 机械播种。陕北北部风沙区地势平坦、平均海拔高，是陕西省主要的繁种基地，利用机械播种是当地马铃薯生产的主要播种方式。根据播种机械的不同，每天播种面积不同，小型播种机械每天可播种 20~30 亩，中型机械每天播种 50~80 亩，大型机械每天可播种 100~200 亩。采用机械播种方式可以将开沟、下种、施肥、施除地下害虫农药、覆土、起垄一次完成。但一定要调整好播种的株行距（播种密度），特别是行距必须均匀一致。播种机行走一定要直，否则在以后的中耕、打药、收获作业过程中容易伤苗、伤薯。

4. 隔离种植 原种田周围应具备良好的防虫、防病隔离条件。在无隔离设施的情况下，原种生产田应距离其他级别的马铃薯、茄科及十字花科作物和桃园 5 000 米以上。当原种田隔离条件较差时，应将种薯田设在其他寄主作物的上风头，以便于最大限度地减少有翅蚜虫在种薯田降落的机会。

在同一块原种生产田内不得种植其他级别的马铃薯种薯，邻近的田块也不能种植茄科（如辣椒、茄子和番茄等）及开黄花的作物（如油菜和向日葵等）。

5. 田间管理

(1) 严格消毒。原种生产过程中，使用专用机械（牲畜）、工具（农具）进行施药、中耕、锄草、收获等一系列田间作业时，应采取严格的消毒措施。如果一个生产单位（种薯生产户）同时种植了不同级别的种薯和商品薯，田间作业要按高级向低级种薯田、商品薯田的顺序进行操作，操作人员严格消毒，避免病害的人为传播。生产过程中，一般不要让无关人员进入田块中，如果必须进入田间，如领导检查、检验人员抽检等，应当采取相应的防范措施，例如将汽车轮胎进行消毒，人员经过消毒池后再进入，或穿干净的鞋套和防护服等。

(2) 灌溉。为了避免人员频繁进入原种田，原种生产时不提倡大水漫灌，多采用喷灌和滴灌的方式。

① 喷灌。喷灌是把由水泵加压或自然落差形成的有压水通过压力管道送至田间，再经喷头喷射至空中，形成细小水滴，均匀地洒落在农田，达到灌溉的目的。喷灌明显的优

点是灌水均匀，少占耕地，节省人力，对地形的适应性强；主要缺点是受风的影响大，设备投资高。喷灌的方式较多，陕西北部采用的大都是中心支轴式喷灌，有一个固定的中心点，工作时喷头像时钟一样运动，所以也称之为"指针式喷灌"。安装时将支管支撑在高2~3米的支架上，最长可达400米，支架可以自己行走，支管的一端固定在水源处，整个支管就绕中心点绕行，像时针一样，边走边灌，可以使用低压喷头，灌溉质量好，自动化程度很高。

② 滴灌。滴灌较地面灌溉每亩节水40%~48%，提高肥料利用率43%，增产15%~25%，省工6~10个，节省占地5%~10%，同时可减少地下水超采，保护生态环境，减少地面灌溉所造成的深层渗漏（包括肥料）所带来的环境污染问题。其优点：一是不受地形地貌的影响，当土壤易渗漏、易产生径流，或地势不平整，无法采用其他灌溉形式时，非常适合采用此灌溉方法。二是在水源稀少的地方，需要精确计算用水量时，就需要应用滴灌的方式。因为滴灌可以减少蒸发、径流和水分下渗，灌溉更均匀，不会因为要保证整块田充分灌溉而出现局部灌过头的现象。三是可以精确地施肥，可减少氮肥损失，提高养分利用率。还可以根据作物的需要，在最佳的时间施肥。四是通过合理设计和布置，可以将机械作业的行预留出来，保证这些行相对干燥，便于拖拉机在任何时候都可以进入田间作业。因此可及时打除草剂、杀虫剂和杀菌剂。五是由于滴灌可减少马铃薯冠层的湿度，可降低马铃薯晚疫病发生的概率。与喷灌相比，可降低农药的开支，减少农化产品对环境的污染。滴灌也有缺点，如不利于机械化作业、田间铺设管道过多、播种前不能灌溉、容易造成次生盐渍化等。因此，在生产中要根据具体情况选择合适的灌溉方式。

(3) 施肥。马铃薯生长需要十多种营养元素，其中N、P、K三种营养元素是马铃薯生长发育需要量较多的，一般生产1 000千克马铃薯块茎需要纯氮5千克、纯磷2千克、纯钾11千克。另外，马铃薯生长还需要补充S、Ca、Mg、Fe、Mn、Zn、B等中量元素和微量元素。

施肥方法撒施或条施均可，但需掌握以下原则：①施肥要均匀、不能有的多有的少或者漏施，在同一块地上肥力好的地方适当少施，肥力差的地方适当多施一些。地边地头都要施到肥料。②用机械撒施肥，要按撒肥机的撒幅宽度的50%重复行走，如撒肥机的撒幅宽度是24米，那么拖拉机的往返行走宽度为12米。这样有利于将不同比重的肥料撒施得更均匀。③施肥时，要将肥料和芽块隔离开，避免因肥料烧芽造成缺苗。④播种和中耕时N、K肥要施入2/3，P、Mg肥全部施入，剩余的1/3 N、K肥和Mn、Zn等微量元素在出苗20天后每间隔7~10天，根据田间马铃薯长势分3~4批次用喷灌机喷施在田间植株叶面或用滴灌施入。⑤生长期追肥目的是进一步补充植株的养分，延长叶片的功能期。每亩N肥的使用量要依据田间植株表现每次1~1.5千克为宜。

(4) 中耕。待2/3马铃薯出苗时要进行中耕。中耕时要保持土壤湿润，如果土壤表层干燥，应该浇水后再进行中耕作业，以利于耕后保持垄形。中耕能杀死苗期的大部分杂草，后期杂草危害严重时，需人工除草，一般不提倡用化学药剂除草。

(5) 去杂去劣。为了保证种薯质量，在生育期间，进行2~3次拔除劣株、杂株和可疑株（包括地下部分）。

6. 防病治虫 原种田一般从出苗后3~4周即开始喷杀菌剂，每周1次，直至收获。同时，应根据实际情况，施用杀虫剂以防治蚜虫和其他地上部分害虫的危害。因为害虫除了影响马铃薯植株的生长外，还会传播病毒，降低种薯质量，后者的危害更大。

（1）地上害虫防治。主要是蚜虫和二十八星瓢虫，危害叶片和叶柄。防治蚜虫可用10％吡虫啉可湿性粉剂2 000～3 000倍液，或5％抗蚜威可湿性粉剂1 000～2 000倍液喷雾防治，二十八星瓢虫可用4.5％高效氯氰菊酯乳油500～600倍液喷雾防治。

（2）地下害虫防治。主要是蝼蛄、蛴螬、地老虎和金针虫，取食块茎或咬断根部造成减产或植株死亡。每亩用10％二嗪磷颗粒剂0.5千克或8％克百威·烯唑醇颗粒剂1千克，拌毒土或毒沙（20千克左右）撒施，然后翻入土中；或在播种时进行穴施、沟施；或在作物生长期撒施于地表，然后用耙子混于土壤内即可。

（3）病害防治。马铃薯原种用微型薯作种薯，一般没有细菌性病害，田间危害主要是晚疫病、早疫病等叶片病害，杀菌剂可选用代森锰锌、烯酰吗啉、嘧菌酯、精甲霜灵、双炔酰菌胺、氟吡菌胺、霜脲氰、氟啶胺等药剂。

7. 原种生产质量控制

（1）田间检查。采用目测检查，种薯每批次随机抽检5～10点，每点100株（表3-11），目测不能确诊的非正常植株或器官组织应马上采集样本进行实验室检验。

表3-11　每批种薯抽检点数

（白艳菊等，2012）

检测面积（亩）	检测点数（个）	检查总数（株）
≤15	5	500
15＜x≤600	6～10（每增加150亩增加1个检测点）	600～1 000
＞600	10（每增加600亩增加2个检测点）	＞1 000

整个田间检验过程要求40天内完成。第一次检查在现蕾期至盛花期，第二次检查在收获前30天左右进行。

当第一次检查指标中任何一项超过允许率的5倍，则停止检查，该地块马铃薯不能作为种薯生产与销售。

第一次检查任何一项指标超过允许率在5倍以内，可通过种植者拔除病株和混杂株降低比例，第二次检查为最终田间检查结果。

（2）块茎检测。

① 收获后检测。种薯收获和入库期，根据原种检验面积在收获田间随机取样，或者在库房随机抽取一定数量的块茎用于实验室检测，抽样数量≤600亩取样200个，每增加150～600亩增加40个块茎。块茎处理：块茎打破休眠栽植，苗高15厘米左右开始检测，病毒检测采用酶联免疫（ELISA）或逆转录聚合酶链式反应（RT-PCR）方法，类病毒采用往返电泳（R-PAGE）、RT-PCR或核酸斑点杂交（NASH）方法，细菌采用ELISA或聚合酶链式反应（PCR）方法。以上各病害检测也可以采用灵敏度高于推荐方法的检测技术。

② 库房检测。种薯出库前应进行库房检查。原种根据每批次总产量确定扦样点数（表3-12），每点扦样25千克，随机扦取样品应具有代表性，样品的检验结果代表被抽检批次。同批次原种存放不同库房，按不同批次处理，并注明质量溯源的衔接。

表 3 - 12　原种块茎扦样量

(白艳菊等，2012)

每批次总产量（吨）	块茎取样点数（个）	检验样品量（千克）
≤40	4	100
40<x≤1 000	5～10（每增加 200 吨增加 1 个检测点）	125～250
>1 000	10（每增加 1 000 吨增加 2 个检测点）	>250

采用目测检验，目测不能确诊的病害也可采用实验室检测技术，目测检验包括块茎表皮检验和必要情况下一定数量内部症状检验。

（四）脱毒一级、二级种薯繁殖

1. 脱毒一级、二级种薯生产的种薯来源　脱毒原种是生产脱毒一级种、二级种的种薯来源。可以是自己上一年生产的，也可以是从其他生产单位购买的。但应当特别注意品种的纯度、退化株率和种薯处理。

（1）**纯度**。购买时或播种前可以对块茎进行检验，根据块茎的形状、皮色、肉色、芽眼深浅等不同，判断同一批种薯的纯度是否达到原种的标准。根据国家脱毒马铃薯种薯质量标准，原种的纯度必须达到 100%。

（2）**退化株率**。根据国家脱毒马铃薯种薯质量标准，原种田的植株病毒率不能高于0.1%。而对生产出来的一级种薯要求收获前退化株率不能超过 0.25%，生产出来的一级种薯要求收获前退化株率不能超过 1%。

（3）**种薯处理**。播前 1 个月左右，在 15～20 ℃、散射光条件下将原种进行催壮，芽长约 2 厘米时即可播种。如果原种薯块较大，可进行切块后再种植。切块时尽量带顶芽，以充分利用其顶端优势。50 克左右的块茎可自芽眼多的顶部纵切为二；大块茎由基部按芽眼螺旋切块，使切块呈三角形，芽眼位于切块的中间，切块大小一般为 20～30 克，每个切块至少带 1 个芽眼。切块后，置于通风处 1～2 天，使伤口愈合后再催芽。在进行种薯切块时，需用 75% 乙醇或高锰酸钾进行切刀消毒，最好有两把刀交替使用。切好的种薯要注意使伤口尽快愈合，防止切块腐烂，必要时进行药剂处理。

2. 脱毒一级、二级种薯的生产过程

（1）**生产田的选择**。一级、二级种薯生产田应距离商品马铃薯、茄科及十字花科作物和桃园 500～1 000 米的隔离距离。当一级、二级种薯田隔离条件较差时，应将种薯田设在其他寄主作物的上风头，以最大限度地减少有翅蚜虫在种薯田降落。

与原种生产相似，在一级种薯生产田内不得种植二级种薯或商品马铃薯，邻近的田块也不能种植商品马铃薯、其他茄科作物（如辣椒、茄子和番茄等）及开黄花的作物（如油菜和向日葵等）。

种薯田应选择肥力较好、土壤松软、给排水良好的地块。最好 3 年以上没有种植过茄科作物。

（2）**田间管理**。一级、二级种薯生产过程中，使用专用机械（牲畜）、工具（农具）进行施药、中耕、锄草、收获等一系列田间作业时，应采取严格的消毒措施。如果一个生产单位（种薯生产户）同时种植了脱毒种薯和商品薯，田间作业要按一级向二级种薯田、商品薯田的顺序进行操作，操作人员严格消毒，避免病害的人为传播。生产过程中，一般不要让无关人员进入种薯生产田块中，如果必须进入田间，如领导检查、检验人员抽检等，应当采取相应的防范措施，例如对汽车轮胎进行消毒，人员经过消毒池后再进入，或穿干净的鞋套和防护服等。其他灌水、追肥、去杂去劣、防虫治病等田间管理措施可参考脱毒原种的繁殖。

3. 脱毒合格种薯生产中的质量控制

（1）**生产条件检验**。生产者或专门的质量检验机构在一、二级种薯生产前应当派人进行实地考察，确认生产区隔离条件良好，如生产区在封闭的耕地上。一、二级种薯生产田应距离其他马铃薯、茄科、十字花科作物生产地或桃园 500～1 000 米。所选地块必须前三年没有种植过马铃薯和其他茄科作物，土壤应不带危害马铃薯生长的线虫。如果有其他危害马铃薯的地下害虫，种植时应施用杀地下害虫的药剂。

如有可能，生产区应设立一些必要的隔离和消毒设施，如铁丝网和消毒池等。防止无关的人、畜进入生产区内。

（2）**生产期间田间检验**。按国家种薯质量控制标准，一、二级种薯生产期间需要进行两次田间检验，第一次在植株现蕾期，第二次在盛花期。检验人员进入田间检验时，必须穿戴一次性的保护服，不得用手直接接触田间植株。

三、获得马铃薯脱毒种薯途径

（一）购买马铃薯脱毒种薯

1. 选择适合品种　应根据自己的生产目的和所在的生态区域选择适合的品种。在大规模引进新品种前，必须进行引种试验。因为一个品种在别的地区表现良好，不等于在其他地区也会表现良好。此外，所选品种必须是通过省级以上品种审定委员会审定的作物，未经审定的品种是不允许大面积推广的。因此，在选购马铃薯种薯时还应了解所要购买的品种是否已经通过审定。

2. 选用优质脱毒种薯　马铃薯在生长发育过程中很容易感染多种病毒而导致植株"退化"。采用退化植株的块茎做种薯，出苗后植株即表现出退化现象，不能正常生长，产量非常低。因此，目前生产中一般都要采用脱毒种薯。种薯脱毒与否，以及脱毒种薯质量如何，是影响产量的主要因素。如果大量调种，必须在生产季节到田间进行实地考察，看当地是否发生过晚疫病，田间是否有青枯病和环腐病的感病植株，确认种薯是否达到质量标准。

3. 选择可靠的种薯生产单位　目前马铃薯种薯市场十分混乱，因此购买不可靠的单位和个体农户生产的种薯很容易上当。虽然有的也号称是脱毒种薯，但繁殖代数过高，导致种薯重新感染病毒而退化。这样的种薯不仅产量低，而且质量也不好。

4. 检查种薯的外观　主要检查种薯是否带有晚疫病、青枯病、环腐病和黑痣病等病害的病斑。此外，还要检查种薯是否有严重的机械伤、挤压伤等。对可疑块茎可以用刀切开，检查内部是否表现出某些病害的症状。晚疫病、青枯病、环腐病等病害在块茎内部均有明显的症状。其他一些生理性病害，如黑心病、空心、高温或低温受害症状均可通过切开块茎进行检查。病害的块茎内部症状可参考本书第五章。

（二）自繁马铃薯脱毒种薯

由于难以购买合适的脱毒种薯，一些地区的农民尝试自繁脱毒种薯，供自己生产用，即从可靠的种薯生产单位或科研单位购买一定数量的脱毒苗、原原种（微型薯）、原种，自己再扩繁一次，作为自己的生产用种。此法既可以节省购买脱毒种薯的费用，又可以保证脱毒种薯的质量。

1. 基础种薯的质量 无论购买哪一级的基础种薯，都要考虑其质量是否可靠。以微型薯为例，目前国内生产微型薯的单位和个人不计其数，价格相差较大，但真正能保证质量的单位较少。因此购买微型薯时，一定要选择可靠的单位和个人，不能一味贪图价格便宜。

2. 自繁种薯的生产条件 在自繁种薯时，一定要有防止病毒再侵染的条件。不能使种薯生产田块与商品薯田块相邻。如有可能，最好将自繁种薯种植在隔离条件好的简易温室、网室或小拱棚中。所选的田块，不能带有马铃薯土传性病害，如青枯病、环腐病和疮痂病等。生长过程中一定要注意防治蚜虫等危害植株的害虫，同时还要特别注意防治晚疫病。

3. 自繁种薯的数量 一般马铃薯商品薯生产每亩种薯需要量为150千克左右，如果用微型薯来生产这些种薯，则需要300粒（每粒微型薯生产块茎约0.5千克）。如果用原种生产，则需要原种15千克左右（繁殖系数按10计算）。

参考文献

白艳菊，李学湛，2000. 应用DAS-ELISA法同时检测多种马铃薯病毒 [J]. 中国马铃薯，14（3）：143-145.

常勇，杨小琴，张媛媛，2016. 榆林市陇薯7号马铃薯茎尖脱毒培养基筛选 [J]. 现代农业科技（9）：71-72.

陈占飞，常勇，任亚梅，等，2018. 陕西马铃薯 [M]. 北京：中国农业科学技术出版社.

崔荣昌，李芝芳，李晓龙，等，1992. 马铃薯纺锤块茎类病毒的检测和防治 [J]. 植物保护学报（3）：263-268.

邓根生，宋建荣，2015. 秦岭西段南北麓主要作物种植 [M]. 北京：中国农业科学技术出版社.

方玉川，白银兵，李增伟，等，2009. 布尔班克马铃薯高产栽培技术 [J]. 中国马铃薯，23（3）：182-183.

古川仁朗，谢晓亮，1994. 病毒的检测 [J]. 河北农林科技，4（12）：50-51.

韩黎明，2009. 脱毒马铃薯种薯生产基本原理与关键技术 [J]. 金华职业技术学院学报，9（6）：71-74.

韩忠才，张胜利，孙静，等，2014. 气雾栽培法生产脱毒马铃薯营养液配方的筛选 [J]. 中国马铃薯，28（6）：328-330.

郝艾芸，张建军，申集平，2007. 马铃薯病毒病的种类及防治方法 [J]. 北方农业学报（2）：62-63.

郝智勇，2017. 马铃薯微型薯生产技术 [J]. 黑龙江农业科学（8）：142-144.

胡琼，2005. 马铃薯A病毒病及其防治 [J]. 现代农业科技（5）：21.

黄萍，颜谦，丁映，2009. 贵州省马铃薯S病毒的发生及防治 [J]. 贵州农业科学，37（8）：88-90.

黄晓梅，2011. 植物组织培养 [M]. 北京：化学工业出版社.

金兆娟，2015. 马铃薯脱毒种薯培养及其在生产中的应用 [J]. 农业开发与装备（9）：121.

居玉玲，2021. 马铃薯脱毒繁育与微型薯生产实用技术 [M]. 北京：化学工业出版社.

李伟元，孙华，2001. 防虫网棚马铃薯脱毒微型薯栽培技术 [J]. 青海农技推广（1）：28.

李学湛，吕典秋，何云霞，等，2001. 聚丙烯酰胺凝胶电泳方法检测马铃薯类病毒技术的改进 [J]. 中国马铃薯，15（4）：213-214.

李芝芳，2004，中国马铃薯主要病毒图鉴［M］.北京：中国农业出版社.

刘华，冯高，2000.化学因素对马铃薯病毒钝化的研究［J］.中国马铃薯，14（4）：202-204.

刘京宝，刘祥臣，王晨阳，等，2014.中国南北过渡带主要作物栽培［M］.北京：中国农业科学技术出版社.

刘卫平，1997.快速ELISA法鉴定马铃薯病毒［J］.中国马铃薯，11（1）：11-13.

卢雪宏，薛玉峰，2015.脱毒马铃薯种薯高产优质扩繁技术研究［J］.农业与技术（8）：131.

卢艳丽，周洪友，2017.马铃薯茎尖脱毒方法优化及病毒检测［J］.作物杂志（1）：161-167.

罗彩虹，孙伟势，徐艳，2014.马铃薯脱毒试管薯温室无土栽培生产微型薯技术［J］.陕西农业科学，60（2）：113-114.

马秀芬，刘莉，张鹤龄，等，1996.中国流行的马铃薯纺锤块茎类病毒（PSTVd）株系鉴定及其对产量的影响［J］.内蒙古大学学报（自然科学版）（4）：562-567.

聂峰杰，张丽，巩檑，等，2015.三种方法对马铃薯脱毒种薯病毒检测比较研究［J］.中国种业（4）：39.

孙海宏，2008.马铃薯雾培微型薯营养液筛选试验［J］.中国种业（S1）：80-81.

王长科，张百忍，蒲正斌，等，2010.秦巴山区脱毒马铃薯冬播高产配套栽培技术［J］.陕西农业科学，56（4）：218-219.

王仁贵，刘丽华，1995.PSTV与PVY的互作及其对马铃薯产量影响［J］.马铃薯杂志，9（4）：218-222.

王素梅，王培伦，王秀峰，等，2003.营养液成分对雾培脱毒微型马铃薯产量的影响［J］.山东农业科学（4）：32-34.

王小菁，陈刚，李明军，等，2010.植物生长调节剂在植物组织培养中的应用［M］.北京：化学工业出版社.

王晓明，金黎平，尹江，2005.马铃薯抗病毒病育种研究进展［J］.中国马铃薯，19（5）：285-289.

吴凌娟，张雅奎，董传民，等，2003.用指示植物分离鉴定马铃薯轻花叶病毒（PVX）的技术［J］中国马铃薯，17（2）：82-83.

吴兴泉，陈士华，魏广彪，等，2005.福建马铃薯S病毒的分子鉴定及发生情况［J］.植物保护学报，32（2）：133-137.

吴艳莉，薛志和，吕军，等，2007.脱毒试管苗移栽大田栽培技术［J］.中国马铃薯，21（4）：244.

吴艳霞，徐永杰，2008.高纬度地区早熟脱毒马铃薯无公害栽培技术［J］.现代农业科技（13）：47.

谢开云，金黎平，屈冬玉，2006.脱毒马铃薯高产新技术［M］.北京：中国农业科学技术出版社.

邢宝龙，方玉川，张万萍，等，2017.中国高原地区马铃薯栽培［M］.北京：中国农业出版社.

张健，2012.马铃薯试管薯生产技术［J］.吉林蔬菜（4）：8.

张蓉，1997.关于马铃薯种薯的病毒检测技术［J］.宁夏农林科技（3）：36-37.

张铁强，郑安波，2011.网室中马铃薯脱毒微型薯生产技术［J］.中国马铃薯，25（5）：269-270.

张艳艳，方玉川，杨小琴，等，2017.马铃薯品种夏波蒂的茎尖脱毒与培养基筛选［J］.农业科技通讯（3）：87-88，237.

张艳艳，杨小琴，张媛媛，2015.陕北红洋芋的茎尖脱毒和分化培养基筛选［J］.长江蔬菜（4）：42-43.

张耀辉，马恢，张瑞玖，等，2020.马铃薯微型薯离地标准化繁育技术［J］.农业科技通讯（1）：229-231.

张仲凯，李云海，张小雷，等，1992.马铃薯病毒病原种类电镜研究初报［J］.马铃薯杂志，6（3）：156-159.

中国科学院遗传研究所组织培养室三室五组，1976.离体培养马铃薯茎顶端（或腋芽）生长点的初步研

究 [J]. 遗传学报，3（1）：51－55.

仲乃琴，1998. ELISA 技术检测马铃薯病毒的研究 [J]. 甘肃农业大学学报（2）：178－181.

周淑芹，朱光新，1995. 应用电镜技术对试管保存马铃薯毒源效果的鉴定研究 [J]. 黑龙江农业科学
（3）：41－42.

朱光新，李芝芳，肖志敏，1992. 免疫电镜对马铃薯主要毒源的鉴定研究 [J]. 植物病理学报，2（3）：
222－379.

朱述钧，王春梅，2006. 抗植物病毒天然化合物研究进展 [J]. 江苏农业学报，22（1）：86－90.

邹华芬，金辉，陈晨，等，2014. 不同钾肥水平对马铃薯原种繁育的影响 [J]. 现代农业科技（15）：
83－84.

Casper R，1977. Detection of potato leafroll virus in potato and in Physalis floridana by enzyme－linked im-
munosorbent assay（ELISA）[J]. Phytopathol Z（96）：97－107.

Cassels A C，Long R D，1982. The elimination of potato virus X，S，Y and M in meristem and explant
cultures of potato in the presence of Virazole [J]. Potato Research（25）：165－173.

Chirkov S N，Olovnikov A M，Surguchyova N A，et al. ，1984. Immunodiagnosis of plant viruses by a
virobacterial agglutination test [J]. Annals of Applied Biology，104（3）：477－483.

Heide B，Schenk G，Schuster G，et al. ，1989. Elimination be chemotherapy of potato virus S from potato
plants grown in vitro [J]. Potato Research（32）：175－179.

Hense T J，French R，1993. The polymerase chain reaction and plant disease diagnosis [J]. Annu Rev
Phytopathol（31）：81－109.

Lopez－Delgado H，Mora－Herrera M E，2004. Salicylic acid enhances heat tolerance and potato virus X
（PVX）elimination during thermotherapy of potato microplants [J]. Amer J of Potato Research（81）：
171－176.

Lozoya－Saldana H，Madrigal－Vargas A，1985. Kinetin，thermotherapy，and tissue culture to eliminate
potato virus（PVX）in potato [J]. American potato journal（62）：339－345.

Lozoya－Saldana H，AbelloJ F，1996. Electrotherapy and shoot tip culture eliminate potato virus X in po-
tatoes [J]. American Potato Journal（73）：149－154.

Joung Y H，Jeon J H，Choi K H，et al. ，1997，Detection of potato virus S using ELISA and RT－PCR
technique [J]. Korean J Plant Pathology，3（5）：317－322.

Kassanis B，1957. The use of tissue culture to produce virus free clones from infected potato varieties [J].
Appl. Biology，459（3）：422－427.

Klein R E，Livingston C H，1983. Eradication of potato viruses X and S from potato shoot tip cultures with
ribavirin [J]. Phytopathology（73）：1049－1050.

Kluge S，Gawrisch K，Nuhn P，1987. Loss of infectivity of red clover mottle virus by lysolecithin. [J].
Acta Virologica，31（2）：185－188.

Morris T J，Smith E M，1977. Potato spindle tuber disease：Procedures for the rapid detection of viroid
RNA and certifeication of disease－free potato tuber [J]. Phytopathology（67）：145－150.

Neil B，Kathy W，Sarah P，et al. ，2002. The detection of tuber necrotic isolates of virus，and the accu-
rate discrimination of PVYO，PVYC and PVYN strain using RT－PCR [J]. Journal of virological meth-
ods（102）：103－112.

Palukaitis P，2012. Resistance to viruses of potato and their vectors [J]. Plant Pathology Journal，28（3）：
248－258.

Pnnazio S，Vecchiati M，1978. Potato virus X eradication from potato meristem tips held at 30℃ [J]. Potato
Research（21）：19－22.

Schulze S，Kluge S，2010. The Mode of Inhibition of TMV - and PVX - Induced RNA - Dependent RNA Polymerases by some Antiphytoviral Drugs [J]. Journal of Phytopathology，141（1）：77 - 85.

Schuster G，Huber S，1991. Evidence for the inhibition of Potato Virus X replication at two stages dependent on the concentration of ribavirin，5 - Azadihydrouracil as well as 1，5 - Diacetyl - 5 - azadihydrouracil [J]. Biochemie Und Physiologie Der Pflanzen，187（6）：429 - 438.

Singh M，Singh R P，1996，Factors affecting detection of PVY in dormant tubers by reverse transcription polymerase chain reaction and nucleic acid spot hybridization [J]. Virol Methods（60）：47 - 57.

Singh R P，Boiteau G，1987. Control of aphid bome diseases：nonpersistent viruses in Potato Pest Management in Parry，eds. Proc. Symp [J]. Improving Potato Pest Protection（1）：27 - 29.

Wang B，Ma Y，2011. Potato viruses in China [J]. Crop Protection，30（9）：1117 - 1123.

Reinert J，Bajaj Y，1977. Applied and fundamental aspects of plant cell，tissue and organ culture [M]. New York：Spring - Verlag Heidelberg，616 - 635.

第四章　陕北夏马铃薯栽培技术

　　陕北指陕西省北部的榆林市与延安市，内辖 25 县（区、市），总面积约 8 万千米²，总人口约 602 万人，陕北马铃薯常年播种面积占全省的 60% 以上，是陕西省马铃薯的主产区，是全国马铃薯优生区之一。但陕北无霜期短（140 天左右），且终霜期至 5 月 1 日前后结束，降水量少且集中（7 月、8 月、9 月），所种植的马铃薯主要是中晚熟品种，每年 9 月之前人们很难吃上（本地）新鲜马铃薯，外来马铃薯品质差、价格贵。为此，榆林市农业科学研究院与延安市农业科学研究院联合开展相关试验研究，总结出陕北地区夏马铃薯高效高产栽培技术并进行示范推广，使鲜薯供应较传统秋马铃薯提前了 40～50 天，生产出的马铃薯薯块具有大小均匀、表皮光亮、淀粉含量高、病害少等优良的商品属性，很受消费者青睐，销售价格提高 0.4 元/千克以上，马铃薯每亩收入 3 500 元以上，加上复种大白菜或萝卜的收入，亩产值达 4 800～6 000 元，是种植秋马铃薯产值的 1.6～2 倍，对陕北农业生产的发展、稳定提升粮食产量和助力乡村振兴发挥着重要作用。

第一节　常规栽培

一、选地整地

（一）海拔范围

　　榆林市位于陕西省最北部，介于 36°57′—39°35′N，107°28′—111°15′E，西邻甘肃省庆阳市、宁夏回族自治区吴忠市，北连内蒙古自治区鄂尔多斯市，东隔黄河与山西省忻州市和吕梁市相望，南与延安市接壤。全市总面积 43 578 千米²，地域辽阔，处于黄土高原和毛乌素沙地接壤的干旱半干旱地带。年平均无霜期 134～169 天，年平均气温 7.9～11.3 ℃，年降水量 400 毫米左右，年平均日照时数 2 593.5～2 914.4 小时，四季分明，光照充足，气候干燥，雨热同季。

　　延安市位于陕西省北部，地处黄河中游，黄土高原中南部地区，介于 35°21′—37°31′N，107°41′—110°31′E。北接榆林市，南连关中咸阳、铜川、渭南三市，东隔黄河与山西省临汾市、吕梁市相望，西依子午岭与甘肃省庆阳市为邻。全市总面积 37 037 千米²，属内陆干旱半干旱气候，年平均无霜期 170 天，年平均气温 7.7～10.6 ℃，年平均日照时数 2 300～2 700 小时，年降水量 500 毫米左右，四季分明，光照充足，昼夜温差大。

（二）农田分布

　　陕北地处中国黄土高原的中心部分，基本地貌类型是黄土塬、梁、峁、沟，农田主要分布于丘陵、山地、盆地、河谷平原、塬区和台区等。平耕地（坡度在 3°以下的耕地，包括川地、台地、梯田、风沙草滩区等）达不到 2/7，大部分耕地分布在 10°～35°的坡耕地上。丘陵沟壑区土壤资源虽然丰富，但质量较差，宜林、宜牧土地较广，宜农土地相对不足。陕北北部神木、府谷、横山、榆阳毛乌素沙地边缘风沙草滩区，土地资源相对丰富，但生态脆弱，耕地质量较差。陕北农田的分布是黄土高原区的典型代表，其总体特点：零碎地多，成片地少；坡耕地多，平地少；贫瘠地多，肥沃地少；水浇地少，旱耕地多。

（三）主要土壤类型

根据 1979—1988 年土壤普查资料及《延安土壤》和《陕西省志·黄土高原志》记载，分布在陕北地区（延安、榆林）的土壤类型有黄绵土、黑垆土、栗钙土、灰钙土、褐土、紫色土、红土、风沙土、新积土、水稻土、潮土、沼泽土、盐土、石质土，共 14 个土类，33 个亚类，75 个土属。其中榆林市有 12 个土类，23 个亚类，38 个土属，115 个土种。风沙土分布面积最大，占土壤总面积的 2/3 以上，黄绵土次之，其他 10 个土类分布面积均小，宜农土壤主要为水稻土、泥炭土、草甸土、淤土、黑垆土和部分潮土、风沙土、黄绵土等；延安市有 11 个土类，25 个亚类，46 个土属，204 个土种，主要有黄绵土78.7%、褐土 11.1%、红土 5.7%、黑垆土 2.5%、新积土 1.3%、紫色土 0.36%、风沙土 0.07%、水稻土 0.07%，此外还有潮土、沼泽土等。

（四）选地

马铃薯喜微酸性土壤，不耐盐碱，土壤 pH 超过 8.0 的土块不适宜种植马铃薯。马铃薯母薯顶土能力相对较弱，块茎膨大需要疏松肥沃的土壤，所以应选择轻质壤土或者沙壤土，对根系和块茎生长有利，而且对淀粉积累具有良好的作用。黏重的土壤最不适宜种植马铃薯，遇湿度大的情况时，马铃薯易感晚疫病，烂薯率高，耐贮性降低。此外，所选地块最好能保证涝能排水、旱能灌溉。马铃薯在开花期需水最多，如果在这个时期缺水，不仅会造成减产，而且正在膨大的块茎也会停止生长，若旱涝交替出现，会造成马铃薯块茎的二次生长，降低商品性。故应选择地势平坦、土质疏松、有机质丰富、保水保肥、通透性好、排灌方便的地块栽培马铃薯。

（五）整地

陕北地区以春整地为主，南部地区也有秋整地的习惯。

1. 冬前整地或秋整地　秋整地的过程主要是深耕细耙。前茬作物收获后，应及时灭茬深耕。深耕为马铃薯的根系生长提供了足够的空间，有利于加强土壤的疏松和透气效果，消灭杂草，强化土壤的蓄水能力、抗旱能力以及保肥能力，促进微生物活动，冻死害虫等，有效地为马铃薯的根系生长以及薯块膨大创造出理想的环境。据调查，深耕 30～33 厘米比耕深 13 厘米左右的可增产 20% 以上；深耕 27 厘米充分细耙比耕深 13 厘米细耙的增产 15% 左右（《马铃薯大全》，1992）。耕深在一定范围内越深越好，具有显著的增产效益。但是当耕深超出一定范围时，可能会使土壤下层的生土翻耕起来，反而不利于农作物的生长。陕北地区在大田农事操作中，一般深耕 30 厘米左右为最佳，同时保证土地的平整性和细碎性。深耕后，水地应浇水踏实，旱地要随耕随耙糖。深耕时基肥随即施入，基肥常用农家肥或农家肥混合化肥，达到待播状态。

2. 春整地　"春耕如翻饼，秋耕如掘井"，春耕深度较秋耕稍浅些，避免秋季深耕翻入土的杂草种子和虫卵又翻上来，以减轻杂草和害虫危害。秋雨多的地区，土壤黏重，不适合秋耕，可在翌年早春进行春耕，春耕在播种前 10～15 天进行，施用农家肥后旋耕一次，土壤墒情不足时开沟浇水，接墒后播种。

（六）垄作栽培

陕北马铃薯基本上采用垄作栽培的方式。马铃薯垄作栽培是以深松、起垄、深施肥和合理密植等技术组装集成的马铃薯综合栽培措施，比常规平作栽培增产15％以上，商品薯率提高20％以上。垄作的垄由高凸的垄台和低凹的垄沟组成，不易板结，有利于作物根系生长。垄作地表面积比平地增加20％～30％，使土壤受光面积增大，吸热散热快；昼间土温可比平地增高2～3℃，夜间散热快，土温低于平地。由于昼夜温差大，有利于光合产物的积累。垄台与垄沟的位差大，大雨后有利于排水防涝，干旱时可顺沟灌溉以免受旱。因垄作的土壤含水量少于平作，有利于薯块膨大。垄作地面呈波状起伏，垄台能阻风和降低风速；被风吹起的土粒落入邻近垄沟，可减少风蚀。植株基部培土较高，能促进根系生长，提高抗倒伏能力。有利于集中施肥，可节约肥料。垄作对马铃薯有明显的增产效果。

垄的高低、垄距、垄向因土质、气候条件和地势等而异。垄距过大，不能合理密植；过小则不耐干旱、涝害，而且易被冲刷。垄向应考虑光照、耕作方便和有利排水、灌溉等要求，一般取南北向，垄向多与风向垂直，以减少风害。高坡地垄向与斜坡垂直和沿等高线作垄，可防止水土流失。垄的横断面近似等腰梯形，有大垄、小垄之别，大垄一般垄台高30～36厘米，垄距80～100厘米，应用较普遍；小垄一般垄台高18～24厘米，垄距66～85厘米，适合应用于地势高、水肥条件差的地区。

（七）陕北地区整地机械的应用

马铃薯机械化栽培技术是一项集开沟、施肥、播种、覆土等作业于一体的综合机械化种植方式，具有抗旱抢墒、节省劳力、节肥、高效率、低成本等优点。近年来，中国马铃薯生产机械化水平显著提高，使得马铃薯生产逐步向规模化、标准化方向迈进。国产中小型马铃薯机具市场占有率逐年增加，成为主流。农业农村部的数据显示，2009年，中国马铃薯综合机械化水平已超过20％，马铃薯生产机耕水平36.7％，机播、机收水平10％，主要生产环节仍然以人工为主。按照马铃薯生产的农艺过程，榆林和延安地区马铃薯机械可分为播种机械、中耕机械、收获机械三大类。其中，播种机械、收获机械在马铃薯机械化生产过程中所占比例最大，也是马铃薯生产机械化的关键机具。采用的机械化栽培技术一般流程为：机械深松（翻耕或旋耕）整地、施肥→机械开沟、起垄、播种→机械培土→机械中耕除草→机械植保→机械杀秧→机械收获。据相关单位试验测定，与传统人畜力作业相比，在马铃薯机械化种植环节，每亩可实现节本增效30～150元；马铃薯机械收获环节每亩节本增效71～76元；马铃薯机械化种植、机械化收获两个作业环节每亩可为马铃薯种植户节本增效101～226元。同时，购机农户通过两个作业环节的作业每亩可获取利润33～39元。

然而，陕北地区的马铃薯机械化种植仍面临诸多考验。整体而言，机械化程度比较滞后，由于陕北丘陵沟壑区的山地较多，各种地貌之间的差异较大，而且马铃薯的种植区域也多为山地，地形坡度较大、道路崎岖不平，整体的生产种植规模不大，不利于机械化生产，机械化程度很低，作业方式落后，生产效率低。

机播、机收仍然是制约马铃薯全程机械化生产的薄弱环节；地区间机械化水平参差不齐，发展很不平衡。榆林市榆阳区、定边县、靖边县和延安市吴起县、志丹县等部分平坦产区，播种、中耕、植保、收获等作业中，中、大型机具的使用率正在逐年提高，而大部分地区仍以小农户分散经营为主，栽培模式多、杂；地块小、不规则；耕地分散、坡度大；农机作业转弯、转移等耗工多，机械基本无法作业。同时，国内机具形式上小型的多、大中型少，低端产品多、高新技术产品少，生产马铃薯机械的专业企业数量更少。不同区域、不同类型马铃薯机械化程度差异较大。陕西省除陕北现代农业园区马铃薯生产全程机械化水平达90％以上，陕北其他普通大田平均水平不足30％；陕北丘陵沟壑区除耕整地基本为机械化外，其他生产环节主要靠人力和畜力作业。

存在问题：①机具生产供给能力不足。马铃薯生产机械研发水平低，生产批量小，机械系列化程度低，配套性差。②农民购买能力低。产区多为偏远地区农民收入水平低，购买能力弱。部分地区马铃薯生产机械未能列入政府补贴规划，投入不足。③马铃薯生产机具利用率低。农机作业服务市场还处在初级阶段，马铃薯种植户以自己作业为主，没有形成较强的农机社会化服务市场。④马铃薯种植标准化程度低。不同地区马铃薯生产条件、种植方式不同，马铃薯规模种植、规范化生产水平较低，农机与农艺配套难，机具作业难度大。

二、选用良种

优良品种是马铃薯获得高产和高经济效益的关键。选用品种首先应考虑生育期，适应当地的栽培气候条件；其次要考虑品种的专用性和用途，根据市场需求，选择适宜的品种。同时，在品种选用上还应考虑当地的生产水平、栽培方式、自然灾害等因素。

（一）陕北夏马铃薯主栽品种

目前，陕北夏马铃薯主要应用的马铃薯品种有费乌瑞它、LK99、大西洋、早大白、希森3号、克新1号、虎头、沙杂15、夏波蒂、V7、科伦巴、中薯5号、中薯18、中薯20、希森6号、冀张薯12等品种。陕北夏马铃薯主要栽培的优良品种见表4-1。

表4-1　陕北地区马铃薯主栽优良品种利用概况

（闫俊整理，2022）

序号	品种名称	选育单位	审定时间（年）	审定级别	熟期、用途
1	费乌瑞它	荷兰ZPC公司	1980	农业部种子局引	早熟、鲜食
2	LK99	甘肃省农业科学院马铃薯研究所	2008	甘肃省审	早熟、炸条和全粉加工兼菜用
3	大西洋	美国农业部	1978	农业部引	早熟、炸片和全粉加工
4	早大白	辽宁省本溪市农业科学研究所	1998	国审	早熟、鲜食
5	希森3号	山东乐陵希森马铃薯产业集团有限公司	2017	晋审	早熟、鲜食
6	中薯5号	中国农业科学院蔬菜花卉研究所	2004	国审	早熟、鲜食
7	科伦巴	引自荷兰	不详	未经审、认定	早熟、鲜食
8	克新1号	黑龙江省农业科学院克山分院	1984	国家认定	中熟、鲜食
9	夏波蒂	加拿大福瑞克通农业试验站	1987	未经审、认定	中熟、炸条和全粉加工兼菜用
10	虎头	河北省张家口地区坝上农业科学研究所	1979	陕西、河北审	中熟、鲜食

（续）

序号	品种名称	选育单位	审定时间（年）	审定级别	熟期、用途
11	沙杂 15	陕西省榆林地区农业科学研究所	1981	陕西省审	中熟、鲜食
12	V7	引自荷兰	2014	未经审、认定	中熟、鲜食
13	希森 6 号	山东乐陵希森马铃薯产业集团有限公司	2016	内蒙古审	中熟、鲜食
14	中薯 18	中国农业科学院蔬菜花卉研究所	2011	内蒙古审	中熟、鲜食
15	中薯 20	中国农业科学院蔬菜花卉研究所	2015	国审	中熟、鲜食
16	冀张薯 12	河北省高寒作物研究所	2015	国审	中熟、炸条和全粉加工兼菜用

（二）部分品种介绍

1. 费乌瑞它　1980 年由农业部种子局从荷兰引进。早熟，生育期 60～70 天。株高 65 厘米，株型直立，生长势中等，茎紫色，叶绿色，花紫色，块茎长筒形，淡黄皮淡黄肉，芽眼浅而少，适宜鲜食和出口。较抗晚疫病，抗环腐病，耐病毒病。一般每亩产量可达 2 000 千克，高产可达每亩 2 200 千克，适应性广，是陕北地区马铃薯春提早地膜覆盖栽培的主推品种。

2. LK99　甘肃省农业科学院马铃薯研究所选育。早熟，生育期 80 天。株高 75 厘米，株型直立，生长势强，茎绿色，叶深绿色，花白色，块茎椭圆形，白皮白肉，芽眼浅而少，薯块美观而整齐，食味优。中抗晚疫病，较抗卷叶和花叶病毒病。一般每亩产量可达 2 000 千克，高产可达每亩 2 800 千克。在陕北地区主要作为夏马铃薯和春提早地膜覆盖主栽品种进行栽植。

3. 大西洋　1978 年由农业部和中国农业科学院引入中国。炸片专用型品种，虽未审定或认定，但它是目前中国主要采用的炸片品种。中熟，生育期 90 天。株型直立，分枝数中等，株高 50 厘米左右；茎基部紫褐色，茎秆粗壮，生长势较强；叶绿色，复叶肥大，叶缘平展；花冠浅紫色，块茎卵圆形或圆形，浅黄皮白肉，芽眼浅而少，块茎大小中等而整齐，结薯集中；块茎休眠期中等，耐贮藏。植株不抗晚疫病，对马铃薯 X 病毒（PVX）免疫，较抗卷叶病毒和网状坏死病毒，感束顶病、环腐病。一般每亩产量可达 1 500 千克，高产可达每亩 2000 千克。该品种喜肥水，适应性广，建议在水肥条件较好的区域进行种植。

4. 早大白　辽宁省本溪市农业科学研究所育成，1998 年全国农作物品种审定委员会审定。极早熟品种，生育期 60～65 天，株型直立，分枝少，株高 50 厘米左右，植株繁茂性中等，茎叶绿色，花冠白色，可天然结实，但结实性偏弱。苗期喜温抗旱，后期薯块膨大快，单株结薯 3～5 个，结薯集中，大薯率、中薯率 85% 以上。块茎扁圆形，白皮白肉，表皮光滑，芽眼数目和深浅中等。休眠期中等，耐贮性一般。一般每亩产量 2000 千克左右，高产可达每亩 3 000 千克以上。薯块干物质含量 21.9%，淀粉含量 11%～13%，还原糖含量 1.2%，粗蛋白含量 2.13%，每 100 克鲜薯维生素 C 含量 12.9 毫克。对病毒病耐性较强，较抗环腐病和疮痂病，植株较抗晚疫病，块茎感晚疫病。该品种适应性较广，上市早，适宜马铃薯二季作区推广种植。

5. 希森 3 号　山东乐陵希森马铃薯产业集团有限公司育成。早熟鲜食品种，出苗后 70～80 天收获。株型直立，株高 60～70 厘米，茎绿色，复叶大，绿色，叶缘波状，花冠淡紫色，不能天然结实。块茎长椭圆形，大而整齐，黄皮黄肉，表皮光滑，芽眼浅，结薯集中，耐贮藏。一般每亩产量 2 000 千克，干物质含量 21.2%，淀粉含量 13.1%，蛋白质含量 2.6%，每 100 克鲜薯维生素 C 含量 16.6 毫克，还原糖含量 0.6%，菜用品质好。中感晚疫病，抗马铃薯 X 病毒，中抗马铃薯 Y 病毒。该品种适宜在陕西北部一季作区种植。

6. 克新 1 号 黑龙江省农业科学院克山分院育成，1967 年黑龙江省审定，1984 年通过国审并在全国推广。中熟品种，生育期 94 天。株高 90 厘米，生长势强，茎、叶绿色，花淡紫色，块茎扁椭圆形，白皮白肉，芽眼较浅、多，结薯浅而集中；块茎休眠期长，耐贮藏，抗旱、抗退化性强。较抗环腐病，中抗卷叶病毒，植株对晚疫病抗性中等，块茎抗性较好。一般每亩产量可达 1 800 千克，高产可达每亩 4 000 千克，是陕北地区的主栽品种。

7. 夏波蒂 1980 年加拿大福瑞克通农业试验站杂交育成，1987 年引入中国试种，未经审定或认定。中熟，生育期 95 天。株型开展，株高 80 厘米，茎绿色、粗壮，分枝数多；复叶较大，叶色浅绿，花冠浅紫色，花期长；块茎椭圆形，白皮白肉，芽眼浅，表皮光滑，薯块大而整齐，结薯集中。该品种不抗旱、不抗涝，田间不抗晚疫病、早疫病，易感马铃薯花叶病毒（PVX、PVY）、卷叶病毒和疮痂病。一般每亩产量 1 500 千克，高产可达每亩 3 000 千克。该品种适宜榆林北部肥沃疏松、有水浇条件的沙壤土种植。

8. V7 2014 年引自荷兰，2015 年、2016 年在国内成功试种。中熟品种，生育期 95 天，株型较直立且繁茂，分枝较多，株高一般为 60~80 厘米，生长前期较弱，植株上的叶片小而碎，颜色一般为浅绿色，花冠为白色，每株结薯数 4~6 个，块茎膨大速度快，一般呈椭圆形，芽眼稀少且极浅，黄皮黄肉，大薯率高，商品性好，栽培条件好的情况下每亩产量可达 3 500 千克以上。抗逆性强，抗碱、抗旱。

9. 希森 6 号 山东乐陵希森马铃薯产业集团有限公司育成。薯条加工及鲜食中熟品种。该品种生育期 90 天左右，株高 60~70 厘米，株型直立，生长势强。茎绿色、叶绿色，花冠白色，天然结实少，单株主茎数 2.3 个，单株结薯数 7.7 个，匍匐茎中等。块茎长椭圆形，黄皮黄肉，薯皮光滑，芽眼浅，结薯集中，耐贮藏。一般每亩产量 2 500 千克左右，干物质含量 22.6%，淀粉含量 15.1%，蛋白质含量 1.78%，每 100 克鲜薯维生素 C 含量 14.8 毫克，还原糖含量 0.14%，菜用品质好，炸条性状好。高感晚疫病，抗马铃薯 Y 病毒，中抗马铃薯 X 病毒。适宜在内蒙古、黑龙江、河北北部、山西北部、陕西北部、宁夏等北方一季作区，山东、河北南部、山西南部、四川等中原二季作区种植。

10. 中薯 18 中国农业科学院蔬菜花卉研究所育成。中熟鲜食品种，从出苗至收获 99 天。株型直立，生长势强，茎绿色带褐色，叶深绿色，花冠紫色，天然结实少，匍匐茎短，块茎长圆形，淡黄皮淡黄肉，芽眼浅。株高 68.5 厘米，单株主茎数 2.3 个，单株结薯 6.1 个，单薯重 120.5 克，商品薯率 72.8%。一般每亩产量 2 000 千克左右，淀粉含量 15.5%，干物质含量 23.7%，还原糖含量 0.43%，粗蛋白含量 2.34%，每 100 克鲜薯维生素 C 含量 17.3 毫克。抗轻花叶病、重花叶病，感晚疫病。

11. 中薯 20 中国农业科学院蔬菜花卉研究所育成。中熟鲜食品种，从出苗至收获 84 天。株型直立，生长势强，茎绿色，叶绿色，花冠白色，天然结实中等，匍匐茎短，块茎椭圆形，白皮白肉，芽眼浅。株高 88.7 厘米，单株结薯 8.8 个，单薯重 2 330 克，商品薯率 85.14%。每亩产量可达 3 000 千克以上，块茎淀粉含量 14.0%，干物质含量

21.6%，还原糖含量0.54%，粗蛋白含量2.17%，每100克鲜薯维生素C含量20.2毫克。接种鉴定，抗轻花叶病，中抗重花叶病，感晚疫病。适宜河北北部、陕西北部、山西北部和内蒙古中部等华北一季作区种植。

12. 冀张薯12 河北省高寒作物研究所选育，母本为大西洋，父本为99-6-36，2015年1月19日经第三届国家农作物品种审定委员会第四次会议审定通过。该品种属中晚熟鲜食型品种，生育期110天左右。株型直立，株高68厘米，茎绿色，叶绿色，生长势强，单株主茎数2.85个，花冠淡紫色，块茎长圆形，白皮白肉，薯皮光滑，芽眼浅，单株结薯4.9个，商品薯率87.6%。薯块淀粉含量15.52%，干物质含量19.21%，还原糖含量0.25%，粗蛋白含量3.25%，每100克鲜薯维生素C含量18.9毫克。抗普通花叶病、重花叶病、卷叶病；晚疫病离体叶片接种检测，属于抗病型品种。田间表现花叶病、卷叶病发生轻，晚疫病、早疫病未发病。在陕北种植面积5万亩以上，并且逐年增加。

三、茬口选择

马铃薯属茄科作物，不能与辣椒、茄子、烟草、番茄等其他茄科作物连作，也不能与白菜、甘蓝等十字花科作物连作，因为它们与马铃薯有同源病害。以麦类（燕麦、荞麦）、谷类（谷子、糜子）和豆类作物（大豆、豌豆）作为前茬作物为宜，因其没有与马铃薯互相传播的病害，田间杂草种类不同，病害轻，利于除草。葱、蒜、芹菜等蔬菜作物也是较好的轮作作物。或选用休闲地块，忌连作。轮作年限最好3年以上。

四、播 种

（一）选用脱毒种薯

马铃薯在栽培过程中极易感染多种病毒，产生卷叶、花叶、束顶、矮化等复杂症状。马铃薯是无性繁殖作物，体内的病毒可以逐代积累，严重时减产幅度可达40%～70%，严重降低马铃薯的产量和品质。生产中应选择具有本品种特征特性、外表光滑、色泽鲜艳、薯块均匀、无病、无伤、无畸形、无皱缩的脱毒种薯。陕北地区马铃薯脱毒种薯起步晚但起点高，已建立了市、县、乡的脱毒种薯供应体系，脱毒种薯覆盖率在60%以上。

（二）种薯处理

因地域条件差异，可整薯播种或切块播种。

1. 种薯催芽 播前20天出窖，放置于15℃左右环境中，平摊开，适当遮阳，散射光下催芽，种薯不宜太厚，2～3层即可，1周后，每2～3天翻动1次，培养绿（紫）色短壮芽。催芽期间，不断淘汰病烂薯和畸形种薯，并注意观察天气变化，防止种薯冻伤。

2. 小整薯播种 小整薯一般都是幼龄薯和壮龄薯，生命力旺盛，抗逆性强，耐旱抗湿，病害少，长势好。整薯播种能避免因切刀交叉感染而发生病害，充分发挥顶芽优势，单株（穴）主茎数多，结薯数多，出苗整齐，苗全苗壮，增产潜力大。采用整薯播种首先要去除病薯、劣薯、表皮粗糙的老龄薯和畸形薯。由于小整薯成熟度不一致，休眠期不同，播前要做好催芽工作。

3. 切块及拌种 ①切块。在播种前20天左右，选择色鲜、光滑、大小适中、符合该品种特征的薯块做种，剔除有病虫害、畸形、龟裂、尖头的劣薯。种薯的切块要在播种前2～3天进行，切块时要将顶芽一分为二，切块应为楔形，不要切成条状或片状，每个切块应含有 1～2 个芽眼，平均单块重 35～50 克，切块时注意切刀要消毒。②拌种。切好的薯块，用 3% 的高锰酸钾溶液加入一定的滑石粉均匀拌种，在切种前和切种时切出病薯均要用 75% 的乙醇或 0.5% 的高锰酸钾溶液进行切刀消毒；随切随用药剂拌种，根据所防病虫害选择拌种药剂，一般情况下，采用甲基硫菌灵＋春雷霉素＋霜脲氰＋滑石粉＝1 千克＋50 克＋200 克＋20 千克，拌 1 000 千克的马铃薯，可以防治马铃薯真菌和细菌性病害，拌种所用药剂与滑石粉一定要搅拌均匀，防止局部种薯发生药害。切好的种块放在阴凉通风处，经 2～3 小时风凉后方可播种，忌随切随播种。

（三）适期播种

1. 播期对马铃薯生育期和产量的影响

（1）播期对马铃薯生长发育的影响。播期对马铃薯生育期有着明显的调节作用。播期每向后推迟 15 天，全生育期平均缩短 12 天。在陕北一熟制条件下，随着播期的推迟，生育期相应缩短。相差最大的是出苗期和开花期，产量也会因播期不适宜而受到相应影响，而其他生育阶段持续天数相差不大。前期温度相对较低，播种早的马铃薯发芽慢，生长速度放缓，成熟期较长。之后随着播种期的推迟，温度逐渐升高，出苗逐渐提前，生长加速，成熟期缩短。

（2）播期对马铃薯株高的影响。由于播种和出苗时间不同，不同播期处理的马铃薯植株的生长势也存在着较大差异，主要表现在株高上，说明播期愈早或愈晚，都对植株生长不利。特别是晚播，虽然后期降水较多，株高日增长量大，但是生育天数太短，限制了植株的生长。只有播期适宜，株高才能增长，才能为分枝数和叶片数的增加提供良好的空间支持，有利于光合源的扩大和光合有效面积的增大，为高产打下重要基础。

（3）播期对马铃薯叶面积指数的影响。叶面积指数是作物群体发育的重要指标。叶片作为植物光合作用制造有机物的主要器官，叶面积指数大，利用光能就更充分，光合产物就多。叶面积指数与马铃薯产量存在很大的相关性，马铃薯叶面积指数能否适时达到较合适的水平与能否获得高产是密不可分的。马铃薯叶面积指数在整个生育期的变化趋势为下开口抛物线型，开花期最大，分枝期最小。从不同播期来看，在各生育期，黄土高原 4 月中下旬至 5 月初播种处理的叶面积指数最大，这也为产量的增加打下了坚实的基础。

（4）播期对马铃薯干物质积累的影响。陕北一熟区水分不足是影响马铃薯干物质积累的主要限制因子。早期植株长势弱直接影响后期生长发育，过早播种，马铃薯提前进入块茎膨大后期，地上部生长结束，而其余播期植株仍可利用有效的温度和水分资源使地上干物重略有增加。播种至出苗阶段持续日数随播期推迟而缩短，温度升高和降水增加是主要原因。超早播和早播生育期叶面积指数显著低于随后播期。播种过早，马铃薯生长前期气温偏低，苗期水分不足，不利于薯块萌芽，地上茎叶生长的关键时期处于干旱少雨期，影响茎秆伸长和叶面积扩展。若推迟播期，气温升高，雨水充分，马铃薯出苗速率加快，生育中后期雨水充足，植株长势好，干物质积累快。

（5）播期对马铃薯块茎的影响。播期可以通过改变马铃薯不同生育阶段内温度、水分条件从而影响地上部同化物积累，进而间接影响地下块茎生长。过早播种，气温较低，水分不足，马铃薯地上部生长受阻，地下匍匐茎顶端膨大形成的薯数不多，单产不高；推迟播种，马铃薯地上部积累的光合同化产物可以满足地下块茎生长需求，薯数增加，虽然大薯率有下降趋势，但中小薯产量增加明显，总产量较高。

（6）播期对马铃薯产量的影响。马铃薯的产量和品质，不仅受到品种本身影响，还受到栽培技术和环境条件的影响，其中包括受气象条件影响的最佳播种期。各播期马铃薯的最终产物是块茎，块茎生长的好坏，直接影响着单位面积产量的形成。总体来看，各播期马铃薯块茎的增长过程基本一致。在生育期内生长动态均呈S形曲线。即在花序形成期以前，以地上茎叶生长为主，块茎鲜重增长则较慢；开花期以后，特别是到了盛花期，块茎鲜重累积速度明显加快。这个时期是地上部生长与地下部生长并进时期，地上部植株的高度已定型，茎叶的生长达到了最旺盛的时期，此时通过茎叶制造的光合产物大量向地下部块茎运输，使块茎迅速膨大；到了生育期的后期，由于茎叶开始枯黄，叶功能减退，致使块茎鲜重日增量逐渐减少。

播期是影响产量的主要因素。以中熟品种为例，5月中下旬至6月上旬播种的丰产性最好。对各播期不同生育期气候条件的比较表明，5月中下旬至6月上旬是黄土高原半干旱区马铃薯的适宜播种时间。

2. 陕北夏马铃薯的适宜播种日期 陕北一熟区夏马铃薯播期的确定需考虑以下几方面。一是地温，一般10厘米地温稳定达到7～8℃时即可播种。二是晚霜来临的时间，陕北夏马铃薯春播出苗时要避免霜冻，因此当地晚霜结束前25～30天才是合适的播种期。三是需水量，薯块膨大期与需水量最大正相关，陕北地区春旱频发，5月降水极少，此时正是夏马铃薯薯块生长的关键期，要使薯块膨大期尽量避开干旱期，必须要有充足的水源供给。四是品种，早、中熟品种可以覆膜早播，在7月高温来临前进行收获。

（1）榆林地区马铃薯的适宜播期。

① 南部丘陵沟壑区。属温带半干旱大陆性季风气候，平均海拔664米，年平均气温10℃，平均早霜始于10月上中旬，晚霜止于4月下旬，无霜期160～170天。年均降水400毫米，主要集中在7月、8月、9月，约占全年降水量的64%。春旱严重，夏马铃薯种植应选择早熟品种在有水源川地进行覆膜栽培，适宜播种时间为4月上旬，7月中下旬收获。

② 西部白于山区。属大陆性季风半干旱气候，平均海拔1 000～1 700米，年平均气温7.9℃，年均日照时数2 743.3小时，无霜期130～140天。年均降水316.9毫米，主要集中在7月、8月、9月三个月，该区榆林市人均耕地面积最多、海拔最高、无霜期最短、水资源最匮乏的地区。夏马铃薯种植选择早熟品种在涧地进行覆膜栽培，适宜播种时间为4月上中旬，7月下旬至8月上旬收获。

③ 北部风沙滩区。属温带半干旱大陆性季风气候，平均海拔1 200～1 500米，年平均气温8.3℃，年均日照时数2 739.9～2 914.2小时，无霜期134～147天。年均降水316.4～445.0毫米，该地区地势平坦，地下水资源较为丰富，灌溉条件较好，播种期不依赖降雨，夏马铃薯种植选择早、中熟品种，一般3月中下旬至4月上旬播种，7月中下旬至8月上旬收获。

（2）延安地区夏马铃薯的适宜播期。

① 北部丘陵沟壑区。属温带半干旱大陆性季风气候，海拔800米左右，年平均气温8.1～10.8℃，无霜期140～175天，年均降水470～560毫米，春旱较重，夏马铃薯种植选择早熟品种在有水源川地进行覆膜栽培，适宜播种时间为4月上中旬，7月上旬收获。

② 西北部白于山区。属温带半干旱大陆性季风气候，海拔1 000～1 800米，年均日

照时数 2 332～2 400.1 小时，年平均气温 7.8～8.1 ℃，无霜期 142～146 天，年均降水 470 毫米，夏马铃薯种植选择早熟品种在涧地进行覆膜栽培，适宜播种时间为 4 月中旬，7 月上中旬收获。

③ 中部延河川道区。属温带半湿润大陆性季风气候，海拔 900 米左右，年均日照时数 2 400～2 566 小时，年平均气温 8～10 ℃，无霜期 148～170 天，年均降水 500～550 毫米，夏马铃薯种植可选用早、中熟品种，采用"拱棚＋地膜"双膜覆盖栽培的方式，适宜播种时间为 3 月下旬至 4 月上旬，6 月下旬至 7 月上旬收获。

④ 南部高原过渡区。属温带半湿润大陆性季风气候，海拔 650～1 200 米，年均日照时数 2 288～2 525 小时，年平均气温 9～9.5 ℃，无霜期 140～180 天，年均降水 500～622 毫米，夏马铃薯种植可选用早、中熟品种，采用地膜覆盖栽培的方式，适宜播种时间为 4 月上中旬，在 7 月高温季节来临前进行收获。

（四）合理密植

合理的种植密度是控制马铃薯块茎大小和获得马铃薯优质高产的有效措施。马铃薯播种密度取决于其品种、用途、播种方式、肥力水平等因素。早熟品种植株矮小、分枝少，播种密度大于晚熟品种；种薯生产为了提高种薯利用率，薯块要求较小，播种密度大于商品薯生产；炸条原料薯要求薯块大而整齐，播种密度要小于炸片和淀粉加工原料薯；涧地和川台地播种密度因植株长势旺盛要大于山坡地；单垄双行种植叶片分布比较合理，通风透光效果好，可以比单垄单行密度大一些，土壤肥力水平较高的地块可以比土壤肥力水平较差的地块适当增加密度。一般情况下，早熟品种播种密度为每亩 4 000～4 500 株。

金光辉等（2015）发现，马铃薯主茎数、结薯数、小薯率和产量随种植密度减小呈递减趋势，大中薯率呈递增趋势。余帮强（2012）试验表明：种植密度对马铃薯产量具有一定的影响，密度越大产量越高。但密度过高会降低单薯重，导致商品薯率下降，影响经济效益，所以适宜的密度为每亩 4 000 株。梁锦绣（2015）认为，适宜的马铃薯种植密度可提高马铃薯产量和水分利用效率，在宁南旱地马铃薯覆膜栽培条件下种植密度为每亩 4 000 株时，能有效减少土壤水分消耗，实现马铃薯高产。

（五）播种方法

马铃薯播种方法有开沟点种法、挖穴点种法和机器播种法三种。

1. 开沟点种法 在已春耕耙平整好的地上，先用犁开沟，沟深 10～15 厘米。随后按株距要求将备好的种薯点入沟中，种薯上面再施种肥，然后再开犁覆土。种完一行后，空一犁再点种，即所谓"隔犁播种"，行距约 50 厘米，依次类推，最后再耙糖覆盖。或按行距要求用犁开沟点种也可。这种方法的好处是省工省时，简便易行，速度快，质量好，播种深度一致，适于大面积推广应用。

2. 挖穴点种法 在已耕翻平好的地上，按株行距要求先划行或打线，然后用铁锹按播种深度进行挖穴点种，再施种肥、覆土。这种播种方法的优点是株行距规格整齐，质量较好，上下土层不会乱。在墒情不足的情况下，采用挖穴点种的方式有利于保墒出全苗，但是人工作业比较费工费力，只适于小面积采用。

3. 机器播种法 播种前先按要求调节好株行距，再用拖拉机作为牵引动力播种。机播的好处是速度快，株行距规格一致，播种深度均匀，出苗整齐，开沟、点种、覆土一次作业即可完成，省工省力，抗旱保墒。

马铃薯出苗与播种深度直接相关。播种深度应根据土壤、种薯情况进行相应调整。在陕北一熟区马铃薯播种方法主要采用开沟条播和机器播种，挖穴点种只是个别农户种植的方式。马铃薯正常播种深度一般为8～12厘米，微型薯由于薯块较小，芽势较弱，播种适当浅一些；土壤湿度过大，地温较低或土壤质地过于黏重，播种也要相应浅一些；土壤质地松弛，保水性能较差的沙土播种应深一些。浅播有利于出苗，但不利于多结薯、结大薯，因此出苗后要增加培土次数，以满足结薯要求。

五、种植方式

(一) 单作

单作指在同一块田地上种植一种作物的种植方式，也称为纯种、清种、净种。这种方式作物单一，群体结构单一，全田作物对环境条件要求一致，生育期比较一致，便于田间统一管理与机械化作业。单作是陕北一熟区马铃薯栽培的主要种植方式，一般有平作和垄作两种形式。

1. 平作 该方式适合小型机械操作，或在一些不适宜机械操作的地区完全人力生产。采用深耕法，适当深种不仅能增加结薯层次、多结薯、结大薯，而且能促进植株根系向深层发育，多吸水肥，增强抗旱能力。采用犁开沟或挖穴点播的方式，集中施肥即把腐熟的有机肥压在种薯上，再用犁覆土，种完一行再空翻一犁，第三犁再点播，这样的种植方式可克服过去因行距小、株距大而不利于通风透光的弊端，也可等行种植，并将少量的农家肥集中穴施。播种密度的大小应根据当地气候、土壤肥力状况和品种特性来确定。例如在高水肥的地块每亩3 500～5 000株，丘陵沟壑区旱地每亩2 800～3 200株。苗高30厘米时进行深中耕、高培土，这样既能防止薯块露出地表被晒绿，又可防止积水过多造成块茎腐烂，促进根系发育，提高土壤微生物对有机质的分解，增加结薯量。

2. 垄作 垄作又分单垄单行和单垄双行两种。单垄双行每垄播种两行，两行之间薯块呈三角形插空播种（即V形播种），株距为25～30厘米。其他技术环节、管理办法与单垄单行栽培基本相同。

(1) 垄作栽培方式。

① 单垄单行栽培。单垄单行栽培是一种常见的栽培方式。该方式适合机械操作，适用于相对平坦的地形。但在不同的区域种植时，垄的宽度、播种深度、播种密度是不相同的。在土地集中度高的地区，例如在榆林市北部，机械化应用程度高，实现了从种到收全程机械化，采用国际先进的电动圆形喷灌机、播种机、收获机、打药机、中耕机、杀秧机等机械，实现标准化、集约化栽培。这种生产方式，一个喷灌圈面积可达300～500亩。种植品种一般为夏波蒂、费乌瑞它等高产值的马铃薯品种，也可以用来繁殖种薯。耕地要深翻，深度35～40厘米，深翻前，每亩施硫酸钾型马铃薯专用复合肥100千克左右。人工切种时切刀用75%乙醇消毒，单块重35～40克，且均匀一致，去除病、烂薯；可选用甲基硫菌灵、波尔·锰锌等药剂配以滑石粉包衣拌种。4月上中旬地温适宜时即可播种，播种深度10～12厘米，一般采用四行播种机，行距90厘米，结合垄控制在85～95厘米；株距因品种和土壤状况而定；不同品种，密度有所不同，一般早熟品种每亩4 000株以上。即将出苗时中耕培土，中耕成垄后，使须根群和结薯层处在梯形垄的中下部，这样有利于根系充分吸收土壤养分和水分，加速块茎的膨大生长，提高抗旱能力，且块茎不易出

土变绿。叶面追肥结合灌溉施肥，喷灌机以100％速度喷水行走，肥料充分溶解后通过根外追肥的方式均匀施入，实现了水肥一体化。收获前10天必须停水，确保收获时薯皮老化。这种栽培方式一般亩产量可达3 000千克以上。

② 单垄双行栽培。该栽培方式，在各种生态区是一种常见的耕作方式，适合小型机械操作，适用于土地相对平坦的旱地、坝地等。不同的是各个地方采用的垄的宽度是不一样的。在榆林定边县和延安吴起县，夏马铃薯一般在4月上中旬播种，采用两行播种机种植，垄宽120厘米，每垄2行。不同品种种植密度有所不同，一般每亩控制在2 500～3 500株。播种深度要适当，一般以12～15厘米为宜，覆土不超过15厘米，中耕成垄。品种选用中熟品种克新1号、LK99、希森6号等，采用脱毒种薯。提倡小整薯播种，确需切种时切块一定要大，以提高幼苗的抗旱能力。重施基肥，以有机肥和氮、磷肥为主；巧施追肥，以氮、钾肥和微量元素为主。及时中耕除草，加强病虫害防治。适时收获，收获前一周采用机械杀秧，通过预贮、晾晒后进行贮藏或销售。

(2) 垄作栽培方法。

① 先整地后起垄。这种方法的优点是土壤松碎，播种或栽种方便。

② 不整地直接起垄。这种方法的优点是垄土内粗外细，孔隙多，熟土在内，生土在外，有利于风化。

③ 山坡地等高起垄。这种方法的优点是能增加土层深度，增强旱薄地蓄水保肥能力。

(3) 起垄动力。

① 畜力起垄。先开沟播种，后覆土起垄，采用宽窄行种植，小行距30厘米，大行距60～70厘米，株距按需要确定。

② 拖拉机起垄。大型播种机行距90厘米，株距15～20厘米，主要用于大型喷灌圈种植，播种、施肥、起垄一次完成。小型播种机大多是单垄双行种植，大行距80～90厘米，小行距30～40厘米，主要用于滴灌种植，播种、施肥、起垄、铺滴灌带、覆膜一次完成。

（二）间套作

间作是集约利用空间的种植方式。指在同一田地上于同一生长期内，分行或分带相间种植两种或两种以上作物的种植方式。间作与单作不同，间作是不同作物在田间构成人工复合群体，个体之间既有种内关系，又有种间关系。间作时，不论间作的作物有多少种，皆不增加复种面积。间作的作物播种期、收获期相同或不相同，但作物共处期长，其中至少有一种作物的共处期超过其全生育期的一半。

套作主要是一种集约利用时间的种植方式。指在前季作物生长后期的株行间播种或移栽后季作物的种植方式，也可称为套种。对比单作，它不仅能阶段性地充分利用空间，更重要的是能延长后季作物对生长季节的充分利用，提高复种指数，提高年总产量。

间作与套作都有作物共处期，不同的是前者作物的共处期长，后者作物的共处期短，每种作物的共处期都不超过其生育期的一半。套作应选配适当的作物组合，调节好作物田间配置，掌握好套作时间，解决不同作物在套作共生期间互相争夺日光、水分、养分等矛盾，促使后季作物幼苗生长良好。

马铃薯与其他作物间套作时，如果栽培技术措施不当，必然会产生作物之间彼此争光和争水肥的矛盾。而这些矛盾之中，光是主要因素，为解决光的矛盾，只有通过栽培技术来使作物适应。因此，间套作的各项技术措施，首先应该围绕解决间套作物之间的争光矛盾进行考虑和设计。马铃薯间套作进行中的各项技术措施，必须根据当地气候条件、土壤条件、间套作物的生态条件，处理好间套作物群体中光、水、肥及土壤因素之间的关系，进行作物的合理搭配，以提高综合效益。

（三）轮作

轮作指在同一田块上有顺序地在季节间和年度间轮换种植不同作物或复种组合的种植方式。马铃薯轮作方式很多，在不同地区根据当地作物有不同的轮作方式。如在陕北一熟区，轮作方式是年度间轮作，一般是马铃薯与玉米、大豆、谷子、糜子、荞麦等作物年度轮换种植。

倒茬也称为换茬，主要指不定期、不规则的轮作。轮作和倒茬有不同点，但轮作和倒茬在轮换种植不同作物方面的意义是相同的。因此，习惯称轮作为倒茬。

1. 马铃薯连作的弊端　马铃薯为茄科作物，不适宜连作。但在马铃薯一熟区，马铃薯连作现象比较普遍。尤其是在一些无霜期短的地区，马铃薯连作现象特别普遍，因为这些区域只能种植马铃薯、荞麦、燕麦、油菜等生育期较短的作物，其中马铃薯单位面积的产值最高，为了追求效益，不少农民连年种植马铃薯。另一个主要原因是农民并没有意识到长期连作会导致商品薯品质、产量下降。马铃薯连作主要存在以下弊端。

（1）土壤微生物群落不合理。在正常轮作种植情况下，土壤中有益菌、中性菌和有害菌三类微生物的数量及比例处于动态平衡之中，有害微生物虽有可能存在，但不会成为土壤中的优势种群，因此，不会影响作物正常生长。作物连作种植后，由于存在合适的寄主及适宜的生长环境，一些病原菌便迅速大量繁殖，最终成为土壤中的优势种群，引发土传病害，进而影响作物生长。秦越等（2015）研究表明，马铃薯连作使根际土壤中芽孢杆菌属等有益菌属的细菌减少，罗尔斯通菌属等致病菌属的细菌增多。连作导致马铃薯根际土壤细菌多样性水平降低，真菌多样性水平升高，根际土壤微生物多样性存在着明显差异，破坏了根际土壤微生物群落的平衡，使其根际土壤微生态环境恶化。

（2）土壤中酶活性降低。土壤酶活性为土壤生物学性质研究的重要内容。连作显著制约着土壤酶活性。白艳茹等（2010）研究表明，马铃薯栽培中，土壤蔗糖酶和脲酶活性随着连作年限增加呈下降趋势，而土壤中性磷酸酶和过氧化氢酶活性在不同茬次间无显著差异。

（3）病虫害积累。同一种作物上寄生的病虫害有相对的专一性。连作为病虫害提供了有利条件，实际中也观察到许多因连作导致病虫害暴发的实例，如马铃薯连作，导致土传病害发生严重，在榆林市定边县和延安市子长市，马铃薯连作导致疮痂病发生逐年加重；在内蒙古及河北坝上地区，随着马铃薯轮作周期的缩短，粉痂病的发生越来越严重。

（4）作物营养不平衡。特别是某些营养匮乏。作物正常生长发育离不开营养物质。任何植物要完成生命过程，必须吸收 17 种矿质元素，虽然需要量差异很大，但每一种营养元素都同等重要。连作一方面会导致某些营养元素的匮乏，若这些匮乏营养元素得不到及时补充则会影响作物的健康生长，从而引发连作障碍；而另一些作物不需要的元素则会在土壤中过量积累，发生次生盐渍化等情况，同样会导致连作障碍的发生。连作马铃薯土壤中速效氮、有效磷、速效钾含量均下降，刘存寿（2009）研究表明，营养缺乏，特别是有机营养缺乏是马铃薯连作障碍形成的根本原因。

2. 马铃薯轮作的优点　在多年连作的马铃薯田块，从用地、养地和生态效益及潜在的经济效益等方面考虑，必须进行轮作。马铃薯与玉米、谷子、高粱、大豆等禾谷类和豆类作物轮作比较好，主要有以下优点。

(1) **改善土壤生物群落**。可以改善土壤微生物群落、增加细菌和真菌数量、提高微生物活性，减少病害的发生。曹莉等（2013）试验表明，轮作豆科牧草可使土壤中好气性固氮菌数量最高增加283.69%，脲酶活性最高增加6.4倍，碱性磷酸酶活性和过氧化氢酶活性显著提高。

(2) **保持、恢复及提高土壤肥力**。马铃薯消耗土壤中的K元素较多，禾谷类作物需要消耗土壤中大量N元素；豆类作物能固定空气中的游离N元素；十字花科作物则能分泌有机酸。这些作物与马铃薯轮作可以保持、恢复和提高土壤肥力。秦舒浩等（2014）试验结果表明轮作天蓝苜蓿、陇东苜蓿、箭筈豌豆均能提高马铃薯2年以上连作田土壤的有效氮含量，提高3年以上连作田土壤有效磷含量。

(3) **均衡利用土壤养分和水分**。不同作物对土壤中营养元素和水分的吸收能力不同，如水稻、小麦等谷类作物吸收N、P多，吸收Ca少；豆类作物吸收P、Ca较多。因此不同的作物轮作能均衡利用各种养分，充分发挥土壤的增产潜力。深根作物与浅根作物轮作可利用不同层次土壤的养分和水分。杜守宇等（2016）认为，在半干旱区马铃薯与豆类作物换茬轮作，能恢复提高土壤的肥力和蓄水能力。据测定，豆茬比连作麦茬有机质增加2.3克/千克，含氮量增加0.12克/千克，速效氮增加12.5毫克/千克，有效磷增加1.77毫克/千克；并且增加了土壤蓄水保墒能力，提高了水分有效利用率，春播前测定，0～200厘米土层内土壤贮水量比麦茬地多12.6毫米，比胡麻茬多28.68毫米，为马铃薯的生长发育创造了良好的土壤条件；玉米被安排为马铃薯的前作，玉米施肥量充足，又是地膜栽培，可留膜留茬过冬，早春清理残膜后，整地种植马铃薯，土壤含水量高，比秋耕地土壤含水量高2.9个百分点，而且杂草少，病虫害发生轻，同时也稳定了玉米的种植面积。

(4) **减少病虫草害**。轮作可以改变病菌寄生主体，抑制病菌生长从而减轻危害。实行轮作，特别是水旱轮作，可以改变杂草生态环境，起到抑制或消灭杂草的作用。董爱书等（2009）研究表明，马铃薯与玉米和豆科作物轮作倒茬，可降低疮痂病、根结线虫病的发生概率和减少病虫草危害。

(5) **合理利用农业资源**。根据作物生理及生态特性，在轮作中合理搭配前后作物，茬口衔接紧密，既有利于充分利用土地和光、热、水等自然资源，又有利于合理均衡地使用农具、肥料、农药、水资源及资金等社会资源，还能错开农忙季节。

3. 轮作的效益　轮作的效益主要表现在产量、生态等各个方面，具体如下。

(1) **产量效益**。轮作倒茬能提高马铃薯2年以上连作田土壤有效氮含量；能显著提高3年以上连作田土壤有效磷含量，可提高3～4年连作田土壤速效钾含量。轮作倒茬豆科植物使不同连作年限马铃薯连作田土壤电导率（EC值）显著下降，说明实施马铃薯与豆科植物轮作倒茬对防治马铃薯连作田土壤盐渍化有显著的效果。轮作倒茬豆科作物使连作田土壤脲酶、碱性磷酸酶和过氧化氢酶活性均显著提高。从第2年连作开始，轮作倒茬豆科作物对后茬马铃薯产量产生明显影响，第3、4年连作期间，倒茬对后茬马铃薯增产效果较显著。

(2) **生态效益**。合理的轮作倒茬有很高的生态效益，能有效减轻病虫的危害，也是综合防除杂草的重要途径。不同作物栽培过程中所运用的不同农业措施，对田间杂草有不同的抑制和防除作用。轮作倒茬可保证土壤养分的均衡利用，避免其片面消耗，调节土壤肥力，可疏松土壤、改善土壤结构。另外，不同作物根系伸长深度不同，深根作物可以利用由浅根作物溶脱而向下层移动的养分，并把深层土壤的养分吸收转移上来，残留在根系密集的耕作层。同时轮作倒茬可借根瘤菌的固氮作用，补充土壤氮素。

六、田间管理

（一）按生育阶段管理

马铃薯的生长发育过程可分为发芽、幼苗、块茎形成、块茎膨大、淀粉积累和块茎成熟六个生育阶段。不同生育阶段生长发育中心、生育特点以及对环境条件的要求各不相同。

1. 发芽阶段　从种薯解除休眠，芽眼处开始萌芽、抽生芽条，直至幼苗出土为马铃薯的发芽阶段。该时期器官建成的中心是根系的形成和芽条的生长，同时伴随着叶、侧枝和花原基等的分化，为主茎的第一段生长。因此，该阶段是马铃薯发苗、扎根、结薯和壮株的基础，也是产量形成的基础，其生长的快慢与好坏，关系到马铃薯的保苗、稳产高产与优质。

在发芽阶段，种薯自身的营养和含水量就足够该阶段生长需求，但当土壤极端干燥时，种薯虽能萌发，幼芽和幼根却不能伸长，也不易顶土出苗。因此播种时要求土壤应保持适量的水分和具备良好的通气状态，以利于芽条生长和根系发育。本阶段影响生长发育的主要因素是温度。马铃薯块茎发芽的最适宜温度是18 ℃。块茎播种后，在土温不低于4 ℃时，即可萌动但不伸长；在5～7 ℃时，幼芽生长缓慢不易出土；在10～12 ℃时，幼芽生长迅速而苗壮；超过36 ℃时，常造成烂种。因此，生产上应注意适期播种。该阶段管理要点以中耕、除草等措施提高地温、保墒，促进马铃薯根系纵深发展，增强根系对水肥的吸收能力。同时，及时查苗补苗，确保苗齐苗全，为丰产丰收打好基础。

2. 幼苗阶段　从马铃薯幼芽露出地面到顶端孕育花蕾、侧生枝叶开始发生的阶段。出苗至早熟品种（费乌瑞它）第6叶或中熟品种（克新1号）第7～8叶展平的时候，即完成一个叶序的生长（也叫"团棵"），是主茎的第二段生长，为马铃薯的幼苗期。进入幼苗期后，仍以茎叶和根的生长为中心，但生长量不大，如茎叶干重只占马铃薯生育期总干重3%～4%。展叶速度很快，平均每两天增加一片新叶，同时，根系向纵深扩展。

在第二段生长时期，第三段的茎叶已分化完成，顶端孕育花蕾，侧生枝叶开始发生。匍匐茎在出苗后1周左右发生，开始现蕾时，匍匐茎数不再增加。最适宜温度是18～21 ℃，高于30 ℃或低于7 ℃茎叶就停止生长，在−1 ℃就会受冻，在−4 ℃则会冻死。该时期是承上启下的时期，一生的同化系统和产品器官都在此期分化建立，是进一步繁殖生长、促进产量形成的重要时期。此时对水分需求十分敏感，要求有充足的氮肥，适当的土壤湿度和良好的通气状况。该阶段以促根、壮苗为主，保证根系、叶片和块茎的协调分化与生长。因此，该阶段应早浇苗水和追肥，并加强中耕除草，以提温保墒，改善土壤通透状况，从而促使幼苗迅速生长。

3. 块茎形成阶段　当马铃薯主茎生长7～13片叶时，主茎生长点开始孕育花蕾，侧枝开始发生，匍匐茎顶端停止极性生长、开始膨大，即标志幼苗期的结束和块茎形成期开始。这一时期是马铃薯由单纯的营养生长转入营养生长和生殖生长并进的阶段，即由以地上部茎叶生长为中心转入地上部茎叶生长与地下块茎形成并进的阶段。这一时期的生长中心是块茎的形成，是马铃薯对营养物质的需要量骤然增多的阶段，也是决定马铃薯块茎多少的关键时期。从孕蕾到初花，需 20～30 天。该时期保证充足的水肥供应，及时中耕培土，防止氮素过多，通过播期及其他栽培技术调节温度和日照，是夺取丰产的关键因素。

4. 块茎膨大阶段 当地上部主茎出现 9～17 片叶，花枝抽出并开始开花时，即标志块茎形成期的结束和块茎膨大期开始。此时马铃薯块茎的体积和重量迅速增长，在适宜条件下每窝可增 20～30 克/天，为块茎形成期的 5～9 倍。这一时期的生长中心是块茎体积和重量的增长，是决定块茎大小的关键时期，对经济产量形成具有决定性作用。膨大期的长短受气候条件、病害和品种的熟期等因素影响。此期地上部生长也很迅速，茎叶生长迅速达到高峰。据测定，马铃薯的最适叶面积指数为 3.5～4.5。在茎叶高峰出现前，块茎与茎叶鲜重的增长呈正相关。该期是马铃薯一生中需肥需水最多的时期，达到一生中吸收肥、水的高峰。因此，充分满足该期对肥水的需要是获得块茎高产的重要保障。该期的关键农艺措施在于尽力保持根、茎、叶不衰，有强盛的同化力，以及加速同化产物向块茎运转和积累。有条件浇水的地方，应在开花期进行浇水，7～10 天浇 1 次，促进块茎迅速膨大，不能浇得太晚，以免造成徒长，遇涝或降雨过多，应排水。无灌水条件的地方，应抓住降水时机，追施开花肥，开花肥以氮、钾肥为主。

5. 淀粉积累阶段 开花结果后，茎叶衰老至茎叶枯萎阶段，茎叶生长缓慢直至停止，植株下部叶片开始枯萎，进入块茎淀粉积累期，此期块茎体积不再增大，茎叶中贮藏的养分继续向块茎转移，淀粉不断积累，蛋白质、微量元素相应增加，糖分和纤维素逐渐减少。块茎重量迅速增加，周皮加厚，当茎叶完全枯萎，薯皮容易剥离，块茎充分成熟，逐渐转入休眠期。此期特点是以淀粉积累为中心，淀粉积累一直继续到叶片全部枯死前。栽培上既要防茎叶早衰，又要防水分、氮肥过多，造成贪青晚熟，降低产量与品质。此外，陕北一熟区，还要做好预防早霜的工作。

6. 块茎成熟阶段 在生产实践中，马铃薯没有绝对的成熟期。收获时期取决于生产目的和轮作中的要求，一般当植株地上部茎叶枯黄，块茎内淀粉积累充分，块茎尾部与连着的匍匐茎容易脱落不需用力拉即能与连着的匍匐茎分开，块茎表皮韧性较大、皮层较厚、色泽正常时，即为成熟收获期。收获要选择晴天进行，以防晚疫病菌等病害侵染块茎。留种田在收获前可提前杀秧，并提早收获，以减少病毒侵染块茎的机会。收获后在田间晾晒 3～5 天，剔除泥土、绿薯、霉烂薯，挑选无破损、无病害的健薯入窖。

（二）定苗和中耕

1. 定苗 马铃薯苗出齐后，要及时进行查苗，有缺苗的及时补苗，以保证全苗。播种时将多余的薯块密植于田间地头，用来补苗。补苗时，缺穴中如有病烂薯，要先将病薯和其周围土挖掉再补苗。土壤干旱时，应挖穴浇水且结合施用少量肥料后栽苗，以减少缓苗时间，尽快恢复生长。如果没有备用苗，可从田间定苗时选取多苗的穴，自其母薯块基部掰下多余的苗，进行移植补苗。补栽时，一定要深挖露出湿土，保证苗根与湿土相接。补栽时间一定要早，阴雨天前补栽效果更好，遇到干旱天，水栽苗成活率更高。定苗密度要做到：早熟品种密度大于晚熟品种密度；种薯生产密度大于商品薯生产密度；炸条原料薯密度要小于炸片和淀粉加工原料薯密度；洞地和川台地密度大于山坡地密度；单垄双行种植密度大于单垄单行种植密度；土壤肥力水平较高的地块可以适当增加密度。一般情况下，早熟品种留苗密度为每亩 4 000～4 500 株，晚熟品种留苗密度为每亩 3 000～3 500 株，炸片原料薯留苗密度为每亩 4 000～4 500 株，淀粉加工原料薯留苗密度为每亩 3 500～4 000 株。

2. 中耕　中耕除草的好处很多，适时中耕除草可以防止"草荒"，减少土壤中水分、养分的消耗，促进薯苗生长；中耕可以疏松土壤，增强透气性，有利于根系的生长和土壤微生物的活动，促进土壤有机物分解，增加有效养分。在干旱情况下，浅中耕可以切断毛细管，减少水分蒸发，起到防旱保墒作用；土壤水分过多时，深中耕还可起到松土晾墒的作用。在块茎形成期和膨大期，深中耕、高培土，不但有利于块茎的形成膨大，而且还可以增加结薯层，避免块茎暴露地面见光变绿。总之，通过合理中耕，可以有效地改变马铃薯生长发育所必需的土、肥、水、气等条件，从而为高产打下良好的基础。"锄头上有水，锄头下有火""山药挖破蛋，一亩起一万"等俗语充分说明中耕培土的重要性。

马铃薯具有苗期短、生长发育快的特点。培育壮苗的管理要点是疏松土壤，提高地温，消灭杂草，防旱保墒。促进根系发育，增加结薯层次。因此，中耕培土是马铃薯田间管理的一项重要措施。结薯层主要分布在 10～15 厘米深的土层里，疏松的土层有利于根系的生长发育和块茎的形成膨大。

中耕培土的时间、次数和方法，要根据各地的栽培制度、气候和土壤条件来决定。陕北一熟区马铃薯一般中耕培土 2～3 次。夏马铃薯播种后容易形成地面板结和杂草丛生现象，所以出齐苗后就应及时进行第一次中耕除草，这时幼苗矮小，浅锄既可以松土灭草，又不至于压苗伤根。在春季干旱多风的陕北地区，土壤水分蒸发快，浅锄可以起到防旱保墒作用。现蕾期进行第二次中耕浅培土，以利于匍匐茎的生长和形成。在植株封垄前进行第三次中耕兼高培土，以利于增加结薯层次，多结薯、结大薯，防止块茎暴露地面晒绿，降低食用品质。最终使垄的高度达到 15～20 厘米，培成宽而高的大垄。对于马铃薯一季作区的干旱地，刚进入雨季时就开始培土；地膜覆盖马铃薯，出苗后要及时破膜放苗，并用土将破膜处封严，当苗高 10 厘米左右时将膜揭掉，进行中耕培土；也可在播种后 15～20 天即将出苗时膜上覆土 3～5 厘米，即无需放苗。采用机械化中耕，在播种后 15～20 天利用机械培土 15～20 厘米，垄高达到 30 厘米以上。

（三）科学施肥

"有收无收在于水，收多收少在于肥"，肥料是作物的粮食。马铃薯正常的生产发育需要十余种营养元素，除 C、H、O 通过叶片的光合作用从大气和水中得来之外，其他营养元素，N、P、K、S、Ca、Mg、Fe、Cu、Mn、B、Zn、Mo、Cl 等都是通过根系从土壤中吸收来的，它们对于植物的生命活动都是不可缺少的，也不能互相代替，缺乏任何一种都会使生长失调，导致减产、品质下降。N、P、K 是需要量最大，也是土壤最容易缺乏的矿物质营养元素，必须以施肥的方式经常加以补充。一般亩产 2 000 千克产量需要：氮元素 10 千克、磷元素 4 千克、钾元素 22 千克、钙元素 6 千克、镁元素 2 千克。

马铃薯施肥，一般以"有机肥为主，化肥为辅，重施基肥，早施追肥"为原则。

1. 重施有机肥

（1）有机肥料定义和作用。有机肥料是指含有有机物质，既能提供农作物多种无机养分和有机养分，又能培肥改良土壤的一类肥料。其特点：原料来源广，数量大；养分全，含量低；肥效迟而长，需经微生物分解转化后才能为植物所吸收利用；改土培肥效果好。

有机肥料中的主要物质是有机质，施用有机肥料增加了土壤中的有机质含量。有机质可以改良土壤物理、化学和生物特性，熟化土壤，培肥地力。中国农村的"地靠粪养、苗靠粪长"的谚语，在一定程度上反映了施用有机肥料对于改良土壤的作用。施用有机肥料既增加了许多有机胶体，同时借助微生物的作用又把许多有机物分解转化成有机胶体，这就大大增加了土壤的吸附表面，并且产生许多胶黏物质，使土壤颗粒胶结起来变成稳定的团粒结构，提高了土壤保水、保肥和透气的性能，以及调节土壤温度的能力。

（2）有机肥料种类。有机肥料包括农家肥、商品有机肥、腐殖酸类肥料。农家肥，将人畜粪便以及其他原料堆制而成，常见的有厩肥、堆肥、沼气肥、熏土和草木灰等。商品有机肥一般是生产厂家经过生物处理过的有机肥，其病虫害及杂草种子等经过了高温处理基本死亡，有机质含量高。腐殖酸类肥料是利用泥炭、褐煤、分化煤等原料加工而成，这类肥料一般含有机质和腐殖酸，N 的含量相对比 P、K 要高，能够改良土壤、培肥地力，增强作物抗旱能力以及刺激作物生长发育。

（3）肥料施用时期、用量和方法。有机肥、磷肥全部作基肥。氮肥总量的 $60\%\sim70\%$ 作基肥，$30\%\sim40\%$ 作追肥。钾肥总量的 $70\%\sim80\%$ 作基肥，$20\%\sim30\%$ 作追肥。磷肥最好和有机肥混合沤制后施用。基肥用量一般占总施肥量的 $2/3$ 以上，一般为每亩 $1\,500\sim3\,000$ 千克。施用方法根据有机肥的用量及质量而定，一般采取撒匀翻入的方式，深耕整地时随即耕翻入土。磷、钾化肥在播种种薯时在种薯间施入，或种薯行间空犁沟施入。

在农业技艺方面，要提高化肥利用率。在保证作物产量的前提下，增加有机肥料的施入量，减少化肥消耗量，逐步建立有机肥田，对于减少化肥生成过程中的 CO_2 排放和保护环境都具有重要的作用。

2. 辅助施用无机肥料　无机肥料是指工厂制造或自然资源开采后经过加工的各种商品肥料，或是作为肥料用的工厂的副产品，是不包含有机物的各种矿质肥料的总称。在农作物生长发育所必不可少的 16 种元素中，C、H、O 三大元素由大气中源源不断供给而不需要人为多施。这三大元素共占作物体干重的 95% 以上，而需要人为大量施入和大量提供的无机物矿质元素占植物总量的 $4\%\sim5\%$。

（1）氮、磷、钾"三要素"。氮、磷、钾"三要素"约占 2.75%，马铃薯是喜肥的高产作物，要高产当然少不了 N、P、K 三要素养分。根据试验分析结果，每生产 $1\,000$ 千克块茎，需要吸收氮元素 5 千克、磷元素 2 千克、钾元素 11 千克。可见马铃薯对这三要素养分的需要量是非常高的，以钾元素为主，氮元素其次，磷元素较少。追肥应根据马铃薯需肥规律和苗情进行，宜早不宜晚，宁少毋多。

① 氮。氮需要量占 1.55%，是促进叶片生长的主要元素。缺氮时马铃薯植株生长缓慢且矮小。缺氮症状首先出现在基部叶片，并逐渐向上部叶片扩展，叶面积小，淡绿色至黄绿色，叶片褪绿变黄先从叶缘开始，并逐渐向叶中心发展，中下部小叶边缘向上卷曲，有时呈火烧状，提早脱落。缺 N 时马铃薯植株茎细长，分枝少，生长直立。

氮素分为铵态氮、硝态氮、酰胺态氮 3 种，性质有明显的区别，施入方法也不尽相同。

铵态氮：即氮素以 NH_4^+ 或 NH_3 的形成存在，如氨水、硫酸铵、碳酸氢铵、氯化铵。易被土壤吸附，流失较少，既可作基肥又可作追肥。

硝态氮：即氮素以 NO_3-N 的形态存在，如硝酸钠、硝酸钙、硝酸铵。不能为土壤所吸附，施入土壤后，只能溶于土壤溶液中，随土壤水移动而移动，灌溉或降雨时容易淋失，一般只适宜作追肥，不适宜作基肥。

酰胺态氮：即氮素以$-CO-NH_2$的形态存在或水解后能生成酰胺基的氮肥，如尿素、氰氨化钙。适宜于各种土壤和作物，既可作基肥，也可作追肥。

② 磷。磷需要量占0.2%，是保证结果、结籽，使作物生长出好产品的主要元素。缺磷马铃薯植株瘦小、僵立，严重时顶端停止生长，叶片、叶柄及小叶边缘稍有皱缩，下部叶片向上卷，叶缘焦枯，叶片较小，叶色暗绿，无光泽，老叶提前脱落，块茎有时产生一些锈棕色斑点，块茎品质变差。

有效磷（中性柠檬酸铵溶性磷）分为水溶性磷、枸溶性磷（也称为EDTA溶性磷）、难溶性磷3种。水溶性磷肥效快，适用于各种作物各种土壤，既可以作基肥，又可作追肥。枸溶性磷也称为弱酸溶性磷肥，适宜于中性或酸性土壤施用，在石灰性土壤上施用效果较差，一般只作基肥。难溶性磷的溶解度低，只能溶于强酸，因此只在土壤酸度和作物根的作用下，才可逐渐溶解被作物吸收，但过程十分缓慢。

③ 钾。钾需要量占1%，是保证作物茎秆生长的元素。施用钾素，可以增强作物的抗倒伏性和抗旱性。马铃薯缺钾时生长缓慢，缺钾症状一般至块茎形成期才呈现出来，上部节间缩短，叶面积缩小。小叶排列紧密，与叶柄形成的夹角小，叶面粗糙、皱缩并向下卷曲。缺钾早期叶尖和叶缘暗绿，以后变黄，再变成棕色，逐渐扩展至整个叶片；接着老叶的脉间褪绿，叶尖、叶缘坏死，下部老叶干枯脱落。严重缺钾时植株呈"顶枯"状，茎弯曲变形，叶脉下陷，有时叶脉干枯，甚至整株干死。块茎内部带蓝色。

钾肥主要有硫酸钾、氯化钾、碳酸钾，其中硫酸钾和碳酸钾适用于各种作物和土壤，而氯化钾不宜在忌氯作物和盐渍土上施用。

(2) 钙、镁、硫"三中素"。 钙、镁、硫"三中素"约含0.8%。

① 钙。钙需要量占0.5%。是细胞壁的组成成分，主要作用是促使长根和抑制根病的发生。缺钙马铃薯植株幼叶变小，叶边缘出现淡绿色条纹，叶片皱缩或扭曲，叶缘卷曲，最后枯死。茎节间缩短，严重时顶芽死亡，侧芽向外生长，呈簇生状。块茎的髓中有坏死斑点，易畸变，形成串小块茎。

钙肥的主要品种是石灰（包括生石灰、熟石灰和石灰石粉），石膏及大多数磷肥（如钙镁磷肥、过磷酸钙等）和部分氮肥（如硝酸钙、石灰氮）。

② 镁。镁需要量占0.2%，镁元素是农作物生长发育的主要元素。缺镁，作物生长缓慢，就会出现小老苗现象。马铃薯轻度缺镁时，症状表现为从中、下部节位上的叶片开始，叶脉间失绿呈"人"字形，而叶脉仍呈绿色，叶簇增厚或叶脉间向外突出，厚而暗，叶片变脆。随着缺镁程度的加大，从叶尖、叶缘开始，脉间失绿呈黄化或黄白化，严重时叶缘呈块状坏死、向上卷曲，甚至死亡脱落。

镁肥分水溶性镁肥和微溶性镁肥。前者包括硫酸镁、氯化镁、钾镁肥；后者主要有磷酸镁铵、钙镁磷肥、白云石和菱镁矿。不同类型土壤的含镁量不同，因而施用镁肥的效果各异。通常，酸性土壤、沼泽土和沙质土壤含镁量较低，施用镁肥效果较明显。

③ 硫。硫需要量占0.1%，硫能促进叶绿素的形成；硫参与固氮过程，提高肥料利用率。缺硫的马铃薯植株生长缓慢，叶片、叶脉普遍黄化，与缺氮类似，但叶片并不提前干枯脱落，黄化首先出现在上部叶片上，缺硫严重时，叶片上出现褐色斑点。

硫肥主要的种类有硫黄和液态二氧化硫。它们施入土壤以后，经氧化硫细菌氧化后形成硫酸，其中的硫酸根离子即可被作物吸收利用。其他种类有石膏、硫酸铵、硫酸钾、过磷酸钙以及多硫化铵和硫黄包膜尿素等。

在田间，作物除从土壤和硫肥中得到硫外，还可通过叶面气孔从大气中直接吸收 SO_2（来源于煤、石油、柴草等的燃烧）；同时，大气中的 SO_2 也可通过扩散或随降水而进入土壤-植物体系中。在决定硫肥施用量时需考虑这些因素。

（3）硼、锰、锌、铜、钼、铁、氯"七微素"。 此"七微素"约占 0.03%，作物所需要的七微素用量极微，而且过量还会有毒害。虽然一般各占植物干重的 0.000 01%～0.001%，但也不能缺乏。例如，缺 Fe 则叶绿素不能合成，影响光合作用，进而影响马铃薯产量；缺 B 马铃薯植株生长点及分枝尖端死亡，节间缩短，侧芽呈丛生状，根部短粗呈褐色，易死亡，块茎矮小而畸形，维管束变褐、死亡，表皮粗糙有裂痕。张文忠等（2015）试验表明，每生产 500 千克马铃薯块茎，需要氮素 2.5 千克、磷素 1 千克、钾素 4.5 千克，对 Ca、Zn、B、Cu、Mg 等微量元素也有一定需求。杜长玉等（2000）研究表明：不同微肥对马铃薯产量、产量性状、生育性状及生理指标的影响不同，但都有效果，性状之间具有极显著的相关性和一致性。

（4）施追肥的时期及用量。 追肥要结合马铃薯生长时期进行合理施用。一般在开花期之前施用，早熟品种最好在苗期施用，中晚熟品种在现蕾期施用较好。主要追施氮肥及钾肥，补充磷肥及微量元素肥料，开花后原则上不应追施氮肥，否则施肥不当易造成茎叶徒长，阻碍块茎形成、延迟发育，易产生小薯和畸形薯，干物质含量降低。追肥方法可沟施、穴施或叶面喷施，土壤追肥应结合中耕灌溉进行。

追肥量因土壤肥力、种植密度、品种类型等差异很大，要依具体情况而定。一般在第二次中耕后，灌第一次水之前进行第一次追肥，每亩用尿素 10～15 千克兑水浇施。早熟品种在苗高 10 厘米、中晚熟品种苗高 20 厘米时开始追肥。生长后期若植株早衰可以喷施 0.3%～0.5% 的磷酸二氢钾溶液 50 千克，每 10～15 天喷 1 次，连喷 2～3 次。干旱严重时应减少化肥用量，以免烧根或损失肥效。

适当根外追肥：马铃薯对 Ca、Mg、S 等中、微量元素需求较大，为了提高品质，可结合病虫害防治进行根外追肥，亩用高乐叶面肥 200 克 400 倍液喷施，前期用高 N 型，以增加叶绿素含量，提高光合作用效率；后期距收获期 40 天，采用高 K 型，每 7～10 天喷 1 次，以防早衰，加速淀粉的累积。马铃薯对 B、Zn 比较敏感，如果土壤缺 B 或缺 Zn，可以用 0.1%～0.3% 的硼砂或硫酸锌根外喷施，一般每隔 7 天喷 1 次，连喷两次，每亩用溶液 50～70 千克即可。通过根外追肥可明显提高块茎产量，增进块茎的品质和耐贮性。

根据马铃薯需肥特点，农户可根据土地状况，包括土壤肥力、投入肥料的资金能力、灌溉等条件来确定使用肥料的种类、施入数量、施肥时间和施肥方法。本着"经济有效、促早熟高产"的目的，应确定"以农家肥作基肥为主，化肥作追肥为辅"的原则。化肥使用需氮、磷、钾配合，前期追肥一般不宜单追尿素，特别是结薯之后不应盲目追氮，易造成浪费和相反效果。增施磷肥促早熟高产，缺钾地区施钾肥增产相当明显。

3. 钾肥的作用 钾是作物生长必需元素，在维持细胞内物质正常代谢、酶活性增加、促进光合作用及其产物的运输和蛋白质合成等生理生化功能方面发挥着重要作用。易九红等（2010）介绍，钾对马铃薯营养生长有明显的促进作用。在苗期、发棵期、块茎形成期、块茎膨大期追钾，可提高净光合速率，增加叶绿素含量。结薯个数和大中薯比例增多，产量提高，可溶性淀粉含量增加。施钾和补水对旱作马铃薯光合特性及产量有影响。陈光荣等（2009）采用裂区试验设计，以施钾水平为主处理，补水时期为副处理，研究了补充供水和钾素处理对马铃薯光合特性及产量的影响。结果表明：施钾能明显增加马铃薯叶片气孔导度、蒸腾速率及光合速率（$P<0.05$），但施钾提高叶片气孔导度、蒸腾速率、光合速率的程度还依赖于马铃薯受到土壤水分胁迫的程度。在施钾量每亩 10 千克、苗期补水的条件下，每亩产量达到 2 421.66 千克，比不施钾、不补水处理产量提高了32.24%。陈功楷等（2013）为了解释施钾量与栽植密度对马铃薯产量及商品率的影响，在地膜覆盖条件下进行了不同钾肥量和密度试验，结果表明：在一定范围内，马铃薯产量与施钾量呈正相关，马铃薯产量与栽植密度呈负相关；商品率达最高时的最优组合为硫酸钾每亩 35 千克，栽植密度为每亩 4 200 株，商品率最高达 68.4%。施钾可促进马铃薯生长，提高其经济产量和商品率。张海（2015）认为，在马铃薯生育中后期应及时补充钾素。

4. 配方施肥　配方施肥是以土壤测试和肥料田间试验为基础的，根据作物需肥规律、土壤供肥性能和肥料效应，在合理施用有机肥料的基础上，提出氮、磷、钾及中、微量元素等肥料的施用数量、施肥时期和施用方法。通俗地讲，就是在农业科技人员指导下科学施用配方肥。测土配方施肥技术的核心是调节和解决作物需肥与土壤供肥之间的矛盾。同时有针对性地补充作物所需的营养元素，作物缺什么元素就补充什么元素，需要多少补多少，实现各种养分平衡供应，满足作物的需要，达到提高肥料利用率和减少用量，提高作物产量，改善农产品品质，节省劳力，节支增收的目的。

马铃薯的高产稳需要氮、磷、钾三要素的合理配合施用，单纯施用其中的某一种或某两种都会因肥效利用率低而造成浪费。因此，测定土壤养分，根据地力确定适宜的肥料种类和施肥量能够提高产量和品质进而提高经济效益。马铃薯平衡施肥量确定，根据马铃薯全生育期所需要的养分量、土壤养分供应量及肥料利用率即可直接计算出马铃薯的施肥量，再把纯养分量转换成肥料的实物量，即可用于指导施肥。

平衡施肥对马铃薯产量和品质有影响。俞凤芳（2010）为了解平衡施肥对马铃薯效果的影响，就马铃薯产量和品质性状方面进行了平衡施肥和传统施肥的比较。结果表明，平衡施肥较传统施肥大薯率高，达 73.9%，产量高达每亩 2 067.41 千克；平衡施肥较传统施肥马铃薯粗蛋白和淀粉含量分别提高 14.13% 和 15.78%；且平衡施肥经济效益好。罗元堂（2013）在重庆市彭水县进行了马铃薯平衡施肥试验，结果初步表明，最佳施肥（N每亩 20 千克、P_2O_5 每亩 8 千克、K_2O 每亩 16 千克）条件下，马铃薯单产为每亩 1 917.78千克，达到当地的高产水平，每千克养分生产马铃薯 18.4 千克；在此基础上，继续增加氮肥、磷肥或钾肥的用量，其产量都没有继续增加。足量的磷肥和钾肥对于提高马铃薯的商品性具有重要作用。在供试土壤条件下，要获得马铃薯高产必须施用足够的肥料。

（1）配方施肥模式 1。2008 年陕西省农业厅在榆林市靖边县东坑镇伊当湾等 18 个行政村建 30 000 亩夏马铃薯高产示范区。采用的施肥模式为：播前深翻土地，深度达 20～30 厘米，随即耙耱，保持土壤表面疏松、上下细碎一致。结合深耕每亩施优质农家肥4 000～5 000 千克，碳酸氢铵 50 千克，磷酸氢二铵 40 千克，作为基肥一次性施入。

现蕾期和开花期进行两次追肥，采用打孔追肥的方式，第一次每亩追施碳酸氢铵25 千克，第二次每亩追肥尿素 20 千克、硫酸钾 10 千克。7 月 23 日，经专家组现场测产，平均每亩产量 3 810 千克，其中商品薯平均每亩产量 3 646 千克。

（2）配方施肥模式 2。 2009 年陕西省农业厅在延安市吴起县周湾、长城两镇建立 3 000 亩马铃薯高产示范基地。根据春季对示范基地土壤养分测定情况，为了实现亩产 2 000 千克的目标产量，采取"以地定产、以产定肥"合理配肥的措施，在春季深翻（30 厘米）前亩施优质农家肥（羊粪）3 000 千克，播种时每亩施马铃薯专用肥（N：P：K＝12：19：16）50 千克作基肥一次性施入。

现蕾期和开花期进行两次追肥，采用挖窝点播的方式施入，第一次每亩追施马铃薯专用肥（N：P：K＝20：0：24）15 千克、硫酸镁 5 千克，第二次每亩追施马铃薯专用肥（N：P：K＝20：0：24）20 千克、硫酸镁 5 千克。10 月 15 日，经专家组实地测产，测得 3 000 亩示范田平均亩产达到 2 731 千克，其中，100 亩核心攻关田平均亩产达到 3 154 千克，创延安马铃薯单产最高纪录。

5. 缓（控）释肥的应用

（1）缓/控释肥的概念及其标准。

① 概念。缓/控释肥是 20 世纪 40 年代诞生的一个新名词，最初起源于美国，后来欧洲、日本相继开始了相关的研究，始终以肥料长效、高效为主线发展至今。在生物或化学作用下可分解的有机氮化物（如脲甲醛）肥料通常被称为"缓释肥"，而对生物和化学作用等因素不敏感的包膜肥料通常被称为"控释肥"。

控释肥（controlled-release fertilizers）是在传统肥料表面涂上一层特殊材料的膜，因此也称"包膜肥料"。根据作物不同阶段生长发育对养分的需求，而设计调控养分释放速度和释放量，使养分释放曲线与作物对养分的需求相吻合。

② 特点。缓释肥料（slow-release fertilizers）简称 SRFs，其特点是肥料施入土壤后，转变为植物有效态养分的释放速率比速溶性肥料小。控释肥简称 CRFs，其特点是结合现代植物营养理论与控制释放的高新技术，并考虑作物营养需求规律，通过使用不同的包膜材料，控制肥料在土壤中的释放期与释放量，使其养分释放模式与作物生长发育的需肥要求相一致，是缓释肥料的高级形式。

③ 标准。欧洲标准委员会（CEN）以肥料养分在水中的溶出率为标准，即在温度 25 ℃时肥料中的有效养分在 24 小时内的释放率不大于 15％；28 天内的养分释放率不超过 75％；在规定时间内，养分释放率不低于 75％。综合了有关缓释和控释肥养分缓慢或控制释放的释放率和释放时间的研究，特别提出将专用控释肥的养分释放曲线与相应作物的养分吸收曲线相吻合作为标准之一。2007 年 10 月 1 日起，中国首部《缓控释肥料》行业标准（标准编号为 HG/T 3931—2007）正式实施，通过同欧洲标准委员会评判缓/控释肥比较，其区别在于：初期养分释放率不大于 15％；规定时间内，缓控释养分释放期的累积养分释放率不低于 80％。

借鉴以往研究经验和近两年的研究结果，张德奇等（2010）认为应将"专用控释肥的养分释放曲线与相应作物的养分吸收曲线相同步"这一条作为评判缓/控释肥效果及生产的指标之一。

（2）缓/控释肥发展的必要性。

① 作物高产高效的要求。作物在生长过程中，一般苗期个体小，需肥量少，生长中期为需肥高峰期，如小麦在拔节期，玉米在喇叭口期，马铃薯块茎膨大期。随着作物产量

的持续提高，以往的"一炮轰"追肥方式已经满足不了高产的需要，尤其对于氮肥来说，养分释放快，且易流失，因此减少基肥氮的用量，提高追肥氮用量的施肥方式在不同作物上均起到了增产的作用，越来越多的研究集中在了"前氮后移技术"方面，涉及较多的作物有小麦、玉米、水稻，且细化至叶龄等指标。而缓/控释肥则可以解决需肥高峰期的问题，根据作物需肥规律使养分释放与之达到最大程度吻合，以满足作物全程对养分的需求。

②生态环境及资源持续发展的要求。浅层地下水硝态氮的面源污染已受到广泛的关注，直接影响到人们的生活用水和身体健康，已有的研究表明硝态氮污染与施氮量过大和施氮方式不当造成硝态氮淋洗到地下等有一定关系。以往的施肥方式肥料利用率低下，不仅造成了资源的极大浪费，也导致了环境污染，农业生产的持续性受到极大挑战。缓/控释肥为解决这一问题提供了较好的途径，通过缓释、控释技术减少了硝态氮的淋洗，提高了肥料利用率，是粮食高产、资源高效、环境友好的作物栽培技术。

③简化栽培技术的迫切需求。随着社会经济的发展，农村劳动力外出务工成为农村的主要经济支柱，也造成了农村农业劳动力严重不足的现象，农业生产迫切要求减少劳动力投入，易于机械化的简化、高产、高效的栽培技术。缓/控释肥技术通过一次施肥实现作物全程的需要，简化了操作程序，减少用工，起到了节本简化增效的作用。

(3) 缓控施肥的应用。

①提高作物产量。缓/控释肥可满足作物不同生长阶段肥料的需求。越来越多的研究表明，缓/控释肥通过提高作物生长后期供肥能力，可以达到促进作物生长，最终提高作物产量的目的。在盆栽条件下通过对黏土-聚酯胶结肥和塑料-淀粉胶结肥研究，其结果表明，施用两种类型肥料均能显著增加冬小麦产量，与对照（等氮磷钾养分）相比分别增产14.85%、27.48%。魏玉琴等（2014）通过研究包膜控释尿素对马铃薯生育期株高、主茎数、茎粗、叶面积指数、叶绿素含量、单株结薯数、单株产量、商品薯率和产量的影响，结果表明，与施用普通尿素相比，包膜控释尿素施用量为普通尿素的80%时，在所有调查指标方面均表现最好，且商品薯率达到87.3%，折合产量为每亩2 646千克，较不施氮肥增产33.4%，较使用普通氮肥增产8.7%。

②提高肥料利用率，减少环境污染。据统计，中国每年生产、施用的氮肥量（以纯氮计算，下同）约为2 000万吨，其肥料的当季利用率只有30%～50%，累计利用率为45%～60%，因氮肥利用率低造成直接经济损失折合人民币达239.4亿元。而在生产中，由于一次性施入氮肥量过大，往往导致氮肥随水淋洗土壤深层，不被作物利用，且造成地下水污染。缓/控释肥通过促进马铃薯中后期生长发育，使氮和钾利用效率均得到提高。较普通肥料前期氮素淋洗量明显减少，而且减少由于肥料利用不当造成的环境污染。周瑞荣等（2010）为探索缓释肥在马铃薯上的施用方法、用量和对马铃薯产量的影响，使缓释肥得到推广应用，引进"施可丰"牌缓释肥料和氮肥抑制剂在马铃薯（威芋3号）上进行了试验研究。结果表明，"施可丰"牌缓释肥在一次性施肥的情况下，对马铃薯增产效果显著，并能较大幅度提高肥料利用率，"施可丰"牌缓释肥用量（按总养分量折算）在比常规施肥减少20%的情况下仍有5.6%的增产效果。

③调节土壤养分及理化性状。缓/控释肥除了能提高肥料利用率和提高作物产量之外，还能调节土壤供肥能力的时空变化。研究表明，施用包膜控释尿素比普通尿素能提高

土壤全氮、碱解氮、硝态氮、铵态氮含量，且包膜控释尿素可增强土壤多酚氧化酶、磷酸酶、脲酶活性，这些酶活性与土壤养分之间具有极显著或显著的相关性。缓/控释肥很好地保证了土壤后期速效养分的供应，提高了马铃薯中后期土壤速效氮、有效磷的含量。由于一些包膜材料本身的特性和残留等问题，也能改善土壤的物理化学性状，影响到土壤的孔隙度与孔隙大小的分配，增加土壤水分的有效性，改善土壤的保水、释水性能。史衍玺等（2002）研究结果表明，土壤中控释肥残膜含量在 0.008 范围内，控释肥残膜可明显降低土壤的透水性，提高土壤的田间持水量和保水性。

④ 优化形态生理指标。缓/控释肥养分释放缓慢，与作物生长需肥基本一致，有利于作物的生长发育，也解决了生产上基肥过多导致根系周围盐分浓度过高而引起烧苗的问题。

（四）节水补充灌溉

1. 马铃薯的需水量和需水节律　马铃薯是需水量大且容易高产的作物。虽然较其他作物抗旱，但是对水分最为敏感，在整个生育期内需要大量水分。水分是马铃薯生长和产量形成的必要条件，土壤水分状况直接影响马铃薯地上部分的生长进而影响产量。马铃薯生长过程中要供给充足水分才能获得高产。马铃薯植株每制造 1 千克干物质约消耗 708 千克水。在黏壤土上种植马铃薯，生产 1 千克干物质最低需水 666 千克，最高 1 068 千克。沙质土壤种马铃薯的需水量为 1 046～1 228 千克。一般亩产 2 000 千克块茎，每亩需水量为280 吨左右，相当于生长期间 419 毫米的降水量。

马铃薯不同生育阶段需水量不同，灌溉标准通常为发芽期田间持水量 60％～65％，幼苗期田间持水量 65％～70％，块茎形成期田间持水量 75％～80％，块茎膨大期田间持水量 75％～80％，淀粉积累期田间持水量 60％～70％。现蕾至开花期需水量达到最高峰。浇水最好用滴灌的方式小水勤浇，俗话说"水少是命，水多是病"，因此，灌水要匀，用水要省，进度要快。

2. 陕北地区水资源和补给途径

（1）榆林水资源和补给途径。

① 榆林水资源现状。

A. 降水量。榆林市属温带半干旱大陆性季风气候，年平均气温 10.7 ℃，极端高温38.9 ℃，极端低温－24 ℃，气象灾害较多。全市平均年降水量为 435.4 毫米，历年最高降水量为 849.6 毫米，最低降水量为 108.6 毫米；降水的地理差异较大，其中吴堡地区降水量最大，由东南向西北递减，至横山已减少至 400 毫米以下，定边地区仅有 316.4 毫米。全市降水季节分布很不均匀，主要集中在 7—9 月，占全年降水量的 63.0％。蒸发十分强烈，蒸发量在 2 000～2 500 毫米，是全年降水量的 4～5 倍，空气相对湿度为 50％，干燥度为 2.1。

B. 水资源的基本特征。榆林市是陕西省水资源贫乏的地市之一。全市水资源总量29.62 亿米³，其中地表水资源量为 22.78 亿米³，地下水资源量为 19.89 亿米³。全市人均水资源占有量为 908.48 米³，低于陕西省人均水平（1 473 米³），比全国人均水平（2 300 米³）更低。每公顷耕地水资源占有量为 4 966.3 米³，也远低于全国平均水平。另外，榆林市水资源分布很不平衡，位于风沙区的北六县水资源比较丰富，土地面积占全市总土地面积的78.00％，地表水资源量为 18.56 亿米³，占全市地表水资源量的 81.47％；地下水资源量为 17.65 亿米³，占全市地下水资源量的 88.74％。而位于黄土丘陵沟壑区的南六县，土地面积占全市总土地面积的 22.00％，地表水资源量为 4.22 亿米³，仅占全市地表水资源量的 18.53％；地下水资源量为 2.24 亿米³，仅占全市地下水资源量的 11.26％。

C. 水资源开发利用现状。新中国成立后，榆林市水利建设取得了显著成效，各类水库和蓄、引、提水工程，农用机井等相继建成，极大地改善了榆林市工农业生产条件。至 2004 年，全市已建成各类水库 77 座，总库容 9.94 亿米³，其中中型以上水库 20 座，总库容 8.31 亿米³；各类池塘 799 个，总容积 0.21 亿米³；建成大小自流渠道 847 条，大小抽水站 2 104 处。全市各类水利工程的总灌溉面积达 11.606 万公顷。榆林市总用水量为 6.02 亿米³，其中农业用水量为 4.55 亿米³，占总用水量的 75.58％，所占比例最大，高于陕西省平均水平；工业用水量为 0.57 亿米³，占总用水量的 9.47％，远低于陕西省平均水平；生态用水量为 0.02 亿米³，占总用水量的 0.33％，高于陕西省平均水平；生活用水比例也低于陕西省平均值。

② 水资源补给途径及措施。

A. 以灌溉农田节水为首，加强农业节水。一是调整现有的农业种植结构，建立"适水型"农业种植结构。在基本满足榆林市对粮食、经济作物市场需求的前提下，考虑到水资源季节分配及充分利用天然降水资源，当前在北部地区应压缩夏粮种植面积，扩大秋粮种植面积。一方面可以减少春季灌溉用水量，另一方面可以充分利用天然降水来满足作物生长发育的需要。在南部地区应压缩耗水量比较大的夏粮作物种植面积，扩大马铃薯等耐旱秋熟作物种植面积，可以整体提高降水资源的利用效率。二是严格控制灌溉用水，实施经济灌溉定额。将农田灌溉用水额控制在：农作物水浇地≤3 750 米³/公顷、水稻田≤16 500 米³/公顷、蔬菜水浇地≤12 000 米³/公顷以内，才可能使现有的农田灌溉定额得到较大幅度的下降，实行经济灌溉定额。三是采用先进的灌溉技术，努力提高灌区水的利用效率。减少渠道灌溉转为喷灌、滴灌，大力推广和发展以喷灌、滴灌为主的节水灌溉技术，建立起切实、有效的节水灌溉体系，是目前和今后解决水资源危机的重要途径之一。四是实施保护性种植技术，提高降水利用效率。榆林市现有农田土壤主要以沙壤土和黄绵土为主，保水、保肥能力较差。采用以地膜覆盖为主的保护性栽培技术可以大大降低地面水分蒸发，增强土壤保水、保肥能力。在南部丘陵沟壑区，推广沟垄种植和秋熟作物冬闲制等保护性种植技术。通过兴修集雨窖、梯田、沟坝等工程措施，增加水源，提高水分利用效率。在北部风沙滩区，推广以马铃薯、玉米、油葵为主的地膜高产栽培技术，适当发展衬膜水稻栽培技术。通过少耕、免耕和绿肥培育技术，减少风沙危害和地面水分蒸发，提高农田保水、保肥能力。

B. 发展井灌，合理开发利用地下水资源。榆林北部风沙区地域辽阔，滩地平坦，地下水资源丰富且埋藏浅，易于开采，有发展井灌的优越条件和良好基础。2020 年，全市地下水开采量为 2.28 亿米³，仅占地下水资源量的 11.46％，还有很大的开采潜力。对于地下水资源十分丰富的北六县，如果井灌以地下水资源量的 20％计，可开采利用 3.53 亿米³，按照中国粮食平均水分生产率 0.8 千克/米³ 计算，可生产粮食 28.24 万吨，相当于 2000 年榆林粮食总产量的 39.83％。但在发展井灌的过程中，要重视灌溉渠道的砌护，减少水分在输水过程中的渗漏损失。同时，应采用滴灌、喷灌等先进节水灌溉技术，推广地膜覆盖技术，减少地面水分蒸发，使水资源得到持续高效利用。

C. 发展集雨工程,高效利用天然降水。榆林市降水少,而且时空分布与作物需水规律不同步,仅能满足农作物生育期的下限需水,制约着粮食产量的提高。在当前旱地耕作技术条件下,粮食单位面积产量已经具备极限性,通过发展集雨工程技术,把天然降雨富集并储存起来,进行资源化利用,既能解决农村生活用水问题,同时又可确保作物需水关键时期用水,从而达到对水资源调控利用的目的。尤其是地处黄土沟壑区的南六县,地貌复杂,地下水资源量仅为 2.24 亿米^3,且开发利用难度较大,而年降水量达 471.5 毫米,应当充分利用天然降水资源。具体途径是:一方面加强集雨工程技术的研究与推广,拦蓄地表径流,强化就地入渗,将雨水集蓄工程与节水灌溉技术和先进的农艺措施结合起来,充分提高天然降水的利用率。另一方面充分应用集雨工程技术,根据作物需水要求进行合理补灌,以达到增产的效果。

D. 改变工业用水方式,提高水资源重复利用率。榆林作为能源工业基地,随着石油化工、煤电化工等工业的进一步发展,工业需水量将急剧增长。因此,一方面工业企业要推行低耗水高效率的生产工艺,降低用水定额,这是工业节水的根本途径。2000 年,榆林东部煤电化工基地需水量为 1.65 亿米^3,中部煤、石油、天然气化工基地需水量为 4.41 亿米^3,造成了工业用水短缺的现象。根据榆林市工业实际,应当使煤炭企业的用水定额控制在 1.5~1.6 米^3/吨,火力电厂的用水定额控制在 25~40 米^3/千瓦,石油、天然气化工企业(以甲醇生产为例)用水定额控制在 110 米^3/吨以内,盐化工企业用水定额控制在 30 米^3/吨以内,从而大大降低工业用水量。另一方面要大力提高水资源利用效率。2020 年,榆林市的工业企业用水重复利用率只有 30% 左右,远低于全国平均水平(53%)。因此,必须采取经济和法律手段,将工业用水量、耗水量、水的重复利用率和万元产值耗水定额纳入企业技术经济指标体系,提高工业用水效率。

E. 严格控制水污染,促进污水资源化利用。控制水体污染的主要途径:一是必须强化水资源执法力度,严格控制污水排放标准,加大水环境质量状况的监测,实施污染物排放总量控制,关闭高污染企业,逐步减少污染源和污染面积,使污水排放量最小化。二是要加强对城市污水的集中治理,在榆阳区、定边、靖边和神木等地尽快建立大型污水处理厂,以满足城市污水处理的需要,减少生活污水的排放。

(2)延安水资源和补给途径。

① 延安水资源现状。

A. 延安降水量。延安属暖温带半湿润半干旱大陆性季风气候,境内梁峁沟谷纵横,地表支离破碎,起伏大,坡度陡。总土地面积 3.7 万千米^2,由南向北依次被北洛河、延河、清涧河三大支流分割为渭北旱塬、黄河沿岸残塬区和白于山区丘陵沟壑区。年平均气温 9.9 ℃,年平均最高气温 17.2 ℃,年平均最低气温 4.3 ℃,极端最高气温 38.3 ℃,极端最低气温－23.0 ℃。最多年降水量 774.0 毫米,最少年降水量仅 330.0 毫米,降水主要集中在 7—9 月,区内水资源总量 13.35 亿米^3,可开发利用量 6.81 亿米^3,开发利用率 51%。

B. 延安市水资源的主要特点。一是水资源短缺,人均占有量低。全市人均水资源量仅为 649 米^3,仅为全国人均占有量的 29.5%,全省人均占有量的 55%。二是水土流失严重。全市水土流失面积 28 773 千米^2,占总土地面积的 78%,多年平均土壤侵蚀模数 9 000 吨/千米^2,年入黄泥沙 2.58 亿吨。三是降水时空分布不均。多年年均降水量 550 毫米,南部 650 毫米以上，北部不足 380 毫米。降水主要集中在 7—9 月，占到全年降水量的 70％以上。四是洪涝灾害频繁。汛期降水多以暴雨形式出现，极易形成局部洪涝灾害，洪水峰高量小，陡涨陡落，含沙量大，难以蓄集利用。五是污染严重。由于石油、煤炭等矿产资源的大规模开发以及城镇废污水的大量排放，全市河流普遍受到不同程度的污染。

C. 水资源开发利用现状。2007 年全市总用水量 2.35 亿米³，其中：工业用水 6198 万米³，农业用水 11872 万米³，城乡居民生活用水 5092 万米³，生态环境用水 334 万米³。全市已累计建成各类供水工程 4.4 万余处（其中水窖、土井 4 万余处），水库 29 座，其中大型 1 座，中型 7 座，小型 21 座，总库容 4.85 亿米³；池塘 220 座，蓄水能力 322 万米³；引水渠道 584 处，抽水站 847 处，配套机电井 1329 眼，喷滴灌站 11 处。近年来，建成了王瑶水库向延安市供水工程，日供水能力可达 5 万吨；建成了红庄水库，增强了延安城区供水的调蓄能力和保障率；建成了洛川安生沟水库、甘泉岳屯水库，大大地改善了区域供水条件。特别是启动实施了黄河沿岸开发项目，致力改善农村安全饮水条件。

② 水资源补给途径及措施。

A. 积极兴建新的骨干水源工程。围绕林果、棚栽、草畜三大主导产业，采取井、窖、站、塘等多种形式，重点抓好"以节水技术改造，管道输水，集雨节灌为主"的节水灌溉，通过管道输水和 U 形渠道输水，实施喷、渗、滴等微灌技术，逐步建设节水型农业。全方位争取资金，加大水利建设项目的投资力度，尤其是有关工农业生产和人民生活用水的重大项目，避免低层次的重复建设，即结合区域条件、水资源状况和经济社会发展的用水需求，着力建设好南沟门水库、黄河调水工程、雨岔水库、红石峁水库、银川河水库等一批骨干供水水源工程，增强全市水资源调蓄能力。

B. 加大雨水收集，高效利用雨水资源。加快引黄工程建设步伐，解决延安城区和延川及永坪炼油厂的中远期发展供水问题；开发洛河川红砂岩地下水，解决吴起、志丹供水问题；建设红石峁水库并通过引黄工程解决子长市供水问题；建设封家河水库并通过引黄工程解决延长县供水问题；建设雨岔水库解决甘泉县供水问题；建设拓家河、郑家河及南沟门水库解决黄陵、洛川及杨舒工业园区供水问题。另外，加大雨水收集，高效利用雨水资源，政府应通过居民筹资，政府部分投资和非政府组织捐资等手段，为农民修建雨水收集设施，解决生活和部分灌溉问题，提高雨水资源利用率。

C. 因地制宜开发水资源。对高山、梁峁地区居住分散的群众，主要采取水窖的形式；对地下水埋藏较浅，水质水量有保证的川、沟道和残塬区，采取机井、土井的办法；对居住相对集中、地形条件好的渭北旱塬，采取多种方式开辟水源，建设集中供水工程的办法；对可以利用山泉、库坝供水的地方采取渠道、管道自流引水的方式。通过实施西部人饮解困工程，农村饮水安全项目、黄河沿岸和白于山区开发项目等解决农村人口的安全饮水问题。

D. 加强水源保护，防止水质污染。以城市和城镇供水水源保护为重点和突破口，划定保护区，编制和落实保护措施，制定保护管理办法，保障供水安全，对雨水、地表水和地下水统筹安排，近期利益和长远利益相结合进行综合开发，合理利用，特别要限制地下水的过量开采，建立生活饮用水水源保护区，加强水源地建设和保护。加强水土保持综合治理，保护自然植被，恢复植被，涵养水源；在水质污染方面，协调好水利和环保部门，依照相关法律规定，加大石油、煤炭等行业开发生产的污染防治力度，水质污染的检测和防治，严格控制工业污水的超标排污；加快城市、城镇污水处理系统建设，实现污水回收利用，抓好洛河、延河等主要河流的水质监测、河源市保护，保证水质安全和水量调度，建立全市地下水动态监测网，掌握地下水水量水质变化，防止地下水污染和枯竭。

E. 治理水土流失，改善水生态环境。延安地区属西北干旱地区，水土流失问题一直是限制农业生产发展的生态环境问题，因此，要坚决贯彻执行《水土保持法》《环境保护法》等有关法律法规，加强水土流失的治理和保护；以封禁和自然恢复为基调、以小流域综合治理为单元，从种草植树，兴修梯田，改善生态环境和农业生产条件入手，坚持治坡、治沟、小型水利（淤地坝）相结合，山、水、田、林、路综合配套的治理措施，进行水土流失治理，改善水生态环境。

F. 做好水资源综合配置，提高水资源利用效率。要按照总量控制，定额管理的总原则，尽快完成全市取水许可总量细化指标，以水量定规模，以水量定发展。做好水资源的配置，通过科学的方法，充分发挥各主要河流水资源效益，增强互补。在黄河调水工程实施后，延安中心城区要做好对红庄水库、王窑水库联合调度，保证常年一定的下泄流量，保障延河基流，改善城市景观，美化优化人居环境。

3. 节水补充灌溉的主要方式

（1）节水补充灌溉方式。一般有畦灌、沟灌、喷灌、滴灌、膜下滴灌等方式，可因地选用。

① 畦灌。在田间筑起田埂，将田块分割成许多狭长地块（畦田），水从输水沟或直接从毛渠放入畦中，畦中水流以薄层水流形式向前移动，边流边渗，润湿土层，这种灌水方法称为"畦灌"。

② 沟灌。首先要在作物行间开挖灌水沟，灌溉水由输水沟或毛渠进入灌水沟后，在流动的过程中，从沟底和沟壁向周围渗透而湿润土壤。

③ 喷灌。利用专门设备将有压水送到灌溉地段，并喷射至空中散成细小的水滴，像天然降雨一样灌溉。

④ 滴灌。滴灌是当今世界上较先进的灌溉技术。它是利用滴灌系统设备，按照作物需水的要求，通过低压管道系统与安装在管道上的滴头，将作物生长所需要的水分和养分以最小的流量均匀准确地直接输送到作物根部附近的土壤表面或土层中，使作物根部的土壤经常保持最佳水、肥、气状态的灌水方法。水的利用率可达95%，滴灌较喷灌具有更高的节水和增产效果，同时可以结合施肥，提高肥效一倍以上。

⑤ 膜下滴灌。该技术通过可控管道系统供水，将加压的水经过过滤设施滤"清"后，和水溶性肥料充分融合，形成肥水溶液，进入输水干管→支管→毛管，再由毛管上的滴水器均匀、定时、定量浸润作物根系发育区，供根系吸收。

（2）不同灌溉方式的效果。

① 畦灌。畦灌结合畦栽进行，适用于密植及采用平畦栽种的蔬菜，马铃薯田较少采用。它的特点是操作简单，地温变化小，但灌水量大，灌后蒸发量大，容易破坏表层土壤的团粒结构从而造成土壤板结，土壤透气性较差，影响土壤中好气微生物的分解，故灌溉后需要结合中耕松土。畦灌在地温较高的夏季使用最多。

② 沟灌。沟灌是结合起垄栽培进行的。沟灌在蔬菜上适用范围很广，马铃薯栽培较少采用。沟灌的优点是侧向浸润土壤，土壤结构破坏小，表层疏松，水的利用率较高，不

易发生积水沤根，照光面积大、地温升高快、变化也快，在温度较高的夏季不利于根系生长。

③ 喷灌。喷灌突出的优点是对地形的适应力强，机械化程度高，灌水均匀，灌溉水利用系数高，尤其适合透水性强的土壤，并可调节空气湿度和温度。但基建投资高，而且受风的影响大。

④ 滴灌。滴灌可以通过自动化的方式进行管理，滴灌比喷灌更加具有节水增产的效果，并且还能够将肥效提升 1 倍以上，是目前干旱缺水地区最有效的一种节水灌溉方式，水的利用率可达 95％。滴灌较喷灌具有更高的节水增产效果，同时可以结合施肥，提高肥效 1 倍以上。姚素梅等（2015）研究了在滴灌条件下土壤基质对马铃薯光合特性和产量的影响。结果为－10～40 千帕土壤基质势处理的马铃薯叶片气孔导度提高。淀粉积累期对气孔导度的促进作用＞块茎形成期和膨大期；叶片光合速率提高；叶片叶绿素相对量显著提高；产量提高。

⑤ 膜下滴灌。马铃薯膜下滴灌技术是针对中国干旱地区缺水少雨，集约化程度低的生产实际，在推广马铃薯地膜覆盖栽培技术和马铃薯喷灌技术的基础上，在马铃薯种植上提出并推广应用的又一新技术。王雯等（2015）试验了膜下滴灌、露地滴灌、交替隔沟灌、沟灌和漫灌 5 种方式对榆林沙区马铃薯生长和产量的影响，结果表明，膜下滴灌效果最好，叶片净光合速率、气孔导度和水分利用效率均高于其他处理。实践证明，膜下滴灌可以减少土壤水分蒸发，提高肥料利用率，降低田间马铃薯冠层空气湿度，降低晚疫病发生危害，提高水分利用率，比一般栽培增产 154.9％～185.9％。

（五）防病治虫除草

1. 病害防治　陕北黄土高原危害马铃薯的主要病害有病毒病、晚疫病、早疫病、干腐病、黑痣病、环腐病、黑胫病、疮痂病等（详见第五章）。

2. 虫害防治　陕北黄土高原影响马铃薯生产的主要害虫有蚜虫、二十八星瓢虫、芫菁（斑蝥）、地老虎、金针虫、蛴螬、蝼蛄等（详见第五章）。

3. 杂草防除　马铃薯田间杂草与作物争水、争肥、争阳光，导致马铃薯减产。

（1）杂草种类。陕北一熟区马铃薯田常见杂草有：反枝苋、马齿苋、苣荬菜、藜、田旋花、刺儿菜、野黍子、野燕麦、早熟禾、稗、莎草、繁缕、看麦娘、狗尾草、芦苇、马唐、牛筋草等。

（2）杂草主要防治措施。

① 农业防治。3～5 年轮作可降低寄生、伴生性杂草的密度，改变田间优势杂草群落，降低田间杂草数量。深翻 30 厘米以上可以将杂草种子和多年生杂草深埋地下，抑制杂草种子发芽，使部分多年生杂草减少或长势衰退，达到除草的目的。

② 机械除草。机械除草主要利用翻、耙、耢等方式，消灭耕层杂草。

③ 人工除草。面积较小的地块可以进行人工除草。人工除草结合松土和培土进行。苗出齐后，及时锄草，能提高地温，促进根系发育。发棵期植株已定型，为促使植株形成粗壮叶茂的丰产型植株，应锄第二遍，清除田间杂草，并进行高培土。

④ 物理防治。铺设有色（黑色、绿色等）地膜，能够抑制杂草生长。

⑤ 化学防治。化学防除杂草主要在播后出苗前进行，安全有效。苗后除草剂作为一种补救措施，施药适时，效果也很好。一般在 7 叶前、株高 10 厘米以下喷施，杂草越小

效果越好。除草剂有乙草胺、氟乐灵、二甲戊灵、精喹禾灵、嗪草酮、砜嘧磺隆等。

每亩用氟乐灵乳油 100～150 克兑水 50 千克播前进行土壤处理，防除禾本科杂草。马铃薯播后出苗前可地表喷施除草剂，防除田间杂草安全且效果好。张福远（2013）认为 45％二甲戊灵乳油（田普）药后 45 天的除草效果仍在 90％以上，在高剂量时可抑制龙葵、苘麻、铁苋菜的生长，对马齿苋、繁缕有特效。田普不易淋溶，施药后降雨、灌溉对土表药土层影响不大，不易光解，不易挥发，持效期长达 45～60 天，药效持久稳定，正常情况下，一次施药可控制整个生长季节杂草。苏少泉（2009）认为砜嘧磺隆＋嗪草酮＋甲酯化植物油是最佳配方，此方不仅可以扩大杀草谱，而且能延缓杂草抗药性的产生，对马铃薯田的一年生禾本科和阔叶杂草有较好的防治效果。

七、及时收获

（一）收获时期的确定

1. 充分成熟后收获　马铃薯在生理成熟期收获产量最高，这时期是收获的最佳时间。植株达到生理成熟时，茎叶中养分基本停止向块茎输送，叶色由绿逐渐变黄转枯萎；块茎脐部与着生的匍匐茎容易脱离，不需用力拉即可与匍匐茎分开；块茎表皮韧性较大、皮层较厚、色泽正常。出现以上情形时，即可收获。不同的马铃薯有不同的生育期，也就有不同的成熟期，与马铃薯品种的特性有关。例如早熟品种出苗至收获的时间为 50～70 天，中早熟品种为 70～95 天。

2. 根据市场价格收获　根据市场价格情况，有时可以提前收获。一般商品薯在成熟期收获产量最高，但生产上很多品种根据市场的需求会适当提前收获。例如在城市郊区的蔬菜紧张季节，特别是大批马铃薯尚未上市之前，新鲜马铃薯价格非常高，此时虽然马铃薯块茎产量尚未达到最高，但每千克的价格可能比大批量马铃薯上市时的价格高出很多，每亩的产值要远远高于马铃薯充分成熟时的产值，此时就是马铃薯的最佳收获时期。如生育期为 80 天的早熟品种，在 60 天内块茎已达到市场要求，即可根据市场需要进行早收，以提高经济效益。

3. 根据天气情况收获　主要是考虑水分和霜冻问题。在经常出现秋涝的地方，不一定要等到茎叶枯黄时再收获，应提早在秋雨出现前收获，这样可以确保产品的质量和数量。在秋季经常出现寒流或秋霜来得较早的地方，适当早收可以预防霜冻。另外，秋末早霜后未达生理成熟期的晚熟品种，因霜后叶枯茎干，应该及时收获；还有地势低洼产区，雨季来临时为了避免涝灾，必须提前收；因轮作安排下茬作物插秧或播种，也需早收等。遇到这些情况，都应灵活掌握收获期。总之，收获期应根据实际需要而定，但在收获时要选择晴天，避免在雨天收获，以免因雨水、泥水较多，既不便于收获、运输，又容易因薯皮擦伤而导致病菌入侵，发生腐烂。

（二）收获日期范围

3 月中下旬至 4 月上旬播种。品种以中早熟为主，生育期保证有 60～95 天，可在夏季 7 月上中旬至 8 月上旬收获。

（三）收获方法

马铃薯的收获质量直接关系到其产量和安全。收获前的准备，收获过程的安排和收获后的处理，每个环节都应做好，以免因收获不当受到损失。收获方式可分为人工收获、畜力收获、机械收获。

1. 人工收获　人工收获时多使用铁锹或镢头之类的简单工具，适合种植面积较小的农户。一些城市的近郊，每户农民仅种植数亩马铃薯，可以用这种方法收获。由于是逐步上市，每天能出售多少就挖多少，人工收获也很方便。收获时，要特别小心，防止铁锹和镢头等工具将块茎切伤。

2. 畜力收获　当一个农户种植 10～100 亩马铃薯时，如果没有合适的收获机械，使用畜力进行收获就很有必要。但畜力收获时需要多人配合。利用畜力每天可以收获近 10 亩的马铃薯。收获时需要利用特殊的犁铧，使马铃薯能被全部翻出来，便于收捡。为了保证收获充分，收获时每隔一行翻起一行，等收捡完毕后，再从头翻起留下的一行。

畜力收获的质量与使用的犁铧形状、翻挖的深度及是否能准确按行翻挖有关。如果使用的犁铧不合适，可能使块茎挖伤较多，或者不能全部将块茎翻挖出来。如果翻挖深度不合适会使块茎挖伤较多或者将块茎遗漏。如果不能准确按行翻挖，也会将部分块茎遗漏。

3. 机械收获　当马铃薯种植面积在数百亩或上千亩时，机械收获就非常必要了。另外在种植面积较大的地区，即使每个农户的种植面积只有数十亩时，也可以通过农机服务的方式利用机械进行收获。根据机械的不同，收获面积每天数十亩或上百亩。在大型马铃薯种植农场，如果利用马铃薯联合收获机和利用散装运输机械，每天可以收获数百亩。

第二节　间套作栽培

夏马铃薯生育期为 60～95 天，生育期较短，可以与多种农作物间套作。

一、与粮食作物间套作

（一）马铃薯与玉米间套作

马铃薯与玉米间套作是一种代表高、矮秆作物间套作的典型配置，能充分利用空间，形成多层次叶层，如同"立交桥"和"独木桥"，间套作为"立交桥"，而净作为"独木桥"，间套作提高了田间的空间利用率，是多熟种植和立体栽培非常重要的方式之一，能够提高光能利用率，发挥不同作物的空间互补优势。

此间套作较理想的实施方法：在西北玉米生产区，海拔 2 600 米及以下区域，无霜期180～190 天的地区，充分利用当地特有的光热条件，选择生育期 120 天左右的早熟玉米品种和生育期适宜的马铃薯品种，合理安排茬口和播种期，配套相应的栽培技术。高效用水型立体复合栽培技术是生态农业集约化生产的重要举措之一，也是有效提高单位面积作物光合净效率、实现农业节本增收的重要环节之一。玉米与马铃薯间套作可改善通风透光条件，有利于提高单位面积上的总产量，特别是玉米与马铃薯间套作矛盾小，互利多，两者又都是高产作物，增产效果显著。玉米喜高温，前期因气温低生长慢，而马铃薯喜冷凉耐低温，前期生长快且耐阴能力强，能在玉米之下正常生长发育。马铃薯薯块膨大期，适当降低地温，有利于积累干物质，提高马铃薯的品质和产量。因此，海拔在 2 500～2 600 米、水源充足的农区和农牧交界区适合推广玉米间作马铃薯栽培技术。

1. 选地整地

（1）**选地**。马铃薯对土壤条件要求较高，要获得较高的马铃薯产量，在选择玉米、马铃薯间套作的地块时，一般来说适宜马铃薯栽培就会适宜玉米栽培，土地选择得当能为马铃薯生长提供良好的环境条件和物质基础。种植马铃薯的地块，必须选择地势高燥、土层深厚、肥沃、疏松的地块，排水通气性良好的土壤，最好是能浇水的沙壤土或轻沙壤土地块，富含有机质、微酸性（pH 5.6～6.5）、中性或微碱性的沙壤土的平地或缓坡地块为较佳，不能选择低洼、涝湿和盐碱地，否则遇到多雨年份，土壤水分过多，通气不良，薯块皮孔爆裂，影响薯块呼吸，极易造成田间烂薯、储藏烂窖；切忌重茬或与茄科作物轮作，以免造成土壤养分失衡，病虫害严重。

（2）**整地**。马铃薯以地下块茎为收获产品，整地时要求在播种前深耕、细耙、整匀、整平，欲促进高产就要为块茎在地下生长创造良好的土壤环境。马铃薯的须根穿透力较弱，土壤疏松有利于根系的生长发育，播种后至出苗前，根系在土壤中发育得愈好，后期植株生长势愈强，产量就愈高，特别是对前期生长比较缓慢的品种尤为重要。因此，深耕是保证马铃薯高产的基础，同等条件下，深耕比浅耕能增产 10% 左右。试验证明，耕层愈深，增产效果愈显著。若土壤墒情不好，要提前灌溉一次，再进行深耕。马铃薯适合沙壤土种植，深耕可使土壤疏松，透气性好，并可提高土壤的蓄水、保肥和抗旱能力，改善土壤的物理性状，为马铃薯的根系充分发育和薯块膨大创造良好的条件，为马铃薯的生长发育奠定良好的基础。

2. 播种

（1）**马铃薯种薯的播前处理**。因地域条件差异，可整薯播种或切块播种。

① 种薯催芽。播前 20 天出窖，放置于 15 ℃左右环境中，平摊开，适当遮阳，散射光下催芽，种薯不宜太厚，2～3 层即可。1 周后，每 2～3 天翻动 1 次，培养绿（紫）色短壮芽。催芽期间，不断淘汰病薯、烂薯和畸形种薯，并注意观察天气变化，防止种薯冻伤。

② 小整薯播种。小整薯一般都是幼龄薯和壮龄薯，生命力旺盛，抗逆性强，耐旱抗湿，病害少，长势好。整薯播种能避免因切刀交叉感染而发生病害，充分发挥顶芽优势，单株（穴）主茎数多，结薯数多，出苗整齐，苗全、苗壮，增产潜力大。采用整薯播种首先要去除病薯、劣薯、表皮粗糙的老龄薯和畸形薯。由于小整薯成熟度不一致，休眠期不同，播前要做好催芽工作。

③ 切块及拌种。播前 1～2 天切种，切块大小 35～50 克，每个切块带 1～2 个芽眼。在切种前和切种时切出病薯均要用 75% 乙醇或 0.5% 高锰酸钾溶液进行切刀消毒；随切随用药剂拌种，根据所防病虫害选择拌种药剂，一般情况下，采用甲基硫菌灵＋春雷霉素＋霜脲氰＋滑石粉（1 千克＋50 克＋200 克＋20 千克）拌 1 000 千克马铃薯，可以防治马铃薯真菌性和细菌性病害，拌种所用药剂与滑石粉一定要搅拌均匀，防止局部种薯发生药害。切好的种块放在阴凉通风处，防止暴晒。

催芽拌种，能缩短出苗时间，减少播种后幼芽感染病原菌的机会，保证苗全、苗齐、苗壮。

适期播种是马铃薯获得高产的重要因素之一。由于各地气候有一定差异，农时季节不一样，土地状况也不尽相同，陕北夏马铃薯播种日期一般在 4 月中下旬，覆膜播种可以提前至 3 月下旬。

（2）玉米种子播前处理。

① 选种。选种时要进行株选、穗选和粒选。一般果穗中部的种子发芽率为 86.5%，基部为 82%，顶部为 72.8%。由于在种子贮藏过程中，常常会造成混杂，选种就是去劣、去杂、去病虫草，提高种子品质，一般应选择果穗中部的纯净饱满的种子播种。播种前要做发芽试验，测定其发芽率（7 天时发芽种子的百分率）和发芽势（3 天时发芽种子的百分率），发芽率在 95% 以上的种子才能使用。随着杂交种（杂交种第二代会减产 20% 左右）的推广和使用，种子一般是到正规的种子部门购买，在购买时要注意对包衣、粒色、杂质、整齐度的选择。种子包衣就是给种子裹上一层药剂，主要包括杀虫剂、杀菌剂、复合肥料、微量元素、植物生长调节剂和成膜物质。

② 晒种。播种前要晒种 2~3 天，可以促进种子吸水，减少病菌，促进种子发芽（提高发芽率和发芽势）。晒种后，出苗率提高 13%~28%，提早 1~3 天出苗，病害降低。

③ 浸种。播种前要浸种。浸种能增强种子的新陈代谢，提高发芽率，提早出苗。浸种一般用冷水浸泡 24 小时或者两烫一冷（55 ℃）浸泡 6~7 小时。也可用腐熟人尿 50% 浸种 6~8 小时，既能肥育种子，又能促进种子酶活性，利于种子的养分转化，但必须随浸随种，不能过夜。还可用 0.15%~0.2% 的磷酸二氢钾溶液浸种 12 小时。浸泡过的种子宜在湿润条件下播种，干旱缺水时不宜浸种，以免发生"炕种""烧芽"及种子发霉现象而降低发芽率，导致缺苗。在抢茬播种、晚播和补苗的情况下，浸种后结合催芽，一般可提早 3~5 天出苗。

④ 拌种。在有灌溉条件的地方，种子处理使用吡虫啉可分散粉剂 10 克兑水 30~40 克稀释均匀；将准备好的 2~3 千克玉米种子倒在盆内淋上药液，翻拌均匀，使每粒种子都粘上药液，晾 1 小时即可播种。拌种可以减少鸟雀、地下害虫和病菌的危害。

（3）规格和模式。

① 分行种植。土地整平后，按 170 厘米幅宽种植 2 行马铃薯、2 行玉米。马铃薯行距 65 厘米，株距 20 厘米。每亩播种 3 900 株。玉米行距 40 厘米，株距 24 厘米，每亩播种 3 200 株。

② 分带种植。间作模式按 1.6 米一带，覆膜种玉米窄行带为 70 厘米（2 行），大背垄种马铃薯带 90 厘米（单行或双行），一般马铃薯早于玉米播种 7~10 天，玉米、马铃薯平均株行距为（26~30）厘米×80 厘米，每亩密度平均为 2 800 株（马铃薯为单行的其密度每亩为 1 400 株）。

3. 田间管理

（1）科学施肥。 马铃薯正常的生长发育需要 10 余种营养元素，除 C、H、O 是通过叶片子的光合作用从大气和水中获得的之外，其他营养元素 N、P、K、S、Ca、Mg、Fe、Cu、Mn、B、Zn、Mo、Cl 等，都是通过根系从土壤中吸收来的，它们对于植物的生命活动是不可缺少的，也不能互相代替，缺乏任何一种都会使生长失调，导致减产、品质下降。N、P、K 是需要量最大，也是土壤最容易缺失的矿物质营养元素，必须以施肥的方式经常补充。

（2）适期追肥。 马铃薯为喜肥高产作物，适时适量追施肥料是重要的增产措施。追肥要结合马铃薯生长时期进行合理施用。一般在开花期之前施用，早熟品种最好在苗期施用。主要追施 N 肥和 K 肥，补充 P 肥及微量元素肥料。追施方法可沟施、穴施或叶面喷施，土壤追肥应结合中耕灌溉进行，追肥视苗情宜早不宜晚，一般在现蕾期进行。

4. 防病治虫 以间套作系统中的马铃薯为例。详见第五章第一节。

5. 适期收获

(1) 马铃薯收获。当马铃薯叶色由绿逐渐变黄转枯，块茎脐部与着生的匍匐茎容易脱离，不需用力拉即能与匍匐茎分开，块茎表皮韧性较大、皮层较厚时，马铃薯达到生理成熟时期，此时收获产量最高。

(2) 玉米收获。玉米籽粒成熟标准一是籽粒基部黑色层形成，二是籽粒乳线消失。但适期晚收有利于提高产量。相关研究表明，推迟 7 天收获，增产近 5%，推迟 14 天收获增产近 8%。适期晚收即要求全田 90% 以上的植株茎叶变黄，苞叶变黄变松，籽粒变硬，角质明显而有光泽，基部无浆，玉米籽粒乳线消失，籽粒基部出现了明显的黑层，籽粒已达到完全生理成熟后收获，可以获得最高的经济产量。

(二) 马铃薯与绿豆间套作

马铃薯与绿豆间作模式鲜见报道，王小英等（2018）研究了马铃薯与绿豆间作模式，得出榆林地区风沙土上马铃薯间作绿豆最佳方式为 2 行马铃薯间作 2 行绿豆，产量最高。

1. 选地整地 绿豆对土壤适应性较强。在沙质土、沙壤土、壤土、黏壤土以及黏土上均可种植。但绿豆忌连作，不宜重茬与迎茬，不宜与豆科作物轮作。因为连作会加重病虫害的发生，使绿豆产量和品质下降，最好与禾本科作物轮作，间隔 3~4 年轮种 1 次为好，既可减少病虫害，又能调节土壤肥力，提高产量。

2. 播种

(1) 马铃薯播前种薯处理。

① 种薯挑选。挑选优质种薯，除去冻、烂、病、伤、萎蔫块茎，并将已长出纤细、丛生幼芽的种薯也予以剔除，选取薯块整齐、符合本品种性状、薯皮光滑细腻柔嫩、皮色新鲜的幼龄薯或壮龄薯。如块茎已萌芽，则应选择芽粗壮者。同时还需剔除畸形、尖头、裂口、薯皮粗糙老化、皮色暗淡、芽眼突出的老龄薯。种薯大小以 50~160 克为宜。

② 种薯切块。生产中应视种薯大小和播种方式决定其是否切块。一般种薯较大的需要进行切块处理，50 克以下小整薯无需切块，可经整薯消毒后（50% 多菌灵可湿性粉剂 500 倍液浸种 15~20 分钟）直接播种。种薯切块时间一般在催芽或播种前 1~2 天进行，常用切块方法是顶芽平分法，切块应切成立块，多带薯肉，大小以 35~50 克为宜，且每个切块至少带有 1~2 个芽眼，芽长均匀，切口距芽眼 1 厘米以上。一般 50 克左右小薯纵切一刀，一分为二；100 克左右中薯纵切二刀，分成 3~4 块；125 克以上大薯，先从脐部顺着芽眼切下 2~3 块，然后顶端部分纵切为 2~4 块，使顶部芽眼均匀分布在切块上。切块时随时剔除有病薯块。切块所用刀具需用 75% 乙醇浸泡或擦洗消毒。切后的种薯也要及时做好防腐烂处理，可用 70% 甲基硫菌灵可湿性粉剂 2 千克与滑石粉 50 千克混拌均匀或用干燥草木灰消毒，边切边蘸涂切口。最后将薯块置于阴凉通风处摊开，使切口充分愈合形成新的木栓层后再进行催芽或播种。切块前要先晒种 2~3 天。

③ 种薯催芽。马铃薯的催芽方法很多，有晒种催芽法、室内催芽法、赤霉素催芽法、温室大棚催芽法和黑暗催芽法等。一般经过 5~7 天，待芽长 0.2~0.5 厘米时，将催好芽的种薯摊放在阴凉处，见散射光炼芽 1~3 天，使幼芽变绿后即可播种。

（2）**绿豆播前种子处理**。绿豆种子成熟不一致，其饱满度和发芽能力不同，并有 5%～10%的硬实率。另外，绿豆有炸荚落粒习性，种子易混杂。为了提高品种纯度和种子发芽率，实现苗全苗壮，应选成熟度好，籽粒饱满的种子，并进行种子处理。

① 选种。利用风、水、机械或人工挑选，剔除病斑粒、破碎粒、秕粒、杂质及异类种子。

② 晒种。在播种前选择晴天，将种子薄薄摊在席子上，晒 1～2 天，可增强种子活力，提高发芽势。晒种时要勤翻动，使之晒匀，切勿直接放在水泥地上暴晒。

③ 接种、拌种或浸种。在瘠薄地每亩用 50～100 克根瘤菌接种或 5 克钼酸铵拌种，可增产 10%～20%；在高肥力地块用高产菌、磷酸二氢钾拌种，也能增产 10%以上；病虫害发生严重的田块，建议选用种衣剂拌种，或进行包衣。

④ 适时播种。根据种植品种的不同选择不同播期。绿豆生育期短，一般在 60～70 天。播种适宜期长，3—6 月都可播种，根据当地的气候条件和耕作制度，适时播种。一般应掌握"春播适时，夏播抢早"的原则。春播如播种过早，生育期延长，个体发育不良，产量降低；夏播绿豆，播种越早越好，早播幼苗生长健壮，开花结荚期处于高温多湿阶段，有利于花荚形成，荚多、粒多、产量高。另外，早播绿豆苗期正处在雨季到来之前，利于田间管理，能及时间苗、中耕、除草，实现苗齐苗壮，无荒草、无板结、无病虫危害。过晚播种会使前期营养不良，分枝数减少，后期花荚不能大量形成，且易遇雨涝和受地温影响，有效结荚期缩短，落花落荚严重，荚少、粒小，从而造成大幅度减产。绿豆种子发芽最低空气温度 6～7 ℃，土壤温度在 8 ℃以上。从土壤湿度来说，田间持水量为 60%最适宜。小于 50%以下不利于种子吸收水分，对出苗不利。温度过高或过低，土壤湿度过高或过低对绿豆的发芽都不利，所以绿豆选择适宜的播种期，是保全苗、夺取高产的重要措施。

（3）**规格与模式**。2 行马铃薯间作 2 行绿豆。

3. 田间管理

（1）**科学施肥**。绿豆的吸肥特点是生育期的营养生长阶段，需吸收一定量的 N、P、K，一般中等生产水平，每生产 100 千克籽粒需吸收 N 9.68 千克、P 0.93 千克、K 3.51 千克，还需 Ca、Mg、S、Cu、Mo 等元素。其中除部分氮素靠根瘤菌供给外，其余的元素要从土壤中吸收。

（2）**适期追肥**。绿豆前期需肥较少，一般不需要追肥；花荚期营养生长和生殖生长同时进行，是需要养分最多的关键时期。绿豆追肥最好在开花期结合封垄一起进行。一般每公顷可追施硝酸铵、尿素等氮肥 45～65 千克，硫酸钾 50～100 千克。

4. 防病治虫 以间套作系统中的马铃薯为例，详见第五章第一节。

5. 适期收获

（1）**马铃薯收获**。当马铃薯叶色由绿逐渐变黄转枯，块茎脐部与着生的匍匐茎容易脱离，不需用力拉即能与匍匐茎分开，块茎表皮韧性较大、皮层较厚时，马铃薯达到生理成熟时期，此时收获产量最高。

（2）**绿豆收获**。绿豆品种多数有无限结荚习性，由下向上逐渐开花结荚，所以荚果也是自下而上渐次成熟。成熟的豆荚也较易炸裂落粒，因此要适时收摘，不能等到全部豆荚成熟后再收获，一般植株上有 60%～70%的荚成熟后，应及时开始收摘，以后每隔 6～8 天收摘 1 次效果最好。一次性收获品种应在 80％ 左右的豆荚成熟时及时收获。收获过早，成熟的种子少、秕粒增多，影响产量和品质；收获过迟，则成熟早的荚果容易开裂，造成损失。特别是在高温条件下，豆荚容易爆裂，所以应在上午露水未干或傍晚时收获。收获的豆荚应及时晾晒、脱粒、清洗后贮藏于冷凉干燥处。

二、与经济作物间套作

（一）马铃薯与大豆间套作

大豆是一种既能通过根瘤固氮、培肥地力，又能抗旱保墒的集粮、经、饲和加工原料于一身的重要作物。调查发现，该地区农民虽有种植大豆的经验和习惯，但以净作、间作为主；由于净作大豆比较效益低、间作大豆产量低等问题，大豆种植面积正日益减少；鉴于陕北马铃薯发展中存在的问题及大豆发展的迫切需要，提出了"马铃薯套作大豆"的发展新思路，马铃薯/大豆模式充分利用马铃薯和大豆两种作物在光、热、水、肥上的空间生态位和时间生态位上的差异，既能促进陕北地区主要粮食作物马铃薯高产，又能增种一季大豆，提高了资源利用效率和土地生产率，增加了农民收入，实现了资源的可持续利用和农业的可持续发展。

1. 选地整地

（1）选地。马铃薯间作大豆地块应选择地势平坦、土层深厚、通气性好的地块，前茬最好是玉米、谷子等禾本科作物，不可和豆类、茄科蔬菜、大白菜等作物连作。

（2）整地。深翻 25～30 厘米，然后旋耕，增强通气性，提高土壤的蓄水、保肥和抗旱能力。整地要做到地平、土碎、墒好、无杂草。

2. 播种

（1）马铃薯种薯处理。种薯切块前进行催芽和散射光处理。催芽温度为 18～22 ℃，当薯块芽长 5～10 毫米时将薯块取出放到 10～15 ℃有散射光的室内进行绿化处理，提高芽的抗性。种薯的切块要在播种前 2～3 天进行，切块时要将顶芽一分为二，切块应为楔形，不要成条状或片状，每个切块应含有 1～2 个芽眼，平均单块重 35～50 克，切块时注意切刀消毒。切好的薯块，进行药剂拌种后方可播种。

（2）大豆种子处理。将大豆种子用大豆清选机按照预先清选→精选分级→药物处理→包装等程序进行筛选待种。

（3）规格与模式。

① 1 米//1 米模式。马铃薯、大豆采用 1：1 等幅种植，1 米幅内种植 2 行马铃薯，马铃薯起垄栽培，垄底宽 100 厘米，垄面宽 80 厘米，垄高 15～25 厘米，大豆 1 幅内平种 2 行。马铃薯垄上行距 60 厘米，株距 20～22 厘米，每亩种植密度为 3 000～3 500 株；大豆垄沟种植行距 60 厘米，株距 8～10 厘米，每亩种植密度 6 000～7 000 株。

② 1 米//0.5 米模式。2 行马铃薯套种 2 行大豆。马铃薯起垄栽培，垄底宽 100 厘米，垄面宽 80 厘米，垄高 15～25 厘米，大豆垄沟平种 2 行。马铃薯垄上行距 65 厘米，株距 28 厘米，每亩种植密度为 3 000～3 200 株；大豆垄沟种植行距 30 厘米，株距 10～13 厘米，每亩种植密度 7 000～9 000 株。

③ 1.2 米//0.3 米模式。2 行马铃薯套种 1 行大豆。马铃薯起垄栽培，垄底宽 120 厘米，垄面宽 80 厘米，垄高 15～25 厘米，大豆垄沟平种 1 行。马铃薯垄上行距 80 厘米，株距

28 厘米，每亩种植密度为 3 200 株；大豆垄沟种植，株距 13～15 厘米，每亩种植密度 6 000～7 000 株。

④ 1 米//0.3 米模式。2 行马铃薯套种 1 行大豆。马铃薯起垄栽培，垄底宽 100 厘米，垄面宽 80 厘米，垄高 15～25 厘米。马铃薯垄上行距 60 厘米，株距 32 厘米，每亩种植密度为 3 200 株；大豆垄沟种植，株距 13～15 厘米，每亩种植密度 7 000～8 000 株。

3. 田间管理

(1) 马铃薯管理。①出苗期锄松表土，提高地温兼有锄草及保墒作用，使出苗迅速整齐。②幼苗期查苗补苗，苗出齐后，进行中耕锄草，疏松土壤，做到"早、勤、深"。③现蕾期促地上带地下，喷洒 0.01%～0.10% 的矮壮素，先控肥水、后加强。④生长后期要促下控上，用 1%～5% 的过磷酸钙和 0.02% 的硫酸钾混合液进行叶面喷施，防止叶片早衰，促进有机物质转化、运输和积累。

(2) 大豆管理。①间定苗。本着"早间苗，匀留苗，留壮苗，剔除小苗、弱苗和病苗，适时定苗"的原则，按预定留苗数拔去多余苗、剔除弱苗和病苗。②查苗补苗。及时查苗，有缺苗断垄时，可用温水浸泡或催芽的种子进行补种，如苗长大时仍有缺苗，则移苗移栽，确保全苗。③中耕、培土。中耕除草一般进行两次，第一次在定苗后进行，第二次在大豆初花期（封垄前）结合培土进行。

4. 病虫害防治

(1) 马铃薯虫、病、草害防治。马铃薯病虫草害防治参照第五章。

(2) 大豆草害防除和虫害防治。

① 草害防除。在苗期 5～6 叶、阔叶杂草 3～4 叶期每亩选用 25% 氟磺胺草醚水剂 80～100 克在大豆行定向喷施，或大豆真叶 1 片复叶期施用 75% 噻吩磺隆可湿性粉剂 0.7～1 克，在齐苗后和封垄前可用人工或机械进行中耕，封垄后，人工及时拔除大草。

② 虫害防治。蚜虫用 10% 吡虫啉可湿性粉剂 10～20 克，兑水 30～60 千克喷雾防治；豆芫菁、大豆食心虫、豆荚螟用 1% 阿维菌素乳油 2 000～3 000 倍稀释液喷雾防治 2～3 次。

5. 适时收获　马铃薯块茎停止生长，即 2/3 的叶片变黄，植株开始枯萎时及时收获；大豆在黄熟期收获。大豆落黄后，籽粒滚圆，摇动植株有"哗啦啦"的响声时即可收获。

（二）马铃薯与向日葵间套作

向日葵与马铃薯间作属高矮秆间作，马铃薯矮秆空间就成为向日葵高秆的通风道，使向日葵行间风速增加，空气湿度降低，病害减轻，并增加了 CO_2 的供应，因而增强了光合作用强度，能够充分发挥向日葵的增产潜力，提高单位面积产量。向日葵与马铃薯间作已较普遍，这种葵薯间作的形式不仅可以提高向日葵的产量，还能起到用地和养地相结合的作用。在中国北方的半干旱、轻盐碱地区，向日葵栽培面积日益扩大，迫切需要不断提高单位面积产量和土壤肥力，葵薯间作是一项比较成功的经验。

1. 选地整地

(1) 选地。选择土壤熟化，土层深厚的壤土或沙壤土，地势较高，盐碱较轻，排灌方便，土壤肥沃，且 3 年内未种过向日葵、马铃薯等茄科作物的田块，严禁重茬或迎茬。马铃薯的前茬以谷子、麦类、玉米为最好，其次是高粱、大豆，而以胡麻、甜菜、甘蓝等作物为差。在菜田里，最好的前茬是葱、蒜、芹菜、胡萝卜、萝卜等，而番茄、茄子、辣椒等，因为与马铃薯同属茄科，与马铃薯感染共同病害，不宜作为马铃薯的前茬。

（2）**整地**。在秋季耕翻、灌足冬水的基础上，翌年 2 月下旬至 3 月上旬根据土壤状况和气候条件适时耙糖保墒，坷垃较大的田块需进行镇压，做到田平土碎，疏松墒足。马铃薯是喜钾作物，且需肥量大，在施肥上应遵循"重施基肥，增施钾肥，氮、磷、钾搭配"的原则。结合整地每亩田秋施优质腐熟农家肥 3 000 千克、尿素 25 千克、磷酸氢二铵 30 千克，春施硫酸钾 20 千克。早熟马铃薯基肥一次施足，一般不追肥。整地起垄时，每亩用辛硫磷颗粒剂 2 千克撒施于田面，边施边起垄可有效防治地下害虫危害。

（3）**开沟起垄栽培**。在垄面或平地用小锄（或小木犁）开沟，然后播种，边播种边覆土起垄，覆土深度 6～8 厘米，当一垄播完后及时覆膜。出苗后注意及时破膜放苗，这种方法保墒增温效果好，出苗快而整齐，适用于土温较低，播种早，墒情不足的田块。

（4）**起垄打洞栽培**。起垄打洞栽培有宽垄种植和窄垄种植两种。垄面宽 60 厘米，垄沟 50 厘米，垄高 15～20 厘米，每垄种 2 行，行距 35 厘米，穴距 25 厘米，播深 6～8 厘米，用 90 厘米幅宽微膜覆盖。

2. 播种

（1）**马铃薯播前种子处理**。

① 种薯选择。种薯应选择无病、无腐烂、无冻害、无伤痕、大小均匀、无退化的健壮薯块作种薯。采用小种薯（<50 克）播种，既防病、保苗、避免伤口感染，又省工、齐苗快、根系发达、生长旺盛。

② 催芽。一般将种薯选好后，放到温暖的室内，室温维持在 10～20 ℃，待芽眼刚刚萌动或幼芽冒出时，即可切块播种，一般催芽时间 10～15 天。

③ 切块。播种前 1 天进行切块，每个切块重 35～50 克，上面带 1～2 个正常芽眼。切块过程中，及时淘汰病薯，并用 75% 乙醇对切刀进行消毒。薯块切好后晾晒 12 小时，然后用草木灰拌种，可促进伤口愈合，并兼有施钾肥的效果，堆放 1 天后即可播种。

（2）**向日葵播前种子处理**。向日葵选择饱满的种子，其纯度和净度在 90% 以上。把选出的种子放入筛子中，再放到水里用笤帚刷洗，洗去种子表面黏着的病原菌，并采用药剂拌种。

3. 田间管理

（1）**中耕除草及苗期管理**。在播后覆盖地膜前每亩用 33% 二甲戊灵乳油 200 毫升兑水 30 千克，均匀喷洒畦面，然后用钉耙耙土，耙深 3～5 厘米后覆地膜，可有效防治和清除一年生杂草。4 月下旬在马铃薯出苗至 5 月下旬现蕾时进行 2 次中耕培土，以疏松土壤，除净杂草，增加垄沟深度，防止灌水时水漫过垄面，也有利于马铃薯块茎的形成和膨大，最后一次培土时，用土覆盖畦面地膜，防止土温过高影响结薯，同时防止马铃薯块茎顶出膜面见光变绿影响品质。

破膜引苗：播种后要经常检查，出苗时应及时选择无风晴天进行破膜挪出幼苗，破口不可过大，使苗露出膜外即可，然后用湿土封严膜四周，以利于防风、保湿、保温。

（2）**追肥灌水**。马铃薯在现蕾开花期对水分、营养要求较多，春种马铃薯一般在 5 月下旬现蕾开花，地上部茎叶基本封闭畦面，地下部块茎开始形成，要结合灌水每亩追施尿素 15～20 千克、磷酸氢二铵 20 千克，灌水宜在清晨或傍晚进行，切忌大水漫过畦面。6 月上中旬进行叶面追肥，用 1% 硫酸钾和 0.1%～0.2% 磷酸二氢钾交替喷 2～3 次。6 月中下旬要保持土壤湿润，促进块茎膨大，收获前一周停止灌水，以防止块茎含水量过大影响品质和贮藏。现蕾初期至开花期植株生长旺盛时用15％多效唑可湿性粉剂100～200毫升/升或0.1％矮壮素喷雾，以抑制马铃薯地上茎叶生长，或在开花前5～7天，每亩用膨大素1包（10克）兑水20千克，对叶面进行喷雾，促进生殖生长。

当向日葵幼苗两片子叶完全展开以后间苗，苗高5厘米左右时定苗。定苗前松土除草，定苗后中耕培土。敌百虫拌成毒谷撒在地里诱杀，防治黑绒金龟。用代森锌防治向日葵锈病。拔节中期，每亩施硝酸铵20千克，挖穴深施。距植株10厘米远处挖坑，坑深15厘米，施入收获后，结合中耕进行高培土，以防止倒伏。开花以后，长出的小分枝要及时打掉，以减少营养损耗。

4. 收获 早熟马铃薯从出苗至收获需60～70天，正常生长条件下叶片变黄即可收获。7月上旬马铃薯开始成熟，向日葵生长进入盛期，应及时收获马铃薯，最迟不能超过7月中旬，有利于向日葵后期管理和生长。向日葵至9月下旬开始成熟且对收获期要求较为严格，一般在正常成熟期里收获仅损失1.4％，如果延迟5天收获，损失则达4.2％。当花盘背面已变成黄色，植株茎秆变黄，大部分叶片枯黄脱落，托叶变为褐色，舌状花脱落，籽粒变硬并呈本品种的色泽时，要及时收获。也可在向日葵花期后36天左右开始收获，此时可塑性物质已不增加，种子含水量已降到30％以下。

三、与果树间套作

（一）苹果树下间作马铃薯

选择幼树或已结实的低龄树，尤其是1～3年新栽苹果树，正处于定干培养期和修剪定型期，不宜间作套种高秆作物，适宜间作套种豆类、小麦、薯类、花生等矮秆作物。种植马铃薯可缓解果园前期投入高、产出低的矛盾，是果农比较容易接受的一项间作套种技术。

1. 通风透光条件 马铃薯喜阴凉，特别是结薯期，要求短日照，日照时间以11～13小时为宜，地温15～18℃最为有利。当地温超过25℃时，块茎膨大缓慢；当地温超过29℃时，块茎停止膨大。因此，在果树行间种植马铃薯，马铃薯通风、透光不受影响，反而果树的遮蔽对马铃薯块茎膨大有促进作用。

2. 间作方式 苹果树下间作马铃薯的种植方式有垄作与平作两种。垄作的主要优点是土层深厚，增加了马铃薯结薯层，且有肥料集中利用、排涝和防止水土流失的作用；缺点是北方春旱严重，无灌溉条件时，不利于出苗或幼苗生长不良。平作覆土较浅，有利于马铃薯出苗整齐一致，但雨季易形成径流，且马铃薯结薯层薄，块茎容易"青头"。因此，一般水肥条件好的地块或覆膜栽培时采用垄作栽培，水肥条件较差的地块上栽培时采用平作栽培。

3. 间作规格和模式 一是受果园地势的影响。一般行距4～5米的两行果树之间，向阳地果园种植马铃薯时给果树留1米营养带即可，马铃薯边行距果树50厘米左右；而背阴地果园，要留足1.2～1.5米营养带，即马铃薯边行距果树60～75厘米。二是受果园水肥条件影响。水肥条件好的果园，行间马铃薯一般覆盖地膜，且马铃薯密度大；水肥条件差的果园，行间马铃薯一般露地平作，且种植密度较小。三是受苹果树树龄影响。以地膜覆盖栽培为例，1～3年生果园马铃薯边行距果树50厘米，行间种植6～8行马铃薯；而4～5年生果园马铃薯边行距果树75～80厘米，行间种植4～6行马铃薯。

4. 马铃薯播种时期 当 10 厘米地温稳定在 7~8 ℃时，即可播种马铃薯，可根据栽培条件和经济用途调整播种期。以陕北地区为例，地膜覆盖条件下，为了提早上市，尽量种植早熟品种，在 4 月上中旬播种。

5. 播种密度 种植密度根据果园水肥条件和马铃薯品种熟性而异，高水肥条件下早熟品种每亩 3 000~3 500 株，中熟品种每亩 2 500~3 000 株；水肥条件差时，早熟品种每亩 2 500~3 000 株，中熟品种每亩 2 000~2 500 株。

6. 田间管理

(1) 苹果树管理。苹果树形宜采用细长纺锤形。幼树期冬季轻剪、长放、疏枝相结合。进入结果期后，以中、小枝组结果为主，对细弱枝组要及时更新复壮。因定植 5 年后果园不宜再间作马铃薯，所以下面只介绍定植 1~5 年的修剪管理。

① 定植当年的修剪。定植当年夏季，对中干顶部 1/4 区段的侧梢长至 10~12 厘米时摘心（及时疏除竞争枝），长至 10~12 厘米时再摘心。将中干牢牢固定在支架上，定植时或 7 月底至 8 月上旬将下部 4~5 个分枝拉至水平以下（110°左右）诱导成花。优质苗木通常带有很多花芽，在定植当年就可以开花结果。

② 定植第 2 年的修剪。定植当年冬季和翌年春天萌动前，对中干、分枝都不短截，疏除竞争枝、角度小的侧枝、直径超过着生部位中干 1/2 的侧枝，以及长度超过 60 厘米的侧枝（牢记"大枝形成大树"），疏枝时要留斜茬（抬剪修剪），以便以大枝换小枝。苗木生长较弱时，可以对中央干进行轻短截，注意控制竞争枝。继续拉枝，拉枝角度 90°~110°，个别可以达到 120°。第 2 年必须让树结果，早结果是控制幼树旺长的最好途径。

③ 定植后 3~5 年的修剪。第 3 年树体已达到 3.5 米的预定高度，应该让树体顶部结果，使其弯曲。顶部弯曲后回缩至较弱的结果分枝处，以控制树高。去除直径超过 2 厘米或长度超过 90 厘米的侧枝，将老的、过分下垂的侧枝回缩至弱的结果分枝处。

(2) 马铃薯管理。

① 施肥。马铃薯生长除需要 N、P、K 等大量元素外，还需要 Ca、Mg、S、Fe、Zn、Mn 等中微量元素，这与苹果需肥有共同之处。因此，马铃薯施肥还可以为苹果生长提供营养元素。马铃薯生长前期以地上部营养生长为主，要重施基肥，亩施充分腐熟的农家肥 2 000 千克左右，尿素 30 千克、磷酸氢二铵 30 千克、硫酸钾 10 千克。马铃薯开花后转入地下部结薯，所以进入现蕾期后就开始追肥，亩追施尿素 15 千克、硝酸钾 15 千克、硫酸锌 1 千克、硫酸亚铁 1 千克，分次随水追入。

② 防病治虫除草。苹果轮纹病、白粉病、炭疽病和马铃薯晚疫病、早疫病都是真菌性病害，所以在马铃薯开花期防治疫病时要用广谱性、低毒、高效的杀菌剂，如代森锰锌、丙森锌、苯醚甲环唑、精甲霜灵、嘧菌酯、噁霜灵等药剂喷雾防治，能兼防部分苹果病害，为了避免病害产生抗药性，要几种交叉使用，用药间隔时间 7~10 天。

苹果园残枝败叶较多，利于害虫越冬，易发生地下害虫危害。果园里地下害虫和蚜虫危害较为严重。种植马铃薯防治地下害虫时，每亩用 10% 二嗪磷颗粒剂 0.5 千克或 8% 克百威·烯唑醇颗粒剂 1 千克，拌毒土或毒沙（20 千克左右）撒施，然后翻入土中；或在播种时进行穴施、沟施；或在马铃薯生长期撒施于地表，然后用耙子混于土壤内即可。防治蚜虫可用 10% 吡虫啉可湿性粉剂 2 000~3 000 倍液，或 5% 抗蚜威可湿性粉剂 1 000~2 000 倍液喷雾防治。

7. 收获

(1) **马铃薯适时收获**。当田间大部分植株茎叶变黄枯萎，块茎停止膨大时即可收获。收获时应尽量避免阳光照射，并按市场需求标准分级（或不分级）整理包装。

(2) **苹果适时收获**。要根据果实处理目的不同进行采收，对于供给当地鲜食的，可在果实充分成熟时采收；对需要长途运输销售的要早采收；对于有冷藏条件的可以适当晚收；对于用作长期贮藏的需在适度成熟时采收。

（二）梨树下间作马铃薯

1. 树龄选择 梨树间作马铃薯时，选择幼树或已结实的低龄树，一般要求树龄在5年之内，其中以1～3年为最好。梨树树冠距离地面为70～80厘米，马铃薯株高一般50～60厘米。因此，在幼龄梨园间作马铃薯具有良好的通风透光效果，可以充分利用梨园空间，梨树与马铃薯两者之间互不影响。北方地区的果园土壤多为沙壤土，很适合马铃薯生长，因此在幼龄梨园间作马铃薯是发展山区立体农业的好模式。

2. 马铃薯土壤选择及处理 马铃薯生长需要15～20厘米的疏松土层，因此种植马铃薯的地块最好选择地势平坦，有灌溉条件，且排水良好、耕层深厚、疏松的沙壤土。前作收获后或整地前，要进行深耕细耙，深度25～30厘米。深耕可使土壤疏松、通透性好，消灭杂草，提高土壤的蓄水、保肥能力，有利于根系的发育和块茎的膨大。整地时一定要将大的土块破碎，使土壤颗粒大小适中。如果施用有机肥，可以整地时施入并混合均匀。当用化肥作基肥，而且施用量较大时，可在整地时施入，或者在播种时将肥料集中施在播种沟内或播种穴内。

3. 间作规格和模式 主要受梨树树龄影响，一般行距4～5米的两行梨树之间，1～3年生梨园，马铃薯距梨树留50厘米，行间种植5～6行马铃薯，随着梨树树冠扩大逐年缩小马铃薯用地，一般5年以上梨园不再间作马铃薯等其他农作物。

4. 栽培方式 梨园间作马铃薯采用地膜覆盖。刘青山（2009）介绍，在辽宁省建平县，梨树间作马铃薯时，行间空地地膜覆盖栽植马铃薯，播种密度为垄宽100厘米，播2行，小行距30厘米，穴距25厘米，播种后及时覆盖地膜。铁征（2009）介绍，在青海省尖扎县，梨树间作马铃薯，行间2.5米种植马铃薯，按80厘米起垄，种植3行马铃薯，垄高20～25厘米，全膜覆盖栽培，降水量不仅可以满足马铃薯生长需要，多余水分还可通过地膜集蓄到梨树根部被利用。

5. 田间管理

(1) **梨树管理**。梨树幼树的管理主要是施肥、灌水、修剪、防治病虫害。

① 施肥。施肥在每年的5月上旬梨幼树新梢生长旺期前进行，株施N、P、K配比为2：1：1的果树专用肥0.1～0.2千克；8月下旬施入有机肥，1～3年生每株施25～50千克，4～5年生每株施50～100千克，并结合施肥及时灌水和中耕除草。

② 灌水。一年应灌水4次，梨树萌芽前灌催芽水，开花后灌促果水，花芽分化期灌促花芽分化水，落叶后灌封冻水。

③ 修剪。梨树幼树修剪以简化冬剪、强化夏剪为主。冬剪于3月底前完成，主要是对中心干、各主枝进行短截；夏剪主要是对各主枝进行以拉枝为主的开张角度，配以摘心、扭梢、喷施植物生长调节剂等技术措施，促其及早成花结果。

④ 防治病虫害。梨树萌芽前喷施1次5波美度石硫合剂，5月下旬至6月上旬喷施

70％甲基硫菌灵可湿性粉剂 600～800 倍液 1～2 次，防治早期落叶病；5 月下旬至 6 月上旬是梨茎蜂、天幕毛虫、蚜虫危害盛期，每隔 20 天喷 1 次 50％辛硫磷乳油 1 000 倍液进行防治，共喷 2～3 次。

（2）马铃薯管理。主要有中耕、追肥、灌水等。水地栽培时，苗齐后结合中耕、培土进行第一次追肥，每亩追尿素 15 千克；现蕾期进行第二次追肥，每亩追尿素和硫酸钾各 10 千克。追肥时以沟施为主，若有喷灌、滴灌等设施，肥料也可通过根外追肥的方法施入。旱地栽培时，现蕾开花期进行两次中耕除草，结合降雨每亩追尿素 15 千克、硫酸钾 15 千克，并进行培土，起低垄（5 厘米左右），增加结薯层。有灌溉条件时，在团棵期、现蕾期、开花期等需水关键期进行灌水，灌溉方式最好用滴灌，不仅省水，而且可实现水肥一体化施用。在马铃薯生长过程中，注意病虫害防治。

6. 收获

（1）马铃薯收获时期和方法。一般来说，当马铃薯植株达到生理成熟期就可以收获了。生理成熟期的标志是：大部分茎叶由绿转黄，直到枯萎，块茎停止膨大，易与植株脱离。收获时期的确定除了要考虑植株的成熟期外，还需要考虑品种的用途、市场的需要等。为了保证收获的质量、提高商品薯率和经济效益，需要考虑与收获相关的技术，例如提高块茎表面的成熟度，减少收获、运输和贮藏过程中的机械损失（擦伤）。此外，收获前准备好各种物品并联系好马铃薯的销路也很重要。

（2）梨的收获时期和方法。确定何时采收主要根据果实的成熟度。采收过早，果实尚未成熟，不仅产量低、品质差，而且不耐贮藏。采收过晚，果肉衰老快，更不耐贮运。确定果实成熟度时，通常根据果皮颜色、果肉颜色、味道及种子颜色。绿色品种的果皮当绿色逐渐减弱，变成绿白色（如砀山酥梨）或绿黄色（如鸭梨）、果实中的种子变褐、果肉具有芳香、果梗与果台容易脱离时，表明果实已经成熟。黄色品种和褐色品种的梨，如果表面铜绿色或绿褐色的底色出现黄色或黄褐色、果梗与果肉容易脱落时，表示已到采收适期；如果果面变成浓黄色或半透明黄色，则表示果实已经过熟。对于西洋梨来说，采收后果实需经一定时间的后熟过程，待果肉变软后才能食用。因此，不能等在树上完全成熟以后再采收，应在成熟前采收。

（三）核桃树下间作马铃薯

近年来，山西吕梁和陕西将核桃作为乡村振兴的重要产业来抓，核桃种植面积不断扩大。以榆林市为例，2017 年全市核桃栽植面积达到 36 万亩，核桃树进入盛果期需要 7～8 年，而幼龄期核桃树矮小、株距大，选择合适的间作农作物以增加幼龄核桃园收入就显得非常必要。核桃树下间作马铃薯等矮秆作物，能保证核桃的优质、高产、高效。

近年来，随着果树高光效修剪和栽培技术的示范、推广，核桃提倡稀植，一般株行距为 3 米×5 米，间作时马铃薯要留 60～80 厘米保护带，防止对核桃树生长造成影响。马铃薯提倡大小行栽培，大行 60 厘米、小行 40 厘米，株距 35 厘米左右。采用地膜覆盖栽培时，以 1 米为一带起垄覆盖地膜，垄宽 60 厘米，垄两边打孔播种，一膜双行，行距 40 厘米，播深 6～8 厘米，一般每亩种植密度 3 000 株左右。

四、与蔬菜作物间套作

马铃薯与蔬菜的套种可提高养分的利用效率和改善土壤质地，减少化学肥料投入，例如油菜的秸秆还田可以提供一定量的营养物质。间套作种植能够促进植物根系发育，改善土壤化学性质，提高微生物活性和土壤中一些营养元素的含量，提升一些营养元素在土壤中的转化和转移，从而提高肥料的吸收和利用效率。

马铃薯与蔬菜间套作，要选用正确的种植模式和栽培方式，品种搭配要适宜，尽可能缩短与其他作物的共生期，缓解两作物共生期间光、水、肥及栽培管理等矛盾。马铃薯与蔬菜套种能充分利用时间和空间，提高对土地、光能的利用率，增大两者的边际效应。各种间套作物种植规格和模式如下：

1. 马铃薯套种西葫芦　选择土壤肥沃、土地平整、灌水方便的地块起垄开沟，垄宽80厘米，沟宽40厘米，沟深20～25厘米，结合起垄集中施入腐熟优质农家肥、磷酸二氢铵、油渣，将垄埂整平拍实。西葫芦直播于垄面两侧，"丁"字形交错点播，每穴2～3粒种子，覆土厚1～2厘米，播种后顺垄覆膜，并搭小拱棚。灌水后将水口处覆土压严。马铃薯于5月上中旬破膜点播在垄面两侧靠近西葫芦的地方，适时去除小拱棚。

2. 马铃薯大豆白菜套种　马铃薯采用单行垄播，播后起垄覆膜覆土。大豆适宜于4月下旬至5月上旬人工播种。大豆种植在垄沟半坡上，隔一沟种两行，株距10厘米（宽窄行种植，宽行1.4米，窄行0.2米）。播种不宜过深，一般以3～5厘米为宜。马铃薯收获后，大豆宽行中间直播一行大白菜。

3. 马铃薯西瓜白菜套种　种植西瓜前，施加一定量的化肥或有机肥，然后划线、开沟、起垄、覆地膜并向沟内灌水，然后按照一定株距进行点种，每穴2粒种子，点种后覆土。播种后在灌水沟上用长竹板或弓条搭建小拱棚，待西瓜长至8～10片叶时，拆除小拱棚，在靠垄坡开沟（沟内可适当撒施磷肥）播种马铃薯。西瓜成熟收获前，在相邻两瓜苗点种穴的中间再点种大白菜，或移栽菜花苗。

4. 马铃薯白菜玉米套种　要选择土层深厚、抗旱抗涝、排水良好的沙壤土或壤土，以利于马铃薯块茎膨大生长。马铃薯的地块要深耕，一般不能浅于25厘米。实行垄作栽培，垄上栽2行马铃薯，行距50厘米，每亩保苗4 500～5 000株。垄沟底种1行玉米，株距10～15厘米，每亩保苗4 500株，玉米距马铃薯35厘米。马铃薯采取地膜覆盖可使其提早上市。播种时，防止播种过浅薯块膨大露出地表，颜色变绿，影响商品性。玉米在垄间沟底种植。下茬白菜在玉米的行间套种，在田间留出的育苗地进行育苗，在玉米收获前移栽套种于玉米行间。

5. 马铃薯与糯玉米间作　为解决糯玉米遮光问题，可采用行比为2∶2的种植方式，即马铃薯和玉米各两行。对于高秆玉米可用3∶2种植方式，即三行玉米两行马铃薯。马铃薯收获时又可将残株壅于玉米的根部，增加玉米的肥料来源，同时还可减轻病虫害。两者套种隔离种植，由于根系对病菌侵染的障碍作用，可使马铃薯对细菌性枯萎病的感染率明显减少，块茎遭地下害虫咬食率减轻，可明显减少水、土、肥流失。

第三节　特色栽培

一、双膜覆盖栽培

陕北地区光照充足，但无霜期短，大田农作物一年一熟。李建红等（2017）详细介绍了榆林市马铃薯双膜覆盖栽培技术，2019年榆林市农业科学研究院主持编写了《马铃薯双膜覆盖栽培技术规范》，并于 2019 年 4 月 28 日经由榆林市市场监督管理局发布为榆林市技术规范。该项技术在马铃薯收获后还可种植番茄、辣椒、萝卜等蔬菜作物，实现了一年两熟，增加了农民经济收入。

（一）栽培技术要点

1. 选地、整地与种薯处理　选择土层深厚、结构疏松、肥力上中等、排灌条件好的黄绵土和沙壤土地块，马铃薯忌重茬，所以选择玉米、小麦等禾谷类作物和豆科作物进行轮作。秋季要深耕，增加活土层，蓄水蓄肥。一般深度 20～25 厘米，能充分接纳秋冬雨水，为马铃薯提供良好的生长环境。播种前，结合深耕每亩施农家肥 3 000 千克，尿素 25 千克，磷酸氢二铵 15 千克，硫酸钾 10 千克作为基肥一次性施入，同时施用辛硫磷颗粒剂 1 千克，防治地下害虫。

选用生育期 60～95 天的中早熟品种，如费乌瑞它、中薯 5 号、早大白、希森 6 号和冀张薯 12 等，为了保证产量，选择脱毒原种和一级种。播前要催芽，种薯在温室中将温度控制为 15～20 ℃，散光，并隔 5～6 天翻动 1 次，以保证出芽的均匀性。等大部分薯芽萌动后，切块或整薯播种，切块时要剔除病烂薯，用 5％高锰酸钾溶液浸泡切刀 1～2 分钟消毒，每块保证 1～2 个萌动芽，单块重 35～50 克。切好的薯块用滑石粉和甲基硫菌灵或多菌灵拌种（1 千克种薯用滑石粉 15 克、甲基硫菌灵或多菌灵 0.4～0.5 克），既防止种薯感染病菌腐烂，又促进形成愈伤组织，减少水分流失。

2. 扣棚、覆膜与播种　2 月底至 3 月上旬扣棚，大棚为组装式钢管大棚，一般高 2.2～2.5 米，宽 8～12 米，长 50～60 米，便于小型机械操作。3 月中旬开始起垄播种，一垄一沟宽 1.2 米，垄底宽 80 厘米，垄沟底宽 40 厘米，垄高 12～15 厘米，每垄种 2 行，垄上行距 40 厘米，株距 28 厘米，播种深度为 8～10 厘米，每亩保苗 4 000 株左右。播后每亩用 33％二甲戊灵乳油 150～200 毫升兑水 40～50 千克均匀喷在垄面上，然后用规格 900 毫米×0.01 毫米的地膜进行覆盖。

3. 及时放苗与水肥管理　播种后温度较低，要加强闭棚保温促进出苗，出苗期晴天中午温度过高时适当通风，防止烧芽，出苗后及时破膜放苗培土。放苗时间以上午 11 时前和下午 4 时后为宜。放苗破孔不宜太大，随即用湿土封住孔口保墒。苗齐后开始追肥，采用垄两侧打孔追肥的方式，每亩追尿素 15 千克，现蕾期每亩追尿素 15 千克、每亩追硫酸钾 10 千克。整个生育期间共需追肥 2 次，灌水 3～5 次，除结合追肥灌水外，视天气和土壤墒情而定，以保持土壤湿润为宜。进入 4 月下旬，中午棚内温度可达 30 ℃以上，要加大放风，将棚内温度严格控制在 15～25 ℃。

4. 病虫草害防治　参照第五章防治内容。

5. 适时收获　6 月下旬至 7 月上旬正是陕北马铃薯鲜薯供应断档期，对已长大薯块要适时采收，分级整理上市，高价出售。

（二）经济效益分析

双膜覆盖马铃薯 6 月下旬至 7 月上旬上市，这时市场上缺乏新鲜的马铃薯，较当地露地种植的早熟马铃薯提前上市 30～40 天，以产量每亩 2 500 千克、销售价 3.0 元/千克、产值每亩可达 7 500 元。马铃薯收获后还可以种植一茬番茄或辣椒，以番茄为例，通过秋延后，番茄可推迟上市 40 天左右，以产量每亩 4 500 千克、销售价 1.6 元/千克计，产值每亩可达 7 200 元。两者产值合计每亩 14 700 元。双膜马铃薯及复种辣椒或番茄既可以产生较高的经济效益又可以补给市场的不足，促进了蔬菜供应平衡，社会效益显著。

（三）分析与讨论

陕北地区秋季多雨，露地马铃薯容易发生晚疫病，会造成马铃薯严重减产。但是双膜马铃薯生长季节提前，整个生产季节雨水较少，不易导致疫病的发生，不会影响马铃薯的产量。马铃薯和番茄、辣椒都是茄科作物，所以在定植番茄和辣椒时，要适当多施有机农家肥，可以提高抗重茬作用，再结合加强肥水管理，加强药剂使用以预防病害，才能获得较高的产量效益。

二、膜下滴灌栽培

膜下滴灌是将覆膜种植技术与滴灌技术相结合的一种高效节水灌溉技术，滴灌利用管道系统供水，使灌溉水成滴状，缓慢、均匀、定时、定量地浸润作物根系发育区域，使作物主要根系区的土壤始终保持在最优含水状态，地膜覆盖则进一步减少了作物棵间水分的蒸发，通常可节省灌水量50%～60%、节肥40%左右。在同类生态区域，内蒙古自治区农牧业科学院程玉臣等（2015）、呼和浩特市农业技术推广中心刘先芬等（2014）、内蒙古乌兰察布市农发办白虎等（2011）、甘肃农垦永昌农场有限公司雷靖（2017）详细介绍过该项技术，对充分利用有限的水资源扩大马铃薯种植规模、确保农民增收、农业增效和粮食安全具有重要作用。

（一）滴灌系统配置

1. 滴灌首部系统配置 ①水泵。当水源为河流和水库水，一般选用离心泵，水质较差时，需建沉淀池。水源为机井时，一般选用潜水泵。②过滤设备。过滤设备有离心过滤器、筛网过滤器和叠片过滤器，各种过滤器可以在首部枢纽中单独使用，也可以根据水质情况及滴头抗堵塞能力组合使用。③施肥装置。使用注入式施肥装置，根据设计流量和灌溉面积的大小、肥料的类型确定肥料的施入量。④控制设备。马铃薯滴灌常用的控制设备有闸阀、球阀和给水栓。⑤量测设备。量测设备主要有压力表、水表和流量计。⑥保护设备。常用的保护设备有排气阀、安全阀、调压装置、逆止阀和排水阀，用来保护滴灌系统安全运行。

2. 支管的配置 支管采用薄壁PE管。根据地形、地块及水源井出水量大小不同，可双向或单向布置支管。按照轮灌组的划分，支管上应安装阀门，一般采用塑料球阀，管径与支管相同。

3. 毛管（滴灌带）的配置 马铃薯膜下滴灌宜采用内镶贴片式滴灌带，滴头流量应根据土壤类型、种植模式、灌水器水力特性综合选择。沙性土壤滴头流量≥2.5升/时，黏性土壤滴头流量≤2.0升/时，但滴头滴水强度应小于土壤入渗速度。

（二）播前准备

1. 选地 选择有灌溉条件、地形平坦（<5°）、土层深厚、土壤疏松、通透性好的轻质壤土或沙壤土，土壤pH 5.5～8.5，不得连作，也不宜与茄科和块根块茎类作物轮作，适宜与禾本科和豆科作物轮作，提倡与苜蓿等多年生牧草轮作。

2. 整地 深耕应在前作收获后及早进行，耕深25厘米以上，随即精细整地、耙糖保墒。

3. 施肥 结合深耕每亩施用腐熟的农家肥2 000千克或商品有机肥200千克左右，马铃薯专用复合肥或尿素、硫酸氢铵、磷酸氢二铵、硫酸钾、氯化钾等化学肥料（养分总含量：N 6～9 千克、P_2O_5 9～12 千克、K_2O 8～10 千克），可根据地力情况调整施肥量。

4. 地膜 选择幅宽 80～110 厘米，厚度 0.01 毫米的地膜。

5. 种薯选择及处理

(1) 品种及种薯选择。根据陕北地区马铃薯不同产区的自然、气候特征选择生育期适宜、优质高产、符合市场需求的品种，如费乌瑞它、希森 6 号、中薯 5 号、冀张薯 12 等。选用脱毒种薯，级别原种或一级种，用量每亩 150～200 千克。

(2) 晒种催芽。种薯出窖剔除病、虫、烂薯后，在散射光、通风、温度 18～20 ℃条件下催芽，芽长 0.2～0.5 厘米。

(3) 切种拌种。≤50 克薯块整薯直播；>50 克块茎切块，单块重 35～50 克，最少带 1 个芽，刀具用 75% 乙醇或 0.5% 高锰酸钾溶液消毒。每 100 千克切块后的种薯，用滑石粉 1 千克和 6% 春雷霉素可湿性粉剂 40 克、70% 甲基硫菌灵可湿性粉剂 40 克混合拌种，置于阴凉处晾干放置 1～5 天播种。

(三) 播种

1. 种植方式

(1) 单垄双行。早熟品种（生育期 60～80 天）适宜一垄双行、垄上覆膜、膜下滴灌的方式种植，按大小行播种，大行距 80 厘米，小行距 40 厘米，株距根据品种熟性自行调节，密度为每亩 4 000～4 500 株。

(2) 单垄单行。中熟品种（生育期 80～95 天）适宜一垄一行、垄上覆膜、膜下滴灌的方式种植，行距 90 厘米，株距根据品种熟性自行调节，密度为每亩 3 500～4 000 株。

2. 播种方法 利用机械实现播种、覆膜、铺设滴灌管一体化作业；也可先用机械覆膜、铺设滴灌管，再进行人工播种。

3. 适时播种 10 厘米地温稳定在 8～10 ℃以上进行播种，播种时间为 3 月下旬至 4 月上中旬，播种深度为 10～12 厘米。

(四) 田间管理

1. 培土 播后 15 天开始在膜上培土，应用配套培土机械培土厚度 3～5 厘米，这样马铃薯苗可直接顶破地膜出土，无需放苗。

2. 灌水、追肥 全生育期灌水 7～10 次，总灌水量为每亩 130～150 米³（视降水情况而定）。结合灌溉追施尿素和硝酸钾（养分总含量：N 每亩 10～12 千克、K_2O 每亩 12～15 千克），在苗期、现蕾期、开花期、块茎膨大期追施 7～10 次，灌溉、追肥用量可参照表 4-2。

表 4-2 各生育阶段灌溉施肥方案

（方玉川，2021）

生育阶段	尿素（千克）	硝酸钾（千克）	灌水量（米³）	次数
出苗—现蕾	5～6		30～40	2～3
现蕾—盛花	6～8	18～20	60～80	4～5
盛花—成熟	3～4	8～10	20～30	1～2
合计	14～18	26～30	110～150	7～10

注：表中使用量为每亩施肥量及灌水量。

（五）病虫害防治

按照"预防为主，综合防治"的植保方针，综合运用各种防治措施防治马铃薯病虫害，具体防治办法可参照第五章执行。

（六）收获

1. 收获期 当植株70%的茎叶由绿转为枯黄时，块茎易与植株脱离而停止膨大即可收获。可根据不同的需要，在不同时期收获，一般适宜的收获期为8月上中旬。

2. 滴灌带回收 在完成最后一次滴灌后杀秧前，拆除可重复利用的田间滴灌主管道。滴灌带要破开地膜用机械回收，盘成卷，保存好，以便第2年继续使用。不能使用的送厂家以旧换新。

3. 杀秧 在70%的茎叶枯黄或收获前7～10天机械杀秧。

4. 收获 杀秧后7～10天选择晴好天气，利用马铃薯收获机进行收获，挖掘深度要合理，过浅会增加机械损伤率，过深则会土多导致筛不净且埋薯。机械挖掘后，人工分拣装袋。

5. 地膜回收 覆膜栽培马铃薯，收获后应采用地膜回收机械进行残膜回收，防止造成土地污染和影响下茬作物播种。

三、宽垄双带栽培

马铃薯是榆林市城乡居民的重要蔬菜品种，由于气候条件和传统栽培方式的局限，产量、产值低，且供应时间多集中在每年9月至翌年4月。随着城镇居民逐年增多，人们生活水平日益提高，对"菜篮子"的多样性要求越来越高。榆林早熟马铃薯栽培采用早春地膜覆盖模式，可将马铃薯鲜薯供应期提早1～1.5个月，但以地膜覆盖单垄单行或单垄双行栽培，密度最高可达每亩5 000株，增产潜力有限。裴泽莲等（2014）针对辽西地区马铃薯种植农艺要求，提出马铃薯大垄三行机械化种植技术模式，并研制该技术模式的配套播种机具。2019年7月，辽宁省葫芦岛市南票区金星镇东新庄子村采用该模式种植的早熟马铃薯，经辽宁省农业科学院组织相关专家现场测产平均亩产达到10 822.5斤[①]，创造了辽宁省二季作区马铃薯亩产的最高纪录。在榆林市农业农村局支持下，榆林市农业科学研究院2020年开始从辽宁考察引进，集成了马铃薯宽垄双带栽培技术，采用一垄两带三行栽培，使马铃薯种植密度达到每亩6 000株左右，单产水平得到大幅提高，对提高榆林市优质商品薯的淡季供应，改善城乡"菜篮子"问题，促进农业增效和农民增收有积极作用。

（一）栽培技术要点

1. 播前准备

（1）选地。选择有灌溉条件、地形平坦（<5°）、土层深厚、土壤疏松、通透性好、无前茬除草剂危害的轻质壤土或沙壤土，土壤pH 5.5～8.5，忌连作，也不宜与茄科、块根块茎类作物轮作。地块要尽量靠近水源，这是马铃薯高产栽培的必要条件。选地过程中，必须避开上茬作物喷施过莠去津除草剂的地块，该除草剂甚至对隔年种植的马铃薯都有影响。

（2）整地。深耕要在前作收获后及早进行，耕深30厘米左右。翻、耙、压等整地作业一般在年前的秋季完成，春季3月初旋耕后保持平板状态待播。

---

① 斤为非法定计量单位，1斤＝0.5千克。——编者注

（3）**施肥**。结合深耕每亩施用农家肥 2 000～3 000 千克或商品有机肥每亩 120～150 千克、硫酸钾型复合肥每亩 50 千克（N、P_2O_5、K_2O 总含量≥45%，单元素养分含量均≥10%）、磷酸氢二铵每亩 10～15 千克作基肥，可根据土壤肥力情况调节施肥量。

（4）**灌溉**。灌溉方式为滴灌。

（5）**地膜**。选择使用幅宽 80～110 厘米，厚度为 0.01 毫米以上的地膜，优先选择全生物降解地膜。

（6）**种薯选择**。①品种选择。选择生育期 60～95 天，增产潜力较大、芽眼浅、口味好、品质优良的中早熟品种，如费乌瑞它、早大白、中薯 5 号、希森 6 号、冀张薯 12 等。②种薯选择。选用脱毒种薯，级别原种或一级种，用量为每亩 250～300 千克。

（7）**种薯处理**。①晒种催芽。播种前 15～20 天，将已通过休眠期的种薯出库（窖），置于 15 ℃左右的散射光室内，每 3～5 天翻动 1 次，当芽长 0.2～0.4 厘米时即可切种。②切种拌种。≤50 克薯块整薯直播；≥50 克以上块茎切种，刀具用 75% 乙醇或 0.5% 高锰酸钾消毒，单块重 35～50 克，带 1～2 个芽。近几年受倒春寒天气影响，马铃薯茎基腐病普遍发生，轻者开花后植株逐渐萎缩，薯块个头较小，产量和商品性较差，严重地块出苗后陆续发病萎蔫死亡，损失较大。为了有效预防该病的发生，应采取药剂拌种措施。

2. 播种

（1）**播种时间**。当 10 厘米地温稳定在 4 ℃以上时及时播种，地势的高低及土壤类型影响春季地温的回升，一般情况下，3 月下旬至 4 月初为最佳播种期。适期早播，有利于避开后期高温，有利于块茎形成和块茎的膨大，各项技术措施尽量在"早"字上下功夫，根据经验，播种适期后每推迟 5 天会导致减产 10%～20%。

（2）**播种模式**。种植模式为宽垄双带种植模式，采用机械播种，同时覆盖地膜和铺设滴灌带，垄距 130 厘米，垄面宽 80～90 厘米，种植三行马铃薯，行间铺设两条滴灌带，两垄之间沟距 40～50 厘米。

（3）**播种密度与深度**。株距 23.5～25.5 厘米，种植密度为每亩 6 000～6 500 株。种植深度为 10～12 厘米。

3. 田间管理

（1）**培土**。播种后 15～20 天，仔细观察薯芽生长情况，在薯芽即将破土顶膜（薯芽距地表 1 厘米）时利用拖拉机牵引上土机上土，上土厚度为膜上 3～5 厘米，利于薯芽破膜出苗，省时省力，降低生产成本。避免人工放苗的费时费力和因放苗不及时造成的烧苗现象。

（2）**灌溉追肥管理**。采用滴灌全生育期灌水 10 次，总灌水量为每亩 150～180 米³。结合灌水进行追肥，共追肥 8 次，间隔时间 7 天/次。灌溉与追肥的时间和用量参照表 4－3 执行。

表 4－3　马铃薯宽垄双带栽培技术灌溉追肥方案

（方玉川，2022）

生育时期	灌溉追肥次数	追肥量	灌溉后田间持水量
芽条期	1	0	60%～65%

（续）

生育时期	灌溉追肥次数	追肥量	灌溉后田间持水量
苗期—盛花期	4	第一次：每亩追施高氮水溶性复合肥（N：P_2O_5：K_2O＝20：0：24）10千克。 第二次：每亩追施尿素5千克＋磷酸二氢铵5千克。 第三次：每亩追施尿素5千克＋磷酸二氢铵5千克＋200克微量元素水溶性肥。 第四次：每亩追施尿素10千克＋200克微量元素水溶性肥	65％～75％
块茎膨大期	4	第一次：每亩追施硝酸钾5千克。 第二次：每亩追施硝酸钾5千克。 第三次：每亩追施硝酸钾5千克。 第四次：每亩追施磷酸二氢钾2千克	75％～85％
淀粉积累期	1	0	60％～65％

注：灌溉时间、灌溉次数及灌水量应根据实际降水情况适当调整。

（3）**植株调控**。为控制植株徒长，在植株即将封垄时，每亩用5％烯效唑可湿性粉剂40克，稀释1000倍喷施，间隔7天再喷1次。

4. 病虫害防治　榆林马铃薯虫害主要有蝼蛄、地老虎、蛴螬、金针虫、蚜虫、二十八星瓢虫等，病害主要有早疫病、晚疫病、黑胫病、黑痣病、疮痂病等。要按照"预防为主，综合防治"的植保方针，从营造良好的田间生态系统出发，综合运用各种防治措施。具体防治措施可参照本书第五章进行防治。

5. 收获与地膜回收

（1）**及时收获**。7月底至8月初，当大田70％的植株茎叶枯黄后，及时收获。收获前7天停水，杀秧，提前抽取田间滴灌管带。

（2）**地膜回收**。采用聚乙烯地膜覆盖栽培时，收获结束后及时耙除地膜，减少土地污染，废旧地膜回收、处理及回收机械选择应符合《农用塑料薄膜安全使用控制技术规范》（NY/T 1224—2006）和《残地膜回收机操作技术规程》（NY/T 2086—2011）规定。采用全生物降解地膜，无需回收。

（二）经济效益分析

宽垄双带栽培马铃薯7月下旬至8月上旬上市，按每亩平均产量4500千克、销售价2.4元/千克计，产值可达每亩10800元；而普通地膜覆盖马铃薯平均产量仅为每亩3000千克，亩产值为7200元，宽垄双带栽培马铃薯较普通地膜马铃薯亩产值增加3600元左右，经济效益可观。

（三）分析与讨论

马铃薯宽垄双带管理技术，或按需滴水、施肥，或随水施肥、"少吃多餐"，可提高水肥利用率，使马铃薯植株生长健壮，抗病性明显增强。榆林市光热条件较好，马铃薯播种季节可提前至3月下旬，加上种植早熟马铃薯品种，马铃薯鲜薯可提早至7月下旬上市，且实现了夏马铃薯亩产量超万斤的高产目标，可以有效解决陕北地区7、8月马铃薯鲜薯依赖外调的不利情况。

四、水肥一体化栽培

马铃薯是陕北第二大农作物,在区域内农业生产中具有不可替代的地位,但其生产中存在着不少突出问题:一是水资源缺乏,且在马铃薯生产中有过度开采地下水、浪费水资源的现象;二是北部的大型马铃薯农场水肥施用过量,对地下水资源和土壤结构造成不利影响;三是生产中的关键环节仍以人工操作为主,效率低、成本较高。成广杰(2017)和梁希森等(2020)介绍了山东省马铃薯水肥一体化栽培技术研究及应用情况,李龙江等(2017)、石学萍等(2020)、石晓华等(2017)和方彦杰等(2019)分别介绍了陕西周边河北省、内蒙古自治区和甘肃省马铃薯水肥一体化技术的研究与应用情况,殷永霞等(2021)对陕西省靖边县马铃薯水肥一体化技术研究情况进行了总结。榆林市农业科学研究院和榆林市农业技术服务中心 2019 年编制的《马铃薯水肥一体化栽培技术规范》,经由榆林市市场监管局发布为榆林市技术规范。

(一)马铃薯水肥一体化栽培优势

1. 节水效果明显 与农民大水漫灌相比,采用滴灌水肥一体化技术每亩每次浇水量为 40~50 米³,采用漫灌每亩每次浇水量为 100~120 米³,节水达 50%~60%。

2. 提高肥料利用率 采用滴灌水肥一体化技术,水、肥被直接输送至作物根系最发达部位,可充分保证养分的作用和根系的快速吸收,减少了肥料的挥发损失和漫灌造成的肥料流失,可以减少肥料用量 5%~10%,提高肥料利用率 15% 以上,是实现化肥使用量"减量增效"的有效措施。

3. 省工省力 马铃薯生产中,采用滴灌水肥一体化技术,不受地形限制,人不用进地,不用拿肥背药,节省了打埂、修渠、平地、施肥、喷药等操作的用工,省去了大量劳动力。

4. 提高土地利用率 可以充分利用田埂、水渠、坡地、盐碱地,扩大水浇地面积。每眼机井配出水量为 80 米³ 的 4 寸水泵,采用传统漫灌,最多能够保证 300 亩农田灌溉;而采用滴灌水肥一体化技术可以保证 600 亩灌溉,在水资源固定不变的条件下,相当于增加了一倍的水浇地。传统漫灌,沟、渠、埂占很大一部分面积,有效耕种面积在 85% 左右,采用滴灌水肥一体化技术,省去了沟、渠、埂的占地,有效耕种面积达到近 100%,增加了近 15% 的耕种面积。

5. 提质增产 采用滴灌水肥一体化技术,按照测土配方施肥的方法,根据马铃薯的需肥需水规律浇水施肥,实现养分供应与作物需求的同步,保证养分均衡供应,使得马铃薯始终在最适宜的环境条件下生长,缺素症得到控制,马铃薯薯块大部分呈长椭圆形、表皮光滑,且大小均匀,商品属性很好,品质显著提高,产量也大幅度增加。

6. 减少病虫草害发生,利于保护环境 马铃薯滴灌水肥一体化技术,解决了现蕾开花需肥高峰期全田封垄后,追肥不方便的问题,减少了人为碰伤植株的情况,不给病原菌入侵创造条件,使得马铃薯生长健壮,抗病能力增强,病虫害明显减轻。如果采用地膜覆盖技术,可大量减少杂草的发生,从而减少了氮素和农药的用量,也降低了马铃薯农药的残留,提高了商品薯的品质,保护了环境。

7. 有利于土壤有益微生物繁殖 采用滴灌水肥一体化技术,土壤蒸发量小,作物根部附近保持土壤湿度的时间长,非常有利于有益微生物的大量繁殖,进而预防了土壤的板结,保护了耕地不受破坏。

（二）水肥一体化技术设备

水肥一体化技术设备主要由输水控制系统、施肥控制系统、地下输水管道系统和地上灌溉系统4部分组成。

1. 输水控制系统 依据压差式施肥罐、敞开式施肥池、文丘里注入器、注入泵等不同灌溉模式，输水控制系统选择配备机井房、水泵、变频器、离心式过滤器、网式过滤器、逆止阀、球阀、进排气阀、压力表、电磁或涡街流量计及智能化控制等设备。

2. 施肥控制系统 施肥控制系统指配套5米^{3}以上的施肥池（或施肥罐），配备隔膜式柱塞注肥泵和污水搅拌泵，能够定时定量自动控制浇水施肥，实现灌溉施肥自动化。

3. 地下输水管道系统 采用滴灌灌溉模式的地下输水管道，选用直径110毫米、工作压力0.6兆帕的PE或PVC管材；采用固定式喷灌模式的地下输水主管道，应当选用直径110毫米、工作压力0.63兆帕的PE或PVC管，地下输水支管应当选用直径75毫米或63毫米、工作压力0.63兆帕的PE或PVC管。根据冻土层深度确定地下管道埋深，一般地下管道埋深80~120厘米。排水井一定要布设在最低处，从而保证排水彻底，防止冻裂管道。

4. 地上灌溉系统 地上输水管道系统一般包括干管、支管和竖管，作用是将水输送并分配至田间出水口。田间支管采用63毫米PE软管。滴灌带选择：滴灌管（带）的滴头有内镶式、压力补偿式、单翼迷宫式等，马铃薯滴灌一般选择出水量1.3~1.8升/时、滴头距离30厘米的滴头。滴灌管（带）铺设：一般铺设长度为80~100米，根据地上支管连接处出水口压力、地形、坡度确定滴灌管（带）铺设长度，从而保证整条滴灌带滴头灌水均匀。

（三）栽培技术要点

1. 翻耕整地 土壤要求土层厚的沙土或壤土，一般要求与非茄科作物1~2年轮作1次。耕翻深度一般在20厘米左右，3年深耕（25~30厘米）或深松（35~50厘米）1次，提升地力。深耕时施用基肥，每亩施充分腐熟的农家肥2 000~3 000千克或商品有机肥150~200千克；每亩施硫酸钾型复合肥（N：P_2O_5：K_2O=12：19：16）40~50千克。

2. 品种选择及种薯处理 在品种选择上，要以早熟、高产、优质、抗病性强的马铃薯品种为主，比如费乌瑞它和希森6号就具有商品性好的特点。在种薯处理上，要切大块，单块重量35~50克，种薯要避免暴晒。此外，还要做好拌种和催芽工作，拌种分为干拌和湿拌2种方法。干拌一般先将多菌灵、甲基硫菌灵等药剂与滑石粉混匀，再与种薯混匀；湿拌将甲基硫菌灵、嘧菌酯、咯菌腈等药剂配成一定浓度的药液，均匀喷洒在种薯上，拌匀并阴干。

3. 播种

（1）**适期播种**。10厘米地温稳定在5℃以上开始播种，以4月上中旬为宜。

（2）**种植方式与密度**。采用起垄滴灌种植方式，单垄单行，行距90厘米，株距20~22厘米，密度为每亩3 300株~3 700株；播种深度一般为8~10厘米，不能超过12厘米；播种同时进行沟施药剂，选择60%吡虫啉悬浮剂每亩20~30毫升，或70%噻虫嗪悬浮剂每亩20~30毫升，再加25%氟唑菌苯胺悬浮剂每亩50毫升进行垄沟喷施。

4. 田间管理

（1）**中耕培土**。①中耕方式：采用拖拉机牵引中耕机进行中耕。中耕时土壤含水量应控制在 65%～85%。中耕后应及时浇水。②第一次中耕：播种后 15 天左右，当马铃薯芽距地表 5～6 厘米时，打表土 3～4 厘米。打表土后，当马铃薯芽距地表 2 厘米或出苗率达到 10%～20%时，进行第一次中耕。培土后，保证母薯距离地表 18 厘米左右，垄上表面宽 30～40 厘米。结合第一次中耕，每亩施用硫酸钾型复合肥（N：P_2O_5：K_2O＝12：19：16）20～25 千克。③第二次中耕：通常情况下，不进行二次中耕。如果第一次中耕后，因大风破坏垄形或封闭除草效果不佳且种植的马铃薯品种不能进行苗后除草时，可以进行二次中耕。二次中耕应将垄沟及垄背上杂草全部填埋。

（2）浇水管理。陕北地区夏马铃薯全生育期灌溉定额一般为每亩 150～180 米³，马铃薯在生育期内灌溉 7～10 次，每 10～12 天为 1 个灌溉周期，单次灌水每亩为 18～20 米³。具体灌溉时间和灌水量要根据降水情况和土壤墒情变化调整。①第一次滴灌：使土壤湿润深度控制在 15 厘米以内，避免浇水过多而降低地温影响出苗。若种薯切块，湿润深度应控制在 12 厘米，水过多易造成种薯腐烂。如果春墒较好，在播种后 7 天，第一次中耕后，进行第一次灌水；如果春墒较差，则在播种后 1～3 天进行第一次灌水。②第二次及以后滴灌：出苗前，及时滴灌出苗水，使土壤湿润深度保持在 25 厘米左右，土壤相对湿度保持在 60%～65%。出苗后期至块茎膨大期，是马铃薯丰产的需水关键期，土壤水分的盈亏对产量影响很大，特别是现蕾开花时正值结薯盛期，马铃薯需水量达到高峰，这时要求不间断供水。保持土壤较高含水量，不仅有利于薯块形成膨大，而且可以降低土壤温度，防止次生薯形成。在块茎形成期至淀粉积累期，应根据土壤墒情和天气情况及时进行灌溉，土壤水分状况为田间持水量的 75%～80%。采用"少量多次"的灌溉策略，土壤湿润深度 40～50 厘米。终花期至叶枯萎（淀粉积累期），滴灌间隔的时间拉长，0～35 厘米土壤含水量保持在田间持水量的 60%～65%。黏重的土壤收获前 10～15 天停水。沙性土马铃薯田在收获前 1 周停水，以确保土壤松软，便于收获。

（3）追肥管理。马铃薯施肥量应根据土壤的状况及马铃薯的产量等目标进行合理的安排分配，水肥一体化技术条件下，选择肥料应考虑以下几方面因素：一是肥料的溶解性要好，含杂质少，达到灌溉设备的要求，在田间温度条件下完全溶解于水，流动性好；二是肥料的酸碱性以不腐蚀设备为宜；三是肥料的配方要合理，养分含量高且全面，能满足作物生长的养分需求；四是与灌溉水的相互作用很小；五是不会引起灌溉水 pH 的剧烈变化。

马铃薯生长前期追肥以氮肥为主，后期追肥以钾肥为主，要遵循"少量多次"的原则，结合灌水分次施入。追肥前要求先滴清水 15～20 分钟，再加入肥料，追肥完成后再滴清水 30 分钟，清洗管道，防止堵塞滴头。追肥必须选用液体或固体水溶性肥料，主要种类有氨水、尿素、硫酸钾、硝酸钾、硝酸钙、硫酸镁、硼酸、硫酸锌、螯合铁等水溶性肥和液体肥料等。水溶性复混肥有大量元素水溶肥，以及加入了微量元素、氨基酸、腐殖酸、海藻酸等的氮磷钾复混肥。灌溉与追肥的时间和用量参照表 4-4 执行。

表 4-4 夏马铃薯水肥一体化技术灌溉追肥方案

（方玉川，2022）

生育时期	灌溉追肥次数	追肥量	灌溉后田间持水量
芽条期	1	0	60%～65%

（续）

生育时期	灌溉追肥次数	追肥量	灌溉后田间持水量
苗期	1	每亩追施高氮水溶性复合肥（N：P_2O_5：K_2O＝20：0：24）10千克	65％～70％
现蕾期—盛花期	3	第一次：每亩追施水溶性复合肥（N：P_2O_5：K_2O＝16：16：16）10千克＋磷酸二氢铵10千克。 第二次：每亩追施硫酸铵10千克＋硝酸钾5千克＋200克微量元素水溶性肥。 第三次：每亩追施硝酸钾10千克＋200克微量元素水溶性肥	65％～75％
块茎膨大期	3	第一次：每亩追施硝酸钾5千克。 第二次：每亩追施水溶性硫酸钾5千克。 第三次：每亩追施水溶性硫酸钾5千克	75％～85％
淀粉积累期	1	0	60％～65％

注：灌溉时间、灌溉次数及灌水量应根据实际降水情况适当调整。

（4）**病虫害防治**。按照"预防为主，综合防治"的植保方针，综合运用各种防治措施，马铃薯主要病虫害识别参照本书第五章。

5. 收获

（1）**收获前准备**。马铃薯地上大部分枯黄，达到生理成熟时即可进行收获。收获前15天控水，提前7天杀秧。

（2）**收获**。收获时防雨、防高温、防暴晒、防冻，应减少机械损伤、剔除病伤薯块。收获后的鲜薯按照用途进行分级，及时入库（窖）贮藏。

6. 收获后农田保护。夏马铃薯一般7月下旬至8月上旬收获，马铃薯收获后种植燕麦，既实现了农田保护，秋季还可收获一季燕麦草作为饲草，增加了经济收入。

五、机械化栽培

陕北风沙区自然环境条件优越。一是地势平坦，耕地整齐划一，易于大中型农机具作业；二是土壤多为风沙土，土质疏松、无石块，机械化作业时对马铃薯损伤小，收获的鲜薯商品性状好；三是地下水位高，一般机井深度100～200米，单井出水量25～30米³/时，能保障自动化节水灌溉设施的用水要求；四是无霜期长，收获期长达30～45天，适宜发展联合收、分级等大型机械化作业。方玉川（2019）通过多年实践，分析了榆林北部发展马铃薯全程机械化的优势条件，提出了榆林马铃薯全程机械化生产关键环节的技术参数和农机具选型要求，并总结出选地整地、种薯处理、施肥、播种及田间管理、病虫害防治、杀秧收获等配套栽培技术要点。

（一）关键环节技术参数

1. 耕地　要求耕深一致、耕层绵软，不漏耕、不重耕，地头地边处理合理。耕深20～30厘米，耕深稳定性变异系数≤10％，植被耕翻率≥80％，碎土率≥65％，地表平整率≤6厘米，垄脊高≤7厘米，垄沟深≤10厘米。

2. 旋耕 要求土块细碎均匀，无夹石、杂草，无沟无垄；土块直径≤6厘米，耕深12～16厘米，碎土率≥75%，耕后地表高差≤5厘米，耕深稳定性变异系数≤15%，灭茬合格率≥80%，漏耕率≤1%。

3. 播种 要求开沟成型、深浅一致，施肥准确、均匀，播种不漏播、不重播、不损伤种薯，覆盖均匀严实；播种深度8～10厘米，种子与肥间隔3厘米左右，覆土12～15厘米，垄高15～20厘米，单行垄宽40～50厘米、垄距80～90厘米。播种质量要求株距合格率≥80%，空穴率≤3%，行距合格率≥90%，施肥断条率≤3%，垄高、垄宽误差≤3%。

4. 中耕 对于垄作，要求垄帮、垄顶都要有一定的厚土层；对于平作，植株周围应适量覆土。培土要求做到不伤苗、不铲苗、不伤垄，土壤疏松细碎，垄沟窄、垄顶宽。

5. 灌溉 一是选用滴水灌溉，这种设备将水、肥、农药等通过滴灌带直接作用于作物根系，较地面灌溉节水40%～48%，提高肥料利用率43%，增产15%～25%，节省占地5%～10%。二是选用指针式喷灌机，这种设备可使水的利用率达80%，由于取消田埂、畦埂及农毛渠，一般可以节省土地10%～20%，增产幅度可达20%～30%，同时具有雾化好、速度快的特点，便于结合灌溉施肥、施药。

6. 病虫害防治 用喷雾器械作业时喷头与马铃薯植株距离保持40～50厘米，做到雾化良好，喷量均匀，不漏喷、不重喷，药液覆盖率≥95%，杀虫率≥90%。

7. 杀秧 收获前7～10天进行机械杀秧、化学杀秧或人工割秧。除秧后的马铃薯成熟较快、外皮变硬、水分减少，其抗损伤性随之提高。同时，可以减少收获机作业过程中易出现的缠绕壅土、分离不清等现象。

8. 收获 马铃薯挖掘深度根据品种不同进行调整。一般在15～20厘米范围；垄作、轻质土壤应深些，平作、硬质土壤要尽可能减少块茎的丢失或损伤，同时使薯块与土壤、杂草和石块分离彻底。要求轻度损伤率≤5%，重度损伤率≤1%；块茎含杂率为0。

（二）生产农机具选型

1. 撒肥机选型 农家肥采用湿粪专用撒粪机，配套动力75～150马力①，装载量6～10吨，施肥宽度8～12米，生产率4～5公顷/时；化肥采用撒肥机施肥，配套动力80马力以上，料斗容量1 000～1 500升，施肥宽度24～36米，生产率5～7公顷/时。

2. 播种机选型 料斗容量900千克，用种量每亩150～200千克，配套动力120马力，3点连接，4行区，行距90厘米，株距可调。播种深度8～12厘米，生产率0.7～1公顷/时。

3. 中耕机选型 配套动力120马力，使用成型器和培土犁体，进行起垄、提土、坐土和镇压整形，4行区，行宽90厘米，生产率1.5～2公顷/时。

4. 植保机械选型 为悬挂式大田喷雾机，配套120马力以上拖拉机，用窄车轮行走在垄间，喷头按相应的行距安装。喷药架展宽21～24米，喷药高度60厘米，生产率5～6公顷/时。

5. 杀秧机选型 每次杀秧4行，行宽90厘米，生产率1.2～1.5公顷/时，杀净率≥95%，不伤垄下块茎。

6. 收获机选型 配套动力120马力，2行，行距90厘米，工作深度可调，生产率0.3～0.5公顷/时，收净率≥99%，破皮率<1%。

---

① 马力为非法定计量单位，1马力≈735瓦。——编者注

（三）栽培技术要点

1. 选地整地　选地要求土地平整，土壤 pH≤8.5。不得连作，不与茄科和块根块茎类作物轮作。在秋季前茬作物收获后及时深耕灭茬，采用液压翻转犁进行耕翻，耕深达到 30 厘米，耕后及时耙糖。播种前要浅耕，平整地表，采用旋耕机旋耕，耕深达到 30 厘米，做到地面平整、疏松。

2. 种薯处理　选用费乌瑞它、中薯 5 号、希森 6 号、冀张薯 12 等适宜规模化栽培的中、早熟品种，种薯级别脱毒原种或一级种。种薯出窖后催芽、晒种。<50 克小薯整薯直播，≥50 克以上块茎切种，刀具用 75% 乙醇消毒，单块重 35～50 克，带 1～2 个芽。切块后的种薯，用甲基硫菌灵、春雷霉素、滑石粉进行混合拌种。

3. 施肥

（1）**基肥**。按照每亩 3 000～3 500 千克的目标产量施用基肥和中耕肥，结合机械化深翻耙糖每亩施入腐熟农家肥 2 000 千克或商品有机肥 200 千克，马铃薯专用基肥（N：P_2O_5：K_2O=12：19：16）50 千克，磷酸氢二铵 20 千克；结合机械化中耕起垄每亩施入马铃薯专用基肥（N：P_2O_5：K_2O=12：19：16）25 千克，可以根据地力情况调整施肥量。

（2）**追肥**。每亩施马铃薯专用肥（N：P_2O_5：K_2O=20：0：24）25 千克，尿素 10 千克，硫酸钾 20 千克，可以根据地力情况调整施肥量，通过指针式喷灌和滴水灌溉设备分期施入，苗齐后第一次施肥，以后 5～7 天追施 1 次，每次施用量为每亩 5～8 千克，其中 6 月至 7 月中旬的生长前期以专用肥和尿素为主，进入生长后期以硫酸钾为主，有条件时可用硝酸钾代替硫酸钾。

4. 播种及田间管理

（1）**播种**。4 月上中旬采用马铃薯播种机播种，株距 20～22 厘米，密度为每亩 3 300～3 700 株。

（2）**中耕**。播后 20～25 天，马铃薯幼苗 30% 露头时，用中耕机进行中耕，中耕后垄高达到 25～30 厘米。

（3）**灌溉**。利用指针式喷灌和滴水灌溉设备进行灌溉，一般指针式喷灌全生育期灌水 6～10 次，灌水量每亩 280～320 米^3。滴水灌溉全生育期灌水 8～12 次，灌水量每亩 150～180 米^3。

5. 病虫害防治　参照本书第五章执行。

6. 杀秧收获　进入 8 月，马铃薯地上部大部分枯黄，达到生理成熟。叶色变黄转枯；块茎脐部易与匍匐茎脱离；块茎表皮韧性大，皮层厚，色泽正常，即可进行收获。用杀秧机把薯秧割除，7～10 天后用收获机进行收获，分级整理入库贮藏或销售。

参考文献

白虎，侯英，2011. 膜下滴灌技术在马铃薯种植中的应用 [J]. 中国农业综合开发（7）：54 - 55.

包开花，蒙美莲，陈有君，等，2015. 覆膜方式和保水剂对旱作马铃薯土壤水热效应及出苗的影响 [J]. 作物杂志（4）：102 - 108.

曹莉，秦舒浩，张俊莲，等，2013. 轮作豆科牧草对连作马铃薯田土壤微生物菌群及酶活性的影响 [J]. 草业学报，22（3）：139 - 145.

陈功楷，权伟，朱建军，2013. 不同钾肥量与密度对马铃薯产量及商品率的影响 [J]. 中国农学通报，

29（6）：166-169.

陈占飞，常勇，任亚梅，等，2018. 陕西马铃薯［M］. 北京：中国农业科学技术出版社.

成广杰，2017. 马铃薯水肥一体化高产栽培技术［J］. 中国蔬菜（5）：102-104.

程玉臣，路战远，张德健，等，2015. 平作马铃薯膜下滴灌栽培技术规程［J］. 内蒙古农业科技（5）：97-98.

范宏伟，曾永武，李宏，2015. 马铃薯垄作覆膜套种豌豆高效栽培技术［J］. 现代农业科技（13）：105.

方彦杰，张绪成，于显枫，等，2019. 甘肃省马铃薯水肥一体化种植技术［J］. 甘肃农业科技（3）：87-90.

方玉川，2019. 榆林北部马铃薯全程机械化生产技术［J］. 农业开发与装备（1）：193-194.

方玉川，张万萍，白小东，等，2019. 马铃薯间、套、轮作［M］. 北京：气象出版社.

付业春，顾尚敬，陈春艳，等，2012. 不同播种深度对马铃薯产量及其外构成因素的影响［J］. 中国马铃薯，26（5）：281-283.

高青青，方玉川，汪奎，等，2019. 陕西榆林市马铃薯优良品种引进比较试验［J］. 安徽农业科学（17）：52-54.

海月英，2013. 豌豆间套种马铃薯栽培技术［J］. 内蒙古农业科技（6）：107.

侯慧芝，王娟，张绪成，等，2015. 半干旱区全膜覆盖垄上微沟种植对土壤水热及马铃薯产量的影响［J］. 作物学报，41（10）：1582-1590.

黄飞，2015. 喷灌马铃薯高产栽培技术［J］. 现代农业（2）：46-47.

雷靖，2017. 马铃薯膜下滴灌栽培技术［J］. 商品与质量（17）：156-157.

李保伦，2010. 播期对马铃薯产量的影响研究［J］. 中国园艺文摘（6）：41.

李建红，任凤霞，刘志德，2017. 榆林市马铃薯双膜覆盖栽培技术［J］. 农民致富之友（18）：131.

李建军，刘世海，惠娜娜，等，2011. 双垄全膜马铃薯套种豌豆对马铃薯生育期及病害的影响［J］. 植物保护，37（2）：133-135.

李龙江，张宝悦，马海莲，2017. 冀西北地区马铃薯膜下滴灌水肥一体化技术［J］. 农业科技通讯（6）：182-185.

李倩，刘景辉，张磊，等，2013. 适当保水剂施用和覆盖促进旱作马铃薯生长发育和产量提高［J］. 农业工程学报，29（7）：83-90.

李雪光，田洪刚，2013. 不同播期对马铃薯性状及产量的影响［J］. 农技服务，30（6）：568.

梁希森，梁召坤，孔海明，2020. 马铃薯水肥一体化栽培技术［J］. 现代农业科技（3）：116.

林妍，狄文伟，2015. 钾肥对马铃薯营养元素吸收的影响［J］. 新农业（21）：16-18.

刘世菊，2015. 早熟马铃薯与夏秋大白菜轮作经济效益高［J］. 农业开发与装备（12）：129.

刘先芬，李志栋，郭宏伟，2014. 呼和浩特市马铃薯膜下滴灌栽培技术［J］. 内蒙古农业科技（3）：111-113.

马敏，2014. 陕北马铃薯水地高产栽培技术［J］. 农民致富之友（20）：169.

牟丽明，谢军红，杨习清，2014. 黄土高原半干旱区马铃薯保护性耕作技术的筛选［J］. 中国马铃薯，28（6）：335-339.

裴泽莲，姚志刚，李秀娟，等，2014. 马铃薯大垄三行栽培模式与机械化种植技术研究［J］. 农业科技与装备（11）：29-30.

秦军红，陈有军，周长艳，等，2013. 膜下滴灌灌溉频率对马铃薯生长、产量及水分利用率的影响［J］. 中国生态农业学报，21（7）：824-830.

秦舒浩，曹莉，张俊莲，等，2014. 轮作豆科植物对马铃薯连作田土壤速效养分及理化性质的影响［J］. 作物学报，40（8）：1452-1458.

任稳江，任亮，刘生学，2015. 黄土高原旱地马铃薯田土壤水分动态变化及供需研究［J］. 中国马铃薯，

29（6）：355-361.

桑得福，1999. 高海拔地区马铃薯全生育期地膜覆盖栽培技术［J］. 中国马铃薯，13（1）：38-39.

石晓华，张鹏飞，刘羽，等，2017. 内蒙古滴灌马铃薯水肥一体化技术规程［J］. 新疆农垦科技，40（3）：67-69.

石学萍，秦焱，兰印超，等，2020. 冀西北高寒区马铃薯中心支轴式喷灌机水肥一体化技术规程［J］. 新疆农垦科技，43（8）：23-24.

司凤香，贾丽华，2007. 马铃薯不同生育阶段与栽培的关系［J］. 吉林农业（9）：18-19.

宋树慧，何梦麟，任少勇，等，2014. 不同前茬对马铃薯产量、品质和病害发生的影响［J］. 作物杂志（2）：123-126.

宋玉芝，王连喜，李剑萍，2009. 气候变化对黄土高原马铃薯生产的影响［J］. 安徽农业科学，37（3）：1018-1019.

田英，黄志刚，于秀芹，2011. 马铃薯需水规律试验研究［J］. 现代农业科技（8）：91-92.

王东，卢建，秦舒浩，等，2015. 沟垄覆膜连作种植对马铃薯产量及土壤理化性质的影响［J］. 西北农业学报，24（6）：62-66.

王凤新，康跃虎，刘士平，2005. 滴灌条件下马铃薯耗水规律及需水量的研究［J］. 干旱地区农业研究，23（1）：9-15.

王国兴，徐福来，王渭玲，等，2013. 氮磷钾及有机肥对马铃薯生长发育和干物质积累的影响［J］. 干旱地区农业研究，31（3）：106-111.

王红梅，刘世明，2012. 马铃薯双垄全膜覆盖沟播技术及密度试验［J］. 内蒙古农业科技（3）：34-35.

王乐，张红玲，2013. 干旱区马铃薯田间滴灌限额灌溉技术研究［J］. 节水灌溉（8）：10-12.

王文祥，达布希拉图，周平，等，2017. 海拔高度对马铃薯地方品种形态结构及解剖结构的影响［J］. 中国马铃薯，31（2）：77-85.

王雯，张雄，2015. 不同灌溉方式对榆林沙区马铃薯生长和产量的影响［J］. 干旱地区农业研究，33（4）：153-159.

王小英，王孟，王斌，等，2018. 马铃薯与绿豆间作模式研究［J］. 陕西农业科学，64（8）：19-21，50.

魏玉琴，姜振宏，陈富，等，2014. 包膜控释尿素对马铃薯生长发育及产量的影响［J］. 中国马铃薯，28（4）：219-221.

吴炫柯，韦剑锋，2013. 不同播期对马铃薯生长发育和开花盛期农艺性状的影响［J］. 作物杂志（4）：27-31.

武朝宝，任罡，李金玉，2009. 马铃薯需水量与灌溉制度试验研究［J］. 灌溉排水学报，28（3）：93-95.

肖国举，仇正跻，张峰举，等，2015. 增温对西北半干旱区马铃薯产量和品质的影响［J］. 生态学报，35（3）：830-836.

谢伟松，2014. 马铃薯播前良种选择及种薯准备［J］. 农业开发与装备（5）：115.

邢宝龙，刘小进，季良，2018. 几种药食同源豆类作物栽培［M］. 北京：中国农业科学技术出版社.

薛俊武，任稳江，严昌荣，2014. 覆膜和垄作对黄土高原马铃薯产量及水分利用效率的影响［J］. 中国农业气象，35（1）：74-79.

杨泽粟，张强，赵鸿，2014. 黄土高原旱作区马铃薯叶片和土壤水势对垄沟微集雨的响应特征［J］. 中国沙漠，34（4）：1055-1063.

姚素梅，杨雪芹，吴大付，2015. 滴灌条件下土壤基质对马铃薯光合特性和产量的影响［J］. 灌溉排水学报，34（7）：73-77.

易九红，刘爱玉，王云，等，2010. 钾对马铃薯生长发育及产量、品质影响的研究进展［J］. 作物研究，

24（1）：60－64.

殷永霞，朱晓梅，蒋丽美，2021. 靖边县马铃薯水肥一体化技术研究［J］. 农家致富顾问（8）：105.

余帮强，张国辉，王收良，等，2012. 不同种植方式与密度对马铃薯产量及品质的影响［J］. 现代农业科技（3）：169，172.

张朝巍，董博，郭天文，等，2011. 施肥与保水剂对半干旱区马铃薯增产效应的研究［J］. 干旱地区农业研究，29（6）：152－156.

张海，2015. 不同施肥处理对马铃薯性状及产量的影［J］. 现代农业科技（14）：63.

张建成，闫海燕，刘慧，等，2014. 榆林风沙滩区秋马铃薯高产栽培技术［J］. 南方农业（21）：19－20.

张凯，王润元，李巧珍，等，2012. 播期对陇中黄土高原半干旱区马铃薯生长发育及产量的影响［J］. 生态学杂志，31（9）：2261－2268.

张明娜，刘春全，2015. 马铃薯复种油葵两茬生产技术［J］. 新农业（7）：16－17.

张文忠，2015. 马铃薯的生长习性及需肥特点［J］. 农业与技术，35（22）：28－28.

赵年武，郭连云，赵恒和，2015. 高寒半干旱地区马铃薯生育期气候因子变化规律及其影响［J］. 干旱气象，33（6）：1024－1030.

朱江，艾训儒，易咏梅，等，2012. 不同海拔梯度上地膜覆盖和不同肥力水平对马铃薯的影响［J］. 湖北民促学院学报（自然科学版）（3）：330－334.

朱旭良，2018. 马铃薯大垄三行栽培模式与机械化种植技术研究［J］. 新农业（19）：9－10.

第五章　环境胁迫及其应对措施

第一节　生物胁迫及应对措施

一、病害与防治

陕北是全国马铃薯优生区，常年种植面积 350 万亩左右，是区域内乡村振兴的农业主导产业之一。病害是马铃薯生产中的主要威胁，病害防治是保证马铃薯高产稳产必须重视的部分。陕北地区气候干旱、冷凉，降雨集中在 7—8 月，整体病害发生较少。近年来，随着马铃薯产业规模化、机械化、集约化发展，马铃薯病害发生也逐年加重，特别是部分土传、种传病害滋生，严重制约着当地马铃薯产业健康发展。

马铃薯病害包括病原性病害和生理性病害两大类，前者又分为卵菌性病害、真菌性病害、细菌性病害和病毒性病害等四大类。陕北地区常见马铃薯主要病害为晚疫病、早疫病、黑痣病、干腐病、疮痂病、黑胫病、环腐病、软腐病、卷叶病毒病、花叶病毒病、X 病毒病与 Y 病毒病等。本章节将主要介绍马铃薯上述主要病害的病原物分类地位、危害症状、传播途径以及在田间的发生条件等，并简述综合防治措施。

（一）卵菌性病害

马铃薯晚疫病（potato late blight）又称马铃薯瘟，是马铃薯上的一种毁灭性病害，具有流行性强、蔓延速度快、致病程度严重等特点，被视为马铃薯生产的头号杀手，也是 19 世纪 40 年代爱尔兰大饥荒事件的直接原因。

1. 病原物　尽管在过去很长一段时间内将马铃薯晚疫病归为真菌性病害，但其病原物为藻物界卵菌门（Oomycota）、霜霉科（Peronosporaceae）、疫霉属（*Phytophthora*）的致病疫霉（*P. infestans*），因此应当归属于卵菌性病害。晚疫病造成的减产一般在 20％左右，严重时减产 50％以上或绝产，是中国农作物面临的一类很严重的病害。该病菌有明显的生理小种分化，中国四川和云南的菌株中发现了 3 个可以同时克服所有已知 R1 至 R11 等 11 个抗病基因的超级毒力小种（韩颜卿等，2010）。晚疫病菌属于异宗配合卵菌，中国马铃薯晚疫病菌的交配类型主要有 A1、A2 和自育型（王腾等，2018）。

2. 发生时期　全生育期均可发病。

3. 传播途径　带菌种薯是主要的初侵染源。发病田块，土壤中和病残体上越冬的病原菌第 2 年继续侵染马铃薯。马铃薯生长季节降水和空气相对湿度大是马铃薯晚疫病流行的主导气象因素。病菌喜日暖夜凉高湿条件，一般白天平均气温在 25 ℃，夜间温度在 10 ℃左右，连续多日阴雨或雾、露天气，马铃薯晚疫病便可暴发，进而大流行。病菌在寄主上的潜育期与环境条件、寄主抗病性和病菌致病力有关，一般 3～4 天。种植感病品种，中心病株发病后，10～14 天病害蔓延至全田或引起大流行。

4. 危害症状 病斑呈黑褐色，水渍状，边缘不明显，潮湿时，叶背病斑边缘上有一圈白霉，严重时植株一片焦黑，发出特殊的腐霉臭味。植株基部受害形成褐色条斑，数块发病，病斑不规则，呈紫褐色，稍凹陷，组织变硬干腐，潮湿时变软腐烂，发出恶臭味。块茎染病初生褐色或紫褐色大块病斑，稍凹陷，病部皮下薯肉褐色，慢慢向四周扩大或腐烂。病菌可通过风、雨传播，在高温高湿条件下容易发病。

5. 防治措施 一是选用抗病品种及无病脱毒种薯。在陕北地区近年来推广的青薯9号和丽薯7号为抗晚疫病品种；紫花白、晋薯16和冀张薯8号表现为中抗（赵艳群等，2021）。二是药剂拌种。每100千克种薯用72%的霜脲·锰锌可湿性粉剂50克或70%丙森锌可湿性粉剂80克拌种。三是发病时应人工拔除中心病株，及时全田施药。四是生长期控制徒长。现蕾期株高30～40厘米表现出徒长迹象时，每亩用15%多效唑可湿性粉剂50克叶面喷施。五是加强测报和统防统治。连续多日阴雨或雾、露天气时，观察田间发病情况和病害预测预警信息，及时开展统防统治。六是药剂防治。首选72%霜脲·锰锌可湿性粉剂和50%烯酰吗啉可湿性粉剂，其次是68%精甲霜灵·锰锌水分散粒剂、18.7%烯酰·吡唑酯水分散粒剂、25%嘧菌酯悬浮剂、70%丙森锌可湿性粉剂和64%噁霜·锰锌可湿性粉剂。一般每7～10天施药1次，防效均达90%以上，增产10.90%～20.30%，同一种药剂在马铃薯整个生长期内使用次数不能超过3次。

（二）真菌性病害

1. 马铃薯早疫病

（1）**病原物**。马铃薯早疫病是由茄链格孢（*Alternaria solani*）和链格孢（*Alternaria alternata*）引起的。

（2）**发生时期**。发芽期、苗期和成株期均可发病，侵染叶片。

（3）**传播途径**。以分生孢子或菌丝在病残体或带病薯块上越冬，翌年种薯发芽，病菌即开始侵染。

（4）**危害症状**。马铃薯早疫病危害马铃薯时，叶片病斑黑褐色，圆形或近圆形，具同心轮纹，大小3～4毫米。湿度大时，病斑上生出黑色霉层。发病严重的叶片干枯脱落，田间植株成片枯黄。块茎染病产生暗褐色稍凹陷圆形或近圆形病斑，边缘分明，皮下呈浅褐色海绵状干腐。病菌易侵染老叶片，遇有小到中雨、连续阴雨或湿度高于80%情况时，该病易发生并流行。

（5）**防治措施**。一是选用早熟耐病品种。二是加强栽培管理。实行高垄栽培，定植缓苗后要及时封垄，促进新根发生，合理施肥，增施有机肥，配方施肥，提高寄主抗病力。适当提早收获。与非茄科作物实行三年轮作制。三是药剂防治。在发病初期喷施60%唑醚·代森联干悬浮杀菌剂或杜邦克露（霜脲氰与代森锰锌的复配剂）、72%霜脲·锰锌可湿性粉剂、75%锰锌·苯酰胺可湿性粉剂、25%嘧菌酯悬浮剂，共防治2～3次，间隔7～10天，注意轮换用药。

2. 马铃薯黑痣病

（1）**病原物**。马铃薯黑痣病的病原属于担子菌门真菌。无性态为立枯丝核菌（*Rhizoctonia solani*），有性态为亡革菌属（*Thanatephorus*）的瓜亡革菌（*T. cucumeris*）。

（2）**发生时期**。在整个马铃薯发育过程中均可发生。

（3）**传播途径**。以病薯上或留在土壤中的菌核越冬为表现形式。带病种薯是翌年的初侵染源，也是远距离传播的主要载体。马铃薯生长期间病菌从土壤中根系或茎基部伤口侵入，引起发病。

（4）**危害症状**。主要危害幼芽、茎基部及块茎。幼芽染病，有的出土前腐烂成芽腐，造成缺苗现象。出土后染病初期，植株下部叶片发黄，茎基形成褐色凹陷斑，大小 1～6 毫米。病斑上或茎基部常覆有灰色菌丝层，有时茎基部及块茎生出大小不等、形状各异（块状或片状）、散生或聚生的菌核；轻者症状不明显，重者可形成立枯或顶部萎蔫，或叶片卷曲呈舟状，心叶节间较长，有紫红色色素出现。严重时，茎节腋芽产生紫红色或绿色气生块茎，或地下茎基部产生许多无经济价值的小薯，表面散生许多黑色或褐色菌核。

（5）**防治措施**。一是选用无病种薯，培育无病壮苗，建立无病留种田。与玉米、谷子等禾本科作物和大豆等豆科作物倒茬。二是选用抗病品种。中抗品种有：陇薯 7 号、宁薯 14、青薯 9 号、黑美人、庄薯 3 号（王喜刚等，2017）。三是药剂防治。用寡雄腐霉拌种，或播种时垄沟施 41.7％氟唑菌苯胺悬浮剂、11％氟环·咯·精甲悬浮剂等药剂能有效防治。

3. 马铃薯炭疽病

（1）**病原物**。马铃薯炭疽病是由炭疽菌属（*Colletotrichum*）的球炭疽菌（*C. coccodes*）引起的真菌性病害。

（2）**发生时期**。马铃薯生长中后期遇雨、露、雾多的雨季天气时，有利于病害扩展蔓延。

（3）**传播途径**。带病块茎和带病土壤为引发该病害的主要侵染来源。

（4）**危害症状**。块茎发病形成近圆形或不规则形大斑，呈褐色或灰色，后逐渐褐色腐烂、略下陷，其上有黑色小点，为病原菌形成的分生孢子盘。叶部发病在叶柄和小叶上形成褐色至黑褐色病斑；茎秆逐渐萎蔫并枯死，在枯死的茎秆外表皮或皮层内部形成大量黑色颗粒状物（小菌核）。

（5）**防治措施**。一是选用健康的种薯，注意土壤是否带病，做好两头控制。二是避免与番茄、辣椒、茄子等茄科作物轮作，最好与禾本科、豆科和百合科作物实施轮作。三是选择抗病品种。甘肃的研究发现，紫花白和定薯 1 号抗性高于其他品种，费乌瑞它、青薯 9 号、庄薯 3 号、陇薯 3 号等中抗（蒲威等，2015）。四是该病菌可以在病株残体上越冬，因此耕种前需清理掉田间的植株残体。土壤深耕可促进植株残体分解。五是药剂防治。常用的化学药剂有：每克 100 万个孢子的寡雄腐霉可湿性粉剂、30％苯甲·嘧菌酯悬浮剂、10％苯醚·甲环唑微乳剂、20％烯肟·戊唑醇悬浮剂和 25％吡唑醚菌酯悬浮剂（杨成德等，2012）。

4. 马铃薯黄萎病

（1）**病原物**。马铃薯黄萎病是由轮枝孢属（*Verticillium*）真菌引起的病害。中国发生的主要是由大丽轮枝菌（*V. dahliae*）与黑白轮枝菌（*V. alboatrum*）引起的马铃薯黄萎病。

（2）**发生时期**。苗期、成株期均可发病。

（3）**传播途径**。主要通过病种薯、病种薯包装物及病土进行远距离传播，也可通过雨水和灌溉水、人畜携带近距离传播。

（4）**危害症状**。在整个生育期均可侵染。病株根部和茎部维管束被破坏，叶片的侧脉之间变黄，逐渐转褐，有时叶片稍往上卷，自顶端或边缘开始枯死。轻病植株生长缓慢，下部叶片变褐干枯，或者仅1~2个分枝表现出黄萎症状，严重时整株萎蔫枯死，剖茎可见维管束变褐色。幼苗下部叶片开始出现不均匀变黄、萎蔫、叶片向上翻卷等症状，发病症状逐渐向植株顶部蔓延，最终植株枯萎、死亡，维管束明显变黄。

（5）防治措施。①轮作倒茬。与燕麦、玉米等禾本科作物或大豆、绿豆等豆科作物进行4年以上轮作，不能与茄科作物轮作。②选育和种植抗病品种，选留无病种薯。感病品种有费乌瑞它，抗（耐）病品种有冀张薯12。③及时拔除病株，收获后清除病残体，减少侵染源。④药剂防治。可使用枯草芽孢杆菌进行拌种、浸种、喷施等，能有效降低病害的发生（王东等，2020）。

5. 马铃薯枯萎病

（1）病原物。镰刀菌属（*Fusarium*）真菌为马铃薯枯萎病的致病菌，中国的致病菌以尖孢镰刀菌（*F. oxysporum*）为主，还有茄病镰刀菌（*F. solani*）、接骨木镰刀菌（*F. sambucinum*）、雪腐镰刀菌（*F. nivale*）、串珠镰刀菌（*F. moniliforme*）、三线镰刀菌（*F. tricinctum*）、锐顶镰刀菌（*F. acuminatum*）和燕麦镰刀菌（*F. avenaceum*），共8种真菌。

（2）发生时期。苗期、成株期均可发病。

（3）传播途径。病菌以菌丝体或厚垣孢子随病残体在土壤中或在带菌的病薯上越冬。翌年病部产生的分生孢子借雨水或灌溉水传播，从伤口侵入。

（4）危害症状。地上部出现萎蔫，剖开病茎，薯块维管束变褐，湿度大时，病部常产生白色至粉红色菌丝。

（5）防治措施。①与禾本科作物或绿肥等进行4年轮作。②选择健康薯留种，施用腐熟有机肥和马铃薯专用肥，可减轻发病。③选用抗病品种。内蒙古的研究表明，中薯10号、冀张薯12和中薯13为中抗品种。中薯14、中薯18、中薯19、中薯21和冀张薯8号为高抗品种（贾瑞芳等，2019）。④药剂防治。可用甲基硫菌灵和春雷霉素拌种预防。80％代森锰锌可湿性粉剂、75％肟菌·戊唑醇可湿性粉剂防效较好（耿妍等，2019）。

6. 马铃薯灰霉病

（1）病原物。马铃薯灰霉病是由灰葡萄孢（*Botrytis cinerea* Person）引起的真菌性病害。

（2）发生时期。苗期和成株期发病。

（3）传播途径。马铃薯灰霉病病菌越冬场所广泛。菌核在土壤里，菌丝体及分生孢子在病残体上、土表、土内、种薯上，均可越冬，成为第2年的初侵染源。病菌分生孢子借气流、雨水、灌溉水、昆虫和农事活动传播，由伤口、残花或枯衰组织侵入，条件适宜时多次进行再侵染，扩展蔓延。

（4）危害症状。马铃薯灰霉病可侵染叶片、茎秆、块茎。病株茎基部叶片的边缘或尖端形成病斑，病斑经常受主要叶脉限制，呈楔形，有隐约可见的同心环。湿度大时病斑上形成灰色霉层，病害蔓延迅速，叶片呈黏性腐烂，后期病部碎裂穿孔，严重时通过被侵染叶片的叶柄扩展到茎的皮层，导致植株萎蔫。侵染块茎症状在收获时不明显，在贮藏期发展变得严重。被侵染组织表面皱缩，内部发黑，后逐渐呈褐色半湿性腐烂，从伤口或芽眼长出菌丝丛。块茎受侵染时也可产生干腐，薯块凹陷并变色，通常干腐的深度小于1厘米（姚文国等，2001）。

（5）防治措施。①农业防治。选用抗病品种和健康、脱毒种薯，严格挑选种薯，尽量减少伤口。重病地实行和禾本科作物等非茄科作物4年以上轮作。高垄栽培，合理密植，控制营养生长。清除病残体，减少侵染菌源。②药剂防治。播种前用每克2亿孢子的木霉菌可湿性粉剂300～500倍稀释浸泡后直接种植。发病初期用每克2亿孢子的木霉菌可湿性粉剂500～1 000倍液喷施、灌根均可（尹明浩，2017）。或者在发病初期，叶面喷施40%硫黄·多菌灵悬浮剂600倍液，或50%乙烯菌核利可湿性粉剂1 000倍液，或50%腐霉利可湿性粉剂1 000倍液，或40%嘧霉胺可湿性粉剂800倍液。

7. 马铃薯干腐病

（1）病原物。干腐病主要由致病镰刀菌（*Fusarium* spp.）引起。目前中国已报道的马铃薯干腐病病原菌有17个种和5个变种，主要有茄病镰刀菌（*F. solani*）、茄病镰刀菌蓝色变种（*F. solani* var. *coeruleum*）、接骨木镰刀菌（*F. sambucinum*）、半裸镰刀菌（*F. semitectum*）、锐顶镰刀菌（*F. acuminatum*）、层生镰刀菌（*F. proliferatum*）、串珠镰刀菌（*F. moniliforme*）、串珠镰刀菌中间变种（*F. moniliforme* var. *intermedium*）、串珠镰刀菌浙江变种（*F. moniliforme* var. *zhejiangensis*）、拟丝孢镰刀菌（*F. trichothe-cioides*）、拟枝孢镰刀菌（*F. sporotrichioides*）、尖孢镰刀菌（*F. oxysporum*）、尖孢镰刀菌芬芳变种（*F. oxysporum* var. *redolens*）等。其中西北马铃薯优势区尖孢镰刀菌和燕麦镰刀菌发生最多。

（2）发生时期。生长期和薯块贮藏期发病。

（3）传播途径。马铃薯干腐病的病原菌传播途径广泛，可通过空气、水流、机械设备等进行传播，主要初侵染源来自土壤，病原菌可越冬并长期存活。

（4）危害症状。该病一般在块茎贮藏1个月后才开始显现。薯块表皮会出现水渍状褐色小斑点，在斑点周围出现白色、粉色或蓝色的小疱。随后块茎受侵染部位颜色发生变化，同时开始出现病斑。病斑不断扩大，薯皮成折叠状，形成同心轮纹，腐烂部位的菌丝体常常紧密交汇在一起，其上着生白色、黄色或粉红色的孢子堆。干腐病常发生在薯块脐部，薯肉逐渐变成褐色，当块茎干燥后，病健交界处呈褐色粒状，伴有白色菌丝，块茎中央形成空腔。干腐病不仅影响马铃薯块茎的产量和品质，部分病菌还能产生毒素。

（5）防治措施。①化学药剂是防治窖储期间马铃薯干腐病的主要措施，具有快速、易操作等优点。噻菌灵、仲丁胺、抑霉唑、氟硅唑和苯醚甲环唑等药剂对该病的防治效果较好。②种植抗病品种。底西瑞、冀张薯7号、Norchip、甘农薯1号等对茄病镰刀菌蓝色变种表现抗性（陈红梅等，2012）；克新1号、东农311、诺兰、东农09-33069和东农308对燕麦镰刀菌表现抗性，东农311、诺兰、克新1号对拟枝孢镰刀菌表现抗性（单玮玉等，2017）。

（三）细菌性病害

1. 马铃薯环腐病

（1）病原物。马铃薯环腐病的病原为密执安棒形杆菌种环腐亚种（*Clavibater michiganense* subsp. *sepedonicum*）。

（2）发生时期。田间发病一般在开花后期。

（3）传播途径。病菌在种薯中越冬，成为翌年初侵染来源。病菌主要靠切刀传播。病菌经伤口侵入，不能从气孔、皮孔、水孔侵入，受到损伤的健康薯只有在维管束部分接触到病菌才能感染。马铃薯生长后期，病菌可沿茎部维管束经由匍匐茎侵入新生的块茎，感病块茎作种薯时又成为新的侵染来源。收获期，病薯和健康薯可以接触传染。

(4) 危害症状。马铃薯环腐病是一种细菌性的维管束病害。初期症状为叶脉间褪绿，呈斑驳状，以后叶片边缘或全叶黄枯，并向上卷曲，植株下部叶片先发病，逐渐向上发展至全株。它可引起地上部茎叶萎蔫和枯斑，地下部块茎维管束发生环状腐烂。因环境条件和品种抗病性不同，植株症状也有所区别。

(5) 防治措施。①引进和种植抗病品种。全国表现抗病性较高的品种有：克新 1 号、克疫、郑薯 4 号、晋薯 7 号、同薯 23 和高原 4 号等（陈云等，2010）。②建立无病留种田。③整薯播种。可避免切刀传染，播种时严格淘汰病薯。④药剂防治。采用春雷霉素、中生菌素等防治细菌性病害的药剂拌种，以达到预防和治疗的作用。

2. 马铃薯黑胫病

(1) 病原物。马铃薯黑胫病的病原主要为胡萝卜软腐欧文氏菌马铃薯黑胫亚种（*Erwinia carotovora* subsp. *atroseptica*）。该病原寄主范围极广，除危害马铃薯外，还能侵染葫芦科、豆科和藜属等植物。

(2) 发生时期。苗期和成株期。

(3) 传播途径。马铃薯黑胫病通过种薯带菌传播，土壤一般不带菌。田间病菌还可通过灌溉水、雨水、种蝇的幼虫和线虫传播，经伤口侵入致病。无伤口的植株或已木栓化的块茎不受侵染。贮藏期病菌通过接触伤口或皮孔侵入使健康薯染病。

(4) 危害症状。马铃薯黑胫病从苗期至生育后期均可发病，主要危害植株茎基部和薯块。种薯染病腐烂成黏团状、不发芽，或刚发芽即烂在土中，不能出苗。当幼苗生长至15～18 厘米时开始出现症状，表现为植株矮小，叶色褪绿黄化，节间短缩或叶片上卷，茎基以上部位组织发黑腐烂，最终萎蔫而死。植株茎基部和地下部受害，影响水分和养分的吸收和传导，造成不能结薯或结薯后停止生长并发生腐烂现象，且根系不发达，易从土中拔出。茎部发黑后，横切茎可见 3 条主要维管束变为褐色。薯块染病始于脐部，呈放射状向髓部扩展，病部黑褐色，横切可见维管束亦呈黑褐色，用手压挤皮肉不分离。湿度大时，薯块变为黑褐色，腐烂发臭。

(5) 防治措施。①选用抗病品种。如克新 1 号、克新 4 号、郑薯 2 号等品种。②选用无病种薯。加强种薯质量检测，从源头切断传播途径。做好切刀消毒工作。③加强栽培管理。合理安排播种期，尽量早播种，早出苗，幼苗生长期避开高温高湿天气。控制氮肥用量，增施磷钾肥。④药剂防治。在发病初期，用 95％乙酸铜水剂 500 倍液或 50％琥胶肥酸铜可湿性粉剂、40％氢氧化铜水分散粒剂 600～700 倍液，每隔 7～10 天叶面喷施 1 次，喷施 2～3 次。氯溴异氰尿酸可溶性粉剂、氢氧化铜水分散粒剂、噻霉酮水乳剂，对黑胫病菌具有较好的抑制效果（冯志文等，2020）。

3. 马铃薯疮痂病

(1) 病原物。马铃薯疮痂病是由放线菌属（*Streptomyces*）的疮痂链霉菌（*S. scabies*）引起的细菌性病害。国内学者报道马铃薯疮痂病菌种类有 10 多种，存在明显的地域差异性及多样性，新致病种 *S. anulatus*、*S. enissocaesilis*、*S. galilaeus*、*S. bobili* 和 *S. acidiscabies* 等不断出现（赵伟全等，2006；张萌等，2009；邢莹莹等，2016；陈利达，2020）。

（2）**发生时期**。整个生育期均可发病，尤其是结薯期。

（3）**传播途径**。病原菌能够种传和土传，带菌种薯是马铃薯疮痂病发生和传播的重要途径。

（4）**危害症状**。主要危害块茎，初期薯块表皮产生褐色斑点，逐渐扩大形成褐色近圆形或不定形大斑，病斑多分散。病斑呈网纹状和裂口状，表皮粗糙木质化，病斑开裂后边缘隆起，中央凹陷，病斑呈锈色、暗褐色或黑色疮痂状硬斑块。病斑仅限于薯块皮部，不深入薯块内。该病发生后，病斑虽然仅限于皮层，但病薯不耐贮藏，外观难看。一般减产10%～30%。

（5）**防治措施**。①种植抗病品种。陕北地区种植的品种中，黑金刚、冀张薯8号、榆薯3号和心里美为中抗疮痂病品种（赵艳群等，2021），全国范围内的高抗病品种很少。②合理轮作倒茬。与玉米、大豆、谷子及百合科和葫芦科作物等进行3～5年轮作，不能与茄科作物轮作。③加强栽培管理。高垄栽培，中耕培土，合理施肥、灌溉。④药剂防治。用春雷王铜、硫酸铜钙和芽孢杆菌生物菌剂等拌种或滴灌均可防治。

4. 马铃薯细菌性软腐病

（1）**病原物**。马铃薯细菌性软腐病的主要致病菌有3种，分别为胡萝卜软腐果胶杆菌（*Pectobacterium carotovorum* subsp. *carotovorum*）、黑腐果胶杆菌（*P. atrosepticum*）和菊狄克氏菌（*Dickeya chrysanthemi*），均为革兰氏阴性菌。

（2）**发生时期**。软腐病一般发生在生长后期收获之前的块茎上及贮藏的块茎上。

（3）**传播途径**。带病的种薯、植株病残体和土壤是软腐病的初侵染源。病菌通过雨水或昆虫侵入植株茎、叶伤口，由地下匍匐茎传入薯块。当薯块表面有水时，病原细菌大量繁殖，在薯块薄壁细胞间隙中扩展，分泌果胶酶降解细胞中胶质，引起软腐。通气不良、田里积水、水洗后块茎上有水膜造成的厌氧环境，有利于病害发生发展。施氮肥多也提高其感病性。

（4）**危害症状**。叶片感染后，接近地面的老叶先发病，出现不规则暗褐色病斑，湿度高时腐烂。茎部感染后，茎内组织腐烂、恶臭，出现漆黑色病斑，病茎上部枝叶萎蔫变黄，病株倒伏、变枯。块茎染病后变为棕褐色，组织呈水渍状，形成圆形或近圆形病斑，表皮下组织软腐，以后扩展形成大病斑，严重时整个薯块腐烂。发展至腐烂时，软腐组织呈湿奶油色或棕褐色。被侵染组织和健康组织界限明显，病斑边缘有褐色或黑色的色素，后期有臭气、黏液、黏稠物质。

（5）**防治措施**。①农业防治。加强田间管理，注意通风透光和降低田间湿度。及时拔除病株，并用石灰消毒。收获和储存期要注意避免造成机械伤害的同时，剔除伤病薯。②种植抗病品种。研究发现克新1号、高原4号等品种对胡萝卜软腐果胶杆菌、黑腐果胶杆菌具有良好抗性，青薯168、晋薯26也有较好的抗性（张学君等，1992；王立春等，2012；姜红等，2017；白小东等，2018）③药剂防治。喷洒或者滴灌47%春雷·王铜可湿性粉剂500倍液、14%络氨铜水剂300倍液等铜制剂，或者使用3%噻霉酮可湿性粉剂可防治该病害。

（四）病毒性病害

马铃薯病毒病是影响马铃薯产量的主要原因之一，能够引起马铃薯病毒病的病毒类别多达40余种，其中以马铃薯命名的病毒就有20多种，约占总病毒种类的50%。根据病毒感染后表现的症状不同，将马铃薯病毒病分为轻花叶病毒病、重花叶病毒病和卷叶病毒病等。此外，马铃薯田间生产过程中，两种以上病毒复合侵染的现象非常普遍，也使得马铃薯植株病害症状更为复杂，识别更加困难。

1. 马铃薯 X 病毒

（1）**分类地位**。马铃薯 X 病毒（PVX）属于甲型线形病毒科（*Alphaflexiviridae*）、马铃薯 X 病毒属（*Potexvirus*），是马铃薯上发现最早、传播最广的一种病毒，其引起的病害一般被称为马铃薯普通花叶病或轻花叶病。

（2）**危害症状**。目前推广的马铃薯品种都较抗马铃薯 X 病毒。感染后植株一般生长较正常，叶片基本不变小，仅中上部叶片叶色减退，浓淡不均，表现出明显的黄绿花斑。在阴天或迎光透视叶片，可见黄绿相间的斑驳。有些品种的叶片感染马铃薯 X 病毒之后，植株会表现出矮化，叶片上出现轻花叶、坏死斑、斑驳或环斑等症状。严重时可出现皱缩花叶，植株老化，植株由下向上枯死，块茎变小。有些马铃薯品种感染了马铃薯 X 病毒后叶片上没有肉眼能观察到的典型特征。此病毒的株系主要分 4 个，各株系对不同寄主和不同马铃薯品种的毒性和引致的症状不同，有的不引致症状（隐症），有的引致轻微花叶，个别引起过敏反应，还有个别可引致严重的坏死症状。当马铃薯 X 病毒与马铃薯 Y 病毒复合侵染植株时，植株叶片表现出明显的皱缩且带有花叶症状，称为皱缩花叶病，叶尖向下弯曲，叶脉下陷，叶缘向下弯折，严重时植株极矮小，呈绣球状，下部叶片早期枯死脱落。

（3）**传播途径**。马铃薯 X 病毒主要传播途径有种薯传播、汁液摩擦传播、蚜虫以非持久性方式传播；另外寄生植物菟丝子及内生集壶菌也能传播。马铃薯植株内的病毒浓度以花期为最高，以后逐渐降低，但块茎内的浓度则逐渐增高。

（4）**发生地区和条件**。该病毒广泛分布于马铃薯种植区，是马铃薯生产上常发病害。其侵染速度与植株老化程度和气温有关。植株叶片越嫩，被侵染后病毒的扩展速度越快；叶片越老，被侵染后病毒的扩展速度越慢。气温较低时病症表现明显，气温较高时症状表现不明显甚至隐症。马铃薯 X 病毒单独侵染叶片后引起的马铃薯产量损失不足 10%，但其本身可以与其他马铃薯病毒复合侵染，从而给马铃薯的生产造成严重危害。对马铃薯产量的影响远比单独感染病毒的影响大。

2. 马铃薯 Y 病毒

（1）**分类地位**。马铃薯 Y 病毒（PVY）是马铃薯 Y 病毒科（*Potyviridae*）、马铃薯 Y 病毒属（*Potyvirus*）的代表种，是引起马铃薯花叶病害中最严重的一类病毒，也是引起马铃薯退化的重要病毒之一。其引起的病害一般被称为马铃薯重花叶病、条斑花叶病、条斑垂坏死病、点条斑花叶病等。

（2）**危害症状**。PVY 存在多个株系，且不同株系在不同品种马铃薯上引起的症状不同：普通株系（PVYO）侵染引起马铃薯严重的皱缩或条纹落叶病以及烟草的系统斑驳症状；脉坏死株系（PVYN）侵染马铃薯叶片无症状或有很轻度的斑驳病症，侵染烟草造成系统脉坏死；点条纹株系（PVYC）侵染马铃薯引起条痕花叶症状等过敏性反应，一般不表现花叶或皱缩。近年来，不断有新的基因重组株系，如 PVYNS、PVYNTN、PVYNTN-NW、PVYN-Wi、PVYN-HcO 等，并在全球不同地区蔓延。

（3）**传播途径**。此类病毒主要是通过桃蚜等蚜虫以非持久方式传播的，在田间也可通过摩擦进行汁液传播、随嫁接及机械作业等农事活动传播。此外，该病的远距离传播主要依赖带毒种薯调运。作为主要传毒媒介，蚜虫主要集聚在带毒植株新叶、嫩叶和花茎上，以刺吸式口器刺入植物组织内吸取带病毒的汁液后获得病毒，随即在取食健康植株时即可传毒。但该病毒仅在短时间内保留其侵染性，一般不超过 1 小时，因此蚜虫介体仅能在短距离内传播病毒，如遇强风也可传播较远。

（4）**发生地区和条件**。马铃薯 Y 病毒分布十分广泛，几乎所有马铃薯种植区均有该病的发生。在天气较为干旱的地区，由于蚜虫数量多、传毒效率高，马铃薯 Y 病毒感染率较高。此外，马铃薯 Y 病毒的感染与当地气候和海拔有一定的关系，在海拔高的地区，温度高且风较大，不适合蚜虫的生长繁殖，马铃薯 Y 病毒的检出率相对也较低。

3. 马铃薯卷叶病毒

（1）**分类地位**。马铃薯卷叶病毒（PLRV）属于黄症病毒科（*Luteoviridae*）、黄症病毒属（*Luteovirus*），也是马铃薯上的一种重要病毒病害，可以引起马铃薯退化。

（2）**危害症状**。马铃薯卷叶病毒分为 5 个不同株系，不同株系间存在交叉保护作用，在马铃薯上均可表现出卷叶症状。此类病毒表现的典型症状为叶片卷曲，采集叶片的时候用手指轻轻挤压叶片，会听到叶片发出很脆的声音，被卷叶病毒感染的叶片会变硬，叶片呈现革质化，且颜色也比正常叶片的颜色浅。此外，患病植株表现出的症状随感染的类型和程度（初侵染或继发性侵染）不同而存在差异。初侵染植株为首次被病毒侵染的植株，典型症状为幼叶卷曲直立、褪绿变黄，小叶沿中脉向上卷曲，小叶基部着有紫红色，严重时呈筒状，但不表现皱缩，叶质厚而脆，稍有变白。有些品种叶片可能产生红晕，主要发生在小叶边缘。继发性侵染为二次侵染，即用上年马铃薯卷叶病毒已经初侵染的块茎，在下年作种薯再发病。继发性侵染的病株表现为全株病状较为严重，一般在马铃薯现蕾期以后，病株叶片由下部至上部，沿叶片中脉卷曲直立，呈匙状，叶片干燥、变脆呈革质化，叶背有时候出现紫红色，上部叶片可能出现褪绿症状，严重时植株全株直立矮化、僵直、发黄，叶片卷曲、革质化。

（3）**传播途径**。马铃薯卷叶病毒主要通过种薯进行远距离传播，在田间病毒严格依赖蚜虫以持久方式传播，不能通过摩擦进行汁液传播，也不能通过种子、花粉、机械操作传播。桃蚜作为马铃薯卷叶病毒传播效率最高、最重要的传播介体，病毒可以在其体内进行增殖。蚜虫可以终生带毒，但不传给后代。

（4）**发生地区和条件**。广泛分布于马铃薯各种植区。在气温较低且环境较潮湿的地区，发病较轻。环境温度较高且周围干燥的条件，适合蚜虫的生长繁殖，就扩大了病毒传播的范围，也加快了病毒传播速度，会增加马铃薯植株染病概率。病毒在寄主体内含量低，主要集中于寄主维管束中。严重侵染的马铃薯植株通常生长一段时间之后会提前死亡，使得马铃薯块茎变瘦小，薯肉呈现锈色网纹斑。初侵染病株减产程度小于继发性侵染病株。

4. 马铃薯病毒病综合防治

（1）**使用脱毒种薯**。这是控制病毒病最有力的措施。

（2）**选用抗病脱毒品种**。冀张薯 8 号、鄂薯 10 号、黑金刚、中薯 18、维雷巴耶夫、青薯 9 号和陇薯 7 号抗病性较强。

（3）**防治虫媒**。及时防治蚜虫，阻止病毒传播。

（4）**药剂防治**。发病初期叶面喷施盐酸吗啉胍、氨基寡糖素、香菇多糖和宁南霉素等药剂可防治病毒病。

（五）腐烂茎线虫病

1. 病原物 腐烂茎线虫病的病原为动物界茎线虫属（*Ditylenchus*）的腐烂茎线虫（*D. destructor*），是多食性、迁移性植物内寄生线虫。腐烂茎线虫于 1937 年传入中国，在山东、河北、河南等省的甘薯上发生较重，近年来发现也危害马铃薯。榆林市的马铃薯腐烂茎线虫属于 B 型（王金成等，2007；郭全新等，2010；刘晨等，2020）。

2. 发生时期 苗期、成株期和贮藏期。

3. 传播途径 该线虫主要通过种薯和土壤传播，还可以通过农事操作和水流传播。线虫可从薯苗茎部的附着点侵入，初期线虫寄生于蔓内，薯块形成后，转移至薯内。此外，病残组织、粪肥、农具和农田流水均可能成为传播媒介。

4. 危害症状 腐烂茎线虫一般危害寄主植物的地下部分。马铃薯受害后，薯块表皮下产生小的白色斑点，以后斑点逐渐扩大并变成淡褐色，组织软化以致中心变空，病害严重时，表皮开裂、皱缩，内部组织呈干粉状，颜色变为灰色、暗褐色至黑色。受害田块一般减产 15％左右，严重时可以造成绝产。

5. 防治措施 以检疫预防为主，杜绝病害发生传入。一是加强疫情监测预警。准确监测、及时发现疫情。二是严格落实检疫措施。严格产地检疫，选择无疫情发生的地块生产种薯，建立无疫情种薯繁育基地；禁止从疫情发生地调种和采种，禁止调运染疫种薯；疫情监测过程中一旦发现疫情，要采取严格的检疫处理措施。三是综合防控措施。选用抗耐病品种，培育和使用无病壮苗；合理调整农作物布局，实施轮作。四是药剂防治。播种时用噻唑膦、阿维菌素、厚孢轮枝菌等药剂进行土壤撒施、穴施，或每亩沟施 10％噻唑膦颗粒剂 1 千克、41.7％氟吡菌酰胺悬浮剂 100 毫升进行防治（赵艳群等，2021）。

二、虫害与防治

虫害是影响马铃薯产业持续、稳定发展的重要因素。马铃薯作为块茎类作物，害虫种类多、危害重，尤其地下害虫发生日趋严重，对马铃薯产量及品质造成严重影响。陕北地区马铃薯地下害虫主要有小地老虎、蛴螬、金针虫、蝼蛄等，地上部分害虫主要有二十八星瓢虫、马铃薯蚜虫、小绿叶蝉、中华豆芫菁等。

（一）地下害虫

1. 小地老虎 小地老虎（*Agrotis ypsilon*），也称土蚕、切根虫。属于鳞翅目、夜蛾科、切根虫亚科、地老虎属。杂食性害虫，可危害棉花、玉米、烟草、芝麻、豆类、多种蔬菜等春播作物，也取食藜、小蓟等杂草。

（1）形态特征。成虫体长 17～23 毫米，翅展 40～54 毫米。全体灰褐色。前翅有两对横纹，翅基部淡黄色，外部黑色，中部灰黄色，并有 1 圆环，肾纹黑色；后翅灰白色，半透明，翅周围浅褐色。雌虫触角丝状。雄虫触角栉齿状。卵为馒头形，直径 0.5 毫米，高 0.3 毫米，表面有纵横隆起纹，初产时乳白色。幼虫老熟时体长 37～47 毫米，圆筒形，全体黄褐色，表皮粗糙，背面有明显的淡色纵纹，满布黑色小颗粒。蛹长 8～24 毫米，赤褐色，有光泽。

（2）生活史。3 月下旬至 4 月上旬大量羽化。第一代幼虫发生最多，危害最重。1～2

龄幼虫群集幼苗顶心嫩叶，昼夜取食，3龄后开始分散危害，共6龄。白天潜伏根际表土附近，夜出咬食幼苗，并能把咬断的幼苗拖入土穴内。其他各代发生虫数少。成虫夜间活动，有趋光性，喜吃糖、醋、酒味的发酵物。卵散产于杂草、幼苗、落叶上，尤其肥沃湿润的地里卵较多。

（3）**发生时期与危害**。一般在苗期发生。以幼虫咬食地面处根茎危害，导致缺株。

2. 蛴螬　蛴螬俗名白地蚕，为鞘翅目金龟总科幼虫的统称。危害马铃薯的主要有：华北大黑鳃金龟（*Holotrichia oblita*）、东北大黑鳃金龟（*H. diomphalia*）、铜绿丽金龟（*Anomala corpulenta*）和黄褐丽金龟（*A. exoleta*）等。杂食性，寄主范围广。

（1）**形态特征**。体肥大，体型弯曲呈C形，白色至黄白色，体壁较柔软多皱。头部黄褐色至红褐色，上颚显著，头部前顶每侧生有左右对称的刚毛。具胸足3对。

（2）**生活史**。年生代数因种、因地而异。金龟子是一类生活史较长的昆虫，一般1年1代，或2～3年1代。如大黑鳃金龟2年1代，暗黑鳃金龟、铜绿丽金龟1年1代。蛴螬共3龄。1、2龄期较短，第3龄期最长。

（3）**发生时期与危害**。苗期和结薯期均可危害。终年在地下活动，取食萌发的种子或幼苗根茎，常导致地上部萎蔫死亡。害虫造成的伤口有利于病原菌侵入，诱发病害。

3. 金针虫　金针虫是鞘翅目叩甲科幼虫的总称，常称为铁丝虫、姜虫、金耙齿等。常见有沟金针虫（*Pleonomus canaliculatus*）和细胸金针虫（*Agriotes fuscicollis*）；此外，还有褐纹金针虫（*Melanotus caudex*）和宽背金针虫（*Selatosomus latus* Fabricius）等。

（1）**形态特征**。老熟幼虫体长20～30毫米，最宽处约4毫米。体金黄色，体表有同色细毛。体节宽大于长，从头至第九腹节渐宽。前头及口器暗褐色，头部黄褐色，扁平，上唇退化，其前缘呈三叉状突起；臀节黄褐色分叉，背面有暗色近圆形的凹入，上密生刻点，两侧缘隆起，各有3个齿状突起，尾端分为尖锐面向上弯曲的二叉，每叉内侧各有1小齿。

（2）**生活史**。一般2～5年完成1代，因种和地域而异。幼虫耐低温而不耐高温，以幼虫或成虫在地下越冬或越夏，每年4—6月和10—11月在土壤表层活动取食危害。雄成虫善飞，有趋光性。雌虫飞行能力弱，一般多在原地交尾产卵，故扩散危害受到限制，因此在虫口密度大的田内1次防治后，在短期内种群密度不易回升。

（3）**发生时期与危害**。苗期和结薯期均可危害。幼虫在土中取食播种下的种子、萌出的幼芽，危害玉米根部和茎基部，使植株枯萎致死，造成缺苗断垄。

4. 蝼蛄　蝼蛄是直翅目、蟋蟀总科、蝼蛄科昆虫的总称。陕北地区主要是华北蝼蛄（*Gryllotalpa unispina*）和东方蝼蛄（*G. orientalis*）。

（1）**形态特征**。华北蝼蛄成虫体长39～45毫米；东方蝼蛄成虫体长31～35毫米。体灰褐至暗褐色，触角短于体长，前足发达，腿节片状，胫节三角形，端部有数个大型齿，便于掘土。

（2）**生活史**。华北蝼蛄和东方蝼蛄分别2～3年和1～2年完成1代。以成虫和若虫在土中越冬。当土层10厘米以上地温达8℃以上时，开始活动。成虫昼伏夜出，白天潜伏于土中或作物根际、杂草丛中，傍晚开始出土活动，飞翔、交配、取食。喜在轻盐碱地、无植被覆盖的干燥向阳地埂附近或路边、渠边和松软的水渍状土壤里产卵。蝼蛄具有群集性、趋光性、趋化性、趋湿性。秋季咬食块茎，使其形成孔洞，易引发感染造成病害。

（3）**发生时期与危害**。一般苗期危害。取食萌动的种子，或咬断幼苗根茎，咬断处呈乱麻状，造成植株萎蔫。蝼蛄常在地表土层穿行，形成的隧道使幼苗和土壤分离，导致幼苗失水干枯而死。

5. 地下害虫综合防治措施

（1）**农业防治**。结合冬春农田基本建设，平整土地，深翻土地，清除田间、田埂、地头、地边的杂草等，减轻地下害虫的发生。进行科学的轮作倒茬和间作套种。地下害虫最喜食禾谷类和块茎、块根类大田作物，对油菜、麻类等直根系作物不喜食，轮作或套种可以减轻其危害。

（2）**化学防治**。使用毒土和颗粒剂：播前每亩撒施 5%辛硫磷颗粒剂 2 千克或 10%吡虫啉可湿性粉剂 400 克加细土 10 千克掺匀，顺垄撒于沟内，毒杀苗期危害的地下害虫。也有研究表明，用 70%吡虫啉可湿性粉剂、70%噻虫嗪水分散粒剂、3%克百威颗粒剂作土壤处理、种薯处理效果明显，增产效果达 27%以上。

（3）**物理防治**。也可利用糖醋酒液和黑光灯对成虫进行诱杀。

（二）地上害虫

1. 二十八星瓢虫　二十八星瓢虫属于鞘翅目、多食亚目、瓢甲科、毛瓢甲亚科，是马铃薯瓢虫（*Henosepilachna vigintioctomaculata*）和茄二十八星瓢虫（*H. vigintioctopunctata*）的统称，以危害茄子和马铃薯为主。

（1）**形态特征**。茄二十八星瓢虫成虫略小于马铃薯瓢虫，半球形，黄褐色或红褐色，体表密生黄色细毛。2 个鞘翅各 14 个黑斑，基部第二排 4 个黑斑几乎在一条直线上，2 个翅合缝处黑斑没有相连。卵粒排列较密集。幼虫背面隆起，各节生有整齐白色枝刺，基部有黑褐色环纹。

马铃薯瓢虫成虫略大，2 个鞘翅也各有 14 个黑色斑，但鞘翅基部 3 个黑斑后面的 4 个斑不在一条直线上，2 个鞘翅合缝处有 1～2 对黑斑相连，这是二者的显著区别。卵块中卵粒排列较松散。幼虫体表具有很多黑色的枝刺，枝刺基部有淡黑色环状纹。

（2）**生活史**。二十八星瓢虫在榆林市每年发生 1～5 代，以成虫越冬，翌年 3 月下旬至 4 月初先后出现，5 月上中旬以后逐渐转移至马铃薯、茄子上产生危害，并开始产卵，6 月上中旬为产卵盛期，6 月下旬出现第一代成虫，10 月上旬成虫已逐渐向越冬场所迁移（封永顺等，2014）。成虫有假死性和趋光性。

（3）**发生时期**。全生育期。

（4）**危害**。成虫、幼虫在叶背面剥食叶肉，仅留表皮，形成很多不规则半透明斑，后变褐色、枯萎。果实被啃食处常常破裂、组织变僵；粗糙、有苦味，不能食用，甚至失去商品性。茎和果上也有细波状食痕。6—8 月危害取食叶片。

（5）**防治措施**。①人工杀虫。人工捕杀成虫、幼虫。利用其假死性，敲打植株，收集消灭。幼虫孵出前人工摘卵，集中处理，减少害虫数量。②生物防治。喷施苏云金杆菌、云菊素等生物制剂，保护天敌。③理化诱控。根据其趋性，利用杀虫灯或种植诱集作物（龙葵），达到集中捕杀的目的。④药剂防治。要抓住幼虫分散前的有利时机，开展防治。马铃薯全生育期可根据虫情药剂防治 2～3 次，注意喷施叶背面。4.5%高效氯氟氰菊酯乳油、10%吡虫啉可湿性粉剂、1.8%阿维菌素乳油等药剂对二十八星瓢虫的防治效果较好，且喷药 3 次后无药害现象（李丽君等，2018）。

2. 桃蚜　危害马铃薯的蚜虫主要是桃蚜（*Myzus persicae*），分类上属同翅目、蚜总科、蚜科。

（1）**形态特征**。有翅胎生雌蚜和无翅胎生雌蚜为体形细小（长约 2 毫米）、柔软、呈椭圆形的小虫子，体色多变，以绿色为多，也有黄绿色或者樱红色。

（2）**生活史**。繁殖力很强。当连续 5 天的平均气温稳定上升到 12 ℃以上时，便开始繁殖。在气温较低的早春和晚秋，完成 1 个世代需 10 天，在夏季温暖条件下，只需 4～5 天。它以卵在花椒树、石榴树等枝条上越冬，也可在保护地内以成虫越冬。气温为 16～22 ℃时最适宜蚜虫繁育。其生活史属全周期迁移式，即该虫可采取营孤雌生殖与两性生殖交替的繁殖方式，并具有季节性的寄主转换习性，可在冬寄主与夏寄主上往返迁移危害。但在温室内及温暖的南方地区，该虫终年营孤雌生殖，且无明显的越冬滞育现象，年发生世代多达 30 代以上。干旱或植株密度过大时有利于蚜虫危害。

（3）**发生时期**。全生育期。

（4）**危害**。蚜虫群居在叶子背面和幼嫩的顶部取食，刺伤叶片吸取汁液，同时排泄出一种黏性物质，堵塞气孔，使叶片皱缩变形，影响产量；同时，传播病毒病。

（5）**防治措施**。①农业防治。及时清除田间杂草；利用灌溉，及时清理越冬场所。②黄板诱蚜。蚜虫具有趋黄性，可在路边或者行间悬挂黄色粘虫板，略高于植株 10～20 厘米，每亩 20～30 张。③生物防治。利用其天敌是有效的生物防治手段，蚜虫的天敌有瓢虫、蚜茧蜂、食蚜蝇等；也可利用蚜霉菌防治蚜虫。④药剂防治。每亩用 1.8%阿维菌素乳油 30～50 毫升，兑水进行喷雾，或 0.3%苦参碱水剂 80～100 毫升；可以采用 10%吡虫啉可湿性粉剂每亩 15～30 克，或用 4.5%高效氯氟氰菊酯乳油每亩 20～30 毫升、50%的吡蚜酮水分散粒剂每亩 20～30 克兑水喷雾防治。

3. 小绿叶蝉　小绿叶蝉（*Empoasca fabae*），属于同翅目、蝉亚目、叶蝉科。

（1）**形态特征**。体长 3～15 毫米。单眼 2 个，少数种类无单眼。后足胫节有棱脊，棱脊上有 3～4 列刺状毛。后足胫节刺毛列是叶蝉科的最显著识别特征。

（2）**生活史**。年生 4～6 代，以成虫在落叶、杂草或低矮绿色植物中越冬。翌春桃、李、杏发芽后出蛰，飞到树上刺吸汁液，经取食后交尾产卵，卵多产在新梢或叶片主脉里。卵期 5～20 天；若虫期 10～20 天，非越冬成虫寿命 30 天；完成 1 个世代 40～50 天。世代重叠。6 月虫口数量增加，8—9 月最多且危害严重。秋后以末代成虫越冬。成、若虫喜白天活动，在叶背刺吸汁液或栖息。成虫善跳，可借风力扩散，成虫大多具有趋光习性。

（3）**发生时期**。苗期和成株期。

（4）**危害**。马铃薯小绿叶蝉使叶变褐色、卷曲；堵塞木质部和韧皮部管道，从而影响营养物质的传送，并传播病毒病。

（5）**防治措施**。①农业措施。秋冬季清除苗圃内的落叶杂草，减少越冬虫源。②理化防治。利用黑光灯诱杀成虫，也可田间悬挂黄板或小绿叶蝉性诱芯诱杀叶蝉。③药剂防治。防治适宜时期为叶蝉的虫害始盛期，均匀喷雾，每隔 7 天施药 1 次，连续施用 2 次，可达到理想防治效果。喷施 2.5%溴氰菊酯可湿性粉剂 2 000 倍液，或 50%杀螟硫磷乳油 1 000 倍液，70%吡虫啉可湿性粉剂 10 000 倍液。同时清理杂草并喷药。

4. 中华豆芫菁　中华豆芫菁（*Epicauta chinensis*）又名西北豆芫菁，为完全变态昆虫，属于鞘翅目、芫菁科。

(1) **形态特征**。生活史需经卵、幼虫、蛹及成虫4个阶段。体长14～27毫米，体色除头部为红色外其他部分为单纯的黑色，身体部分地方具有灰色短绒毛。

成虫体长11～19毫米，头部红色，胸腹和鞘翅均为黑色，头部略呈三角形，触角近基部几节暗红色，基部有1对黑色瘤状突起。雌虫触角丝状，雄虫触角第3～7节扁而宽。前胸背板中央和每个鞘翅都有1条纵行的黄白色纹。前胸两侧、鞘翅的周缘和腹部各节腹面的后缘都生有灰白色毛。卵：长椭圆形，长2.5～3毫米，宽0.9～1.2毫米，初产乳白色，后变黄褐色，卵块排列成菊花状。幼虫：芫菁是复变态昆虫，各龄幼虫的形态都不相同。初龄幼虫似双尾虫，口器和胸足都发达，每足的末端都具3爪，腹部末端有1对长的尾须。2～4龄幼虫的胸足缩短，无爪和尾须，形似蛴螬。第5龄似象甲幼虫，胸足呈乳突状。第6龄又似蛴螬，体长13～14毫米，头部褐色，胸和腹部乳白色。蛹：体长约16毫米，全体灰黄色，复眼黑色。前胸背板后缘及侧缘各有长刺9根，第1～6腹节背面左右各有刺毛6根，后缘各生刺毛1排，第7～8腹节的左右各有刺毛5根。翅端达腹部第3节。

(2) **生活史**。中华豆芫菁在西北地区一年发生一代。研究表明，该虫以第5龄幼虫（假蛹）在土中越冬。在一代区的越冬幼虫6月中旬化蛹，成虫于6月下旬至8月中旬出现危害，8月为严重危害时期，尤以大豆开花前后最重。成虫白天活动，在豆株叶枝上群集危害，活泼善爬。成虫受惊时迅速散开或坠落地面，且能从腿节末端分泌含有芫菁素的黄色液体，如触及人体皮肤，能引起红肿发泡。成虫产卵于土中约5厘米处，每穴70～150粒卵。

(3) **发生时期**。苗期和成株期。

(4) **危害**。主要以成虫危害马铃薯、大豆、苜蓿、番茄、苋菜等作物和黄芪等中药材作物。中华豆芫菁将叶片咬成孔洞或缺刻，甚至吃光，只剩网状叶脉，有的还吃豆粒，使其不能结实，对产量影响大。在中华豆芫菁大发生、偏重发生年份，危害作物只剩秃茬或光秆，使植株干枯、死亡。

(5) **防治措施**。①越冬防治。根据中华豆芫菁幼虫在土中越冬的习性，冬季翻耕豆田，增加越冬幼虫的死亡率。②人工网捕成虫。成虫有群集危害习性，可于清晨用网捕成虫，集中消灭。③药剂防治。用2%杀螟硫磷粉剂或2.5%敌百虫粉剂，用量每亩1.5～2.5千克。或用90%晶体敌百虫1 000～2 500倍液，或4%鱼藤酮乳油10 000倍液等生物农药，防效可达90%以上（洪宜聪，2016）。

三、杂草与防除

(一) 中国杂草区系

农田杂草多样性可以用3个指标衡量：杂草种类、发生和危害的多样性以及杂草植被的多样性。南京农业大学杂草学专家经多年研究发现，中国农田杂草有1 500余种，隶属于110个科。根据发生的密度和分布区域的危害性，可以将这些杂草分为4种：恶性杂草、区域性恶性杂草、常见杂草和次要性杂草。中国农田杂草区系和植被分为5个：东北湿润气候带稗属-野燕麦-狗尾草属杂草区、华北暖温带马唐属-播娘蒿-拉拉藤属杂草区、西北干旱半干旱带野燕麦-狗尾草属杂草区、中南亚热带稗属-看麦娘-马唐属杂草区、南方热带稗属-马唐属杂草区。近年来，随着农田水利条件的改善、化学除草剂的使用，优势杂草种类发生改变，群落演替，敏感种群减少，抗性杂草扩张，外来入侵杂草带来一定危机。

（二）陕北马铃薯田主要杂草简介

陕北地区主要杂草有 17 种：马唐、狗尾草、莎草、早熟禾、狗牙根、藜、蒺藜、猪毛菜、碱蓬、马齿苋、牛筋草、凹头苋、反枝苋、苘麻、刺儿菜、苦苣菜、黄花蒿。

1. 马唐　马唐（*Digitaria sanguinalis*）属于单子叶植物纲、禾本科、黍亚科、黍族、雀稗亚族、马唐属、马唐组。

一年生。秆直立或下部倾斜，膝曲上升，高 10～80 厘米，直径 2～3 毫米，无毛或节生柔毛。叶鞘短于节间，无毛或散生疣基柔毛；叶舌长 1～3 毫米；叶片线状披针形，长 5～15 厘米，宽 4～12 毫米，基部圆形，边缘较厚，微粗糙，具柔毛或无毛。总状花序长 5～18 厘米，4～12 枚呈指状着生于长 1～2 厘米的主轴上；穗轴直伸或开展，两侧具宽翼，边缘粗糙；小穗椭圆状披针形，长 3～3.5 毫米；第一颖小，短三角形，无脉；第二颖具 3 脉，披针形，长为小穗的 1/2 左右，脉间及边缘大多具柔毛；第一外稃等长于小穗，具 7 脉，中脉平滑，两侧的脉间距离较宽，无毛，边脉上具小刺状粗糙，脉间及边缘生柔毛；第二外稃近革质，灰绿色，顶端渐尖，等长于第一外稃；花药长约 1 毫米。

分布于西藏、四川、新疆、陕西、甘肃、山西、河北、河南及安徽等地。种子传播快，繁殖力强，植株生长快，分枝多。竞争力强，广泛生长在田边、路旁、沟边、河滩、山坡等各类草本群落中，甚至能侵入竞争力很强的狗牙根、结缕草等群落中。

2. 狗尾草　狗尾草（*Setaria viridis*）属于单子叶植物纲、禾本目、禾本科、黍亚科、黍族、狗尾草亚族、狗尾草属、狗尾草组。

一年生。根为须状，高大植株具支持根。秆直立或基部膝曲，高 10～100 厘米，基部径达 3～7 毫米。叶鞘松弛，无毛或疏具柔毛或疣毛，边缘具较长的密绵毛状纤毛；叶舌极短，缘有长 1～2 毫米的纤毛；叶片扁平，长三角状狭披针形或线状披针形，先端长渐尖或渐尖，基部钝圆形，几呈截状或渐窄，长 4～30 厘米，宽 2～18 毫米，通常无毛或疏被疣毛，边缘粗糙。圆锥花序紧密呈圆柱状或基部稍疏离，直立或稍弯垂，主轴被较长柔毛，长 2～15 厘米，宽 4～13 毫米（除刚毛外），刚毛长 4～12 毫米，粗糙或微粗糙，直或稍扭曲，通常绿色或褐黄至紫红色或紫色；小穗 2～5 个簇生于主轴上或更多的小穗着生在短小枝上，椭圆形，先端钝，长 2～2.5 毫米，铅绿色；第一颖卵形、宽卵形，长约为小穗的 1/3，先端钝或稍尖，具 3 脉；第二颖几与小穗等长，椭圆形，具 5～7 脉；第一外稃与小穗等长，具 5～7 脉，先端钝，其内稃短小狭窄；第二外稃椭圆形，顶端钝，具细点状皱纹，边缘内卷，狭窄；鳞被楔形，顶端微凹；花柱基分离；叶上下表皮脉间均为微波纹或无波纹的、壁较薄的长细胞。颖果灰白色。花果期 5—10 月。

中国各地均有分布；生于荒野、道旁，为旱地作物常见的一种杂草。

3. 早熟禾　早熟禾（*Poa annua*）是一年生或冬性禾草植物。属于单子叶植物纲、禾本目、禾本科、早熟禾亚科、早熟禾族、早熟禾属、微药组。

秆直立或倾斜，质软，高可达 30 厘米，平滑无毛。叶鞘稍压扁，叶片扁平或对折，质地柔软，常有横脉纹，顶端急尖呈船形，边缘微粗糙。圆锥花序宽卵形，小穗卵形，含小花，绿色；颖质薄，外稃卵圆形，顶端与边缘宽膜质，花药黄色，颖果纺锤形，4—5月开花，6—7 月结果。

分布于中国南北各省。生长在海拔 100～4 800 米的平原和丘陵的路旁草地、田野水沟或荫蔽荒坡湿地。

4. 狗牙根 狗牙根（*Cynodon dactylon*）属于单子叶植物纲、禾本目、禾本科、画眉草亚科、虎尾草族、狗牙根属。

低矮草本，秆细而坚韧，下部匍匐地面蔓延生长，节上常生不定根，直立部分高10～30 厘米，直径 1～1.5 毫米，秆壁厚，光滑无毛，有时两侧略压扁。叶鞘微具脊，无毛或有疏柔毛，鞘口常具柔毛；叶舌仅为一轮纤毛；叶片线形，长 1～12 厘米，宽1～3 毫米，通常两面无毛。穗状花序（2～）3～5（～6）枚，长 2～5（～6）厘米；小穗灰绿色或带紫色，长 2～2.5 毫米，仅含 1 朵小花；颖长 1.5～2 毫米，第二颖稍长，均具 1 脉，背部成脊而边缘膜质；外稃舟形，具 3 脉，背部明显成脊，脊上被柔毛；内稃与外稃近等长，具 2 脉。鳞被上缘近截平；花药淡紫色；子房无毛，柱头紫红色。

广布于中国黄河以南各省，全世界温暖地区均有分布，北京附近已有栽培。多生长于村庄附近、道旁河岸、荒地山坡。

5. 牛筋草 牛筋草（*Eleusine indica*）为一年生草本植物。属于单子叶植物纲、禾本目、禾本科、画眉草亚科、画眉草族、穇亚族、穇属。

根系极发达。秆丛生，基部倾斜。叶鞘两侧压扁而具脊，松弛，无毛或疏生疣毛；叶舌长约 1 毫米；叶片平展，线形，无毛或上面被疣基柔毛。穗状花序 2～7 个指状着生于秆顶，很少单生；小穗长 4～7 毫米，宽 2～3 毫米，含 3～6 朵小花；颖披针形，具脊，脊粗糙。囊果卵形，基部下凹，具明显的波状皱纹。鳞被 2 个，折叠，具 5 脉。花果期 6—10 月。

分布于中国南北各省及全世界其他温带和热带地区。多生于荒芜之地及道路旁。根系极发达，秆叶强韧，全株可作饲料，又为优良保土植物。牛筋草根系发达，吸收土壤水分和养分的能力很强，对土壤要求不高；它生长时需要的光照比较强，适宜温带和热带地区。

6. 莎草 莎草（*Cyperus rotundus*）属于单子叶植物纲、莎草目、莎草科、藨草亚科、莎草族、莎草属。

多年生草本，茎高 20～40 厘米，锐三棱形，基部呈块茎状。匍匐根状茎长，先端具肥大纺锤形的块茎，外皮紫褐色，有棕色毛或黑褐色的毛状物。叶窄线形，短于茎，宽 2～5 毫米；鞘棕色，常裂成纤维状。叶状苞片 2～5 片，长于花序或短于花序；长侧枝聚伞花序简单或复，辐射枝 3～10 条；穗状花序稍疏松，为陀螺形，具小穗 3～10 个，小穗线形，长 1～3 厘米，具花 8～28 朵，小穗轴具较宽的、白色透明的翅；鳞片覆瓦状排列，膜质，卵形或长圆状卵形，长约 3 毫米，中间绿色，两侧紫红色或红棕色，具脉 5～7 条；雄蕊 3 枚，花药线形，暗血红色；花柱长，柱头 3 枚，细长，伸出鳞片外。小坚果长圆状倒卵形。

多生长在潮湿处或沼泽地，分布于华南、华东、西南各省，少数种在东北、华北、西北一带也常见到；此外，世界各国也都广泛分布。

7. 凹头苋 凹头苋（*Amaranthus lividus*）是双子叶植物纲、原始花被亚纲、中央种子目、苋科、三被组植物。

一年生草本，高 10～30 厘米，全体无毛；茎伏卧而上升，从基部分枝，淡绿色或紫红色。叶片卵形或菱状卵形，长 1.5～4.5 厘米，宽 1～3 厘米，顶端凹缺，有一芒尖，或微小不显，基部宽楔形，全缘或稍呈波状；叶柄长 1～3.5 厘米。花呈腋生花簇，直至下部叶的腋部，生在茎端和枝端者呈直立穗状花序或圆锥花序；苞片及小苞片矩圆形，长不及 1 毫米；花被片矩圆形或披针形，长 1.2～1.5 毫米，淡绿色，顶端急尖，边缘内曲，背部有一隆起中脉；雄蕊比花被片稍短；柱头 2～3 枚，果熟时脱落。胞果扁卵形，长 3 毫米，不裂，微皱缩而近平滑，超出宿存花被片。种子环形，直径约 12 毫米，黑色至黑褐色，边缘具环状边。花期 7—8 月，果期 8—9 月。除降雨稀少的干旱区和半干旱区外，在中国东北、华北、华东、华南以及陕西、云南、新疆等省份广生，抗逆性强，抗湿耐碱，对土壤要求不严、适应性广。

8. 反枝苋 反枝苋（*Amaranthus retroflexus*）属于双子叶植物纲、原始花被亚纲、中央种子目、苋科、苋属。

一年生草本，高 20～80 厘米，有时达 1 米多；茎直立，粗壮，单一或分枝，淡绿色，有时带紫色条纹，稍具钝棱，密生短柔毛。叶片菱状卵形或椭圆状卵形，长 5～12 厘米，宽 2～5 厘米，顶端锐尖或尖凹，有小凸尖，基部楔形，全缘或波状缘，两面及边缘有柔毛，下面毛较密；叶柄长 1.5～5.5 厘米，淡绿色，有时淡紫色，有柔毛。圆锥花序顶生及腋生，直立，直径 2～4 厘米，由多数穗状花序形成，顶生花穗较侧生者长；苞片及小苞片钻形，长 4～6 毫米，白色，背面有 1 个龙骨状突起，伸出顶端成白色尖芒；花被片矩圆形或矩圆状倒卵形，长 2～2.5 毫米，薄膜质，白色，有 1 个淡绿色细中脉，顶端急尖或尖凹，具凸尖；雄蕊比花被片稍长；柱头 3 枚，有时 2 枚。胞果扁卵形，长约 1.5 毫米，环状横裂，薄膜质，淡绿色，包裹在宿存花被片内。种子近球形，直径 1 毫米，棕色或黑色，边缘钝。花期 7—8 月，果期 8—9 月。

喜湿润环境，也耐寒，适应性强。为棉花和玉米地等旱作地及菜园、果园、荒地和路旁常见杂草，局部地区危害重。另外，该植物可富集硝酸盐，家畜过量食用后会引起中毒。分布于华北、东北、西北、华东、华中及贵州和云南等地。

9. 藜 藜（*Chenopodium album*）属于双子叶植物纲、原始花被亚纲、中央种子目、藜科、环胚亚科、藜族、藜属。

一年生草本，高 30～150 厘米。茎直立，粗壮，具条棱及绿色或紫红色色条，多分枝；枝条斜升或开展。叶片菱状卵形至宽披针形，长 3～6 厘米，宽 2.5～5 厘米，先端急尖或微钝，基部楔形至宽楔形，上面通常无粉，有时嫩叶的上面有紫红色粉，下面多少有粉，边缘具不整齐锯齿；叶柄与叶片近等长，或为叶片长度的 1/2。花两性，花簇于枝上部排列成或大或小的穗状或圆锥状花序；花被裂片 5 枚，宽卵形至椭圆形，背面具纵隆脊，有粉，先端或微凹，边缘膜质；雄蕊 5 枚，花药伸出花被，柱头 2 枚。果皮与种子贴生。种子横生，双凸镜状，直径 1.2～1.5 毫米，边缘钝，黑色，有光泽，表面具浅沟纹；胚环形。花果期 5—10 月。全草黄绿色。叶片皱缩破碎，完整者展平，呈菱状卵形至宽披针形，叶上表面黄绿色，下表面灰黄绿色，被粉粒，边缘具不整齐锯齿；叶柄长约 3 厘米。圆锥花序腋生或顶生。

生长于海拔 50～4 200 米的地区，生于农田、菜园、村舍附近或有轻度盐碱的土地上。

10. 猪毛菜 猪毛菜（*Salsola collina*）属于双子叶植物纲、原始花被亚纲、中央种子目、藜科、螺胚亚科、猪毛菜族、猪毛菜属。

一年生草本，高20～100厘米；茎自基部分枝，枝互生，伸展，茎、枝绿色，有白色或紫红色条纹，生短硬毛或近于无毛。叶片丝状圆柱形，伸展或微弯曲，长2～5厘米，宽0.5～1.5毫米，生短硬毛，顶端有刺状尖，基部边缘膜质，稍扩展而下延。花序穗状，生枝条上部；苞片卵形，顶部延伸，有刺状尖，边缘膜质，背部有白色隆脊；小苞片狭披针形，顶端有刺状尖，苞片及小苞片与花序轴紧贴；花被片卵状披针形，膜质，顶端尖，结果时变硬，自背面中上部生鸡冠状突起；花被片在突起以上部分，近革质，顶端为膜质，向中央折曲成平面，紧贴果实，有时在中央聚集成小圆锥体；花药长1～1.5毫米；柱头丝状，长为花柱的1.5～2倍。种子横生或斜生。花期7—9月，果期9—10月。

分布于中国东北、华北、西北、西南等地。猪毛菜较耐寒、耐旱、耐盐碱，在碱性沙质土壤上生长最好，野生种常见于村庄附近、路旁、荒地，喜直射较强光照，生长适温为18～25℃。

11. 碱蓬 碱蓬（*Suaeda glauca*）属于双子叶植物纲、原始花被亚纲目、中央种子目科、藜科、螺胚亚科、碱蓬族、碱蓬属、柄花组。

一年生草本，高可达1米。茎直立，粗壮，圆柱状，浅绿色，有条棱，上部多分枝；枝细长，上升或斜伸。叶丝状条形，半圆柱状，通常长1.5～5厘米，宽约1.5毫米，灰绿色，光滑无毛，稍向上弯曲，先端微尖，基部稍收缩。

花两性兼有雌性，单生或2～5朵团集，大多着生于叶的近基部处。两性花花被杯状，长1～1.5毫米，黄绿色。雌花花被近球形，直径约0.7毫米，较肥厚，灰绿色；花被裂片卵状三角形，先端钝，结果时增厚，使花被略呈五角星状，干后变黑色。雄蕊5枚，花药宽卵形至矩圆形，长约0.9毫米；柱头2枚，黑褐色，稍外弯。胞果包在花被内，果皮膜质。种子横生或斜生，双凸镜形，黑色，直径约2毫米，周边钝或锐，表面具清晰的颗粒状点纹，稍有光泽；胚乳很少。花果期7—9月。

生长于海滨、荒地、渠岸、田边等含盐碱的土壤上。抗逆性强，耐盐，耐湿，耐瘠薄，在盐碱土壤上能正常开花结实。在河谷、渠边潮湿地段和土壤极其瘠薄的盐滩光板地均能正常生长发育。

12. 苘麻 苘麻（*Abutilon theophrasti*）属于双子叶植物纲、原始花被亚纲、锦葵目、锦葵科、锦葵族、苘麻属。

一年生亚灌木状草本，高达1～2米，茎枝被柔毛。叶互生，圆心形，长5～10厘米，先端长渐尖，基部心形，边缘具细圆锯齿，两面均密被星状柔毛；叶柄长3～12厘米，被星状细柔毛；托叶早落。

花单生于叶腋，花梗长1～13厘米，被柔毛，近顶端具节；花萼杯状，密被短茸毛，裂片5，卵形，长约6毫米；花黄色，花瓣倒卵形，长约1厘米；雄蕊柱平滑无毛，心皮15～20，长1～1.5厘米，顶端平截，具扩展、被毛的长芒2，排列成轮状，密被软毛。

蒴果半球形，直径约2厘米，长约1.2厘米，分果爿15～20，被粗毛，顶端具长芒2；种子肾形，褐色，被星状柔毛。花期7—8月。

产于中国吉林、辽宁、河北、山西、河南、山东、江苏、安徽、浙江、台湾、福建、江西、湖北、湖南、广东、海南、广西、贵州、云南、四川、陕西、宁夏及新疆。常见于路旁、荒地和田野间。

13. 蒺藜　蒺藜（*Tribulus terrestris*）又名白蒺藜、屈人等。属于双子叶植物纲、蔷薇亚纲、牻牛儿苗目、蒺藜科、蒺藜属、蒺藜种。

一年生草本；茎平卧；枝长 20～60 厘米，偶数羽状复叶，长 1.5～5 厘米；小叶对生，3～8 对，矩圆形或斜短圆形，长 5～10 毫米，宽 2～5 毫米，先端锐尖或钝，基部稍偏科，被柔毛，全缘；花腋生，花梗短于叶，花黄色；萼片 5 枚，宿存；花瓣 5 枚；雄蕊 10 枚，生于花盘基部，基部有鳞片状腺体，子房 5 棱，柱头 5 裂，每室3～4 胚珠；花期 5—8 月；果有分果瓣 5 枚，硬，长 4～6 毫米，无毛或被毛，中部边缘有锐刺 2 枚，下部常有小锐刺 2 枚，其余部位常有小瘤体；果期 6—9 月，生长于沙地、荒地、山坡、居民点附近。全球温带都有。

14. 马齿苋　马齿苋（*Portulaca oleracea*）属于双子叶植物纲、石竹亚纲、石竹目、马齿苋科、马齿苋属。

一年生草本，全株无毛。茎平卧或斜倚，伏地铺散，多分枝，圆柱形，长 10～15 厘米，淡绿色或带暗红色。茎紫红色，叶互生，有时近对生，叶片扁平，肥厚，倒卵形，似马齿状，长 1～3 厘米，宽 0.6～1.5 厘米，顶端圆钝或平截，有时微凹，基部楔形，全缘，上面暗绿色，下面淡绿色或带暗红色，中脉微隆起；叶柄粗短。花无梗，直径 4～5 毫米，常3～5 朵簇生枝端，午时盛开；苞片 2～6 片，叶状，膜质，近轮生；萼片 2 片，对生，绿色，盔形，左右压扁，长约 4 毫米，顶端急尖，背部具龙骨状凸起，基部合生；花瓣 5 枚，稀 4 枚，黄色，倒卵形，长 3～5 毫米，顶端微凹，基部合生；雄蕊通常 8 枚，或更多，长约 12 毫米，花药黄色；子房无毛，花柱比雄蕊稍长，柱头 4～6 裂，线形。蒴果卵球形，长约 5 毫米，盖裂；种子细小，多数偏斜球形，黑褐色，有光泽，直径不及 1 毫米，具小疣状突起。花期 5—8 月，果期 6—9 月。

中国南北各地均产。喜肥沃土壤，耐旱也耐涝，生于菜园、农田、路旁，为田间常见杂草。

15. 刺儿菜　刺儿菜（*Cirsium arvense* var. *integrifolium*）属于双子叶植物纲、菊亚纲、菊目、菊科、蓟属。

多年生草本，具匍匐根茎。茎有棱，幼茎被白色蛛丝状毛。基生叶和中部茎叶椭圆形、长椭圆形或椭圆状倒披针形，顶端钝或圆形，基部楔形，有时有极短的叶柄，通常无叶柄，长 7～15 厘米，宽 1.5～10 厘米，上部茎叶渐小，椭圆形或披针形或线状披针形，或全部茎叶不分裂，叶缘有细密的针刺，针刺紧贴叶缘。或叶缘有刺齿，齿顶针刺大小不等，针刺长达 3.5 毫米，或大部茎叶羽状浅裂或半裂或边缘粗大圆锯齿，裂片或锯齿斜三角形，顶端钝，齿顶及裂片顶端有较长的针刺，齿缘及裂片边缘的针刺较短且贴伏。

头状花序单生茎端，或植株含少数或多数头状花序在茎枝顶端排成伞房花序。总苞卵形、长卵形或卵圆形，直径 1.5～2 厘米。总苞片约 6 层，覆瓦状排列，向内层渐长，外层与中层宽 1.5～2 毫米，包括顶端针刺长 5～8 毫米；内层及最内层长椭圆形至线形，长 1.1～2 厘米，宽 1～1.8 毫米；中外层苞片顶端有长不足 0.5 毫米的短针刺，内层及最内层渐尖，膜质，短针刺。小花紫红色或白色，雌花花冠长 2.4 厘米，檐部长 6 毫米，细管部细丝状，长 18 毫米，两性花花冠长 1.8 厘米，檐部长 6 毫米，细管部细丝状，长 1.2 毫米。瘦果淡黄色，椭圆形或偏斜椭圆形，压扁，长 3 毫米，宽 1.5 毫米，顶端斜截形。冠毛污白色，多层，整体脱落；冠毛刚毛长羽毛状，长 3.5 厘米，顶端渐细。花果期

5—9月。

刺儿菜为中生植物，适应性很强，任何气候条件下均能生长，普遍群生于撂荒地、耕地、路边、村庄附近，为常见的杂草。除西藏、云南、广东、广西外，几乎遍布全国各地。分布在平原、丘陵和山地。

16. 黄花蒿 黄花蒿（*Artemisia annua*）属于双子叶植物纲、合瓣花亚纲、桔梗目、菊科、管状花亚科、春黄菊族、蒿属、蒿亚属。

一年生草本；植株有浓烈的挥发性香气。根单生，垂直，狭纺锤形；茎单生，高100～200厘米，基部直径可达1厘米，有纵棱，幼时绿色，后变褐色或红褐色，多分枝；茎、枝、叶两面及总苞片背面无毛或初时背面微有极稀疏短柔毛，后脱落无毛。

叶纸质，绿色；茎下部叶宽卵形或三角状卵形，长3～7厘米，宽2～6厘米，绿色，两面具细小脱落性的白色腺点及细小凹点，三（至四）回栉齿状羽状深裂，每侧有裂片5～8（～10）枚，裂片长椭圆状卵形，再次分裂，小裂片边缘具多枚栉齿状三角形或长三角形的深裂齿，裂齿长1～2毫米，宽0.5～1毫米，中肋明显，在叶面上稍隆起，中轴两侧有狭翅而无小栉齿，稀上部有数枚小栉齿，叶柄长1～2厘米，基部有半抱茎的假托叶；中部叶二（至三）回栉齿状的羽状深裂，小裂片栉齿状三角形。稀少为细短狭线形，具短柄；上部叶与苞片叶一（至二）回栉齿状羽状深裂，近无柄。

头状花序球形，多数，直径1.5～2.5厘米，有短梗，下垂或倾斜，基部有线形的小苞叶，在分枝上排成总状或复总状花序，并在茎上组成开展、尖塔形的圆锥花序；总苞片3～4层，内、外层近等长，外层总苞片长卵形或狭长椭圆形，中肋绿色，边膜质，中层、内层总苞片宽卵形或卵形，花序托凸起，半球形；花深黄色，雌花10～18朵，花冠狭管状，檐部具2～3裂齿，外面有腺点，花柱线形，伸出花冠外，先端2叉，叉端钝尖；两性花10～30朵，结实或中央少数花不结实，花冠管状，花药线形，上端附属物尖，长三角形，基部具短尖头，花柱近与花冠等长，先端2叉，叉端截形，有短睫毛。

瘦果小，椭圆状卵形，略扁。花果期8—11月。

喜生于向阳平地和山坡，耐干旱，为秋收作物田、蔬菜地、果园和路埂常见杂草，但发生量小，危害轻。分布于全国各个省份。

17. 苦苣菜 苦苣菜（*Sonchus oleraceus*）是属于双子叶植物纲、合瓣花亚纲、桔梗目、菊科、舌状花亚科、菊苣族、苦苣菜属。

苦苣菜是一年生或二年生草本植物。根圆锥状，垂直直伸，有多数纤维状的须根。茎直立，单生，高40～150厘米，有纵条棱或条纹，不分枝或上部有短的伞房花序状或总状花序式分枝，全部茎枝光滑无毛，或上部花序分枝及花序梗被头状具柄的腺毛。

基生叶羽状深裂，全形长椭圆形或倒披针形，或大头羽状深裂，全形倒披针形，或基生叶不裂，椭圆形、椭圆状戟形、三角形、三角状戟形或圆形，全部基生叶基部渐狭成长或短翼柄；中下部茎叶羽状深裂或大头状羽状深裂，全形椭圆形或倒披针形，长3～12厘米，宽2～7厘米，基部急狭成翼柄，翼狭窄或宽大，向柄基且逐渐加宽，柄基圆耳状抱茎，顶裂片与侧裂片等大或较大或大，宽三角形、戟状宽三角形、卵状心形，侧生裂片1～5对，椭圆形，常下弯，全部裂片顶端急尖或渐尖，下部茎叶或接花序分枝下方的叶与中下部茎叶同型并等样分裂或不分裂而披针形或线状披针形，且顶端长渐尖，下部宽大，基部半抱茎；全部叶或裂片边缘及抱茎小耳边缘有大小不等的急尖锯齿或大锯齿或上部及接花序分枝处的叶，边缘大部全缘或上半部边缘全缘，顶端急尖或渐尖，两面光滑无茸毛，质地薄。

头状花序少数在茎枝顶端排列紧密的伞房花序或总状花序或单生茎枝顶端。总苞宽钟状，长 1.5 厘米，宽 1 厘米；总苞片 3～4 层，覆瓦状排列，向内层渐长；外层长披针形或长三角形，长 3～7 毫米，宽 1～3 毫米，中内层长披针形至线状披针形，长 8～11 毫米，宽 1～2 毫米；全部总苞片顶端长尖，外面无毛或外层或中内层上部沿中脉有少数头状具柄的腺毛。舌状小花多数，黄色。

瘦果褐色，长椭圆形或长椭圆状倒披针形，长 3 毫米，宽不足 1 毫米，压扁，每面各有 3 条细脉，肋间有横皱纹，顶端狭，无喙，冠毛白色，长 7 毫米，单毛状，彼此纠缠。花果期 5—12 月。

苦苣菜生于海拔 170～3 200 米的山坡、山谷林缘、林下、平地田间、空旷处或近水处。苦苣菜对土壤要求不严，耐寒、耐热、耐旱、耐瘠性均较强，在潮湿环境下，茎叶舒展，叶色深绿，生长茂盛。在有机质含量丰富、保水保肥力强的土壤上，生长良好。

（三）杂草防治措施

1. 农艺防治　轮作倒茬 3 年以上，且未种过其他茄科作物，春整地，一般耕深 30 厘米以上，做到整平耙细，达到待播状态。春整地后尽快播种以减少散墒。随耕翻整地亩施充分腐熟农家肥 1 500～3 000 千克或适量商品有机肥作基肥，配合施用微生物菌剂等。中耕培土压制杂草生长。

2. 化学防治

（1）以播后苗前杂草防治为主。可以用下列除草剂有效地防除一年生禾本科杂草及部分阔叶杂草如稗、马唐、狗尾草等。33％二甲戊灵乳油 2.25～3 升/公顷；50％乙草胺乳油 150～225 毫升/公顷；72％异丙甲草胺乳油 1.5～2.625 升/公顷；96％精异丙甲草胺乳油 0.75～0.975 升/公顷；50％嗪酮·乙草胺（嗪草酮 10％＋乙草胺 40％）乳油 2.25～3 升/公顷；50％氧氟·异丙草（乙氧氟草醚 5％＋异丙草胺 45％）可湿性粉剂 1.5～2.25 克/公顷，每亩兑水 40 千克均匀喷施。对于墒情较差的地块或沙土地，可以在播后芽前施药覆土，避免马铃薯芽与药剂直接接触，喷药时要求土壤湿润，马铃薯出苗后禁用（张殿军等，2012；王爱民等，2012）。

（2）播前土壤封闭处理。起垄后将药剂均匀喷雾在垄面和垄沟，然后覆膜种植。生产上应根据当地杂草实际发生情况选择适宜的除草剂，田间杂草以稗、狗尾草等禾本科杂草为主时，可以使用 960 克/升精异丙甲草胺乳油 1 872 克/公顷、330 克/升二甲戊灵乳油 990 克/公顷或 900 克/升乙草胺乳油 1 890 克/公顷进行防除；防除对象是藜和反枝苋等阔叶杂草时，可以施用 80％丙炔噁草酮可湿性粉剂 216 克/公顷或 70％嗪草酮可湿性粉剂 525 克/公顷。

（3）苗后茎叶处理。马铃薯 4～6 叶时，马铃薯苗高不高于 10 厘米，杂草 3～5 叶时，对杂草茎叶均匀喷雾处理（张春强等，2010）。25％砜嘧磺隆水分散粒剂对阔叶杂草和莎草防效较对禾本科杂草防效好；70％嗪草酮可湿性粉剂对马唐防效稍差，对其他杂草防效优；5％精喹禾灵乳油只对禾本科杂草防效优，对其他杂草无效果。23.2％砜嘧磺隆·嗪草酮·精喹禾灵油悬浮剂综合了上述 3 个除草剂的优点，对马铃薯田禾本科杂草、阔叶杂草和莎草防除效果优。

第二节 非生物胁迫及应对措施

一、水分胁迫

(一) 干旱

1. 陕北及陕西省干旱发生地区和时期 陕西省地处中国内陆腹地,属典型的大陆性季风气候,特殊的地理位置和复杂的大气环流特征,使得旱灾成为陕西省主要的自然灾害之一。国家防汛抗旱总指挥部和水利部联合发布的《2016 年中国水旱灾害公报》统计数据表明:2016 年陕西省作物因干旱受灾面积高达 360 万亩,成灾面积达到 166.5 万亩。干旱给城乡居民生活和农业生产造成不同程度的影响,严重制约着全省经济社会的持续健康发展。任怡、王义民等(2017)选取陕西省时间序列较长、数据较为齐全且分布均匀的19 个气象站点资料,通过整理全部站点 1960—2013 年逐年逐月实测基本气象资料得出:陕西省干旱发生频率很高,且干旱分布在空间上差异大,关中地区旱情最为严重,其次是陕北地区,陕南地区基本无旱。关中又以咸阳、渭南、西安干旱最为严重,陕北的榆林南部为气象干旱最为严重的地区。榆林北部地处黄土高坡,降水分配不均且偏少,是主要的风沙区,土壤储持水能力差,蒸发量为陕西省最多的地区,旱情较为严重;榆林南部是黄土高原丘陵沟壑区,几乎无森林植被,土地贫瘠,较北部情况稍好,但也是严重旱灾风险区。榆林北部地势平坦、地下水位高,地下水资源也较为丰富,近年来正在大面积推广以节水灌溉为主的水肥一体化技术,种植的农作物大都可以得到充分灌溉。

以榆林市为例,蒸发量远大于降水量。从表 5-1 和表 5-2 可以看出,榆林市 2011—2020 年平均年降水量为 504.3 毫米,但年平均蒸发量为 1 581.7 毫米,蒸发量是降水量的3.14 倍,因此降水量不足是制约榆林市农作物高产的关键因素。根据有关气象资料,榆林市每年都有不同程度的干旱发生,同时具有危害面积大、持续时间长、出现次数多等特点,对粮食生产危害较大的春旱、伏旱和秋旱频繁发生。尤其是 2020 年遭遇严重的夏伏连旱,6 月 1 日至 8 月 15 日全市降水量仅为 81.3 毫米,较正常年份(193.8 毫米)少58%,为 1971 年以来同期降水最少的一年,无灌溉条件的农田几近绝收,灌溉农田也因水源、电力的因素,预计减产 10% 左右。

表 5-1 2011—2020 年榆林市各月降水量统计表 (毫米)

(方玉川整理,2022)

月份	2011 年	2012 年	2013 年	2014 年	2015 年	2016 年	2017 年	2018 年	2019 年	2020 年
1	1.6	2.1	3.3	0	3.8	0.7	1.1	6.1	0.4	12.9
2	9.0	0.9	0.6	14.2	7.7	5.4	13.3	0.3	3.9	6.2
3	0.3	9.2	2.6	10.3	2.4	10.8	9.4	8.8	0.8	8.3
4	18.5	17.6	17.0	42.3	29.7	17.6	33.3	26.2	49.6	10.5
5	42.3	41.7	18.8	39.1	33.5	38.1	31.1	61.4	10.5	12.9
6	19.4	96.2	75.7	47.0	39.1	54.8	60.9	43.5	47.5	26.8
7	148.9	162.8	227.5	120.0	48.5	179.5	191.1	151.9	115.2	61.0
8	96.1	45.0	69.5	64.6	63.3	131.7	171.5	140.8	96.7	198.3

（续）

月份	2011 年	2012 年	2013 年	2014 年	2015 年	2016 年	2017 年	2018 年	2019 年	2020 年
9	68.0	109.7	114.0	95.8	90.0	38.0	22.0	69.7	76.1	61.9
10	36.8	20.3	11.1	21.9	24.4	66.0	102.1	15.7	34.3	8.5
11	57.4	18.0	7.7	7.3	62.4	4.8	0	2.6	10.8	24.2
12	0.8	2.0	0	0.4	6.6	3.2	2.3	0.1	1.2	2.6
合计	499.1	525.5	547.8	462.9	411.4	550.6	637.9	527.1	447.0	434.1

表 5-2　2011—2020 年榆林市各月蒸发量统计表（毫米）

（方玉川整理，2022）

月份	2011 年	2012 年	2013 年	2014 年	2015 年	2016 年	2017 年	2018 年	2019 年	2020 年
1	29.6	38.5	57.6	81.5	62.7	45.4	61.4	40.2	53.9	31.0
2	76.7	67.4	91.6	60.5	87.4	81.3	78.9	89.0	64.7	79.7
3	160.5	137.8	222.8	200.9	173.9	163.9	116.7	200.8	160.5	182.5
4	274.9	268.6	269.6	205.1	220.7	258.6	236.6	257.3	252.9	135.3
5	179.2	177.7	175.6	211.8	185.3	197.4	181.3	168.4	168.9	210.4
6	218.6	187.3	194.8	186.9	205.6	167.2	161.9	176.6	168.3	222.3
7	174.2	145.2	137.5	175.5	217.2	158.4	178.6	135.8	162.3	190.5
8	154.0	148.3	151.7	157.2	159.0	130.8	120.7	115.5	167.5	121.9
9	94.1	90.3	103.2	93.5	106.0	93.9	118.1	92.5	111.3	115.2
10	145.8	151.8	150.3	145.7	148.6	114.3	79.5	153.7	125.7	90.1
11	62.8	84.0	93.3	87.1	46.1	92.4	96.8	82.8	79.8	44.6
12	32.6	50.6	58.1	62.8	53.0	60.5	59.3	51.1	51.8	16.9
合计	1 603.0	1 547.9	1 706.1	1 668.5	1 665.5	1 564.1	1 489.8	1 563.7	1 567.5	1 440.4

2. 干旱对马铃薯生长发育和生理活动及产量的影响　马铃薯是喜湿作物，对水分非常敏感，干旱时不及时补充土壤水分或水分供应过少，某个或几个生育阶段植株遭受水分胁迫而不能正常发育，会造成显著减产。马铃薯生育期需水量明显不同，发芽期芽条仅凭块茎内的水分便能正常生长，待芽条发生根系从土壤吸收水分后才能正常出苗，苗期耗水量占全生育期的 $10\%\sim15\%$；块茎形成期耗水量占全生育期的 $23\%\sim28\%$；块茎增长期耗水量占全生育期的 $45\%\sim50\%$，是全生育期中需水量最多的时期；淀粉积累期则不需要过多的水分，该时期耗水量约占全生育期的 10%。干旱会显著影响马铃薯生长发育、生理活动和产量。

（1）干旱胁迫对马铃薯生长发育和生理活动的影响。 马铃薯生长发育对干旱反应十分敏感，干旱胁迫会导致植株正常生长发育受阻甚至严重受损，其具体表现因不同生育阶段而异。马铃薯下种或出苗遇到严重干旱会引起种薯直接腐烂、幼茎顶端膨大、幼茎干死，进而导致严重缺苗；苗期干旱会造成植株个体较小、匍匐茎数量和结薯数减少，薯块形成及膨大延后，并增加串薯比例，成苗后持续干旱胁迫会抑制并推迟块茎膨大；块茎膨大期干旱胁迫（田间持水量的 $40\%\sim50\%$）会促进茎叶及根系中的水分及营养物质降解供应块茎生长。

马铃薯植株叶内通过改变自身生理生化水平以适应和抵御干旱环境，不同品种表现出不同的调节能力。焦志丽等（2011）通过盆栽试验，人工模拟土壤干旱，其试验结果表明随土壤含水量的降低和时间的延长，可溶性糖含量（SSC）和丙二醛（MDA）、超氧化物歧化酶（SOD）和过氧化物酶（POD）在轻度胁迫下持续上升，在中度和重度胁迫下，呈先升高后降低趋势。研究表明，干旱胁迫下马铃薯叶内通过增加脯氨酸含量的方式，调节叶内渗透压以维持水分平衡，从而起到保护作用。黄文莉等（2021）为了探究马铃薯的抗旱机制，以宣薯 2 号马铃薯品种为材料，分析了不同程度的干旱胁迫对马铃薯植株抗旱生理的影响和相关基因的表达。结果表明，在重度干旱胁迫下马铃薯的叶片相对含水量大幅下降，但在轻度干旱胁迫下含水量没有显著变化。随着胁迫时间的延长，叶片的相对电导率、叶绿素、类胡萝卜素和可溶性糖含量均逐渐上升，而蒸腾速率、气孔导度和净光合速率逐渐降低。在重度干旱胁迫下，叶片的细胞间 CO_2 浓度显著升高，可溶性蛋白含量呈现先升高后降低的变化趋势，而轻度干旱胁迫下可溶性蛋白含量与对照组相比没有显著差异。在轻度和重度干旱条件下，光合作用相关基因的表达量均上调，且重度干旱下上调水平更高。但在重度干旱处理下，多个抗氧化和干旱相关基因的表达量下调，但轻度和重度干旱处理间的变化不明显。本研究结果丰富了对马铃薯抗旱生理的认知，也为进一步研究马铃薯抗逆性提供科学依据。海梅荣等（2014）以云南省主栽马铃薯品种会－2 为试验材料，研究干旱胁迫对马铃薯抗氧化酶活性和光合特性的影响，以期在干旱情况下为稳定马铃薯的生产、提高产量提供理论依据。结果表明，随着干旱胁迫的加剧，块茎干重下降比较明显；在光合特性方面，净光合速率、气孔导度、蒸腾速率和细胞间隙 CO_2 浓度降低，干旱胁迫下，细胞失水，气孔关闭，限制 CO_2 吸收，蒸腾速率减弱，从而影响光合作用的速率；干旱胁迫会诱导抗氧化酶活性的降低，减弱抗氧化酶对活性氧的清除能力，导致危害植物的丙二醛大量积累。胡萌萌等（2021）在遮雨棚内采用随机区组试验，以常年时序降水量为对照（CK），设置马铃薯苗期（W1S）、块茎形成期（W2S）、块茎膨大期（W3S）、淀粉积累期水分胁迫（W4S）以及胁迫 20 天后的复水处理，监测不同水分环境对马铃薯的农艺性状、SPAD 值[①]与冠层光谱反射率、耗水量以及产量的影响。结果表明，各时期的水分胁迫导致马铃薯生长被抑制了 4.25%～83.48%，复水后抑制作用减弱，降为 3.67%～31.35%；水分胁迫导致马铃薯叶片 SPAD 值上升了 0.20%～30.04%，相应冠层 750～1 150 纳米波段光谱反射率降低，而在 1 950～2 450 纳米波段反射率升高。水分胁迫后各处理的水分利用效率降低了 4.34%～40.15%，复水后降为 3.98%～30.54%。水分胁迫使马铃薯经济产量较 CK 降低了 25.59%～81.49%；复水后经济产量较 CK 降低了 12.89%～41.48%。马铃薯经济产量（干质量）与农田耗水量、生育期累积叶面积呈显著线性正相关关系；叶片 SPAD 值及冠层高光谱反射率可作为马铃薯水分胁迫程度的田间诊断指标。潘念等（2022）为了深入了解马铃薯对水分胁迫的响应机制，以马铃薯品种青薯 9 号（中晚熟品种）和闽薯 1 号（中熟品种）为试验材料，采用盆栽试验，土壤水分管理设正常供水（保持土壤田间持水量的 75%，CK）、中度水分胁迫（保持土壤田间持水量的 50%）和重度水分胁迫（保持土壤田间持水量的 25%）3 个处理，研究了土壤水分胁迫对马铃薯生长发育、光合特性和产量的影响。结果表明：在马铃薯块茎发育过程

---

① SPAD 值代表叶片叶绿素含量的相对值，也代表了植株的绿色程度。——编者注

中，土壤水分胁迫会明显降低 2 个马铃薯品种的株高、块茎长度和宽度、叶绿素含量、净光合速率、气孔导度、胞间 CO_2 浓度、蒸腾速率和产量，且胁迫程度越大，马铃薯株高越矮，块茎越小，叶片光合能力越差，产量越低。

(2) 干旱胁迫对马铃薯产量和品质的影响。 马铃薯是典型的温带作物，对水分亏缺和高温非常敏感，干旱是造成马铃薯减产和品质下降的重要因素。缺水条件下，马铃薯块茎串薯比例明显增加，产量、商品薯比例和加工品质显著下降。苗期干旱胁迫（田间持水量的 40%～50%），后期补水充足可提高成薯率；发棵期干旱胁迫会减少单株结薯数和成薯率；块茎膨大期干旱胁迫可增加单株薯块数和大薯数量比例。在马铃薯块茎形成前干旱胁迫（土壤相对含水量为 40%～50%）会减少结薯数，块茎形成初期干旱胁迫对单株薯块数及结薯能力无显著影响，但持续干旱会抑制并推迟块茎膨大，显著降低单株薯重。在马铃薯植株生长期间，随着干旱胁迫时间的延长或胁迫强度的增加，块茎单株产量、单位面积产量、收获指数及生物产量性状均大幅度下降，但块茎干物质含量有所提高，淀粉含量无显著差异。此外，干旱胁迫对马铃薯产量和品质的影响因品种而异，如晚熟品种块茎膨大期受影响最大，而早熟、中熟品种在开花期受影响最大，耐旱品种受干旱胁迫影响较小，而敏感型品种受干旱胁迫影响较大。闫文渊等（2022）为了明确水分亏缺对不同熟性马铃薯生长发育的影响，采用盆栽试验，研究 4 种土壤相对含水量（W1，75%～85%；W2，55%～65%；W3，35%～45%；W4，15%～25%）对不同熟性的 7 个马铃薯品种株高、叶绿素相对含量、各器官鲜质量、光合特性、产量及水分利用率的影响，结果表明，所有水分胁迫下，早熟品种株高、胞间 CO_2 浓度平均下降幅度均大于晚熟品种。重度干旱胁迫（土壤相对含水量 15%～25%）下早熟品种单株结薯数量与单株产量平均下降幅度均大于晚熟品种，而净光合速率、蒸腾速率、气孔导度平均下降幅度均小于晚熟品种。综合各指标可知，在轻中度干旱胁迫（土壤相对含水量 35%～85%）下早熟和晚熟马铃薯品种均可种植；重度干旱胁迫下，更适宜栽培晚熟马铃薯品种。可见，干旱胁迫对马铃薯产量和品质的影响因不同发育阶段和品种而异，在某一阶段适当干旱胁迫不但不会降低马铃薯块茎产量和品质，反而有利于提高产量和品质。

3. 应对措施

(1) 选用抗（耐）旱品种。 选用抗旱性好的品种是干旱地区马铃薯生产的关键。克新 1 号因其较好的抗性，适应性较广，20 世纪被引进陕北地区后，种植面积迅速扩大，逐渐取代了本地原有品种。榆林市农业科学研究院通过近几年的引种试验发现，青薯 9 号、陇薯 3 号、陇薯 10 号、晋薯 16 等品种也对干旱具有较好抗性，适合陕北干旱地区种植。李梅等（2021）根据灰色关联度理论，对 4 个不同生态区薯块的干物质、淀粉、还原糖、蛋白质和维生素 C 5 个主要营养品质指标在 2016 年、2017 年和 2018 年的平均值进行分析，结果表明，陇薯 8 号、陇薯 9 号、L1039 - 6、天薯 11 和 L1036 - 3 在中部半干旱定西产区，综合营养品质表现优异；陇薯 8 号、L1039 - 6、LY08104 - 12、天薯 11 和陇薯 7 号在高寒阴湿渭源产区，综合营养品质表现优异；陇薯 8 号、L1039 - 6、天薯 11、L1036 - 34 和陇薯 9 号在陇东半干旱庆阳产区，综合营养品质表现优异；L1039 - 6、陇薯 8 号、天薯 11、陇薯 7 号和 L1036 - 34 在河西绿洲灌区张掖产区，综合营养品质表现优异。

(2) 适时节水补充灌溉。

① 合理利用水源。在陕北干旱地区，通过蓄集天然降水、有效利用地面水、合理开

采地下水等多种高效用水方式，可有效促进农业经济发展。生产上可通过修建小型水库、雨季蓄水旱季调用、固化沟渠等具体措施来提高水分利用率。

② 节水补充灌溉。根据土壤田间持水量决定灌溉，土壤持水量低于各时期适宜最大持水量的 5％时，应立即进行灌水。每次灌水量达到适宜持水量指标或地表干土层湿透与下部湿土层相接即可。灌水要匀、用水要省、进度要快。目前，灌溉效果较好的节水灌溉方法是喷灌和滴灌。喷灌灌水均匀，少占耕地，节省人力，但受风影响大，设备投资高。滴灌节水效果最好，主要是使根系层湿润，可减少马铃薯冠层的湿度，降低马铃薯晚疫病发生的机会，节省人力。灌水时，除根据需水规律和生育特点外，对土壤类型、降水量和雨量分配时期等应进行综合考虑，正确确定灌水时间和灌水量。

（二）渍涝

渍涝分为渍害和涝害，渍害是指地面没有积水，土壤水分却在较长时间内维持饱和或者接近饱和的状态；涝害是指地面积水淹没地表面或者全部地面造成的危害，土壤湿度超过田间持水量 90％时即会发生渍涝危害。由于榆林市南部地区为丘陵沟壑区，降水强度大，一旦发生暴雨，会造成山洪暴发，冲毁梯田、水库等，淹没作物，同时破坏土壤结构，造成水土流失。

应对措施：①起垄播种，适时调整播期，提早播种，积极安排排涝措施，要及时清理田内排水沟，做到尽快排除地面积水。②由于洪涝灾害导致土壤养分流失严重，且根系发育不良，植株吸肥能力下降，导致植株严重缺肥，对于叶片发黄的地块，应该及时喷施叶面肥，如磷酸二氢钾与含氮量低的叶面肥交替使用，及时补充养分。③因田间积水，植株局部损伤，土壤水分较大，空气湿度高，加之植株抵抗能力下降，一些病害如早（晚）疫病极易发生，因此要加强病害防治工作。

二、温度胁迫

植物的生长发育需要一定的温度条件，当环境温度超出了它们的适应范围，就会对植物形成胁迫。温度胁迫持续一段时间，就可能对植物造成不同程度的损害。马铃薯是一种喜凉作物，但不耐低温，当气温降到 $-2 \sim -1\,℃$ 时，地上部茎叶将受冻害，$-4\,℃$ 时植株死亡，块茎也受冻害。高温也会抑制马铃薯的正常生长发育，土壤温度高于 $25\,℃$ 会延缓出芽，并且降低植株存活率和单株主茎数；高于 $29\,℃$ 时块茎停止生长，严重影响马铃薯产量；气温超过 $39\,℃$ 时茎叶停止生长。

（一）高温胁迫

当环境温度达到植物生长的最高温度以上时即对植物形成高温胁迫。高温胁迫可以引起一些植物开花和结实的异常。在陕北马铃薯产区，马铃薯生育期间有时气温高达 $35 \sim 40\,℃$，而且高温与干燥常常同时出现，造成叶片过度失水，从而导致小叶尖端和叶边缘褪绿、变褐，最后叶尖部变成黑褐色而枯死，枯死部分呈向上卷曲状，俗称"日灼"。

高温对植物生长乃至生存（包括作物产量）均有负面影响，而众多被高温抑制的细胞机能中，光合作用是公认的对高温胁迫特别敏感的生理过程。戴鸣凯等（2018）通过分析高温胁迫对马铃薯幼苗生长情况和部分生理指标的影响，为马铃薯抗热性机制研究提供参考。试验以闽薯 1 号为材料，高温胁迫处理马铃薯植株，观测胁迫条件下植株生长情况变化，以及超氧阴离子（O_2^-）、丙二醛（MDA）、过氧化氢（H_2O_2）和脯氨酸（Pro）含量变化，及超氧化物歧化酶（SOD）、过氧化酶（POD）和过氧化氢酶（CAT）等保护酶活性变化。结果表明：高温对植株的株型、叶片大小、长势都造成了一定影响；生理指标SOD 活性呈现先上升后下降的趋势，POD 与 CAT 活性则先下降后上升；MDA、O_2^-、H_2O_2 和 Pro 含量都出现持续上升的趋势。幼苗体内活性氧的积累，膜质氧化加剧可能是导致马铃薯高温伤害的原因之一。冯朋博等（2019）选用当地主栽品种青薯 9 号，设置自然温度（对照）、低温、高温 3 个处理，研究马铃薯块茎形成初期、中期、后期、块茎膨大期及主要淀粉积累期的光合特性和抗氧化酶活性。结果表明：高温降低了马铃薯功能叶片的净光合速率（Pn）、荧光综合指标（PI）、光能供应化学反应的最大效率（F_v/F_m）及潜在光化学活性（F_v/F_0）；Pn 在马铃薯块茎形成后期高温较自然温度降低 34.55%，较低温处理降低 53.15%，PI 在块茎形成后期高温较低温降低了 42.22%；高温处理的根系活力、超氧化物歧化酶（SOD）及过氧化物酶（POD）活性也有所降低，丙二醛（MDA）、脯氨酸（Pro）和过氧化氢酶（CAT）均有不同程度的升高；相关性分析表明，除抗氧化系统中的 CAT 活性、MDA 和 Pro 含量与产量呈负相关外，其余指标与产量呈正相关，与根系活力的相关性最为显著；马铃薯块茎形成中期高温天气不利于马铃薯功能叶片的光合作用，降低了 Pn、PI 等光合指标，使功能叶片的抗氧化系统遭到一定的破坏，导致产量下降。田宇豪等（2021）认为，全球气候变暖已成为当今世界重要的环境问题之一，对植物生长发育造成严重影响。马铃薯性喜冷凉，为浅根系作物，高温、干旱是马铃薯生长过程中面临的主要非生物胁迫，马铃薯生长发育与生理代谢直接受到其影响。田宇豪等（2021）讨论了当前高温和干旱耐受性的鉴定方法，从马铃薯植株形态特征、细胞生理生化变化、分子水平响应等方面系统概述了马铃薯对高温和干旱胁迫的响应机制，从选育耐热抗旱新品种、应对高温干旱的栽培调控技术及基因工程等方面论述了提高马铃薯耐热抗旱的途径和措施，为马铃薯高温干旱研究提供理论参考，并对未来马铃薯耐高温和干旱研究方向及发展趋势进行了展望。杨芳等（2022）研究高温胁迫下马铃薯活性氧代谢及相关生理指标变化，对培育耐热型马铃薯品种（系）具有重要意义。以马铃薯栽培种费乌瑞它为研究对象，进行高温胁迫、正常温度恢复处理，对 O_2^- 及 H_2O_2 活性进行组织化学定位，检测幼苗抗氧化酶（APX、CAT、POD、SOD）活性、脯氨酸含量和可溶性蛋白含量。结果表明：高温胁迫后，马铃薯幼苗 O_2^-、H_2O_2 与 MDA 含量明显提高，4 种抗氧化酶活性均增强，可溶性蛋白含量降低，脯氨酸含量升高。解除高温胁迫 24 小时后，O_2^- 及 H_2O_2 含量明显降低，POD 活性降低，可溶性蛋白恢复正常；抗氧化酶 APX、CAT 和 SOD 的活性持续增强，脯氨酸含量保持较高水平。适度高温胁迫能提高马铃薯费乌瑞它耐热性的抗氧化机制，APX、CAT、SOD 和脯氨酸可作为耐热性鉴定生理指标，并维持马铃薯对高温胁迫的"胁迫记忆"。

马铃薯应对高温胁迫的措施：①田间灌溉，一是保证土壤墒情，二是通过浇水帮助降温。②增施有机肥料，增强土壤保水能力和植株抵抗环境胁迫的能力。③通过调整播期，尽量使马铃薯关键生育期错开温度最高的时期，将高温胁迫对马铃薯的影响降至最低。

（二）低温胁迫

当环境温度持续低于植物生长的最低温度时即会对植物形成低温胁迫，主要是冷害和冻害。冷害也称寒害，是指 0℃以上的低温所致的伤害。一般当气温低于 10℃时，就会出现冷害，其最常见的症状是变色、坏死和表面斑点等，木本植物则出现芽枯、顶枯。冻害是 0 ℃以下的低温所致的病害，症状主要是幼茎或幼叶出现水渍状、暗褐色的病斑，之后组织死亡，严重时整株植物变黑、干枯、死亡。早霜常使未木质化的植物器官受害，而晚霜常使嫩芽、新叶甚至新梢冻死。此外，土温过低往往导致幼苗根系生长不良，容易遭受根际病原物的侵染。水温过低也可以引起植物的异常，如会引起坏死斑症状。夏马铃薯苗期易遭受倒春寒，成熟期会遭受寒潮或早霜。若土壤温度低于 5 ℃，发芽的种薯会停止生长，低温时间稍长则容易造成烂薯或"梦生薯"，不出苗或出苗不齐；若出苗后遇到寒流，幼苗会受冻害，部分茎叶受冻变黑而干枯。

张丽莉等（2013）以马铃薯品种克新 18、克新 13 和早大白为试验材料，利用人工气箱控制环境温度，研究在马铃薯芽条生长期低温对其根系发育的影响。试验结果表明：在 7 ℃低温胁迫 7 天后，3 个品种的根长、根鲜重与对照相比，明显降低；根系活力受到抑制，早大白、克新 18 的根系活力变化幅度最大；POD 活性下降，其中克新 13 的变化幅度最大；SOD 活性上升，克新 18 的变化幅度最大。胁迫解除 15 天后，3 个品种的根长迅速增加，生长量接近对照值，根系活力、POD 活性上升接近对照值，但是 SOD 活性仍明显高于对照。辛翠花等（2012）研究发现，马铃薯在低温胁迫下，叶绿素含量 0～6 小时呈下降趋势，6～12 小时呈上升趋势，12～48 小时再下降，表明经历 0～6 小时的低温胁迫，马铃薯自身防御体系建立，生理代谢过程逐步调整，但随着时间继续延长，低温伤害超越了自身保护能力，在第 12～48 小时又出现了叶绿素含量下降的情况。低温影响叶绿素含量可能是由于叶绿素的生物合成过程绝大部分都有酶的参与，低温影响酶的活性，从而影响叶绿素的合成，也会造成叶绿素降解加剧。低温胁迫下，马铃薯叶片 SOD、POD 活性以及 MDA 含量变化趋势与叶绿素相同，说明在低温胁迫早期，马铃薯可以通过自身代谢抵御短期冷害，但随着胁迫时间的推移，超出了马铃薯的防御系统，从而对植株造成伤害。秦玉芝等（2013）研究了低温（5 ℃、10 ℃，以 20 ℃为对照）对 9 个不同马铃薯品种光合作用的影响。结果表明，马铃薯净光合速率随环境温度的降低而下降，所有供试材料表现出相同的变化趋势，不同材料之间的下降幅度存在差异。马铃薯在同等光合有效辐射下的净光合速率随环境温度的下降而降低，不同生态型马铃薯材料对 10 ℃低温具有明显不同的适应性，耐寒性弱的马铃薯品种在 5 ℃低温条件下的净光合速率接近于零。马铃薯叶片气孔导度和蒸腾速率也出现低温抑制。随着温度的降低，气孔对 CO_2 的扩散阻力增大，蒸腾速率降低，胞间 CO_2 浓度受到影响，进而对光合作用产生影响。

马铃薯应对低温胁迫的措施：①选用抗（耐）性强的品种。马铃薯对低温的忍耐程度一般取决于马铃薯的种类及品种，马铃薯野生种被认为是最有价值的耐霜冻种质资源。李飞、金黎平（2007）研究鉴定，野生种中有 35 个品种对低温霜冻有不同程度的抗性。除筛选出抗寒性品种外，冷驯化也能提高马铃薯的抗寒性。冷驯化是指在一定的低温条件下对植株进行锻炼，使其耐寒性得到提高的过程。②采取有效的农艺措施。一是马铃薯地膜覆盖种植，能充分利用光热资源，提高地温，贮藏光热于土壤中。地膜覆盖栽培马铃薯，能满足种薯萌发和根系生长对温度的要求，可以加快马铃薯的生育进程，提早出苗，增加株高和茎粗，延长生育期，提高茎叶鲜物质量和叶面积系数，增加单株结薯数且增加商品薯率。二是及时播种、培土、控肥、通气，促进幼苗健壮，防止徒长，增强秧苗素质，寒流霜冻来临之前实行冬灌、熏烟、盖草，以抵御强寒流袭击，实行合理施肥，适当增施钾肥。三是施用生长调节剂，如外施脱落酸可显著提高马铃薯抗寒能力。

三、盐碱胁迫

土壤盐碱化作为一个世界性难题，一直是耕地利用和区域农业发展的主要制约因素之一，全球盐碱地面积约为 140 亿亩，中国盐碱地面积约为 15 亿亩。其中，陕西的盐碱化问题也较严重，以关中渭南和陕北榆林的盐碱地为主，约占全省总土地面积的 7%。榆林盐碱地集中分布于定边、靖边、神木等地，地形多为河滩低洼地带。

马铃薯属于对盐碱表现敏感的作物，盐碱胁迫会严重影响马铃薯的代谢活动。祁雪等（2014）以耐盐碱性不同的马铃薯品种东农 308 和费乌瑞它脱毒试管苗为试验材料，在 MS 培养基中添加 60 毫摩/升 NaCl 和 15 毫摩/升 $NaHCO_3$ 对 2 个品种进行盐碱胁迫处理，研究盐碱胁迫对马铃薯试管苗生理指标及叶部细胞超微结构的影响。结果表明，经盐碱胁迫处理后，两个品种的丙二醛（MDA）含量、超氧化物歧化酶（SOD）活性、过氧化物酶（POD）活性都升高，东农 308 上升的幅度大于费乌瑞它；叶绿素含量、过氧化氢酶（CAT）活性下降，东农 308 下降的幅度小于费乌瑞它；叶绿体变形，数量减少，基粒肿胀，排列不规则；线粒体个数增加，外膜变模糊，发育较差，但是东农 308 的受影响程度小于费乌瑞它。王万兴等（2020）以四倍体栽培种马铃薯为试验材料，围绕马铃薯盐胁迫应答响应关键基因开展研究，建立马铃薯耐盐离体鉴定方法，评价种质资源的耐盐性，探究盐胁迫对马铃薯生理生化指标的影响，筛选分析马铃薯盐胁迫响应关键基因，以期为揭示马铃薯耐盐机制，创新耐盐种质奠定基础。柳永强（2011）以渭源黑麻土壤（非盐碱土壤）为对照，研究景泰次生盐碱土壤和古浪戈壁残余盐碱土壤对马铃薯形态特征、水势、渗透调节物质含量和 K^+/Na^+ 选择性吸收的影响，结果表明：①土壤盐碱化使马铃薯植株变小，茎变细，叶片变小，主根生长减慢，毛根数增加，匍匐茎数减少。②盐碱土壤中，马铃薯水势下降，脯氨酸和可溶性糖累积，Na^+ 吸收增加，K^+ 吸收减少。③戈壁残余盐碱土壤对马铃薯生长和渗透调节功能影响比景泰次生盐碱土壤大，$w(Na^+)/w(K^+)$ 和 S、Na^+、K^+ 含量随土壤盐碱化加重而升高。说明盐碱土壤条件下，马铃薯通过叶片变小、主根变短、毛根数增加等形态结构变化适应盐碱环境；也通过积累脯氨酸、可溶性糖和大量吸收无机离子，增强自身渗透调节能力，适应盐碱胁迫。

应对盐碱胁迫的措施：①选育并推广耐盐碱的品种。通过挖掘作物种质本身的耐盐能力，筛选和培育出适合盐碱地种植、农艺性状好的耐盐作物新资源和新品种是开发和利用盐碱地的有效途径。②改良盐碱地。对地势低洼的盐碱地块，通过挖排水沟，排出地面水可以带走部分土壤盐分；根据"盐随水来，盐随水去"的规律，把水灌到地里，在地面形成一定深度的水层，使土壤中的盐分充分溶解，通过下渗把表土层中的可溶性盐碱排到深土层中或淋洗出去，再从排水沟把溶解的盐分排走，从而降低土壤的含盐量；平整土地可使水分均匀下渗，提高降水淋盐和灌溉洗盐的效果，防止土壤斑状盐渍化；客土压碱，客土就是换土，客土能改善盐碱地的物理性质，有抑盐、淋盐、压碱和增强土壤肥力的作用，可使土壤含盐量降低至不致危害作物生长的程度。③增施有机肥，合理施用化肥。有机肥经微生物分解、转化形成腐殖质，能提高土壤的缓冲能力，并可以和碳酸钠作用形成腐殖酸钠，降低土壤碱性；化肥给土壤中增加 N、P、K 含量，促进作物生长，提高了作物的耐盐力。

四、其他胁迫

冰雹是陕北常见的气候灾害，一般发生在 3—10 月，其中以 6—9 月最为集中，此时正是作物旺盛生长期，虽然时间短、范围窄，但危害很大。根据有关气象资料，冰雹发生的频率为每年 1.6 次，轻则减产，重则绝收，也可造成人畜伤害。马铃薯遭受雹灾后，地面板结，应及时进行划锄、松土，以利于疏松土壤，促叶早发，增强植株恢复；雹灾后不要人为对植株绑扶，让植株自行恢复，人为绑扶易造成更大伤害，可以及时剪去枯叶和受损严重的烂叶，以促进新叶生长；灾后及时追肥（亩追尿素 7～10 千克），对于叶片受损较轻的或者新叶片出现后要及时叶面喷施磷酸二氢钾等叶面肥，对植株恢复生长具有明显的促进作用，还可提高抗病虫害能力；同时配合喷施阿维菌素等农药和芸薹素等生长调节剂，做好病虫害防治，促进马铃薯苗生长。对雹灾过后出现缺苗断垄的地块，可选择健壮大苗带土移栽，移栽后及时浇水和叶面喷施磷酸二氢钾，以促进缓苗。

一般来说，平均风速超过 6 级或瞬时风速超过 8 级统称为"大风"。大风是榆林地区风沙草滩区自然灾害之一，常给农牧业生产和交通运输及人民生命财产造成严重损失。榆林的大风区主要分布在长城沿线，这里地处毛乌素沙地南端，气温日差较大，年大风日数在 15.0～33.4 天，较东南部丘陵区的 6.7～12.7 天明显偏多。大风的季节性变化明显，春季是大风的多发时期，长城沿线平均大风日数为 6.8～15.2 天，占全年大风日数的46%～50%，且主要在 4—5 月，全区盛行西北风和偏南风，最大风速的风向多为西北风。

从表 5-3 可以看出，2001—2020 年，全市大风天气 13.3 日/年，其中春季 2—5月平均 8.15 日/年，占到全年大风总天数的 61.3%，4 月和 5 月最少，平均 2.85 日/年和 2.65 日/年，占到全年大风总天数的 21.4% 和 19.9%。2016—2020 年，大风天气 8.2 日/年，较 2001—2005 年 5 年平均数（13.8 日/年）减少 40.6%。但是，2021 年 4—5 月，榆林北部共出现风沙天气 12.6 天，是 2001—2020 年 4—5 月平均天数的 2.3 倍，风沙造成马铃薯幼苗死亡、种子暴露，以及地膜、滴灌带等被风吹起等灾害，对马铃薯生产造成了巨大损失。马铃薯发生风灾后，应及时进行中耕，将马铃薯幼苗和种子用土盖住，保证马铃薯能及时恢复生长。

表 5-3　榆林市 2001—2020 年大风日数统计表（天）

（方玉川整理，2022）

年份	1 月	2 月	3 月	4 月	5 月	6 月	7 月	8 月	9 月	10 月	11 月	12 月	全年合计
2001 年	1	4	5	2	4	3	1	1	0	1	0	0	22
2002 年	0	0	2	0	0	2	1	0	0	0	1	0	6
2003 年	1	1	0	2	1	2	1	0	0	0	0	0	8
2004 年	0	2	2	1	2	3	0	0	0	0	1	1	15
2005 年	0	0	3	7	3	0	0	2	0	0	0	0	18
2006 年	0	1	5	9	5	3	0	1	0	0	0	0	23
2007 年	1	2	3	3	6	3	1	0	1	0	0	0	20
2008 年	0	1	3	2	3	3	0	1	1	0	0	1	15

（续）

年份	1月	2月	3月	4月	5月	6月	7月	8月	9月	10月	11月	12月	全年合计
2009 年	1	1	2	5	1	1	1	0	0	2	1	3	18
2010 年	1	1	3	3	4	0	0	1	0	0	3	3	19
2011 年	0	0	1	6	3	1	5	1	0	1	0	0	18
2012 年	0	0	1	5	4	2	0	0	0	2	0	0	15
2013 年	0	0	0	3	1	0	0	1	0	0	0	0	5
2014 年	0	0	0	0	3	1	1	1	0	0	0	0	6
2015 年	0	0	2	1	2	4	2	2	1	1	0	2	17
2016 年	0	3	0	1	2	2	1	0	0	0	0	0	9
2017 年	0	0	0	4	2	0	0	1	0	0	0	0	7
2018 年	0	1	0	1	2	2	1	1	0	0	0	0	8
2019 年	0	0	2	1	3	0	1	0	0	0	0	0	7
2020 年	0	1	2	2	2	1	2	0	0	0	0	0	10

参考文献

白小东，杜珍，齐海英，等，2018. 抗病优质马铃薯新品种晋薯 26 号的选育 [J]. 种子，37 (12)：117-119.

陈红梅，李金花，柴兆祥，等，2012. 35 个马铃薯品种对镰刀菌干腐病优势病原的抗病性评价 [J]. 植物保护学报，39 (4)：308-314.

陈利达，李磊，谢学文，等，2020. 山东高密地区马铃薯疮痂病菌种类及致病性鉴定 [J]. 华北农学报，35 (S1)：347-354.

陈庆华，周小刚，郑仕军，等，2011. 几种除草剂防除马铃薯田杂草的效果 [J]. 杂草科学，29 (1)：65-67.

陈云，岳新丽，王玉春，2010. 马铃薯环腐病的特征及综合防治 [J]. 山西农业科学，38 (7)：140-141.

程玉臣，张建平，曹丽霞，等，2011. 几种土壤处理除草剂防除马铃薯田间杂草药效试验 [J]. 内蒙古农业科技 (4)：58.

戴鸣凯，张志忠，刘爽，等，2018. 高温胁迫对马铃薯幼苗生长和部分生理指标的影响 [J]. 农学学报，8 (9)：9-14.

单玮玉，徐永清，孙美丽，等，2017. 黑龙江省主栽马铃薯品种对燕麦镰刀菌 (*F. avenaceum*) 和拟枝孢镰刀菌 (*F. sporotrichioides*) 的抗病性评价 [J]. 作物杂志 (2)：38-43.

冯朋博，慕宇，孙建波，等，2019. 高温对马铃薯块茎形成期光合及抗氧化特性的影响 [J]. 生态学杂志，38 (9)：2719-2726.

冯志文，曹亚宁，孙清华，等，2020. 10 种杀菌剂对马铃薯黑胫病主要致病菌的室内毒力 [J]. 中国马铃薯，34 (5)：281-289.

耿妍，韩翠仙，张爱香，等，2019. 马铃薯枯萎病的药剂筛选及室内毒力测定 [J]. 河北北方学院学报（自然科学版），35 (11)：36-39.

海梅荣，陈勇，周平，等，2014. 干旱胁迫对马铃薯品种生理特性的影响 [J]. 中国马铃薯，28 (4)：

199－204.

韩彦卿，秦宇轩，朱杰华，等，2010. 2006—2008 年中国部分地区马铃薯晚疫病菌生理小种的分布［J］. 中国农业科学，43（17）：3684－3690.

胡萌萌，张继宗，张立峰，等，2021. 水分胁迫及复水对马铃薯生长发育及产量的影响［J］. 干旱地区农业研究，39（2）：95－101.

黄文莉，马杰，江敏，等，2021. 干旱胁迫对马铃薯抗旱生理影响及相关基因的表达［J］. 分子植物育种（21）：7213－7221.

贾瑞芳，徐利敏，赵远征，等，2019. 37 份马铃薯品种对枯萎病的抗性鉴定［J］. 中国马铃薯，33（5）：296－303.

姜红，毕阳，李昌健，等，2017. 马铃薯品种"青薯 168"和"陇薯 3 号"块茎愈伤能力的比较［J］. 中国农业科学，50（4）：774－782.

焦志丽，李勇，吕典秋，等，2011. 不同程度干旱胁迫对马铃薯幼苗生长和生理特性的影响［J］. 中国马铃薯，25（6）：329－333.

李飞，金黎平，2007. 马铃薯霜冻害及防御措施［J］. 贵州农业科学，35（3）：121－127.

李梅，田世龙，胡新元，等，2021. 不同生态区马铃薯品种（系）营养品质的灰色关联度分析［J］. 中国马铃薯，35（3）：222－232.

李宗红，2014. 马铃薯晚疫病发病机理及防治措施［J］. 农业科技与信息（23）：12－14.

刘晨，杨艺炜，王家哲，等，2020. 陕西不同地区马铃薯腐烂茎线虫的分离鉴定及同源性分析［J］. 西北农业学报，29（5）：793－800.

刘琼光，陈洪，罗建军，等，2010. 10 种杀菌剂对马铃薯晚疫病的防治效果与经济效益评价［J］. 中国蔬菜（20）：62－67.

刘顺通，段爱菊，刘长营，等，2008. 马铃薯田地下害虫危害及药剂防治试验［J］. 安徽农业科学，36（28）：12324－12325.

刘志明，2015. 马铃薯细菌性病害的发生与防治［J］. 农民致富之友（8）：87.

柳永强，马廷蕊，王方，等，2011. 马铃薯对盐碱土壤的反应和适应性研究［J］. 土壤通报，42（6）：1388－1392.

龙光泉，马登慧，李建华，等，2013. 6 种杀菌剂对马铃薯晚疫病的防治效果［J］. 植物医生（4）：39－42.

潘念，苏旺，周云，等，2022. 土壤水分胁迫对马铃薯生长发育光合特性和产量的影响［J］. 河北农业科学，26（1）：70－75，94.

蒲威，杨成德，上官妮妮，等，2015. 甘肃省马铃薯主栽品种对贮藏期病害抗性的室内鉴定［J］. 甘肃农业科技（5）：30－33.

祁雪，张丽莉，石瑛，等，2014. 盐碱胁迫对马铃薯生理和叶片超微结构的影响［J］. 作物杂志（4）：125－129.

秦玉芝，陈珏，邢铮，等，2013. 低温逆境对马铃薯叶片光合作用的影响［J］. 湖南农业大学学报（自然科学版），39（1）：26－30.

任怡，王义民，畅建霞，等，2017. 陕西省水资源供求指数和综合干旱指数及其时空分布［J］. 自然资源学报，32（1）：137－151.

谈孝凤，金星，袁洁，等，2009. 贵州马铃薯主栽品种对晚疫病的田间抗性评价［J］. 种子，28（3）：45－48.

田宇豪，张幸媛，甘斌，等，2021. 高温和干旱胁迫对马铃薯生长的影响及响应机制研究进展［J］. 中国瓜菜，34（3）：7－14.

王翠颖，孙思，2015. 7 种杀菌剂对马铃薯晚疫病病菌菌丝的抑菌效果测定［J］. 中国园艺文摘（2）：41.

王东，孟焕文，赵远征，等，2020. 内蒙古马铃薯黄萎病绿控技术示范效果 [J]. 中国植保导刊，40（10）：71-74.

王金成，季镭，黄国明，等，2007. 腐烂茎线虫不同地理种群 ITS 区序列比对及系统发育 [J]. 河北农业大学学报（5）：79-83，98.

王金凤，刘雪娇，冯宇亮，2015. 北方马铃薯常见病害及综合防治措施 [J]. 现代农业科技（21）：152-152.

王立春，盛万民，朱杰华，等，2012. 马铃薯品种黑胫病抗性筛选与评价 [J]. 黑龙江农业科学（11）：5-7，14.

王丽，王文桥，孟润杰，等，2010. 几种新杀菌剂对马铃薯晚疫病的控制作用 [J]. 农药，49（4）：300-302，305.

王腾，孙继英，汝甲荣，等，2018. 中国马铃薯晚疫病菌交配型研究进展 [J]. 中国马铃薯，32（1）：48-53.

王万兴，李青，秦玉芝，等，2020. 马铃薯耐盐资源挖掘及相关基因筛选与分析 [M]//中国作物学会，马铃薯产业与美丽乡村论文集. 哈尔滨：哈尔滨地图出版社.

王喜刚，郭成瑾，张丽荣，等，2018. 宁夏马铃薯主栽品种对黑痣病的抗性鉴定 [J]. 植物保护，44（3）：190-196.

辛翠花，蔡禄，肖欢欢，等，2012. 低温胁迫对马铃薯幼苗相关生化指标的影响 [J]. 广东农业科学，39（22）：19-21.

闫文渊，秦军红，段绍光，等，2022. 水分胁迫对不同熟性马铃薯生理特性的影响 [J]. 中国蔬菜（5）：44-52.

杨成德，姜红霞，陈秀蓉，等，2012. 甘肃省马铃薯炭疽病的鉴定及室内药剂筛选 [J]. 植物保护，38（6）：127-133.

杨芳，乔岩，金中辉，等，2022. 高温胁迫对马铃薯幼苗活性氧代谢及生理特性的影响 [J]. 江苏农业科学，50（11）：97-103.

杨巨良，2010. 马铃薯虫害及其防治方法 [J]. 农业科技与信息（23）：30-31.

姚文国，崔茂森，2001. 马铃薯有害生物及其检疫 [M]. 北京：中国农业出版社.

尹明浩，2017. 马铃薯病虫害绿色防治 [M]. 长春：吉林人民出版社.

张华普，张丽荣，郭成瑾，等，2013. 马铃薯地下害虫研究现状 [J]. 安徽农业科学，41（2）：595-596，651.

张建朝，费永祥，邢会琴，等，2010. 马铃薯地下害虫的发生规律与防治技术研究 [J]. 中国马铃薯，24（1）：28-31.

张丽莉，祁雪，张良，等，2013. 低温对马铃薯根系发育的影响 [M]//中国作物学会，马铃薯产业与农村区域发论文集. 哈尔滨：哈尔滨工程大学出版社.

张萌，赵伟全，于秀梅，等，2009. 中国马铃薯疮痂病病原菌 16S rDNA 的遗传多样性分析 [J]. 中国农业科学，42（2）：499-504.

张学君，王金生，方中达，等，1992. 中国马铃薯品种（系）对软腐病的抗性鉴定 [J]. 南京农业大学学报（1）：54-58.

张颖慧，2014. 马铃薯常见虫害及其防治措施 [J]. 吉林农业（14）：85.

赵伟全，杨文香，李亚宁，等，2006. 中国马铃薯疮痂病菌的鉴定 [J]. 中国农业科学（2）：313-318.

赵艳群，刘忠雄，赵文忠，等，2021. 不同药剂对马铃薯腐烂茎线虫病的田间防效 [J]. 中国植保导刊，41（12）：70-72.

第六章 马铃薯贮藏

第一节 影响马铃薯贮藏的因素

一、品 种

马铃薯品种的耐贮性是影响马铃薯贮藏的关键因素之一。在同样的贮藏条件下，有的品种耐贮性好，有的品种耐贮性差，应选择当地耐贮性好的品种。具体表现为块茎成熟后休眠期长、发芽倾向中等、贮藏中生命过程强度有限和能抗机械损伤等特点。

马铃薯具有生理休眠期，此时期块茎即使在最有利条件下也不会发芽，这是品种性状。选择休眠期长的马铃薯品种能延长贮藏期。休眠期的长度因品种不同而不同，早熟品种、寒冷地区栽培的品种或秋作的马铃薯休眠期长。闫晓洋（2017）以两个不同品种（系）马铃薯为试验材料对其休眠期进行评价，结果表明：品种（系）间休眠期差异显著，20 ℃贮藏条件下不同品种休眠期变幅为 50～125 天。孙茂林等（2004）研究了不同马铃薯的休眠特性，结果表明：室温保存品种的强度和幅度分别为 42～70 天和 35～42 天，自交实生薯分别为 56～77 天和 42～49 天，杂交实生薯分别为 56～91 天和 49～63 天。马铃薯生理休眠期虽是品种性状，但块茎形成时环境条件、收获时状况及其贮藏条件等也会对休眠起到决定性的作用。石瑛等（2002）对 13 个马铃薯品种的块茎在收获后定期进行还原糖及干物质含量的测定，结果表明：各个品种块茎还原糖含量在收获后第一次测定时，一般为最低，其后发生变化。经过一段时间的室温回暖，大部分品种表现为块茎还原糖含量较刚从贮藏窖中取出的块茎还原糖含量低。马铃薯块茎的干物质含量在贮藏期间的变化不明显，且不同品种的表现又各有不同，无明显的规律。陈雷等（2016）以 5 个马铃薯品种（系）为试验材料，分别贮藏在 5 ℃、空气相对湿度 85%～90% 和 20 ℃、空气相对湿度 85%～90% 的条件下，贮藏时间为 3 个月，分 4 个时期测定其营养成分和抗氧化能力，并对其结果进行方差分析。结果表明：两种不同的贮藏温度都会造成 5 个马铃薯品种（系）营养成分的降低，但在 5 ℃贮藏条件下，马铃薯营养成分的损失率比 20 ℃贮藏条件下小，5 个马铃薯品种（系）抗氧化能力随着贮藏时间的延长而逐渐降低，但在 5 ℃贮藏条件下抗氧化能力降低速率比 20 ℃贮藏条件下慢。花色苷含量越多抗氧化能力越强，杭引 2 号花色苷含量最高，抗氧化能力也最强，而小黄皮和中薯 3 号不含花色苷，所以其抗氧化能力最低。5 个马铃薯品种（系）在贮藏 0 天和贮藏至第 3 个月的过程中，营养成分随贮藏时间的延长逐渐降低，抗氧化能力也随贮藏时间的延长而降低，然而在 5 ℃贮藏条件下还原糖含量逐渐升高。郑旭等（2019）为了探究影响不同品种马铃薯在不同贮藏条件下龙葵碱含量的主要环境因素，探讨马铃薯贮藏过程中龙葵碱含量的变化规律，取样品经乙酸-乙醇（1∶10，v∶v）混合溶剂提取后，用甲醇复溶并稀释后，采用高效液相色谱-

三重四级杆串联质谱测定马铃薯块茎中龙葵碱含量，通过正交试验研究 8 个品种的马铃薯块茎在不同贮藏温度（5 ℃、15 ℃、25 ℃）、空气相对湿度（55％、70％、85％）、贮藏时间（8 天、16 天、24 天）下龙葵碱含量的变化情况，结果表明，影响大西洋、新大坪、荷兰 15、夏波蒂与陇薯 3 号龙葵碱的贮藏主要环境因素为空气相对湿度；影响威芋 5 号与冀张 12 的贮藏主要环境因素为温度；影响青薯 9 号品种的贮藏主要环境因素为时间。建议针对不同品种马铃薯重点控制不同环境因素，保障龙葵碱含量安全，其中青薯 9 号不宜长期贮藏。

二、贮藏条件

（一）温度

温度是决定马铃薯贮藏时间和贮藏质量的重要因素，不仅影响马铃薯休眠期的长短，还影响芽的生长速度，如低温和潮湿的条件延长休眠期，而高温和干燥的条件可以缩短休眠期，从而影响马铃薯贮藏期。贮藏前期为了达到块茎伤口快速愈合的目的，要求温度较高。贮藏期间根据块茎的用途，提供适宜的贮藏温度。种薯贮藏要求的温度较低，2～4 ℃贮藏温度可以保证种薯的用种质量。鲜食菜用的商品薯贮藏温度在 4～5 ℃较为适宜。为了防止淀粉转化为糖、防止块茎黑心并保证最少的损耗等，加工专用薯长期贮藏温度为6～10 ℃。蒲育林等（2008）以大西洋、夏波蒂 2 个品种的脱毒微型种薯为试验材料，分别在冷藏（4～6 ℃）、窖藏（8～12 ℃）和常温（18～22 ℃）条件下贮藏 110 天，研究不同贮藏条件和温度对马铃薯微型种薯活力及生理特性的影响，结果表明，低温贮藏可使马铃薯微型种薯保持较高的活力。不同温度贮藏可以显著影响马铃薯块茎中干物质、可溶性糖、淀粉、蛋白质、还原糖的含量。吴晓玲等（2012）研究了贮藏温度对马铃薯营养物质含量及酶活性的影响，结果表明，马铃薯的还原糖和可溶性糖含量在 0～4 ℃贮藏温度下含量最高。马铃薯在 9～12 ℃贮藏时，块茎中淀粉及干物质的含量最高。0～4 ℃低温贮藏可以促进蛋白质的合成，增加蛋白质的含量。马铃薯的淀粉酶活性在贮藏前期 0～4 ℃贮藏温度下最高，研究还表明 0～4 ℃贮藏温度适合种薯的贮藏。加工用薯贮藏期间淀粉和糖互相转化，控制转化的酶在很大程度上受温度影响，同样糖用于呼吸作用的反应也受温度的控制。低温贮藏时，马铃薯块茎中的糖可以积累，糖含量较高时，马铃薯炸片炸条的颜色太深，影响产品的质量，不符合市场要求。Zommick 等（2014）报道了生长时高温胁迫引起贮藏后块茎休眠缩短，累积更高糖等生理失调现象。朱旭（2014）以克新 1 号为试验材料，研究了不同贮藏温度（1 ℃、4 ℃、8 ℃和 16 ℃）对马铃薯贮藏品质及质量损失的影响，结果表明在 4 种不同贮藏温度下，马铃薯内部品质变化较大，其中，淀粉含量在 4 ℃贮藏温度时下降幅度最小；还原糖含量在 1 ℃、4 ℃、8 ℃贮藏温度下均呈上升趋势，1 ℃贮藏温度下上升程度最大，而 16 ℃贮藏温度下呈下降趋势；蛋白质含量在 4 种不同贮藏温度下均呈现下降→上升→下降的趋势，下降幅度为 16 ℃＞1 ℃＞4 ℃＞8 ℃。对于淀粉加工用薯可以选择在 4 ℃条件下贮藏，鲜食用薯也在 4 ℃下贮藏较为合适，对于要求干物质含量高，同时要求还原糖含量低的薯条、薯片加工用薯，可以在 8 ℃的条件下贮藏。周源等（2021）为研究相同贮藏条件下不同质量马铃薯堆内部温度的差异，以内蒙古半地下式马铃薯贮藏室为试验场地，将食用型冀张 12 马铃薯按单薯质量进行分级，以筐装方式进行堆码，同时用传感器采集贮藏过程中的温度数据，然后对数据进行分析、对比。结果表明：整个贮藏过程中，分级后的所有马铃薯堆的内部温度整体变化规律基本一致，均为先降低后升高，但单薯质量小的马铃薯堆内部温度的稳定性要优于单薯质量大的马铃薯堆。温度下降阶段，马铃薯堆的内部温度与马铃薯单薯质量大小呈负相关关系；温度上升阶段，马铃薯堆内部温度上升率与马铃薯单薯质量呈正相关关系；不同马铃薯堆在贮藏过程中的最低温度与马铃薯单薯质量呈负相关关系；分级后的马铃薯堆内部温度的稳定性要优于未分级的马铃薯堆。李守强（2018）以费乌瑞它和陇薯14两个马铃薯品种的微型种薯为试验材料，分别在3~5℃、8~10℃和18~20℃下贮藏180天，研究不同贮藏温度对马铃薯微型种薯生理特性的影响，结果表明，经不同温度贮藏后，微型种薯的含水量呈下降趋势，以3~5℃贮藏的水分损失为最少，粗淀粉和粗蛋白含量表现为不同程度降低，粗淀粉含量以3~5℃贮藏降幅为最大，粗蛋白含量以18~20℃贮藏降幅为最大，二者的含量均以8~10℃贮藏降幅为最小；贮藏温度增高，微型种薯的失重率、相对电导率和丙二醛（MDA）含量在增大，pH略有上升，多酚氧化酶（PPO）和过氧化物酶（POD）活性也增大，相关测试指标均以3~5℃贮藏为最佳。因此，在3~5℃下贮藏不但可减少微型种薯水分和粗蛋白含量的损失，而且还可抑制PPO和POD的活性，减少MDA的产生，降低相对电导率，从而降低膜结构的受损程度，保持种薯的种用品质。

（二）湿度

块茎水分的损失就是马铃薯重量的损失，贮藏期间虽然需要马铃薯表皮保持干燥以减轻病害侵染，但也应避免水分损失过多而失去较大重量。贮藏设施内的湿度随着其内温度的高低和通风条件的变化而不断发生变化。为了减少贮藏损失和保持块茎有一定的新鲜度，应保持贮藏设施内有适宜的湿度。湿度过高会引起马铃薯堆上层的块茎潮湿，贮藏设施墙壁水分凝结，促使马铃薯块茎过早发芽形成须根，降低马铃薯商品薯性、种用品质与加工品质。贮藏湿度过低会使马铃薯块茎的蒸发损失增加，引起块茎变软和皱缩，商品性状大大下降。贮藏湿度控制在85%~90%为宜。刘芳等（2011）以早大白为试验材料，研究了水分对块茎休眠期的影响，在温度高于15℃时，高湿度可以显著地缩短休眠期。刘亚武等（2012）研究表明种薯在贮藏期间，窖内的湿度在贮藏前期较大，中期达到整个贮藏期的最高值，后期又逐渐降低。李永成（2008）研究表明，马铃薯块茎是鲜活多汁的器官，贮藏条件较一般粮食作物的要求更为严格，马铃薯块茎皮薄，组织嫩脆，含水量高达75%~85%，对贮藏条件十分敏感，热生芽、冷受冻、湿腐烂、干软缩，要求贮藏设施内以空气相对湿度85%~96%、温度2~4℃为宜，并需进行适量的通风换气。

（三）气体

马铃薯块茎贮藏期间进行呼吸作用，吸收O_2、放出CO_2和水。贮藏通气良好的情况下，空气对流不会引起缺氧和CO_2累积；贮藏通风不良会引起CO_2聚集，从而引起块茎缺氧呼吸，这不仅使养分损耗增多，而且还会因组织窒息而产生黑心。种薯长期贮藏在CO_2过多的条件下，就会影响活力，造成田间缺苗和产量下降。在贮藏期间或运输过程中特别是贮藏初期，应保证空气流通顺畅，常设有自然通风和机械通风两种方式。贮藏气体成分的控制主要是通过通风增加空气流动，带走马铃薯表面的热量、水分、CO_2并提供O_2，防止窖（库）内积累过多的CO_2，避免无氧呼吸和CO_2中毒的发生。空气流通情况与马铃薯堆高密切相关，堆高可以节约空间，但也积累马铃薯呼吸所释放的热量，阻碍空气流动，在有良好空气流动通道和机械通风设备的窖内堆高应在 3.5～4 米。李守强等（2018）用排风式和送风式两种强制通风方式及 3 种窖内外温湿度差，开展了不同温湿度差和通风方式对马铃薯贮藏环境的调控效果试验研究，结果表明，在适宜的温湿度差条件下，两种强制通风方式都能够有效调节马铃薯贮藏环境的温湿度，当窖内外平均温度差为 0.4～5.7 ℃，平均相对湿度差 9.4%～33.2% 时，持续强制通风 12 小时贮藏窖内外的温度差越大，强制通风对马铃薯贮藏环境的温度调控效果越好，相对湿度差对窖内的除湿效果影响较小。因此，在马铃薯贮藏期间选择适宜的通风时间和强制通风方式显得非常重要，科学通风不但可以有效调节马铃薯贮藏窖和薯堆内部的温湿度，而且具有一定的节能效果。赵欣等（2017）为研究鲜切马铃薯片在不同气体比例下的品质变化，以品质优良的马铃薯为试验材料，采用双向拉伸聚丙烯复合膜袋（OPP/CPP 膜）进行气调包装，以空气包装组为对照，分析不同气体比例下的鲜切马铃薯片在贮藏期间的感官品质变化，并对其褐变度、多酚氧化酶（PPO）活性、过氧化物酶（POD）活性、丙二醛（MDA）含量、维生素 C 含量及菌落总数进行测定，结果表明：在 4 ℃条件下，采用 $40\%CO_2 + 50\%O_2 + 10\%N_2$ 的混合气体对鲜切马铃薯片进行气调包装，与其他组相比，可以维持较高的感官品质，显著抑制酶促褐变反应、PPO 活性和 POD 活性（$P<0.05$），显著影响微生物的增殖与 MDA 的积累（$P<0.05$），维生素 C 损失显著减少，感官评价较高，保鲜效果最好。田甲春等（2021）为明确低 O_2 高 CO_2 贮藏环境对马铃薯块茎淀粉-糖代谢的影响，以大西洋马铃薯为试验材料，研究体积分数为 $5\%O_2 + 2\%CO_2$（CA1）、$5\%O_2 + 4\%CO_2$（CA2）、$5\%O_2 + 6\%CO_2$（CA3）、$5\%O_2 + 8\%CO_2$（CA4）及 $5\%O_2 + 10\%CO_2$（CA5）的气体环境对马铃薯在 4 ℃贮藏期间块茎中糖类、淀粉及淀粉-糖代谢相关酶〔腺苷二磷酸葡萄糖焦磷酸化酶（AGPase）、尿苷二磷酸葡萄糖焦磷酸化酶（UGPase）、淀粉磷酸化酶（SP）及转化酶（INV）〕活性的影响，并对块茎中还原糖含量的变化与淀粉-糖代谢相关因子进行相关性分析，结果表明，适宜的低 O_2 高 CO_2 贮藏环境可有效抑制淀粉含量、AGPase 活性和 UGPase 活性的下降，并且能够抑制还原糖、蔗糖、果糖、葡萄糖含量及 SP、INV 活性的上升，CA1 环境贮藏的马铃薯块茎在整个贮藏期间淀粉含量显著高于 CK（$P<0.05$），还原糖、蔗糖、果糖及葡萄糖含量显著低于 CK（$P<0.05$），AGPase、UGPase 活性显著高于 CK（$P<0.05$），而 SP、INV 活性均显著低于 CK（$P<0.05$）；相关性分析结果表明，还原糖含量与淀粉含量、AGPase 活性、UGPase 活性极显著负相关（$P<0.01$），与葡萄糖含量、果糖含量、SP 活性及 INV 活性极显著正相关（$P<0.01$）。"糖化"现象中，AGPase、UGPase、SP、INV 在贮藏过程中起到了一定的调控作用。本研究结果为加工型马铃薯的安全贮藏及明确"低温糖化"机理提供了理论依据。

（四）光照

光照使马铃薯块茎变绿，促进发芽，增加龙葵素含量，对人畜有毒害作用。鲜薯在采后贮藏、物流运输和销售过程中难免会受到光照而引发表皮变绿。表皮变绿是光诱导马铃薯块茎表皮外胚层薄壁细胞中淀粉质体转变成叶绿体，从而引起叶绿素累积的过程。叶绿素本身无害，但此过程生成的糖苷生物碱是有毒的，因此贮藏过程中应避免光照。直射光和散射光多能使马铃薯块茎变绿，使马铃薯的商品品质变劣。菜用商品薯和加工专用原料薯应在黑暗无光的条件下贮藏，由于灯光也会产生额外的热量，招引蚜虫等昆虫，因此在贮藏管理上要尽量减少贮藏库房内灯光照射。在散射光下贮藏种薯会延长其贮藏寿命，使其比贮藏在高温黑暗条件下的种薯更有活力。贮藏种薯时，在光的作用下块茎表皮变绿可抑制病菌的侵染，也能抑制幼芽徒长而形成短壮芽。岳红等（2011）研究表明，马铃薯中的龙葵素和叶绿素含量会随贮藏时间及光照时间的延长而提高，且二者呈正相关关系。马铃薯块茎皮中龙葵素含量的变化可以通过块茎皮中 α-茄碱含量的变化来说明。张薇等（2013）研究表明，随贮藏温度和时间的增加，马铃薯块茎皮中 α-茄碱含量也增加，光照条件下增加得更明显。食用马铃薯块茎应在无光照、8～15 ℃条件下贮藏，并要严格控制贮藏时间，避免龙葵素的快速合成。陈科元等（2014）以马铃薯克新 1 号及青薯 168 为供试材料，采用二因素完全随机设计，在 100%、85%、15%、0%光照度下贮藏 90 天，用高效液相色谱法（HPLC）测定不同萌芽状态（萌芽前、萌芽时、萌芽后）块茎中腐胺、亚精胺和精胺的含量。结果表明：不同光照下两个品种萌芽前多胺含量差异均不显著（$P > 0.05$）；萌芽前克新 1 号块茎中腐胺和亚精胺含量均高于青薯 168，精胺含量较低，但萌发时克新 1 号精胺增幅（增加 3～10 倍）大于青薯 168；不同光照下两个品种的腐胺含量都呈先上升后下降的趋势，萌发时大小顺序均为 85%光照＞100%光照＞15%光照＞0%光照，各处理差异显著（$P < 0.01$），腐胺含量越高萌芽越早；萌发后腐胺含量比萌发前都有所减少，大小顺序为 15%光照＞0%光照＞85%光照＞100%光照，各处理差异显著（$P < 0.01$），腐胺含量越高芽越粗；两个品种萌发时亚精胺含量大小顺序均为 85%光照＞15%光照＞100%光照＞0%光照，亚精胺含量越高萌芽数越多，随芽的生长亚精胺含量都有所增加；两个品种萌发时精胺含量大小顺序与腐胺一致，精胺含量越高萌芽越早，萌发后精胺含量大于萌发前，大小顺序为 100%光照＞85%光照＞15%光照＞0%光照，精胺含量越高芽越长。

（五）化学物质

马铃薯块茎贮藏期间可使用抑芽剂、杀菌剂、杀虫剂、消毒剂等化学物质来给贮藏设施消毒，控制发芽，减少病虫害带来的损失。商品薯贮藏广泛采用抑芽剂，但种薯贮藏不宜使用抑芽剂，而是多使用杀菌剂和杀虫剂来减轻和抑制细菌与真菌病害。

马铃薯贮藏时间较长，度过休眠期后很容易出芽，虽然低温能使马铃薯处于强迫休眠状态，抑制其发芽，但是长期低温贮藏，马铃薯块茎还原糖含量会增加，大大降低其加工价值。通过化学试剂来抑制其出芽，可以节约成本，减少损失。吴旺泽等（2010）研究了两种化学抑芽剂对马铃薯贮藏期间的抑芽效果，结果表明，在马铃薯常温贮藏期间，收获前 14 天叶面喷施 0.1%顺丁烯二酸酰肼的抑芽效果不明显，而浓度为 600 毫克/千克戴科 2.5%粉状抑芽剂（含 2.5%氯苯胺灵，即 2.5% CIPC）能有效抑制发芽，贮藏 150 天后抑芽率达 90%以上，同时还能减轻薯块腐烂和萎蔫失重。李守强等（2009）研究了常温和低温两种贮藏条件下，戴科 2.5%马铃薯抑芽剂粉剂和甘肃省农业科学院自主研发的 2.5%马铃薯抑芽剂粉剂对马铃薯的抑芽效果，结果表明，两种抑芽剂均能抑制马铃薯发芽，其腐烂率、失重率也明显下降，常温下贮藏 5 个月抑芽率为 78.21%～84.78%，低温下贮藏 7 个月抑芽率为 96.01%～97.52%。涂勇等（2020）利用留兰香精油、百里香精油和肉桂精油熏蒸处理马铃薯青薯 9 号，测定其失重率、腐烂率、发芽率、发芽指数和可溶性固形物含量，比较不同植物精油对青薯 9 号的贮藏效果，结果表明，在自然通风贮藏条件下，3 种精油均可较大程度地减轻马铃薯的发芽和腐烂，保持较好的贮藏品质。其中留兰香精油处理的效果最好，使用该精油 0.6 毫升/千克处理青薯 9 号后至贮藏 120 天时其失重率、腐烂率、发芽率、发芽指数和可溶性固形物含量分别为 9.2%、2.1%、25.2%、10.6%和5.58%，与常规化学抑芽剂氯苯胺灵效果相当，与百里香精油处理、肉桂精油处理之间差异显著，百里香精油处理效果次之，肉桂精油处理的效果相对较差。

（六）贮藏方式

马铃薯的贮藏方式对马铃薯的种薯生理活性和块茎品质会产生影响。目前已有研究结果表明，散贮容易造成薯堆内部块茎正常呼吸作用受阻，局部温度较高，甚至发生大量发芽和腐烂，而网袋贮藏要优于散贮，筐贮具有较好贮藏效果，木条箱的分装贮藏能够充分利用整个贮窖空间，便于贮运，贮藏效果较好。王洁等（2017）研究了普通冷库、新型风光互补发电控温通风库与传统土窖对马铃薯的贮藏效果，结果表明，普通冷库的库温维持在 3～5 ℃，空气相对湿度在 75%～85%；控温通风库在 3～5.5 ℃，空气相对湿度在 80%～88%，均适用于马铃薯的长期贮藏；而传统土窖温度波动大、贮藏效果差，不适用于马铃薯的长期贮藏。贮藏 6 个月，马铃薯贮藏品质综合指标方面显示为控温通风库＞普通冷库＞传统土窖。刘亚武等（2012）以庄薯 3 号为供试材料，研究了竹筐、网袋和纸箱 3 种贮藏方式对马铃薯种薯生理特性的影响，结果表明，种薯水分、淀粉质量分数相比收获时下降的幅度以竹筐为最少，干物质质量分数比收获时增加的幅度也以竹筐为最少。竹筐贮藏可抑制多酚氧化酶（PPO）活性，降低过氧化物酶（POD）活性，竹筐贮藏的种薯活力最高。杨晟等（2012）在贵州六盘水地区采用室内堆放贮藏和田间原地贮藏方式，研究了马铃薯块茎品质指标的变化，结果表明，马铃薯临界贮藏时期是 61 天，各品质指标均在此时期发生变化；不同海拔地区贮藏的同一品种马铃薯品质表现为：高海拔地区＞中海拔地区＞低海拔地区；相同海拔地区，室内堆放贮藏马铃薯品质没有田间原地贮藏的品质好；淀粉含量和还原糖含量之间处于动态平衡状态。刘海金（2011）以克新 1 号、费乌瑞它、陇薯 3 号、大西洋 4 个马铃薯品种为试验材料，收获愈伤后分别在控温 4 ℃和窖藏下贮藏 180 天，结果表明控温 4 ℃贮藏的马铃薯贮藏效果优于窖藏。控温 4 ℃下贮藏的马铃薯块茎与窖藏相比，对块茎贮藏后期的呼吸强度有明显抑制作用，还原糖与淀粉含量平稳，维生素 C 及干物质含量下降幅度缓慢，从而有利于延长块茎贮藏期。朱旭（2014）认为在适宜的贮藏环境中，可以通过控制堆码高度减少马铃薯贮藏期的损失，但不是堆放层数越低越好；贮藏期重量和水分的损失具有相关性，呈正相关关系；贮藏期间可以通过马铃薯堆高的下降程度判断马铃薯重量的损失情况；不同的堆放位置对贮藏损失的影响不大。

三、农业技术措施

在马铃薯生长期间也要适当采取合理的农业技术措施。马铃薯是一种营养价值很高的作物，在生长发育过程中需要各种营养元素的供应，外源钾、钙等元素的使用有利于马铃薯块茎的贮藏，可延长其休眠期。丁映等（2013）以费乌瑞它为试验材料，研究了钾肥施用量对贮藏 150 天后的马铃薯出芽时间、贮藏期的重量损失的影响，结果表明，施用钾肥对抑制马铃薯的出芽并没有明显的效果，但能够减少贮藏期间马铃薯重量的损失。丁红瑾等（2013）对采收后的马铃薯块茎施加了不同浓度外源钙，研究了钙离子对贮藏期间马铃薯的影响，结果表明，1%钙处理可以减缓马铃薯块茎细胞液的外渗，保持膜系统的完整性，抑制其发芽，并延长休眠期，增加块茎的耐贮性。

在马铃薯生长后期不能过多灌水，增施氮磷钾肥能提高马铃薯的贮性和抗病性。高施氮情况下需配以足量磷和钾，否则会延迟成熟和降低机械损伤抗性。氮素用量过高也会直接影响马铃薯的成熟度及块茎中蛋白质、游离氨基酸等保水物质的含量，进而影响马铃薯块茎贮藏过程中低温糖化的进程。Van Ittersum（1992）研究表明，大田栽培时期大量使用氮肥可以延长从块茎形成至发芽的时间。张海清（2021）分析了氮水平适中和过量情形下马铃薯块茎在收获时和低温贮藏后的糖类、游离氨基酸代谢差异，结果表明，收获时过量氮条件下游离天冬酰胺等多种氨基酸绝对含量是适量氮条件下的 1.3～1.5 倍，这种差异在低温贮藏后仍维持。过量氮会降低收获时块茎的成熟度，累积较多蔗糖，在低温贮藏后其转化酶活性较高，累积更多还原糖，淀粉糖代谢上调，从而加剧低温糖化。施氮加剧光照下块茎绿化。从延长贮藏期来看，降低施氮量可延长休眠期 3～6 周，有利于贮藏和销售。从种薯繁育来看，适量氮增加芽眼数目、芽直径和长度，复种后主茎数、结薯数更多，产量较高，且有利于缩短种薯繁育周期。与不施氮相比，施氮促进顶端分生组织中芽的萌动和生长，提高了芽端分生组织淀粉、蔗糖含量和 α-淀粉酶活性，为萌芽提供较多的能量。

马铃薯收获前使用化学杀秧剂杀秧，可以使薯皮尽快成熟并减少病原菌在薯块中的积累，有利于收获和贮藏。马铃薯生长期间，也要特别注意防除杂草和防治真菌和细菌性病害。没有杂草的田块便于机械收获，减少污染和机械损伤，可使马铃薯生长健康并确保良好的贮藏状态。

四、收获与拉运

马铃薯收获即茎叶变黄、倒伏、枯萎和块茎充分成熟时可以采收。收获之前，要利用化学与机械措施清除田里的薯秧。清除薯秧有利于机械进地和防止种薯感染病毒。在薯秧发生晚疫病的情况下，对薯秧的清除可防止块茎遭受更多侵染。收获应在杀秧后至少 2～3 周开始，可以让块茎完全成熟和表皮木栓化。收获应在晴天进行，将薯块去泥、晾晒半天左右，散发部分水分，使薯皮干燥，降低贮藏中的发病率。收获后马铃薯成熟度好的块茎，表皮木栓化程度高，收获和运输过程中不易擦伤，贮藏期间失水少，不易皱缩。未成熟的块茎，由于表皮幼嫩，未形成木栓层，收获和运输过程中易擦伤，为病菌侵入创造了条件。并且幼嫩块茎含水量高，干物质积累少，缺乏对不良环境的抵抗能力，因此在贮藏过程中，易失水皱缩和发生腐烂。马铃薯的休眠期因块茎大小而各有不同，块茎越小，休眠强度和休眠幅度就越大，因此收获时根据块茎大小分开收获。

马铃薯从田间至贮藏库拉运时要保证块茎在拉运中不受损伤。拉运中，充分防止块茎遭受挫伤的措施是正确调控温度。空气中温度太低，会导致糖在块茎中积累，而且温度低于 0 ℃ 可因冷冻造成不可逆的损害，甚至导致原料完全浪费；相反，温度太高（高于 25 ℃），利于以黑斑为特征的贮藏病害发生。运输期间马铃薯温度的变化，可导致薯片和法式炸条颜色较深。加工用马铃薯，特别是用于炸薯片的马铃薯，温度应该保持在 10～24 ℃。装货和卸货期间，要防止马铃薯擦伤。Hudson（1969）研究发现，装货时严重擦伤率平均为 19%，卸货时再增加 10%；中度擦伤率装货时平均为 12%，卸货时再加 13%；轻微擦伤率装货时平均为 23%，卸货时再增加 13%；运输途中部分腐烂损失也是由于装卸货时块茎受伤所造成的。

第二节 贮藏损失及其原因

马铃薯在收获以后的生理活动可分为 3 个阶段：后熟期、休眠期和萌发期。马铃薯收获后块茎并没有完全成熟，薯皮没有木栓化，含水量高，呼吸作用非常旺盛，一般需要经过 1 个月左右的生理活动过程才能使薯皮充分木栓化，达到成熟的程度，呼吸作用变弱，这个变化期就是马铃薯的后熟期。机械化收获的块茎所受的表皮擦伤、挤压伤等机械损伤在这个时期伤口得以愈合，块茎水分蒸发量大，重量损失严重，要注意库内的通风降温，避免因自身呼吸作用产生的热量使库内温度过高，影响贮藏质量。休眠时期，新陈代谢微弱，块茎芽眼处于相对稳定的不萌发时期。这个时期表皮充分木栓化、干燥，块茎呼吸强度等生理生化活性下降并渐渐趋于最低，块茎物质消耗最少。而贮藏保鲜的目的就是延长马铃薯的休眠期，使其在保证自身生命活动的同时，将营养物质的消耗降到最低，尤其是种用马铃薯，营养物质的转化消耗问题尤为重要。休眠期结束的块茎在适宜的温度条件下芽眼中幼芽萌发生长称为萌发期。休眠终止，呼吸作用转旺盛，同时由于呼吸产生热量的积聚而使贮藏温度升高，薯块迅速发芽。萌发期的块茎重量损失与发芽程度成正比。进入萌发期的块茎，品质将显著下降，商品薯的贮藏应尽快结束，种薯贮藏应当进一步加强贮藏期的管理工作，防止种薯活力降低。

马铃薯的贮藏损失包括质量和品质损失，而这两方面的损失主要是由物理、生理和病理等多种影响因素造成的。在较长的贮藏周期里，一般种薯的损失率可达到 15%～25%，严重时可高达 40% 以上，造成食用、加工和种用质量的下降。

一、马铃薯自然失重

马铃薯块茎是一个活的生物体，会因为生命功能而经历代谢变化。不可否认，这样的变化在休眠期间相当微弱，但其也可显著影响贮藏损失的水平。其中最重要的生命过程是蒸发、呼吸和发芽。

（一）蒸发

块茎的表皮薄，细胞体积较大，间隙多，原生质持水力较弱，水分容易蒸发，贮藏期间块茎的失水是不可避免的。块茎的水分蒸发主要途径是薯皮的皮孔蒸发、薯皮的渗透、伤口愈合和芽生长。过度的蒸发失水，细胞膨胀率降低，引起薯块组织萎蔫，会降低块茎的商品价值和种用的块茎活力。马铃薯块茎刚收获时的失水速度要比贮藏 1 个月后的失水速度高出 3 倍，因为刚收获时的薯皮薄且与薯肉结合不紧密。经过初步贮藏一段时间后，薯皮上面会覆盖一层木栓层，后者能阻止水分蒸发。一般情况下，块茎在贮藏的第一个月失水量为块茎鲜重的 1.5%，以后大约每个月为 0.5%。在此阶段，收获与拉运造成的损伤和伤害得到修复。马铃薯块茎水分迅速蒸发的下一个阶段始于马铃薯发芽。Butchbaker（1972）研究表明有几个变量可能会影响马铃薯的水分流失速率，即马铃薯内部和周围空气之间的蒸气压差、环境温度、表面积、块茎重量、品种、成熟度、机械损伤、伤口愈合的能力等。马铃薯贮藏库拥有较高的空气相对湿度（80%～90%），这样马铃薯就不会变得太干或吸收太多的水。空气相对湿度低于 80%，会导致马铃薯块茎干燥失水，这类块茎通常会皱缩，失去紧实度而变软。相反，潮湿有利于微生物生长，造成马铃薯发霉和腐烂。颉敏华等（2007）通过分析马铃薯贮藏期间的呼吸、蒸发和休眠等生理生化变化，探讨了抑制呼吸、促进休眠的贮藏保鲜原理，以及合理码放、抑芽处理和适温贮藏等一系列保鲜技术。

（二）呼吸

块茎收获后呼吸作用成为贮藏生理的主要过程。块茎在呼吸作用的过程中消耗积累的营养物质，放出水、二氧化碳和热量，这会影响块茎贮藏环境的温度、湿度及空气成分含量，从而影响贮藏块茎的质量。呼吸强度因块茎的生理状况、贮藏环境以及品种等不同而不同。收获初期的块茎呼吸强度相对较高，随着休眠的深入，呼吸强度逐渐减弱，块茎休眠结束后，呼吸强度又开始增高，芽萌动时呼吸强度急剧增强，随着芽条的生长，呼吸进一步加强。未成熟的块茎较成熟块茎的呼吸强，块茎机械损伤和病菌的感染都会导致呼吸的迅速增强。据研究，温度是影响块茎呼吸的最主要的环境因素，贮藏温度在 2～5 ℃时呼吸强度最弱，5 ℃以上呼吸强度随着温度的升高增高。氧气不足会导致呼吸降低，高温下缺氧会导致窒息而造成块茎黑心。研究表明，呼吸造成的马铃薯失重相对较少，在 6 个月时间里可达到 0.5%～1%。

（三）发芽

块茎完成休眠期后即会发芽，发芽会引起蒸发、呼吸增强及糖类从薯块向芽的转移。发芽及其程度取决于自然休眠期结束的时间以及贮藏库中的温度、湿度和空气构成。一般来说，早熟品种休眠期比晚熟品种短。不同品种对贮藏温度的反应有差异，但在恒温下发芽的状况总体相同。在 4～6 ℃恒定温度贮藏，大部分品种的芽生长都微弱，但表现发芽快的品种甚至在 2 ℃时就会发芽。一般推测，发芽始于 8 ℃，温度逐渐升到25 ℃会增加发芽；再把温度升至 31 ℃，则逐渐延迟发芽，因而该温度被认为是发芽过程的最高温度；温度再高，块茎就不发芽；温度超过 40 ℃，块茎就会死掉。一般马铃薯块茎中含有足够用于发芽的水。但是，贮藏在太高湿度条件下的马铃薯块茎比贮藏在较低湿度下的马铃薯块茎发芽要早。高湿度会导致产生有分枝和大量侧根的芽条。据观察，在平均温度18～22 ℃时湿度对发芽的影响较大，而在较低温度（约 4 ℃）或非常高温度（高达 30 ℃）情况下，高湿度对发芽过程不会有如此大的影响。发芽过程也受空气构成的影响，马铃薯周围空气中氧气含量较低时，会加速块茎的发芽过程，缺氧会导致块茎变劣以及因此引起腐烂。据研究，发芽最佳的氧气浓度是 2%～10%，因此马铃薯贮藏期间要正确通风。通风不仅可为贮藏库供应氧气，而且可以清除不需要的二氧化碳。二氧化碳比空气重，会在马铃薯薯堆下部积累，加剧马铃薯发芽，更高浓度会延迟发芽过程。二氧化碳即使在较低浓度约 5%时，也会对块茎生物价值产生不良影响，因为它会降低块茎抗性、导致芽眼死亡和组织内部坏死等。光对发芽有显著影响，强光辐射会延迟发芽，但是贮藏期间防止块茎变绿不提供光照。抑芽剂的使用可以有效抑制块茎发芽，但要注意使用时的浓度及贮藏库的环境条件。

二、贮藏期间质量特征变化

马铃薯即使在最佳贮藏条件下贮藏，也会影响块茎的化学构成。Devres（1995）认为对于长期贮藏，即长于 1 个月的贮藏期，重要的经济参数之一是产品的重量损失，这会严重影响销售产品的质量和数量。陈雷（2015）认为在不同的贮藏温度下马铃薯品种（系）

营养成分均会有所损失，但是在 5 ℃贮藏条件下马铃薯营养成分的损失率比 20 ℃贮藏条件下小。马铃薯品种（系）在贮藏 0 天和贮藏至第 3 个月过程中，营养成分随贮藏时间延长而逐渐减少，抗氧化能力也随贮藏时间的延长而降低。文义凯等（2013）也认为马铃薯块茎从休眠至芽的萌发过程中，各种贮藏物质都会发生变化。

（一）干物质

马铃薯收获后，在贮藏过程中不断地进行新陈代谢、呼吸以及蒸腾作用等一系列的生物化学变化，会不断消耗体内积蓄的干物质。杨素（2018）认为马铃薯在贮藏期间干物质表现出升→降→升→降的变化趋势。亢建斌等（2008）研究了马铃薯不同阶段干物质的变化规律，得出在贮藏期间，干物质的含量随贮藏温度变化而变化。赵萍等（2004）通过对 10 个品种马铃薯在 7 个月的贮藏时间内干物质和淀粉含量的研究，发现马铃薯贮藏期间干物质含量和淀粉含量之间存在极显著的正相关关系。巩秀峰等（1999）研究表明不同品种马铃薯的块茎在贮藏期间干物质含量的变化呈现出不同的变化趋势，经过回暖后测定块茎的干物质含量与刚从窖中取出的块茎的干物质含量进行比较，发现在贮藏期不同品种间在不同测定时期干物质含量的变化有所差异，同一品种在不同测定时期干物质含量变化也有所差异。

（二）淀粉

块茎中的碳水化合物 95％以上是淀粉，淀粉在贮藏期的变化趋势是随贮藏时间延长而减少，休眠期减少速度较慢，休眠后随着芽条的萌发生长，减少速度增大，比前期快 4～5 倍。马铃薯的淀粉含量在采收之后含量达到最高，随着贮藏期的延长，不同品种马铃薯之间淀粉含量呈逐渐下降趋势。据试验结果，贮藏 200 天的块茎，淀粉平均损失 7.9％，如果块茎发芽或腐烂，淀粉损失会增加至 12.5％。杨素（2018）认为马铃薯在贮藏期间其淀粉的颗粒形貌和晶体结构均不随贮藏时间的变化而发生变化；直链淀粉含量和淀粉的凝胶质构特性整体上呈现出先增后减的趋势；透明度在贮藏期间呈现 V 形变化趋势；溶解度呈现先增后减的趋势，膨润度随贮藏时间的变化规律不明显，但与直链淀粉含量变化相反。多酚氧化酶和颗粒凝结型淀粉合成酶活性在贮藏期间均表现出先增后减的趋势。淀粉磷酸化酶和淀粉酶在块茎休眠期活性较低，在块茎开始萌发时活性较高，然后随着芽的生长，淀粉磷酸化酶和淀粉酶的活性又开始降低。赵萍等（2004）针对 10 个栽培马铃薯品种贮藏期间淀粉含量的变化展开了研究，结果表明，不同品种马铃薯淀粉含量有极显著的差异（$P<0.01$），不同贮藏期淀粉含量也有极显著的差异（$P<0.01$）；在贮藏期内淀粉含量总体呈下降趋势。

（三）还原糖

块茎中还原糖有蔗糖、葡萄糖、果糖等，整个贮藏期间总体是糖分增加的过程。马铃薯在贮藏过程中，与糖和淀粉代谢有主要关系的酶包括淀粉磷酸化酶、蔗糖转化酶、淀粉酶等，然而淀粉和还原糖之间是可以相互转化的。在低温的贮藏环境下，马铃薯块茎的还原糖含量会有所增高，即产生"低温糖化"的现象，这将会对马铃薯的食用和加工品质造成很大的影响。随着贮藏期的延长和温度的变化，马铃薯中的淀粉和还原糖之间相互转化，淀粉含量表现为升→降→升→降，还原糖含量表现为先升后降。马铃薯在贮藏期间，温度对还原糖含量影响比较大，相对的贮藏温度越低还原糖含量越高，从而影响加工品质，即发生了"低温变甜"现象。马铃薯块茎的还原糖含量与品种、栽培条件、气候环境、收获时成熟度有一定的关系。司怀军等（2001）研究表明，在 15～20 ℃贮藏条件下的马铃薯块茎还原糖含量随着贮藏时间的延长其变化不明显。在5～7℃和4℃贮藏环境下的马铃薯块茎还原糖含量逐渐升高，转移到相对较高温度后，马铃薯块茎还原糖含量呈下降趋势。马铃薯不同品种之间还原糖含量的变化对贮藏环境温度变化的敏感度是不同的。马铃薯的还原糖含量随着贮藏时间的延长而发生着变化，并一直遵循着淀粉→还原糖→淀粉的可逆动态平衡。

(四) 维生素C

采收后的马铃薯维生素C含量极不稳定，易被氧化酶氧化分解失去生理活性，在贮藏过程中发生很大变化。在温度较高和氧气充足条件下会使其损失加快。一般刚收获的马铃薯块茎维生素C含量较高，随着贮藏期的延长块茎维生素C含量逐渐减少，经过2～3个月贮藏的马铃薯块茎，其含量可降到原来含量的50％，经过5～6个月的贮藏则降到原来含量的40％，甚至更低。贮藏前期维生素C含量下降速度较快，贮藏后期下降速度较慢。马铃薯中维生素C的含量除了和自身的遗传条件有关，还与不同的土壤类型、气候条件等因素相关。巩慧玲等（2004）研究表明，马铃薯块茎不同品种间以及同一品种在不同贮藏时间段维生素C含量的变化均达到极显著水平。不同品种之间的马铃薯块茎维生素C含量随着贮藏期的延长而逐渐降低。贮藏期的长短对维生素C含量的下降速率有着很大的影响。马铃薯块茎维生素C含量随着贮藏期的延长而逐渐降低。总之，贮藏期间的马铃薯块茎维生素C是一个极不稳定的品质指标。

(五) 蛋白质

新收获的块茎食用时口感细嫩，在贮藏过程中因失水及乙烯作用促进组织老化，纤维素木质化和角质化，导致食用品质下降，伴随着相关代谢酶类的作用，可溶性蛋白和膜结合蛋白都会有不同程度的损失。在贮藏过程中随着时间推移而减少，但在收获后至休眠期的变化很小，发芽后蛋白质明显减少。赵萍（1997）研究表明同一品种在贮藏期间蛋白质含量变化差异不显著，品种间蛋白质含量差异达极显著水平。唐英章（1998）认为由于同一马铃薯品种在贮藏期间的蛋白质含量变化差异不显著，因此马铃薯蛋白质含量与贮藏时间无相关性，即蛋白质含量是一个相对稳定的品质指标。刘喜平（2012）通过对马铃薯生长设置不同水平的钙肥施用处理，研究外源钙对马铃薯块茎贮藏期间淀粉酶活性、过氧化物酶活性、多酚氧化酶活性及蛋白质含量的影响，结果表明，高浓度钙处理下在贮藏后期马铃薯块茎过氧化物酶活性和多酚氧化酶活性都高于低浓度钙处理和对照，高浓度钙处理的淀粉酶活性则低于对照，低浓度钙处理的马铃薯块茎蛋白质含量在贮藏过程中下降幅度最小，对照则降幅最大。

(六) 茄碱

块茎中的茄碱（龙葵素）是一种含氮配糖物，对人畜有害，每千克体重3毫克是人的致死量。完整良好的薯块内只含微量龙葵素，一般不引起中毒。龙葵素在醋酸里加热可被破坏。醋熘土豆丝，吃起来味香可口，因在烹饪过程中已将其毒素破坏。马铃薯各部分中龙葵素的含量差别很大，绿叶中含0.25％，芽内含0.5％，花内含0.73％，果实内含1.0％，每100克成熟的块茎内其含量一般在1～5毫克，多集中在表皮、芽眼，薯肉最少，皮内含0.01％。贮藏不当引起发芽或皮肉变绿发青时，龙葵素含量显著增加，如发芽的薯块可提高到0.08％，增加约20倍；芽内由0.5％提高到4.76％，增加近10倍；长时间光照可使毒素增多，可达0.11％。戴超（2017）为研究贮藏条件和品种因素对马铃

薯块茎中 α-茄碱含量的影响，建立了利用超高效液相色谱-三重四级杆串联质谱仪（UP-LC-QQQ）测定马铃薯块茎中 α-茄碱含量的方法，通过正交试验研究了 5 个品种的马铃薯块茎在不同贮藏温度、光照度、贮藏时间下 α-茄碱含量的变化情况。结果表明，该检测方法检测时间短，灵敏度高，重复性好。5 种马铃薯块茎中的 α-茄碱含量均随 3 种贮藏因素水平的增大而增加；方差分析表明，3 种因素影响作用的主次顺序为光照度＞贮藏时间＞贮藏温度。因此，在低温避光的条件下能够较好地控制马铃薯块茎中 α-茄碱的产生。冀张 8 号品种的 α-茄碱增长速度较快，且其受贮藏时间因素的影响较大，在控制 α-茄碱方面属于不宜长期贮藏品种。

（七）内源激素

马铃薯块茎休眠与萌发过程中，块茎中各内源激素含量及其变化趋势有所不同。周长艳（2010）研究表明，随着贮藏时间的延长，生长素（IAA）含量随着贮藏时间的延长呈先降低后升高的趋势，且贮藏平均温度越高，块茎 IAA 含量升高幅度越大。块茎休眠期间，一种天然细胞分裂素（ZR）含量只是稍微增加，当芽开始萌动，ZR 含量变化最为明显，增幅最大，且贮藏温度越高，其升高幅度越大。块茎休眠时，赤霉素（GA）含量较低，当块茎结束休眠后，GA 含量急剧升高，且远远高于其他几种内源激素的含量。在现代化贮藏库中贮藏的块茎 GA 含量升高幅度最大，普通窑洞窖升高幅度最小。现代化贮库中贮藏的块茎脱落酸（ABA）含量降低得最多，普通窑洞窖降低得最少。贮藏期间，GA 与 ABA 比值随着贮藏时间的延长逐渐升高，且现代化贮藏库中块茎 GA 与 ABA 比值的增加倍数最大，而普通窑洞窖增加倍数最小。

（八）酶

一般新收获的块茎淀粉磷酸化酶的活性并不是最低的，随着贮藏时间延长，块茎逐渐进入深休眠状态，此时酶活性逐渐下降至最低。块茎在低温贮藏的过程中，以蔗糖转化酶为主的一系列酶活性的增加是导致糖化的主要因素。杨明等（2020）研究表明，淀粉酶、蔗糖转化酶、过氧化物酶活性随着贮藏期的延长而逐渐上升，贮藏至 120 天以后，蔗糖转化酶、过氧化物酶活性有所下降；淀粉磷酸化酶活性随着贮藏时间的延长先下降后上升又下降。周长艳（2010）研究表明，块茎淀粉磷酸化酶、蔗糖转化酶活性强弱与贮藏温度的高低变化相反。多酚氧化酶（PPO）是引起马铃薯块茎酶促褐变的主要原因。钟蕾等（2017）认为马铃薯块茎在贮藏期芽周和薯肉部位的多酚氧化酶（PPO）和过氧化物酶（POD）活性均呈先升高后降低的变化趋势，其峰值出现的时间与其开始大量发芽的时期基本一致，表明 PPO 和 POD 活性的升高是块茎解除休眠开始萌芽的生理基础之一。张新宪等（2021）探究了不同温度（2 ℃、4 ℃、6 ℃ 和 20 ℃）对贮藏期为 150 天的马铃薯氧化酶活性的影响，结果表明，与 4 ℃、6 ℃ 和 20 ℃ 处理相比，2 ℃ 贮藏降低了丙二醛（MDA）的积累，提高了过氧化物酶（POD）活性，同时有效抑制了多酚氧化酶（PPO）与淀粉酶活性的升高。

（九）质构特性

马铃薯的质构主要是从与块茎品质相关的因素来进行分析的，如硬度、弹性、黏性以及咀嚼性等指标，其中硬度能较为直观地反映马铃薯的品质。鲜薯在常温条件下贮藏数月后硬度显著降低，因为常温贮藏会加快马铃薯块茎内的化学反应速率从而加速马铃薯品质的退化。不同的贮藏条件对马铃薯中物质的组分有很大影响，如常温贮藏条件下，块茎中淀粉以及果胶质分解速率较快，组织软化速率加快。贮藏时间越长，马铃薯块茎中相关物质降解程度越高，组织软化程度越高。梁延超（2017）对贮藏期间鲜马铃薯和蒸煮马铃薯的硬度进行研究，结果表明鲜薯和蒸煮加工后块茎硬度不仅取决于干物质含量和贮藏条件，还受块茎中其他组分的影响。

三、贮藏期间病虫害的发生

贮藏期间的主要损耗是由病虫害引起的，尤其是在贮藏薯块已经部分受侵染、被机械损坏或表皮幼嫩时。由于马铃薯的品种、生长条件、感病性、病虫害的发展以及扩散程度不同，因而引起的损失也不同，只有干净、健康、皮老化的薯块才能成功地贮藏。贮藏期间，引起软腐的主要病害有黑胫病、青枯病、环腐病、早疫病、晚疫病、湿腐病等。引起干腐的主要病害有镰刀菌干腐病、炭腐病、坏疽病、粉痂病等。在大多数情况下，良好的通风和尽可能的低温可减轻真菌、细菌引起的损失，但最低贮藏温度不能低于 3 ℃。潮湿的块茎应当立即干燥后才能贮藏，收获时被雨淋湿的薯块绝对不能贮藏。贮藏期间的主要虫害马铃薯块茎蛾会引起薯块的严重损害。低温贮藏会减少损失，块茎蛾在贮藏温度低于10 ℃时不活动，低于 4 ℃时死亡。

（一）黑心病

马铃薯块茎缺氧容易产生黑心病，即块茎内部逐渐由红褐色变为灰蓝色至黑蓝色的病斑，病斑形状不规则，边缘清晰，发病一段时间之后组织开始腐烂。马铃薯块茎收获后受阳光暴晒，贮藏库通风不畅，或将马铃薯长期置于密闭的塑料袋内，也会引起黑心病的发生。施用足够的钾肥，控制生育后期的灌水量，确定适宜的马铃薯收获期，加之良好的贮藏环境，才能尽可能地避免黑心病的发生。

（二）晚疫病

田间感染晚疫病的块茎，在贮藏期间会发病蔓延。晚疫病菌主要通过伤口、皮孔和芽眼等侵入块茎。田间晚疫病发病严重的情况下，应该及时杀秧、减少薯块与病菌接触的机会。在贮藏前应将烂薯、病薯及伤薯及时剔除，贮藏期间严格控制好温度和湿度，减少晚疫病发病的概率。

（三）干腐病

干腐病是马铃薯常见和多发的病害之一，是造成马铃薯烂窖的主要因素。该病害通过镰刀菌孢子扩散侵染马铃薯贮藏期的块茎，致使薯肉变色并缩裂成干腐状。严重时发展成为湿腐病感染邻近薯块，从而导致整个贮窖的马铃薯腐烂，大大降低马铃薯的食用性和商品性。何苏琴等（2004）报道了以硫色镰刀菌为病原的马铃薯块茎干腐病，这是中国关于硫色镰刀菌危害马铃薯的首次报道。宋丽琴（2009）报道，在内蒙古自治区锡林郭勒盟引起马铃薯烂窖的主要病害有干腐病、软腐病、环腐病，多数情况是混合侵染，其中干腐病占发病率的 90％以上。

第三节　马铃薯贮藏技术

一、贮藏各阶段的特点

根据温度和空气相对湿度的要求，马铃薯贮藏分为 4 个阶段。

第一阶段（预贮阶段），时间 1～2 周。在此阶段，马铃薯达到成熟并进行愈伤。本阶段可能的温度范围是 10~18 ℃，空气相对湿度为 90%~95%。在这样的条件下，周皮生长与愈伤过程加速。

第二阶段（降温阶段），时间为 2~3 周。在此阶段，温度应根据马铃薯品种和其用途降低至长期贮藏的最佳温度。空气相对湿度保持在 90%~95%。

第三阶段（长期贮藏阶段），最佳温度要根据所贮藏马铃薯品种不同而有所变化。空气相对湿度应降低至 85%~90%。

第四阶段（再调适阶段），是为马铃薯加工做准备的阶段。在此阶段，加工用马铃薯应贮存在 10~18 ℃条件下 1~3 周，具体根据马铃薯品种而定。

二、贮藏准备工作

（一）贮藏前薯块处理

贮藏管理应该延伸至收获前。品种的块茎成熟度能影响块茎贮藏的休眠期长短和其耐贮性。应选择耐贮藏的品种，使用优良品种，利用田间管理措施促使马铃薯提前成熟，选择质量好、损失少、充分成熟的块茎。贮藏前加强田间病害防治，田间及时防病、拔除病株、清理病薯，可直接减少贮藏发病率和损失率。适时采收，保证充分成熟，低温 10~18 ℃，雨季前采收。促进愈伤，在阴凉、干燥、通风处堆放 4~7 天，放热，愈伤，木栓化。去净泥土，如果带泥土贮藏，会堵塞块茎间隙，造成通风不良，再加上湿度过大，易发生病害和腐烂现象。严格选薯，在块茎贮藏前必须做到"六不要"，即薯块带病不要、带泥不要、有损伤不要、有裂皮不要、发青不要，以及受冻不要。选薯后宜分级贮存。

（二）贮藏前设施处理

马铃薯贮藏设施通过多年的重复使用会有烂薯、病菌残留，有害昆虫和染病块茎在贮藏设施内形成持久污染源。新入库的马铃薯块茎初期温度较高，湿度大，在存放过程中极有可能被侵染，发生腐烂现象。在马铃薯贮藏前 1~2 个月，贮藏设施应晾晒通风 7~10 天，将设施内的杂物清扫干净。陕北地区比较干燥，条件较好的贮藏设施，在贮藏前一个月，用水喷洒，严格控制用水量，提高湿度。在贮前 2 周左右，每立方米用 4 克高锰酸钾＋6 克甲醛进行熏蒸，或用百菌清烟剂熏蒸；或用 4%的福尔马林 50 倍液均匀喷洒窖壁四周；也可用浓度为 15%的过氧乙酸溶液（1 克/米³）熏蒸或用浓度为 2%的过氧乙酸溶液（8 毫升/米³）气溶胶喷雾消毒。小型窖可用燃烧秸秆或杂草烟熏 1 次，2 天后打开窖门。

三、贮藏方法

王荣铭（2021）在文章中介绍现有马铃薯的贮藏方式主要有地窖式贮藏、冷库贮藏以及大型通风库贮藏，地窖式贮藏过于落后，地窖内加湿手段依赖于人工洒水且人工洒水不均匀，冷库式贮藏虽然贮藏效果较地窖式贮藏效果好，但能耗大，经济效益低，不适宜大批量马铃薯的贮藏。目前，虽然有一些贮藏库（或冷库）应用于马铃薯贮藏，但是这类贮藏库相对来说对象比较单一，不能满足多用途马铃薯的贮藏需要。实验证明，种用马铃薯的最适贮藏温度是 2~4 ℃，菜用马铃薯的最适贮藏温度是 4~6 ℃，用作工业原料的马铃薯最适贮藏温度是 6~10 ℃，回温温度是 10~15 ℃。初期贮藏库内空气相对湿度以 90%~95%为宜，温度为 1~3 ℃时，贮藏库内空气相对湿度应在 90%左右，而相对安全的空气相对湿度要维持在 85%~95%。这就要求马铃薯的贮藏在保证控温延长休眠期的同时，贮藏库内的湿度要维持在一个相对安全的范围内，并可根据贮藏时期进行相应的调整，这种情况下，传统的冷库就不能满足贮藏需要了。新型的大型通风贮藏库利用自然冷能虽然能满足马铃薯的大批量贮藏需求，但降温加湿手段不够先进，尤其加湿方面需靠人工向地面泼洒水达到加湿的目的，这种贮藏方式需耗费巨大的人力物力，并且会造成水分分布不均，使局部湿度过大，大量的水滴附着在马铃薯表面，使马铃薯局部腐烂滋生细菌，影响贮藏品质，造成很大的经济损失。

根据马铃薯的不同用途，分商品薯贮藏、加工薯贮藏、种薯贮藏。薯块大小不同，其间隙不同，通气性不同，而且休眠期也不相同，故应按薯块大小分开贮藏。如果袋装贮藏，则薯块大的袋子可适当码放得高一些，薯块小的袋子适当码放得低一些。不同品种休眠期不同；同一品种成熟度不同，休眠期也不同。休眠期较长的马铃薯与休眠期较短的马铃薯贮藏在一起，其休眠期会缩短。因此，应按休眠期分开贮藏。

（一）商品薯贮藏

鲜食菜用的商品薯在出库时要求不发芽、不皱缩、不变绿。商品薯必须在黑暗的条件下贮藏，块茎不能受到光线照射，不然块茎表皮变绿，龙葵素含量升高从而影响商品薯性状和食用品质。当变绿的块茎中龙葵素含量过高时，还会对食用的人或牲畜产生毒害甚至导致生命危险。商品薯长期贮藏应该保持在 4～5 ℃的低温下才能满足需求。

（二）加工薯贮藏

加工薯不宜在低温下贮藏，马铃薯在 4 ℃下贮藏时淀粉容易转化为还原糖，还原糖含量的增加将严重影响加工品质，导致加工产品的颜色加深、质量下降。例如薯条加工原料薯的最佳贮藏温度为 6～8 ℃，而薯片加工原料薯为 7～9 ℃。薯块贮藏期越长，贮藏温度越低，但不能降至极限值以下，以控制薯块发芽，防止薯块衰老糖化。贮藏温度过高则会导致薯块生理老化，并诱导糖化作用。对于容易生理老化诱导糖化作用的薯条加工品种，最佳贮藏温度为 6 ℃，而薯片加工品种最佳贮藏温度为 7 ℃。易低温糖化的品种贮藏温度要相对较高，其最佳贮藏温度为 8 ℃，而用于薯片加工原料薯其最佳贮藏温度为 9 ℃。当贮藏温度较高时，要特别注意抑芽剂的使用。通常贮藏温度较高时，出库时间更早。

（三）种薯贮藏

种薯与商品薯、加工薯分开贮藏，防止在贮藏过程中的病虫害侵染和可能引起的机械混杂。不要将种薯贮藏在使用过 CIPC 等抑芽剂的贮藏设施中，萌芽抑制剂会降低发芽率，甚至遗留在室内的气体也会对种薯造成伤害。种薯应该与商品薯一样在黑暗条件下贮藏，温度在 2～4 ℃之间，空气相对湿度在 85％～90％时可贮藏较长时间。反之种薯会在贮藏期间发芽，消耗大量块茎养分，降低种薯质量。种薯管理要避免粗放，保证种薯组织不受伤害。种薯在无法低温贮藏时，应在散射光下贮藏来延长贮藏寿命，抑制幼芽生长。

四、贮藏技术

（一）抑芽防腐技术

1. 抗褐变　马铃薯抗褐变常用以下药物：次氯酸钠的最佳浓度为 0.001 75％，浸泡液 pH 为 4，浸泡时间达到 5 分钟以上；次氯酸钙的有效浓度也是 0.001 75％，但浸泡护色效果不受溶液的 pH 限制；抗坏血酸护色的最有效浓度为 3％。

2. 防腐保鲜　在马铃薯的防腐上，用仲丁胺熏蒸、洗薯块皆可。洗薯时每千克净含量为 50% 的仲丁胺商品制剂用水稀释后，可洗块茎 20 000 千克。熏蒸时，按每千克薯块使用 60 毫克或每立方米使用 14 克 50% 的仲丁胺，熏蒸时间 12 分钟以上，防腐效果良好。另一种新的马铃薯保鲜措施是使用成膜保鲜剂，即用甲壳素、壳聚糖、芽糖糊精、魔芋葡萄甘露聚糖、褐藻酸钠、石蜡、蜂蜡、蔗糖酯等成膜剂，加入一定的抑菌剂和抗氧化剂，通过浸泡成膜、刷膜或喷涂等方法进行被膜保鲜。被膜保鲜效果很好，兼有气调、抑制呼吸的作用，尤以壳聚糖为优，其自身就有很强的抑菌作用。

3. 抑制发芽 保鲜鲜薯一般要求贮藏在冷凉、避光、高湿度的条件下，有条件的地方宜进行高湿度气调贮藏（湿度 90%～95%）。在入贮之前和贮藏期间通常进行抑芽处理。低温（2～4 ℃）贮藏，能明显延长马铃薯休眠期，抑制其发芽，减少失水和腐烂损失，有效延长马铃薯贮藏期。但是对于利用自然降温的贮藏方式来说，长期保持低温是难以实现的。目前，中国马铃薯产区推广的抑芽剂，主要成分是青鲜素，使用浓度为 0.25%，在收获前 4～6 周喷施马铃薯植株。CIPC 是目前世界上使用最广泛的马铃薯抑芽剂，在欧洲所有的国家、美国、澳大利亚和少数发展中国家的马铃薯贮藏中普遍应用。CIPC 的施用方法有熏蒸、粉施、喷雾和洗薯 4 种。以熏蒸的抑芽效果为最好，可长达 9 个月，熏蒸的用药量为薯重的 0.5%～1%，熏蒸 48 小时左右，洗薯块的适宜浓度为 1%。但是 CIPC 抑芽剂不宜用于种薯，在有种薯的贮藏窖内也不能施用抑芽剂，以免影响种薯的发芽率。

Frazier 等（2015）研究表明，CIPC 用于种薯抑芽不但影响产量而且还会影响薯形。Paul 等（2016）对经 CIPC 处理后马铃薯贮藏过程中的残留量、CIPC 的抑芽效果以及对环境和健康的影响做了相关研究，提出应该寻找能够超越 CIPC 抑芽效果且更为安全有效的马铃薯抑芽剂。近年的研究发现，在马铃薯贮藏期间施用外源乙烯以及 1-甲基环丙烯（1-MCP）均有较好的抑芽作用。Foukaraki 等（2016）研究发现在马铃薯发芽初期连续施用乙烯对于抑制发芽很有效。除此之外，在马铃薯发芽初期施用乙烯与刚采收时施用乙烯相比，在糖积累方面没有影响。中国学者在外源乙烯抑制马铃薯发芽方面也做了相关研究，发现外源乙烯可抑制马铃薯的发芽，增大用量可提高马铃薯的抑芽效果，且浸蘸及重复使用效果更好，环境温度越低效果越好。刁小琴等（2014）发现，用浓度为 1.0 微升/升的 1-MCP 处理的马铃薯在贮藏窖中贮藏至 180 天，块茎仍未发芽。一些学者还研究了天然提取物对马铃薯抑芽效果的影响。如萘乙酸甲酯（MENA），为无色油状液体，具有挥发性，在马铃薯收获后使用，处理后抑芽效果非常明显。通常制成粉状使用，均匀撒到薯块中，萘乙酸甲酯缓慢发挥后可抑制贮藏马铃薯块茎的发芽，但缺点是价格较高。壳聚糖即脱乙酰几丁质，是从螃蟹、小虾等甲壳类动物外壳获得的，被广泛应用于美容、食品、生物技术和农业等领域。壳聚糖处理对损伤接种马铃薯块茎干腐病具有明显的防治作用，同时配合乳酸能较好地发挥壳聚糖的抑菌特性。硅处理能增强马铃薯块茎组织对病原物侵染的防御反应，硅酸钠对病菌的生长发育有明显的抑制作用。崔莎（2014）研究不同条件下香芹酮和乙醛对马铃薯的抑芽效果，发现香芹酮、乙醛在短期内均可有效抑制马铃薯的发芽。葛霞等（2016）考察香芹酮、过氧化氢、1,4-二甲基萘、壬醇、乙烯利以及苹果对马铃薯贮藏效果的影响，也发现香芹酮有较好的抑芽效果。

4. 辐射处理 用 8 000～10 000 伦琴^{60}Co 的 γ 射线处理薯块，薯块生长点、生长素的合成遭到破坏，其抑芽效果明显已获得公认。但对设施设备的要求和处理费用较高，在中国未得到实际应用。彭雪等（2022）研究表明，高能电子束辐照可完全使块茎在（8±1）℃冷藏7个月不发芽，对块茎营养品质无不利影响，有利于保持其良好感官和营养品质；推测高能电子束辐照抑芽与块茎呼吸强度受到抑制相关，减弱了其生理活性；同时，辐照对芽眼细胞结构形成了损伤，并直接使其幼芽死亡干枯。史萌等（2019）研究了短波紫外线（UV-C）处理对马铃薯贮藏过程中发芽情况的影响，结果表明UV-C处理能够有效抑制马铃薯贮藏过程中发芽，同时延缓赤霉素和α-茄碱的上升；当处理剂量和方式适宜时，UV-C可在马铃薯发芽控制及品质保持方面获得良好效果，其中在贮藏前及中期处理效果较好。

（二）病害控制技术

马铃薯贮藏过程中的病害仍主要通过调节温湿度进行控制，化学杀菌剂的使用尚处于起步阶段。化学防治不受地域和季节的限制，成本相对较低，起效快，防治效果明显，是快速控制病害、减轻损失的有效措施之一。李梅等（2016）研制了一种挥发性马铃薯薯块防腐剂，当Cl和O_2质量浓度分别达0.42微克/毫升和1.13微克/毫升时，干腐病和软腐病病菌生长完全被抑制，相对抑制率可达到100%。随着人们对环境污染和药物残留的重视，生物防治逐渐成为马铃薯病害防治的热点。Gachango等（2012）研究发现，在马铃薯种植期间施用枯草芽孢杆菌，贮藏期间施用嘧菌酯、咯菌腈、苯醚甲环唑或亚磷酸可降低马铃薯干腐病的发病率。Meng等（2013）研究了生物材料对疮痂病的影响，结果表明，施用解淀粉芽孢杆菌BAC03的试验组与对照相比，能够使疮痂病发生率降低17%~57%，而且能够增加马铃薯块茎的重量。因此，BAC03是一种非常好的控制马铃薯疮痂病的生物药剂。Yangui等（2013）研究发现，用羟基络醇提取物处理的马铃薯块茎在贮藏期间软腐病发病率显著降低。Wood等（2013）研究了用天然植物成分（乙醛和反式-2-己烯醛）对马铃薯采后黑斑病、银腐病和软腐病的控制效果，结果表明，反式-2-己烯醛对3种马铃薯病菌抑制效果最佳。细胞学研究表明，浓度为2.5微升/升的反式-2-己烯醛能够抑制上述3种病原真菌的繁殖，有效防治马铃薯采后贮藏期间的病害。寇宗红等（2013）研究了不同浓度柠檬酸处理对马铃薯干腐病菌硫色镰刀菌和接骨木镰刀菌的抑制效果，结果表明，柠檬酸对两种供试菌的菌落生长和孢子萌发具有明显的抑制作用，且柠檬酸对干腐病菌落孢子的抑制效果随浓度的提高而增强。

五、贮藏量确定

马铃薯贮藏设施中薯块占总容量不得超过65%。据试验，1米³的马铃薯块茎质量一般为650~750千克。贮藏量计算方法如下：适宜的贮藏量（千克）＝库窖总容积×750×0.65。

六、贮藏方式

（一）堆放

轻装轻放，以防碰擦伤；由里向外，依次装放。强制通风低温库、薯块散堆高度可达3~4米。

（二）码放

装入小孔编织网袋，35~45千克/袋，袋装垛藏，高8袋/垛，宽2袋并垛，垛与垛相距 0.8~1 米，便于通风、观察，出窖方便。

（三）箱装

瓦楞纸箱、木条箱、竹筐、塑料筐等均是理想的贮藏工具。硬包装对薯块损伤小，易于马铃薯的通风换气，不怕薯块间的挤压损伤，易于码放，码放高度不限，可以做到机械自动搬运与码放。每个箱子可独立贮藏不同品种的马铃薯，也可独立进行药剂处理。

七、陕北常见贮藏方式

（一）常温贮藏

常温贮藏是指在构造相对简单的贮藏场所，利用环境条件中的温度随季节和昼夜变化的特点，通过人为措施使贮藏场所的贮藏条件达到产品要求的方式。常温贮藏可分为窖藏、堆藏、沟藏、通风库贮藏。恒温贮藏真正摆脱了利用自然冷源贮藏马铃薯造成的季节性和地区性的限制，大大提高了贮藏温度控制的精确性，扩大了低温贮藏马铃薯的地理和季节应用范围，大大提高了马铃薯保鲜质量，延长贮运期限，有利于大规模商业流通，延长加工时间。

（二）机械冷藏

机械冷藏是指在有良好隔热性能的库房中，利用机械冷凝系统将库内的热传递到库外，使库内的温度降低并保持在有利于马铃薯长期贮藏范围内的一种贮藏方式。机械冷藏的优点是不受外界环境条件的影响，可以迅速而均匀地降低库温，库内的温度、湿度和通风都可以根据贮藏对象的要求而调节控制。但是冷库是一种永久性的建筑，贮藏库和制冷机械设备需要较多的资金投入，运行成本较高，且贮藏库房运行要求有良好的管理技术。在需要长期贮存、对质量有特殊要求和经济价值较高等情况下可以采用机械冷藏。

（三）气调贮藏

气调贮藏即调节气体成分贮藏，是当今先进的果蔬保鲜贮藏方法，指改变果蔬贮藏环境中气体成分（通常是增加 CO_2 浓度和降低 O_2 浓度，以及根据需求调节其他气体成分浓度）来贮藏产品的一种方法。气调贮藏是在气调库中完成的。长期使用的气调库，一般应建在马铃薯的主产区，同时还应有较强的技术力量、便利的交通和可靠的水电供排能力，库址必须远离污染源，以避免环境对贮藏产生负效应。

大中型贮藏库趋向数字化、智能化发展，应用传感＋控制＋通信＋计算机技术，提高贮藏库管理的精确性与安全性，减少管理人员，提高马铃薯产品保鲜质量。

（四）化学贮藏（抑芽剂的利用）

马铃薯度过休眠期后很容易出芽，出现腐烂现象，大大降低加工价值。为了减少块茎在贮藏期间腐烂和萌芽，可通过化学试剂来抑制出芽，节约成本，减少损失。

一般常用于处理马铃薯的植物生长调节剂有以下几种。

1. 青鲜素 青鲜素（MH）有抑制块茎萌芽生长的作用，又称"抑芽素"。在马铃薯收获前 2~3 周，用浓度 0.3％~0.5％的药液喷洒植株，对防止块茎在贮藏期萌芽和延长贮藏期有良好的效果。

2. 萘乙酸甲酯 萘乙酸甲酯（MENA）的作用与 MH 相同，一般采用 3％的浓度，在收获前 2 周喷洒植株，或在贮藏时用萘乙酸甲酯 150 克，混拌细土 10~15 千克制成药土，再与 5 000 千克块茎混拌，也有良好的抑芽作用。施药时间在休眠中期，过晚则会降低药效。

3. 苯菌灵和噻菌灵 可采用0.05％浓度的苯菌灵和噻菌灵浸泡刚收获的块茎，有消毒防腐的作用。

4. 氨基丁烷（2-AB） 在贮藏中采用2-AB熏蒸块茎，可起到灭菌和减少腐烂的作用。

参考文献

陈科元，陈彦云，贾倩民，等，2014. 不同光照对贮藏期间马铃薯块茎多胺含量的影响 [J]. 食品研究与开发（24）：143-148.

陈雷，李欢，陆国权，2016.5个马铃薯品种贮藏期间品质及抗氧化活性的变化 [J]. 浙江农业科学，57（1）：130-134.

崔莎，2014. 香芹酮、乙醛抑制马铃薯发芽试验效果研究 [J]. 河南科技（9）：74-75.

戴超，郑鹭飞，刘佳萌，等，2017. 液质联用法分析贮藏因素对马铃薯中α-茄碱含量的影响 [J]. 核农学报，31（11）：2200-2205.

刁小琴，关海宁，魏雅冬，2014. 甲基环丙烯处理对窖藏马铃薯的保鲜效果 [J]. 食品工业科技，35（6）：303-306.

丁红瑾，陈彦云，曹君迈，等，2013. 外源钙对贮藏期马铃薯细胞膜及过氧化物酶的影响 [J]. 中国农学通报，29（14）：103-106.

丁映，乐俊明，夏锦慧，等，2013. 不同钾肥施用量对马铃薯贮藏的影响 [J]. 现代农业科技（8）：62-65.

葛霞，程建新，田世龙，等，2016. 马铃薯抑芽剂的初选研究 [M]//中国作物学会，马铃薯产业与中国式主食论文集. 哈尔滨：哈尔滨地图出版社：336-342.

巩慧玲，赵萍，杨俊峰，2004. 马铃薯块茎贮藏期间蛋白质和维生素C含量的变化 [J]. 西北农业学报，13（1）：49-51.

郝智勇，2014. 马铃薯贮藏的影响因素及方法 [J]. 黑龙江农业科学（10）：112-114.

何苏琴，金秀琳，魏周全，等，2004. 甘肃省定西地区马铃薯块茎干腐病病原真菌的分离鉴定 [J]. 云南农业大学学报，19（5）：550-552.

颉敏华，李梅，冯毓琴，2007. 马铃薯贮藏保鲜原理与技术 [J]. 农产品加工学刊（8）：47-50.

亢建斌，何建栋，苏林富，等，2008. 马铃薯不同贮藏阶段干物质变化规律研究初报 [J]. 中国马铃薯，22（5）：291-293.

寇宗红，毕阳，李永才，等，2013. 柠檬酸处理对两种马铃薯干腐病菌的抑制效果比较 [J]. 食品工业科技，34（14）：314-317.

李梅，田世龙，程建新，等，2016. 一种薯类贮藏专用防腐剂及其制备方法和施用方法：CN103931753A [P]. 2016-08-24.

李倩，柳俊，谢从华，等，2013. 彩色马铃薯块茎形成和贮藏过程中花色苷变化及抗氧化活性分析 [J]. 园艺学报，40（7）：1309-1317.

李守强，田世龙，程建新，等，2018. 不同温湿度差和通风方式对马铃薯贮藏环境的调控效果试验 [J]. 粮食加工，43（4）：72-76.

李守强，田世龙，李梅，等，2009. 马铃薯抑芽剂的应用效果研究 [J]. 中国马铃薯，23（5）：285-287.

李守强，田世龙，田甲春，等，2018. 贮藏温度对马铃薯微型种薯生理特性的影响 [M]//中国作物学会，马铃薯产业与脱贫攻坚论文集. 哈尔滨：哈尔滨地图出版社.

李永成，2008. 定西市马铃薯种薯贮藏管理技术与特点 [J]. 中国马铃薯，22（3）：173-175.

刘芳，杨元军，董道峰，等，2011. 马铃薯不同代数和块茎大小休眠特性的研究 [J]. 山西农业科学
　　(11)：32-34.

刘海金，2011. 马铃薯贮藏期间品质变化及涂膜保鲜效果的研究 [D]. 呼和浩特：内蒙古农业大学.

刘喜平，陈彦云，任晓月，等，2012. 外源钙对马铃薯块茎贮藏期间几种酶活性及蛋白质含量的影响
　　[J]. 江苏农业科学，40 (2)：62-64.

刘亚武，李国旗，周薇，等，2012. 不同贮藏方式对马铃薯种薯生理特性的影响 [J]. 西北农业学报，21
　　(4)：65-70.

彭雪，高月霞，张琳煊，等，2022. 高能电子束辐照对马铃薯贮藏品质及芽眼细胞超微结构的影响 [J].
　　中国农业科学，55 (7)：1423-1432.

蒲育林，王蒂，王瑞斌，2008. 不同贮藏条件对马铃薯微型种薯活力及生理特性的影响 [J]. 西北植物
　　学报，28 (2)：336-341.

普红梅，杨琼芬，姚春光，等，2015. 三种药剂对不同品种马铃薯种薯常温和低温贮藏期间病害的防治
　　效果 [J]. 保鲜与加工，15 (3)：12-17.

石瑛，秦昕，卢翠华，等，2002. 不同马铃薯品种贮藏期间还原糖及干物质的变化 [J]. 中国马铃薯，26
　　(1)：16-18.

史萌，许立兴，林琼，等，2019. UV-C 处理抑制马铃薯贮藏期发芽及相关机理研究 [J]. 食品工业科
　　技，40 (13)：242-247，252.

司怀军，戴朝曦，田振东，等，2001. 贮藏温度对马铃薯块茎还原糖含量的影响 [J]. 西北农业学报，10
　　(1)：22-24.

宋丽琴，2009. 马铃薯窖藏病害研究与防治措施 [J]. 内蒙古农业科技 (1)：41-43.

孙茂林，杨万林，李树莲，等，2004. 马铃薯的休眠特性及其生理调控研究 [J]. 中国农学通报，20
　　(6)：81-84，188.

塔尔伯特，史密斯，2017. 马铃薯生产与食品加工 [M]. 刘孟君，译. 上海：上海科学技术出版社.

唐英章，1998. 贮藏过程马铃薯维生素 C 含量变化 [J]. 马铃薯杂志，7 (1)：26.

田甲春，田世龙，葛霞，等，2017. 马铃薯贮藏技术研究进展 [J]. 保鲜与加工，17 (4)：108-112.

田甲春，田世龙，李守强，等，2021. 低 O_2 高 CO_2 贮藏环境对马铃薯块茎淀粉-糖代谢的影响 [J]. 核
　　农学报，35 (8)：1832-1840.

涂勇，刘川东，姚昕，2020. 3 种植物精油对马铃薯青薯 9 号贮藏效果的影响 [J]. 现代农业科技 (2)：
　　208-209，211.

王洁，李喜宏，赵亚婷，等，2017. 不同贮藏方式对马铃薯品质的影响 [J]. 食品科技，42 (11)：
　　36-40.

王鹏，连勇，金黎平，2003. 马铃薯块茎休眠及萌发过程中几种酶活性变化 [J]. 华北农学报，18 (1)：
　　33-36.

王荣铭，2021. 马铃薯贮藏库加湿系统的设计与试验 [D]. 淄博：山东理工大学.

文义凯，刘柏林，卢蔚雯，等，2013. 马铃薯块茎休眠解除过程的形态学观察与鉴定 [J]. 中国马铃薯，
　　27 (1)：14-18.

吴旺泽，彭晓莉，刘小平，2010. 化学试剂对马铃薯贮藏抑芽效果研究 [J]. 安徽农业科学，38 (21)：
　　17826-17827.

吴晓玲，任晓月，陈彦云，等，2012. 贮藏温度对马铃薯营养物质含量及酶活性的影响 [J]. 江苏农业
　　科学，40 (5)：220-222.

徐烨，高海生，2018. 国内外马铃薯产业现状及贮藏技术研究进展 [J]. 河北科技师范学院学报，32
　　(4)：24-31，47.

闫晓洋，2017. 不同马铃薯品种休眠特性的研究 [D]. 杨凌：西北农林科技大学.

杨亮，高荣，陈朗，等，2017. 贮藏条件对马铃薯块茎肉质部分 α-茄碱含量的影响 [J]. 核农学报，31 (11)：2200-2205.

杨明，包媛媛，张新永，等，2020. 不同贮藏温度对云薯 105 马铃薯生理品质的影响 [J]. 江苏农业科学，48 (5)：189-193.

杨晟，何腾兵，吕树鸣，2012. 2 种贮藏方式下马铃薯品质指标的变化 [J]. 河南农业科学，41 (6)：24-28.

杨素，2018. 马铃薯贮藏期间加工品质变化研究 [D]. 兰州：甘肃农业大学.

杨晓玲，张建文，刘永军，等，2002. 马铃薯块茎发芽过程中酚类物质含量及其相关酶活性的变化 [J]. 植物生理学通讯，38 (4)：347-348.

叶庆隆，杨辉，陈占飞，等，2021. 榆林马铃薯 [M]. 北京：中国农业出版社.

于延申，2015. 抑芽剂和防腐剂在马铃薯贮藏上的应用 [J]. 吉林蔬菜 (7)：46-47.

岳红，卢其能，赵昶灵，等，2011. 贮藏条件对马铃薯龙葵素和叶绿素含量的影响 [J]. 浙江农业科学 (5)：1082-1084.

张海清，2021. 施氮对马铃薯源库发育和块茎采后贮藏特性的影响研究 [D]. 武汉：华中农业大学.

张薇，邱成，高荣，等，2013. 不同贮藏条件下马铃薯块茎皮中龙葵素含量的变化 [J]. 中国马铃薯，27 (3)：144-147.

张新宪，王亮，2021. 不同温度对马铃薯贮藏品质及氧化酶活性的影响 [J]. 食品工业，42 (4)：245-249.

赵萍，1997. 马铃薯块茎中维生素 C 含量变化 [J]. 马铃薯杂志，7 (1)：26.

赵萍，巩慧玲，赵瑛，等，2004. 不同品种马铃薯贮藏期间干物质与淀粉含量之间的关系 [J]. 食品科学 (11)：103-105.

赵欣，周婧，陈湘宁，等，2017. OPP/CPP 膜中不同气体比例对鲜切马铃薯片保鲜的影响 [J]. 食品工业科技，38 (17)：207-211，219.

郑旭，刘佳萌，孙玉凤，等，2019. 贮藏期影响不同品种马铃薯龙葵碱风险的主要环境因素 [J]. 食品安全质量检测学报，10 (9)：2481-2493.

钟蕾，邓俊才，王良俊，等，2017. 生长调节剂处理对马铃薯贮藏期萌发及氧化酶活性的影响 [J]. 草业学报，26 (7)：147-157.

周长艳，2010. 不同贮藏条件下马铃薯生理特性的研究 [D]. 呼和浩特：内蒙古农业大学.

周源，塔娜，甄琦，等，2021. 基于质量分级的马铃薯贮藏温度特性的试验与研究 [J]. 保鲜与加工，21 (9)：1-6.

朱旭，2014. 贮藏温度和堆码高度对克新 1 号马铃薯贮藏损失及品质影响的研究 [D]. 长春：吉林大学.

Butchbaker A F，1972. Method for determining the moisture loss from biological products [J]. Amer Soc Agr Eng Trans Asae，15 (1)：110-115.

Devres Y O，Bishop C F H，1995. Computer model for weight loss and energy conservation in a fresh-produce refrigerated store [J]. Applied Energy，50 (2)：97-117.

Foukaraki S G，Cools K，Chope G A，et al.，2016. Impact of ethylene and 1-MCP on sprouting and sugar accumulation in stored potatoes [J]. Postharvest Biology and Technology，114 (1)：95-103.

Frazier M J，Olsen N L，2015. The effects of chlorpropham exposure on field-grown potatoes [J]. American Journal of Potato Research，92 (1)：32-37.

Gachango E，Kirk W W，Schafer R，2012. Effects of in-season crop-protection combined with postharvest applied fungicide on suppression of potato storage diseases caused by oomycete pathogens [J]. Crop Protection，41 (6)：42-48.

Hudson D E，1969. Progress report on bulk rail shipments of potatoes [J]. Potato Utiliz Conf Proc (19)：

81－87.

Meng Q X，Hanson L E，Douches D，et al.，2013. Managing scab diseases of potato andradish caused by *Streptomyces* spp. using Bacillus amyloliquefaciens BAC03 and other biomaterials [J]. Biological Control，67（3）：373－379.

Paul V，Ezekiel R，Pandey R，2016. Sprout suppression on potato：need to look beyond CIPC for moreeffective and safer alternatives [J]. Journal of Food Science and Technology，53（1）：1－18.

Van Ittersum M K，1992. Relation between growth conditions and dormancy of seed potato. 1. Effect of nitrogen [J]. Potato research（35）：355－364.

Wood E M，Miles T D，Wharton P S，2013. The use of natural plant volatile compounds for the control of the potato postharvest diseases，black dot，silver scurf and soft rot [J]. Biological Control，64（2）：152－159.

Yangui T，Sayadi S，Dhouib A，2013. Sensitivity of Pectobacterium carotovorum to hydroxytyrosol－rich extracts and their effect on the development of soft rot in potato tubers during storage [J]. Crop Protection，53（11）：52－57.

Zommick D H，Knowles L O，Pavek M J，et al.，2014. In－season heat stress compromises postharvest quality and low－temperature sweetening resistance in potato（*Solanum tuberosum* L.）[J]. Planta，239（6）：1243－1263.

第七章 马铃薯利用与加工

第一节 马铃薯品质

一、马铃薯块茎营养品质

(一) 块茎营养成分概述

马铃薯块茎鲜重的 24% 左右是干物质，包括蛋白质、糖类、脂质、维生素类和 K、Ca、Na、Fe、Mn、Cu、Zn、Se、Mg 等矿质元素。

1. 淀粉 淀粉是人类膳食中主要的糖类，根据最新营养学分类，淀粉可分为快速消化淀粉、缓慢消化淀粉和抗性淀粉。快速消化淀粉能迅速在小肠中消化吸收，缓慢消化淀粉则在小肠中缓慢消化，而抗性淀粉不能被小肠中的淀粉酶水解。马铃薯淀粉含量是衡量马铃薯品质的主要指标。马铃薯块茎鲜重的 15% 左右是淀粉，是食用马铃薯的主要能量来源。马铃薯淀粉主要有直链淀粉和支链淀粉 2 种，支链淀粉含量高达 80%，直链淀粉约占 20%，支链淀粉的分支结构比直链淀粉具有更高的消化率，煮熟后冷却的马铃薯比刚煮熟的马铃薯血糖指数低。马铃薯淀粉在糊化之前属于抗性淀粉，几乎不能被消化吸收，糊化后很容易被消化吸收。马铃薯淀粉结构松散、结合力弱，含有天然磷酸基团，这些特点使其具有糊化温度低、糊浆透明度高、黏性强的优点。因此，马铃薯中的淀粉能够降低糖尿病患者餐后的血糖值，有效控制糖尿病；可增加粪便体积，对便秘等有良好的预防作用；还可将肠道中有毒物质稀释从而预防癌症的发生。

2. 蛋白质 蛋白质是六大营养元素之一。健康的成人每天对蛋白质的需要量（以 N 计）为 107.77 毫克/千克，推荐摄入量（以 N 计）为 134.71 毫克/千克。马铃薯块茎中，蛋白质含量占其鲜重的 2%～3%，其蛋白质可消化成分高，能很好地被人体吸收利用。马铃薯中组成蛋白质的氨基酸有丙氨酸、精氨酸、天门冬氨酸、缬氨酸、甘氨酸、谷氨酸、亮氨酸、赖氨酸、组氨酸、甲硫氨酸、脯氨酸、丝氨酸、络氨酸、苏氨酸、色氨酸和苯丙氨酸等，含有人体必需的全部氨基酸，其中赖氨酸含量高于谷物。马铃薯虽然不是生产蛋白质的主要原料，但目前其块茎中所含的蛋白质含量已经成为衡量马铃薯品质的一项重要指标。据研究报道，马铃薯的蛋白质营养价值高，其蛋白质质量优于大米、玉米等，其蛋白质品质相当于鸡蛋的蛋白质，属于完全蛋白质，容易消化、吸收，优于其他作物的蛋白质。美国官方相关研究机构的研究报告指出："作为食品，全脂牛奶和马铃薯两样就可以提供人体所需的营养物质。"马铃薯蛋白可分为 Patatin 蛋白、蛋白酶抑制剂和其他蛋白（高分子量蛋白）三大类。蛋白酶抑制剂的含量占马铃薯蛋白含量的 40%～50%，其淀粉加工分离汁水中回收马铃薯活性蛋白可能成为将来药用蛋白酶抑制剂的重要来源。目前，关于 Patatin 蛋白和蛋白酶抑制剂的研究报道较多，而有关高分子量蛋白的研究报道较少。

（1）Patatin 蛋白。Patatin 蛋白含量占马铃薯蛋白含量的 30%～40%，是特异存在于马铃薯块茎中的一组糖蛋白，自然状态下常以二聚体形式存在。马铃薯的不同品种及品种内都存在着 Patatin 蛋白的异形体，但蛋白异形体之间的结构特性和构象热稳定性没有明显差异，且由于基因家族和免疫的高度同源性，Patatin 蛋白常被作为一类蛋白。Patatin 蛋白具有较好的凝胶性，相比于其他蛋白如 β-乳球蛋白、卵清蛋白和大豆蛋白，Patatin 蛋白形成凝胶时所需离子强度较低，且 Patatin 蛋白所形成的凝胶在外力作用时形变较小，因此可作为一种易于形成凝胶的蛋白应用于食品中。Patatin 蛋白的酯酰基水解活性也使其在工业生产中的应用受到广泛重视，如将 Patatin 蛋白应用于从乳脂中生产短链脂肪酸，并以此提高奶酪成熟过程中的风味物质含量。Patatin 蛋白对于单酰基甘油有很大的特异性，尤其是从甘油和脂肪酸的有机溶剂中生产高纯度的单酰基甘油（纯度＞95%），而单酰基甘油是重要的乳化剂之一。

（2）蛋白酶抑制剂。蛋白酶抑制剂泛指可以抑制蛋白酶但又不使其失活的物质，具有抗癌、抗氧化以及控制血糖浓度的作用。马铃薯蛋白酶抑制剂种类繁多，到目前为止，编码马铃薯蛋白酶抑制剂的核苷酸抑制剂已经公布了 100 多种，根据组成蛋白的不同，可分为羧肽制剂、丝氨酸蛋白酶抑制剂、半胱氨酸蛋白酶抑制剂与天门冬氨酸蛋白酶抑制剂等。过去长期把蛋白酶抑制剂当作抗营养因子进行研究，近年来发现其具有抗癌和调节饮食的作用，在食品和制药工业中具有广阔的应用前景。生吃马铃薯或生饮马铃薯汁会影响人体对蛋白营养的吸收，但对于减肥和消化道杀菌消炎等有特殊功效。研究结果表明，马铃薯蛋白酶抑制剂还具有很多潜在的应用价值，例如用于减肥、预防和治疗血栓性疾病和癌症等。马铃薯蛋白酶抑制剂可提高血浆中胆囊收缩素的含量，胆囊收缩素能延缓胃的排空，控制人体血糖浓度，通过产生饱腹感减少食物的摄入而达到减肥的目的；马铃薯蛋白酶抑制剂还可预防紫外线对人体皮肤的伤害，因此，可用于新型护肤品的研制；粪便中的蛋白酶含量过高会引起肛周炎，而马铃薯蛋白酶抑制剂可有效抑制人体粪便中蛋白酶的活性，因此，可通过外敷马铃薯蛋白酶抑制剂来预防和治疗蛋白酶引起的肛周炎。此外，马铃薯羧肽酶抑制剂具有抗血栓活性与抗肿瘤作用。Kim（2006）报道了 Kimitz 型丝氨酸蛋白酶抑制剂具有抗白念珠菌、金黄色葡萄球菌、李斯特菌和大肠杆菌等人类和植物病原微生物活性的功能，因此，可用于开发新型抗感染剂或农药。

3. 维生素类物质　马铃薯是所有粮食作物中维生素含量较全面的作物，包括硫胺素（维生素 B_1）、核黄素（维生素 B_2）、泛酸（维生素 B_5）、烟酸（VPP）、吡哆醇（维生素 B_6）、抗坏血酸（维生素 C）、生物素（VH）、凝血素（VK）及叶酸（VM）等，其含量相当于胡萝卜的 2 倍、大白菜的 3 倍、番茄的 4 倍，B 族维生素含量更是苹果的 4 倍。特别是马铃薯中含有禾谷类粮食所没有的维生素 C，其所含的维生素 C 是苹果、葡萄、梨的 10～30 倍，是芹菜的 3.4 倍，是番茄的 1.4 倍，且耐加热。维生素 C 是很好的抗氧化剂，能有效去除自由基，对人体健康十分有益，可以防止心脏病、癌症和其他慢性疾病的发生，能治疗贫血及出血性疾病，防治感冒，提高人体对疾病的抵抗力。因此，维生素类物质也成为衡量马铃薯块茎品质的一项重要指标。

（1）维生素 C。维生素 C 对众多的酶而言是一种辅助因子，用作电子提供体，在植物的活性氧解毒中起到重要作用。每 100 克马铃薯中维生素 C 含量达 30 毫克以上。缺乏维生素 C 最典型的疾病是坏血症，在严重的情况下还会出现牙齿脱落、肝斑、出血等症状。生活在现代社会的上班族，最容易受到抑郁、焦躁、灰心丧气、不安等负面情绪的困扰，而马铃薯含有丰富的维生素 C 可帮助解决。维生素 C 可以影响人的情绪，但是，维生素 C 在温度超过 70 ℃时就开始受到破坏，在烹调加工马铃薯时不宜长时间高温加工处理。

(2) **维生素 B₁**。维生素 B₁ 在植物中主要以硫胺焦磷酸酯的形式存在。它在植物的叶绿体中分别独立合成嘧啶和噻唑两个部分，然后聚合形成硫胺素，硫胺素经磷酸酯化后形成硫胺素焦磷酸。马铃薯块茎中维生素 B₁ 含量为每 100 克鲜薯中 0.06～0.23 毫克，大多数马铃薯的硫胺素含量为每 100 克鲜薯中 0.12～0.16 毫克。其含量具有中等程度的遗传力，培育高维生素 B₁ 含量的品种已成为马铃薯分子育种的目标之一。

(3) **维生素 B₆**。马铃薯也是维生素 B₆ 的重要来源，100 克马铃薯中约含有 0.2 毫克维生素 B₆，占每日推荐膳食中维生素 B₆ 摄入量的 15％。美国国家健康和营养调查（NHANES）2003—2006 年的数据分析表明，马铃薯为儿童和青少年提供了 14％～18％的维生素 B₆ 摄入量。英国和荷兰的数据表明，马铃薯为他们提供了 17％的维生素 B₆ 摄入量。维生素 B₆ 可参与很多的机体功能实现，也是许多酶的辅助因子，特别是能在蛋白质代谢中发挥重要作用，也是叶酸代谢的辅助因子。维生素 B₆ 具有抗癌活性，也是很强的抗氧化剂，并在免疫系统和神经系统中参与血红蛋白的合成，以及参与脂质和糖代谢。缺乏维生素 B₆ 可能导致的后果包括贫血、免疫功能受损、抑郁、精神错乱和皮炎等。提起抗衰老的食物，人们很容易会想到人参、燕窝、蜂王浆等珍贵食品，很少想到像马铃薯这样的"大众食品"，其实马铃薯是非常好的抗衰老食品。马铃薯中含有丰富的维生素 B₆ 和大量的优质纤维素，而这些成分在人体的抗老防病过程中有着重要的作用。

(4) **叶酸**。叶酸也称为维生素 B₉，是一种水溶性的维生素。叶酸缺乏与神经管缺陷（如脊柱裂、无脑畸形）、心脑血管疾病、巨幼细胞贫血和一些癌症风险的增加息息相关。但叶酸摄入量在全世界大多数人口中仍然不足，甚至在发达国家也不足。因此，迫切需要在主食中增加叶酸的含量并提高其生物利用度。众所周知，马铃薯是饮食中叶酸的一个很重要来源。在芬兰，马铃薯是饮食中叶酸的最佳来源，马铃薯提供的叶酸摄入量占总叶酸摄入量的 10％以上。Hatzis 等（2005）在希腊人口中检测血清中的叶酸状况与食品消费之间的关联研究表明，马铃薯的摄入量与血清叶酸水平呈正相关。因此，科学家一直致力于提高马铃薯可食部分的叶酸含量，目前比较成功的策略是使用块茎特异启动子，同时过表达鸟苷酸环化水解酶基因、氨基脱氧分支酸合成酶基因和多聚谷氨酸合成酶基因，得到的块茎叶酸含量是对照的 12 倍（每 100 克块茎中高达 1 925 微克），而且更加耐储存。研究还发现马铃薯在低温贮藏的过程中，叶酸含量会明显增加，有的基因型品种在储存过程中叶酸含量会增加 2 倍以上。因此，可以通过选择有优质背景的遗传材料、增加低温贮藏步骤、尽量食用幼嫩块茎等方法，增加马铃薯块茎中的叶酸含量。

4. 矿物质 水果和蔬菜中广泛存在着矿质元素。兰皮特和戈尔登贝格（1940）总结出马铃薯中的矿质元素包括磷（P）、钙（Ca）、镁（Mg）、钠（Na）、钾（K）、铁（Fe）、硫（S）、氯（Cl）、锌（Zn）、铜（Cu）、硅（Si）、锰（Mn）、铝（Al）、溴（Br）、硼（B）、碘（I）、锂（Li）、硒（Se）、钴（Co）、钼（Mo）等。马铃薯的矿物质（灰分）含量平均为原料重量的 1％，占马铃薯总灰分 70％以上的是可溶性物质，这些物质在淀粉生产过程中被多级旋流器洗涤，并与马铃薯细胞液汁水及生产过程的废水一起排出。不溶解的灰分残留在渣滓中，少部分残留在淀粉中。此外，马铃薯是不同膳食矿物质的重要来源，已被证实其可提供钾的推荐日摄取量的18％，铁、磷、镁的6％，钙和锌的2％。马铃薯带皮煮熟后，其大多数的矿物质含量依旧很高，这些矿物质均是人体所必需的，而且在贮藏期间变动不大。富钾是马铃薯的重要特征之一，钾元素对人体具有重要作用，适量的钾元素能维持体液平衡，并对维持心脏、肾脏、神经、肌肉和消化系统的功能具有重要作用。德国营养学界也认为马铃薯是蛋白质含量高、热量低且维生素和矿质元素含量丰富的优良食品，每150克马铃薯可补充人体所需1/15的维生素C、1/4的钾和一定量的镁，而且其低热量特点还让人不易发胖。

5. 植物营养素　除了含有维生素和矿物质外，马铃薯块茎中还含有一些小分子复合物，其中很多为植物营养素。这些植物营养素包括酚类物质、黄酮、花青素、类胡萝卜素、聚胺、生物碱和倍半萜等。

（1）**酚类物质**。酚类物质是饮食中含量丰富的抗氧化剂。植物酚类物质可能含有潜在的促进健康的化合物。相关的报道显示，绿茶、咖啡和红葡萄酒对健康的积极作用是由于其含有的酚类物质，而酚类物质对健康的作用也一直是医学研究中的一个热门领域。酚类物质被消耗利用后通过消化道和肝脏中的酶代谢，但其范围较广的生物利用度尚未被详细说明。马铃薯中酚类物质含量丰富，其大部分酚类物质为绿原酸与咖啡酸。

（2）**类胡萝卜素**。类胡萝卜素具有多种促进健康的功能，它具有维生素A的活性，并可降低多种疾病的发生。常见的类胡萝卜素类物质主要是叶黄素类，包括叶黄素、玉米黄素、新黄素等。马铃薯是叶黄素和玉米黄素的重要来源，对眼睛的健康特别重要，叶黄素和玉米黄素被认为对白内障和老年性黄斑变性具有保护作用，而这两种病变是导致不可逆视力丧失和失明的主要原因。

（3）**花青素**。彩色马铃薯含有的花青素，能够增强血管壁的弹性，改善循环系统功能，增强皮肤光滑度，抑制炎症和过敏反应，且对人体肿瘤细胞具有明显的抑制作用，还可抗氧化。紫色、红色、黑色马铃薯中花青素含量十分丰富，有研究指出，色素对人慢性粒细胞白血病急变细胞株K562的生长有明显的抑制作用。

（4）**生物碱**（龙葵素）。龙葵素是一种糖苷生物碱，味苦，有毒。通常被称为"总糖苷生物碱"。龙葵素可以抗菌、驱虫以及抑制消化道肿瘤细胞的增殖。研究发现，龙葵素在马铃薯中主要分布在块茎幼嫩和损伤的部位，新鲜马铃薯块茎中的龙葵素含量占0.007％～0.01％，是可以安全食用的。朱桂萍等研究发现，马铃薯中的龙葵素在其块茎受到光照或损伤时，含量会积累增多，最明显的变化是马铃薯的薯皮颜色变为绿色。当马铃薯块茎发芽变绿时，其内龙葵素含量会增高，食用后可能会导致中毒甚至丧命，其他蔬菜如绿色番茄中也含有龙葵素。赵国超研究发现，通过CRISPR/Cas9技术去除龙葵素合成关键基因 *StSSR2* 会降低龙葵素含量。关文强等通过发明龙葵素抑制剂，控制贮藏过程中马铃薯龙葵素的含量。

6. 糖　马铃薯块茎糖分主要以还原糖（葡萄糖、果糖和麦芽糖）和蔗糖为主，其含量在低温储藏期间会增加。马铃薯食品加工业对油炸薯条（片）加工原料的还原糖（葡萄糖、果糖和麦芽糖）含量要求不高于鲜重的0.4％。在马铃薯加工过程中，块茎中的还原糖会与含氮化合物的α-氨基酸之间发生非酶促褐变的美拉德反应，致使薯条（片）表面颜色加深为不受消费者欢迎的棕褐色。因此，还原糖含量成为影响炸条（片）颜色最重要的因素，也是衡量马铃薯能否作为薯条加工原料最为严格的指标。新鲜马铃薯还原糖含量一般在 0.093%～1.11%，但是随着贮藏时间的延长以及受温度的影响，还原糖含量会产生变化。在低温处理下，薯块会产生低温糖化的现象，还原糖含量增多，不利于马铃薯产品的油炸加工，易产生致癌物丙烯酰胺，对人体有害。

7. 脂肪 在马铃薯的块茎中，大约含有 0.2% 的脂肪，主要分布在周皮中，维管束内很少，髓部的薄壁组织中更少。在马铃薯块茎的脂肪中，有棕榈酸、油酸、亚油酸和亚麻酸。后两种油酸对动物有重要意义，因为动物组织不能合成，必须从食物中获得。马铃薯脂肪含量极低，受外界因素影响较小，只有不同品种间才呈现出微小差异。

另外，紫色马铃薯的营养成分基本同普通马铃薯一样，除了含有丰富的色素外，鲜味氨基酸、干物质、粗纤维、维生素 C 和 B 族维生素等含量均高于普通马铃薯。

阳淑等（2015）采用氨基酸评分标准模式、鸡蛋蛋白模式和模糊识别等方法对紫色马铃薯基本营养成分进行分析表明：紫色马铃薯的营养成分基本同普通马铃薯一样，且含有普通马铃薯所没有的色素，颜色呈紫色，更能吸引消费者的视觉和味蕾，并且淀粉颗粒系椭圆形，颗粒分布均匀，蒸煮后具有糯质性、"面"感强、香味好的优良品质。紫色马铃薯鲜味氨基酸、干物质、粗纤维、维生素 B_1、维生素 B_2 和维生素 C 以及矿质元素硒等含量均高于普通马铃薯，这与前人研究结果一致。硒是人体必需的微量元素之一，具有抗氧化、调节甲状腺激素，维持人体正常的免疫功能和生育功能，预防克山病等重要作用；而马铃薯块茎的干物质含量直接关系加工制品的质量、产量和经济效益。因此，紫色马铃薯不仅具有重要的营养价值，还具有更适宜的加工性能。

（二）马铃薯淀粉性质

1. 淀粉种类 淀粉占马铃薯块茎干重的 65%～80%。就热量而言，淀粉是马铃薯最重要的营养成分。淀粉的两种组分是直链淀粉和支链淀粉。马铃薯直链淀粉的含量占总淀粉的 15%～25%，支链淀粉含量较高。这两种淀粉属于均一性多糖，其基本单位是葡萄糖，只是支链淀粉有两种链接方式：主链上的 α-（1→4）糖苷键和支链上的 α-（1→6）糖苷键。马铃薯淀粉与其他淀粉在物理化学性质及应用上都存在较大的差异，马铃薯淀粉颗粒大，直链淀粉聚合度大，含有天然磷酸基团，具有糊化温度较低、糊黏度高、弹性好、蛋白质含量低、无刺激、口味温和、颜色较白、不易凝胶和不易退化等特性，在一些行业中具有其他淀粉不可替代的作用。因此，马铃薯淀粉以其独特的价值成分和优越性在众多领域得到了广泛应用。

2. 马铃薯淀粉的物化性质 马铃薯淀粉具有平均粒径大，分布范围广，糊化温度低，膨胀容易等特点。

（1）淀粉粒大小和形状。马铃薯淀粉属于 B 型结晶结构（图 7-1），呈白色粉末状，其平均粒径比其他淀粉大，为 30～40 微米，粒径大小范围比其他淀粉广，为 2～100 微米，大部分粒径为 20～70 微米，粒径分布近乎正态分布。其他淀粉的粒径范围，玉米淀粉为 2～30 微米，甘薯淀粉为 2～35 微米，小麦淀粉为 2～40 微米。不同原料加工的淀粉其淀粉粒大小有差别；同一原料品种在生理上随生理发育、块茎增大，淀粉粒径也增大。在加工上，对其加工的淀粉进行大小粒分级，不同粒径的淀粉磷含量不同，大粒部分的淀粉磷含量低，小粒部分的淀粉磷含量高。

（2）糊化特性。马铃薯淀粉具有糊化温度低、膨胀容易、吸水保水能力强、糊浆黏度

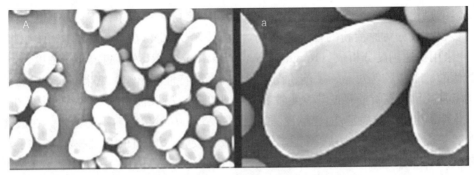

图 7-1　马铃薯淀粉颗粒的扫描电镜照片（王绍清等，2011）

大、透明度高等特点。

① 糊化温度低、膨胀容易。马铃薯淀粉的微结晶结构具有弱的均一的结合力，给予其 50～62 ℃ 的温度，淀粉粒一起吸水膨胀，糊浆产生黏性，实现糊化。

② 糊化时吸水保水能力强。马铃薯淀粉糊化时，水分充分保存，能吸收比自身的重量多 400～600 倍的水分，比玉米淀粉吸水量多 25 倍。

③ 糊浆黏度大。在所有植物淀粉中，马铃薯淀粉的糊浆黏度峰值是最高的，平均达 3 000 BU（黏度单位），不同原料加工的马铃薯淀粉之间糊浆黏度也有差异，大小范围为 1 000～5 000 BU，一般淀粉的磷含量高，糊浆黏度大。

④ 糊浆透明度高。马铃薯淀粉颗粒大，结构松散，在热水中能完全膨胀、糊化，糊浆中几乎不存在能引起光线折射的未膨胀、糊化的颗粒状淀粉，并且磷酸基的存在能阻止淀粉分子间和分子内部通过氢键的缔合作用，减弱了光线的反射强度，所以马铃薯淀粉糊化的糊浆有很好的透明度。

3. 马铃薯淀粉糊化及凝胶特性　淀粉糊化后形成具有一定弹性和强度的半透明凝胶，凝胶的黏弹性、强度等特性对凝胶体的加工、成形性能以及淀粉质食品的口感、速食性能等都有较大影响。

马铃薯淀粉凝胶形成机制如下。

(1) 淀粉糊化。常温下，淀粉不溶于水，在冷水中以悬浮液形式存在，淀粉颗粒会发生有限和可逆的膨胀。加热时，水分子首先进入淀粉非晶区，非晶区膨胀并将分裂力传递到结晶区，当到达一定温度时，淀粉吸水膨胀，结晶区和非结晶区的淀粉分子间氢键断裂，水和淀粉分子之间形成氢键，淀粉发生糊化。在此过程中，淀粉微晶熔化，淀粉颗粒的分子顺序、结构和双折射特性发生改变，淀粉溶解。

(2) 淀粉回生。淀粉回生是糊化淀粉中的直链淀粉和支链淀粉因水分迁移而重结晶，显著影响淀粉凝胶制品的质构特性。回生过程中，直链淀粉与支链淀粉有序重组，使得淀粉凝胶结晶度和硬度增加。回生分为短期回生和长期回生，短期回生主要是直链淀粉分子间的定向移动聚集形成的三维网状结构，主要发生在淀粉糊的早期降温过程中；长期回生发生在淀粉糊化后几天甚至几周，主要是后期淀粉分子内支链淀粉聚集，从而进一步增加淀粉凝胶的硬度，这是最主要的回生方式。支链淀粉回生的程度取决于储藏时间、温度、淀粉浓度以及支链淀粉的精细程度，例如，聚合度小于 10 的淀粉不易发生回生，而聚合度在 18～25 的淀粉更容易回生。

淀粉的糊化性质对淀粉的应用非常重要。同一淀粉在不同条件下的黏度性质也有差别。许多食品成分对原淀粉的性能有影响，从而影响原淀粉在食品中的应用。吕振磊等（2010）采用快速黏度分析仪（Rapid viscosity analyzier，RVA）测定淀粉浓度、pH、蔗糖、柠檬酸、卡拉胶等对马铃薯淀粉糊化特性和凝胶特性的影响。结果表明：随着淀粉乳浓度的增加，马铃薯淀粉糊的热稳定性和凝沉性变差、凝胶性增强，容易回生；在 pH＝7 时，马铃薯淀粉的热稳定性、凝沉性和凝胶性较差，马铃薯淀粉不易回生。在酸性条件下，马铃薯淀粉的热稳定性和凝沉性较强、凝胶性较弱，不易回生。在碱性条件下，马铃薯淀粉的热稳定性、凝沉性和凝胶性增强，马铃薯淀粉易回生；添加蔗糖、卡拉胶、食盐、苯甲酸钠会加速马铃薯淀粉的回生；添加柠檬酸会减缓马铃薯淀粉的回生；添加瓜尔胶可提高淀粉糊的黏度和冻融稳定性，降低了淀粉糊的热稳定性、凝沉性、硬度、黏附性、胶黏性和咀嚼性；添加黄原胶增加了淀粉糊的热稳定性和冻融稳定性，但降低了淀粉糊的黏度、凝沉性、硬度、黏附性、胶黏性和咀嚼性（蔡旭冉等，2012）。徐贵静（2014）研究了亲水性胶体（黄原胶和魔芋胶）对马铃薯淀粉糊化的影响，通过扫描电子显微镜（SEM）观察结果显示，黄原胶和魔芋胶包裹在淀粉颗粒表面，抑制了淀粉颗粒的膨胀和可溶性组分的渗出，延缓了淀粉的糊化，并且亲水性胶体会与马铃薯淀粉形成一定的网络结构。结合红外光谱分析结果显示：添加亲水性胶体后，马铃薯淀粉结合水的能力变强，且在一定程度上阻碍马铃薯淀粉氢键缔合结构破坏从而保护了马铃薯淀粉颗粒。在 55 ℃、75 ℃和 95 ℃下添加黄原胶和魔芋胶后，复配体系的冻融稳定性均好于马铃薯淀粉单独体系，表明亲水性胶体对马铃薯淀粉具有协效性。添加阿拉伯胶时会使马铃薯淀粉黏度显著降低，具有更好的热稳定性，但在冷却过程中，其淀粉黏度明显上升，回生值略有增加（廖瑾等，2010）。在加工以马铃薯淀粉为原料的食品时，可以选择合适的添加物，以达到最终的加工目的。

4. 马铃薯改性淀粉 未改性的淀粉结构通常有两种——直链淀粉和支链淀粉。因为其水溶性差，故往往采用改性淀粉，即水溶性淀粉。水溶性淀粉是经不同方法处理得到的一类改性淀粉衍生物，不溶于冷水、乙醇和乙醚，溶于或分散于沸水中，形成胶体溶液或乳状液体。

马铃薯淀粉与其他淀粉相比，马铃薯淀粉的黏度较高、膨胀力较大，所以可以作为填充剂和糖衣应用于糖果生产工业中，可用于增加糖果的体积和咀嚼性，并且由于马铃薯淀粉糊的透明度高，可应用于软糖果的生产。马铃薯淀粉在乳制品中的应用也很广泛，主要用于防止乳蛋白的凝聚以提高乳制品的稳定性，延长产品的贮藏期，其中在酸奶制备中的应用最为典型，因为马铃薯淀粉吸水性强、成形性好、透明度高，应用于酸奶中可增加产品的口感和黏稠度。马铃薯淀粉还可应用于肉制品的生产中，可以增加肉质的口感，并可防止水分流失以及肉制品发生色变。除此之外，马铃薯淀粉还可应用于调味品、罐头产品、糕点、面包、面条等产品中。

（三）马铃薯蛋白质

1. 马铃薯可溶性蛋白质种类 马铃薯的蛋白质品质高且含量丰富，大部分为可溶性蛋白质，占总蛋白质含量的 71.6％～74.5％。马铃薯可溶性蛋白质有水溶性蛋白、盐溶性蛋白和醇溶性蛋白三类。

卢戟等（2014）采用考马斯亮蓝 G520 法对 12 个马铃薯新品（系）块茎可溶性蛋

白含量进行测定，其水溶性蛋白含量为 19.45～32.64 毫克/克，盐溶性蛋白含量为 12.30～26.46 毫克/克，醇溶性蛋白含量为 0.72～1.81 毫克/克，表明不同马铃薯品种的可溶性蛋白含量存在较大差异；同一品种内基本表现为以水溶性蛋白为主，盐溶性蛋白次之，醇溶性蛋白含量比较低；通过对可溶性蛋白质进行电泳分析，马铃薯水溶性蛋白、盐溶性蛋白和醇溶性蛋白经聚丙烯酰胺凝胶电泳均可获得清晰易辨的图谱，具有较好的多态性，呈现出品种特有的谱带组合。

2. 马铃薯蛋白的组成　马铃薯蛋白是纯净的蛋白浓缩物，氨基酸组成齐全，具有多种均衡的氨基酸组分，除其他多种氨基酸外，还含有人和动物自身不能合成、只能全部依靠食物供给的 8 种必需氨基酸，有极高的营养价值。马铃薯蛋白粉采用的原料是薯类加工厂排放的淀粉废液，将淀粉废液中的蛋白成分进行高度浓缩，并滤除蛋白废水中的农药、重金属、糖苷及生物碱等有害成分，使蛋白成分达到食用等级。高度浓缩的蛋白经喷雾干燥设备，喷成蛋白粉，包装成成品。其原材料取材方便，成本低廉。这样既解决了马铃薯加工厂淀粉废液直接排放的污染问题，保护水资源环境，同时又回收了保健蛋白，促进企业的经济效益。马铃薯蛋白是一种极具潜力的保健食品。

马铃薯贮藏蛋白包括球蛋白和糖蛋白。作为马铃薯主要贮藏蛋白之一的马铃薯球蛋白，主要分布在马铃薯块茎中，其含量占整个马铃薯贮藏蛋白的 25% 左右。Thomas 通过 Osborne 法进行优化提取工艺后制备得到的马铃薯球蛋白存在 3 个等电点，分别为 5.83、6.0 和 6.7。马铃薯球蛋白易溶于盐，亮氨酸、赖氨酸和缬氨酸等氨基酸含量较高，其必需氨基酸含量明显高于 FAO/WHO 的必需氨基酸含量推荐值。因此，马铃薯球蛋白作为一种优质的蛋白质原料，在食品加工业中具有很好的应用前景。马铃薯糖蛋白存在于马铃薯块茎中，具有相同的免疫特性，其含量占马铃薯块茎贮藏蛋白含量的 40% 左右，与一般的贮藏蛋白不同，马铃薯糖蛋白还具有酶活性。马铃薯糖蛋白的营养价值较高，便于分离纯化，易于进行分子水平上的研究。

（四）影响马铃薯营养品质的栽培因素

1. 品种的遗传特性　不同品种的马铃薯块茎中各成分的含量存在不同程度的差异。李超等（2013）对中国 16 个省份的 30 个主栽品种中的干物质、淀粉、还原糖、粗蛋白、维生素 C、K、Mg、Fe、Zn 和 Ca 等块茎营养品质进行了分析。结果表明：马铃薯块茎营养品质受品种和环境的双重影响；30 个主栽品种淀粉平均含量为 17.28%，大于 18% 的品种有 9 个，高淀粉品种比例为 30.0%；还原糖平均含量为 0.18%，26 个品种的还原糖含量小于 0.3%，占供试品种的 86.67%；高淀粉和低还原糖品种所占比例较高，而蛋白质、维生素 C 等含量普遍偏低。樊世勇（2015）报道，对甘肃省种植的 15 个主栽品种营养成分分析的结果表明：干物质含量在 30% 以上的品种只有陇薯 8 号；25%～30% 的品种为陇薯 5 号、庄薯 3 号、天薯 10 号、陇薯 7 号；20%～25% 的为农天 1 号、陇薯 6 号、天薯 9 号、费乌瑞它、青薯 168、夏波蒂；20% 以下的品种有定薯 1 号、定薯 2 号、克新 1 号。早、中熟型的马铃薯，比如费乌瑞它、定薯 1 号、克新 1 号等其淀粉含量均较低，而晚熟型品种如陇薯 8 号、临薯 15、庄薯 3 号、天薯 10 号等淀粉含量普遍较高，因此，可以看出较长的生长期有助于淀粉的积累。后来有学者采用氨基酸评价模式及化学评分等方法对中国 22 个主栽品种进行了蛋白质的营养评价，结果表明：22 个马铃薯品种全粉粗蛋白含量（每 100 克）范围为 6.57～12.84 克，并且除色氨酸外，第一限制氨基酸为亮氨酸；平均必需氨基酸含量占总氨基酸含量的 41.92%，高于 WHO/FAO 推荐的必需氨基酸组成模式（36%），接近标准鸡蛋蛋白。从氨基酸评分、化学评分、必需氨基酸指数、生物价和营养指数五方面可综合反映出大西洋蛋白的营养价值最高；夏波蒂、一点红次之；青薯 9 号、陇薯 3 号、中薯 9 号和中薯 10 号的蛋白营养价值较低；中薯 11 最低（侯飞娜等，2015）。为了解马铃薯不同品种块茎矿质营养元素 K、Fe 和 Zn 含量的差异，黄越等（2017）选取了 20 个四倍体马铃薯栽培品种作为试验材料。结果表明：块茎中 K、Fe 含量的变化较小，而 Zn 含量变化较大。其中东农 310、克新 22、克新 27 的 K 元素含量较高，每 100 克鲜薯块茎中 Zn 含量均在 300 毫克以上；东农 310、大西洋、定薯 3 号、中薯 5 号、费乌瑞它、克新 12、东农 308 的每 100 克鲜薯块茎中 Fe 含量在 2.20 毫克以上；克新 12、东农 308 和克新 22 每 100 克鲜薯块茎中 Zn 含量大于 0.80 毫克。所有供试品种中东农 310 的 K、Fe 含量最高，克新 12 的 Zn 含量最高。

2. 种植地域差异 李超等（2013）对多地种植的费乌瑞它、克新 1 号的块茎营养品质的分析结果表明，不同地区种植的费乌瑞它干物质含量为 14.06%～19.80%；淀粉含量为 11.22%～16.47%；还原糖含量为 0.048%～0.54%；粗蛋白含量为 1.47%～2.44%；每 100 克鲜薯中维生素 C 含量为 4.26～13.60 毫克；每 100 克鲜薯中 K 含量为 288.6～362.7 毫克；每 100 克鲜薯中 Mg 含量为 18.5～30.1 毫克；每 100 克鲜薯中 Fe 含量为 38.3～1 773.8 微克；每 100 克鲜薯中 Zn 含量为 202.1～446.8 微克；每 100 克鲜薯中 Ca 含量为 571.0～1 389.1 微克。不同地点种植的费乌瑞它的淀粉、还原糖、粗蛋白、维生素 C、K、Mg、Fe、Zn 含量均存在显著差异，只有 Ca 含量差异不显著，说明种植地环境对马铃薯营养品质有显著影响。不同地区种植的克新 1 号其淀粉、还原糖、粗蛋白、维生素 C 含量均存在显著差异，而 K、Mg、Fe、Zn、Ca 含量差异不显著，说明同一品种在不同地方种植其块茎营养品质也有显著差异。还有学者研究了在海拔高度 2 500 米、1 800 米、800 米条件下紫色马铃薯营养物质的变化，随着海拔的升高，紫色马铃薯的粗蛋白、淀粉、花青素含量呈不断增加趋势，而可溶性糖含量呈不断降低趋势，并且不同海拔下粗蛋白、淀粉、可溶性糖含量差异显著（郑顺林等，2013）。有研究表明不同地区温度不同对营养物质的影响如下：当温度高于 0.5～2 ℃，马铃薯的干物质含量从 22.4% 增加至 24.5%，淀粉含量从 72.1% 增加至 74.4%，粗蛋白含量从 1.82% 减少至 1.52%，还原糖含量从 0.24% 减少至 0.22%，说明不同地区种植地的温度对马铃薯的营养物质有影响（孙小花，2017）。此外，沙质土壤上种植的马铃薯果胶含量（0.455%～0.758%）也远低于泥炭土上种植的相同品种，块茎果胶含量低的马铃薯品种具有较好的烹饪品质。

3. 播期的影响 马铃薯的块茎品质会受到品种、栽培技术和环境因子等条件的影响外，播期不同对马铃薯的干物质、蛋白质、淀粉、还原糖、总糖、维生素 C 等也产生一定影响。播期对于马铃薯成熟度和干物质积累较为重要。早播可延长生长时间，与晚播相比，收获时块茎的成熟度好，并且干物质含量会比较高。阮俊等（2009）在川西南地区进行马铃薯地理分期播种试验，研究马铃薯干物质、蛋白质、淀粉、还原糖、维生素 C 含量随海拔、播期的变化特征，结果发现，在优质高产的栽培措施中，选择最佳播期（根据地温、土壤情况、气候条件、品种等影响因素确定播期）对马铃薯优质高产至关重要。在最佳播期内播种的马铃薯，其干物质、蛋白质和淀粉含量高于非最佳播期播种的，还原糖、维生素 C 含量则低于非最佳播期播种的。

4. 施肥的影响　据中国有关资料统计分析，粮食作物单产的提高，50％归功于合理施肥，39％归功于品种改良，10％归功于其他耕作方法（例如粉垄、深耕，以及秋耕覆盖等措施）（孙慧等，2017；侯贤清等，2016）。有关马铃薯养分吸收规律及施肥对养分吸收、产量和品质影响的研究历来受到国内外的普遍关注。有研究人员分别对马铃薯施用化肥与有机肥进行研究，结果表明，施肥对马铃薯淀粉含量的影响表现为有机肥＞（化肥＋有机肥）＞化肥，配方肥＋有机肥可显著提高马铃薯产量、淀粉含量和维生素 C 含量。有人研究，在一定范围内，随着施肥量的增加，植物体内的元素含量也在增加，但超过一定范围再增加施肥量，植物体内的元素含量反而减少，从而引起养分吸收的变化（胡文慧，2017；侯翔皓，2017）。而王玉红等（2007）针对氮、磷、钾肥对马铃薯块茎产量的作用进行了系统的研究，施氮肥量的增加可显著增加中薯和大薯的产量，磷肥的增加使小薯和中薯产量增加，大薯产量减少；钾肥可增加中薯和大薯块茎数从而使块茎总产量增加。施肥量对马铃薯块茎品质也有显著影响，马铃薯块茎淀粉、维生素 C、还原糖和粗蛋白含量与质量分级均随着施肥量的增加而增加，但施肥量过多，品质和质量分级出现下降趋势（苏小娟等，2010；田国政等，2009；王秀康等，2017），因此要合理施肥。也有试验表明：施肥能增加经济产量，尤其是高氮处理结合农家肥；淀粉产量随块茎产量的增加而增加，高氮处理和有农家肥时，其淀粉产量高于低 N 处理；氮肥及农家肥的施用能增加氮、磷、钾的吸收和转运，特别是磷、钾的转运率和吸收率（张仁陟等，1999；张勇等，2011；于小彬等，2016）。因此，生产上必须强调农家肥的施用，满足块茎生长发育对营养的需求，达到高产优质。

二、马铃薯加工品质

加工品质是指马铃薯对制粉以及马铃薯粉对制作不同食品的适应性和满足程度。加工品质又可分为磨粉品质（或称"一次加工品质"）和食品加工品质（或称"二次加工品质"）。

磨粉品质是指制粉过程中，品种对制粉工艺所提出的要求的适应性和满足程度，即加工所用机具、薯粉种类、加工工艺、流程以及效益对马铃薯特性和构成的要求。磨粉品质好的要求品种出粉率高，灰分少，薯粉色泽洁白，易于筛理，残留薯皮上的粉少，能源消耗低，制粉经济效益高。

食品加工品质是指将马铃薯粉进一步加工成食品时，各类食品在加工工艺上和成品质量上对马铃薯的品种和薯粉质量提出的不同要求，以及它们对这些要求的适应性和满足程度。西方制作面包、糕点等所需面粉品质不同，西方与中国蒸煮的食品面粉品质要求也不同。由此可见，加工品质是一个相对概念，不同用途可能有不同的要求，而衡量的标准取决于最终用途。此外，马铃薯品质的优劣还受不同民族（地区）的生活习惯、经济发展水平、人们的审美观点和偏爱等多种因素的影响。但就某一地区而言，应有相对稳定的评价标准，这对马铃薯市场价格和流通有很大影响。可见单纯把蛋白质含量作为优质马铃薯的唯一标准是不全面的，这样的看法将会把优质马铃薯的选育和生产引入歧途；同样，把优质马铃薯仅视为适合制作面包的小麦粉的代替品，也是片面的。

马铃薯粉的 pH 影响着马铃薯粉的功能特性，如食品的可消化性、持水性和持油性及食品的可接受性，不同品种马铃薯粉的 pH 变化范围是 5.00～5.70，而食品的最佳 pH 推荐值为 6.00～6.80，因此，马铃薯粉可以和碱性食品混合加工使用。马铃薯粉的持水性/持油性主要与碳水化合物和蛋白质在乳化液中油水界面的吸附能力有关，反映了油水的结合能力，不同品种持水性/持油性比值的变化范围是 1.41～1.70，马铃薯粉中高糖类含量使得马铃薯粉对水分的固定性大于对油的固定性。膨胀性即淀粉颗粒聚合物的非晶态和晶态区域的内聚力强度，淀粉颗粒膨胀性的增加与内聚力强度增加呈负相关关系。淀粉颗粒的膨胀性在 30～50 ℃没有发生明显的变化，主要原因是淀粉分子之间的氢键阻碍了淀粉和水分子之间氢键的结合，进而使得膨胀性没有发生变化。另外蛋白质、脂类和纤维等与淀粉分子的羟基相互作用，阻碍了与水分子的结合性和膨胀性。马铃薯全粉与面粉混合制成的混合粉应用于馒头的生产，由于马铃薯全粉良好的吸水性与持水力，添加马铃薯全粉后面团能够维持良好的空间结构，使馒头的水分含量提高，馒头比容得以改善，馒头的弹性与回复性增强。适量添加马铃薯全粉能够改善馒头感官品质，延缓馒头的老化，延长其货架期，但过量加入马铃薯全粉后，大量膨胀的淀粉会形成空间阻碍而限制面筋的充分扩展，起到稀释面筋蛋白的作用，导致馒头体积变小，马铃薯全粉含量较高时，支链淀粉发生重结晶的概率也变大，使得淀粉回生，馒头硬度再次变大。

不同加工用途对马铃薯品质特性要求的侧重点也不尽相同。近几年，淀粉加工型、薯条加工型和全粉加工型马铃薯品种不断育成，根据不同加工用途对马铃薯品质的不同要求，育成的新品种具有针对性更强、更容易市场化的特点。种用及淀粉加工用马铃薯对品质的要求较为简单，而鲜食型及食品加工用马铃薯对品质的要求较高。食品加工用马铃薯主要包括油炸食品、冷冻食品、脱水制品、膨化制品等。对于食品加工用马铃薯的市场应用价值而言，加工速冻冷菜类的马铃薯对风味、色泽和质地的要求要比加工薯泥的马铃薯高。几种不同工艺的加工食品主要在干物质和还原糖含量上强调品质。也有研究报道，绿原酸、多酚氧化酶、游离氨基酸、抗坏血酸等含量与马铃薯品质密切相关，这些指标有可能作为筛选适应不同加工型品种的品质标准。此外，基因编辑等新技术在马铃薯品质调控方面的作用也备受关注，如对高直链淀粉马铃薯的品质调控。传统育种调控以及一些新技术的应用将助力营养导向型马铃薯产业发展。更充分的品质特性研究及指标的细化可以对马铃薯的原料筛选及种植生产发挥引导作用，将有利于马铃薯从原料到产品的品质提升，更符合不同加工食品要求，贴合市场需求，从而推动营养导向型马铃薯产业的发展。

水分、淀粉、还原糖、干物质、维生素 C、蛋白质均可作为衡量加工品质的重要指标。水分作为食品的主要成分，其含量、分布、存在状态对食品的加工特性、品质稳定性及保藏性具有重要影响。水分的迁移、重新分布、状态变化及与蛋白、淀粉等大分子物质的结合情况等是影响马铃薯粉及相应制品品质的关键因素。直链淀粉和支链淀粉的比例或直链淀粉的含量对马铃薯面条品质具有重要影响，直链淀粉含量适中或者偏低的面粉制成的面条具有较好的韧性和食用品质。研究表明，直链淀粉含量高，面条水结合能力下降、硬度上升、弹性下降；反之，能够改善面条的质地、增加黏弹性。另外，直链淀粉含量高的马铃薯粉制成的馒头和面包品质差，体积小；反之，制成的馒头韧性好，体积较大。

例如，以新鲜马铃薯为原料加工油炸薯片，鲜薯中干物质、还原糖和蔗糖含量是决定油炸薯片色泽、质地和产量的主要因素。对大量试验获得的数据进行分析，糖含量与薯片颜色间有显著的正相关关系，糖含量高使薯片的颜色变黑，提高干物质的含量，可加工出颜色理想的马铃薯片。

蛋白质既是营养品质性状，也是加工品质性状。这里所讲的蛋白质品质指它对加工食品品质的适应程度，即加工品质。与品质有关的蛋白质品质性状包括蛋白质的数量和质量，蛋白质的数量指标有蛋白质含量、面筋含量等；马铃薯加工品质取决于蛋白质的数量和质量。

维生素C对面团的弱化度和最大拉伸阻力等流变学特性的改良作用因马铃薯品种而异，而且改良作用有限，不能改变马铃薯粉本身的加工属性。

第二节　马铃薯利用与加工技术

一、块茎的利用

（一）粮用

马铃薯是一种营养价值很高的食物，既可当主食食用，又可作为蔬菜食用。干制的马铃薯，其脂肪含量超过大米、面粉和荞面等；蛋白质含量高达7.25%（大米6.7%），其含量与小麦、荞麦、燕麦甚至猪肉中的蛋白质含量相同。马铃薯的蛋白质中含有多种氨基酸，其中含人体不可缺少的赖氨酸，含量为6%，最多达9.6%，大大超过水稻、小麦、大豆、花生的蛋白质中的赖氨酸含量。马铃薯含有丰富的膳食纤维，同时还含有丰富的维生素C、维生素A、维生素B_1、维生素B_2，以及钙、磷、铁等矿物质。

马铃薯粮用主要通过蒸、煮、烧、烤、烙、摊、和等方式做成包子、馒头、水晶蒸饺、凉皮、磨糊蒸包，红烧牛肉面、拉面、饺子、馄饨，河粉、米线、饼和酸饭，等等。

1. 蒸　将马铃薯用水洗干净，在笼上蒸熟，大的可切开蒸，蒸至熟即可，配以食盐、腌制咸菜或其他炒菜，剥皮即食。也可放入碗内，用筷子搅拌做成泥状拌入佐料食用。还有一种做法是将马铃薯洗净去皮，一般用擦子擦成丝，用适量面粉拌匀，放入蒸笼，约20分钟蒸熟，然后拌入调料即食。或者放入油锅中加入青椒、食盐等佐料，翻炒拌匀，即可食用。这种做法在延安和榆林南部地区称为"洋芋擦擦"，在榆林北部称为"蔓蔓丸子"，是陕北群众喜爱的一种小吃。还有一种做法是将马铃薯洗净去皮，用专用工具磨成糊状，用纱布挤出水分，马铃薯糊加适量马铃薯淀粉后做成球状或饼状，放入蒸笼，约20分钟蒸熟，然后拌入调料即食，片状的也可切成条再翻炒食用。这种做法被陕北人称为"洋芋馍馍"或"黑疙瘩"。

2. 煮　将马铃薯用水洗干净，放入锅内，加少许水大火烧开，小火煮约40分钟，焖约20分钟即熟，大的也可切开煮。也可将马铃薯洗净、去皮，切细丝或小丁，拌胡萝卜丝以及佐料，用面皮包住煮熟，即为马铃薯饺子。

3. 烧　找一个避风的地方，如山窝或小土坡，用铲挖个小坑，状如锅台，上面依次叠加码放土疙瘩，点燃柴火将土疙瘩烧透烧红，把马铃薯放进去，捣塌炉灶，将马铃薯埋起来，上面再盖上一层干土，焖住热气，1小时左右直至马铃薯焖熟，然后用铁锨或者棍子刨开灰土，马铃薯焦黄熟透，薯香宜人，趁热即食。这是农村常用的办法，一般在秋季收挖阶段较常见。农村利用热炕或灶台的火源，也在炕洞或灶火塘里烧，用热灰埋住马铃薯，焖约1小时即熟，吃起来同样薯香味浓。

4. 烤　在农村常用煤炉烤制马铃薯，一般冬季较多。在城市一般用电烤箱烤，将马铃薯洗净，裹上锡纸放入烤箱，烤熟后直接食用或配佐料食用。

5. 烙　马铃薯去皮，用擦子擦成丝，再加入少许面粉、佐料拌均匀，热锅加油，放入拌好的马铃薯丝，用锅铲压至约 2 厘米厚，中火加热，亮黄时翻转烙另一面，继续加热，熟透即可，也可切成一定大小的方块食用。一般用平底锅较好，便于压实分切。这种做法常见于市场摊贩现做现卖，居民家庭中也可将热锅上的马铃薯丝用筷子整理成圆形，中间打入一个鸡蛋，小火煎至两面金黄即可。也可直接烙马铃薯片，将马铃薯洗净、去皮、切成薄片，热锅加少许油，放入马铃薯片，中火加热至亮黄，翻转烙另一面，熟透即可拌调料食用。也可将马铃薯洗净、去皮、切丝，拌以佐料，包在面皮内，热锅烙熟，两边涂油，即可食用，也称"马铃薯油合"。农村也有将马铃薯煮熟、去皮，压成薯泥，与面团一起揉好，烙马铃薯大饼的习惯。

6. 摊　摊马铃薯，常称"马铃薯饼饼"。将马铃薯洗净、削皮，用专用擦子磨成细末，加入适量的水、面粉，调成舀起能挂线的糊状，加入食盐、花椒粉等佐料，热锅上油，摊成薄饼，翻转摊熟。可以卷上菜直接食用，也可将摊好的饼用刀切成菱形，锅内加油翻炒，加入佐料食用。

7. 和　马铃薯和面也称为"一锅面"，是一种陕北人民常吃的面食。马铃薯洗净去皮，依喜好切成丁、条或块，锅里放油略炒，加水将马铃薯煮熟后，下入面条，放入葱、盐等调料即可食用。还可以放入不同的肉丁，成为羊肉马铃薯面、牛肉马铃薯面、鸡肉马铃薯面、猪肉马铃薯面等。甘肃河西有种马铃薯面称为"山药米拌面"，即马铃薯洗净、去皮、切块，放入锅内，加水，加入小米，烧熟后下入菱形面条，食用爽口，风味独特。还有一种马铃薯和面的吃法俗称"馓饭"，马铃薯洗净、削皮、切块，锅内加水放入马铃薯切块，烧八成熟后将豆面、荞面、玉米面等杂面单独或者掺和些小麦面直接用擀面杖馓入锅内成黏稠糊状，熟后马铃薯块状成形，舀入碗内，调上佐料，风味极佳。

将马铃薯洗净去皮，切细丁，和其他菜品、肉类做成臊子汤，在吃面时浇在上面，称为"马铃薯臊子面"。

8. 酸饭　马铃薯酸饭是以浆水做汤汁的一种马铃薯面食。酸饭的做法是将水烧开后放入切好的马铃薯，待马铃薯熟后，将用小麦面手工擀出来的面条（片）下到锅里，面熟后不出锅，加入适量酸菜浆水烧开，配上葱花、香菜等，吃时以咸菜、油泼辣椒为佐料。另外，在甘肃南部，还有一种做法，就是将马铃薯切丁，热锅起油，葱姜爆炒，加水炖至马铃薯柔软（轻按就碎即可），放入切好的酸菜，边炖边将马铃薯拌成黏稠糊状，加入适量食盐、辣椒等佐料，出锅装盘，配米饭食用，酸爽开胃，美味可口。在陕北地区，将酸菜换成小白菜，做成"小白菜熬洋芋"，该吃法已成为陕北地区的一种特色。

还有用豆面、荞面等杂面掺和小麦面做成的，称为"疙瘩子"（即"雀儿舌头"）。此外，懒疙瘩、拌汤等食品的做法类似。

（二）菜用

马铃薯中含有大量的糖类，其中淀粉占 80%～85%，并含有多种维生素。马铃薯在欧美地区、亚洲的饮食文化中占有重要地位，几乎是每餐中不可缺少的食品。菜用主要通过炒、炸、炖等方式做成炒马铃薯丝、炒马铃薯片、炒马铃薯丁、薯条、风味马铃薯泥、马铃薯搅团、马铃薯沙拉、马铃薯糍粑、凉粉、粉条、粉条和马铃薯酱汤等。

1. 炒　炒马铃薯的方式也很多，有炒马铃薯丝、炒马铃薯片、炒马铃薯丁等。将马铃薯洗净削皮，用菜刀切丝、片或块，配以青椒、洋葱、木耳、大葱、蒜等，炒至熟即可。还可以和胡萝卜、莲花菜等一起炒。

2. 炸 油炸方式主要是马铃薯片、马铃薯条、马铃薯块。马铃薯洗净去皮，根据喜好切成片、条、块状，洗去表皮淀粉、淋干，锅内放油烧热炸熟，出锅撒入调味料即可食用。将马铃薯切片炸至金黄色捞出，与葱、姜、蒜一起翻炒，加入辣椒、盐、豆瓣酱等其他佐料，即为干锅马铃薯片。

也可将马铃薯洗净去皮，切成马铃薯丝，拌以佐料，包在面皮内，炸熟即可食用，称为"马铃薯格子"或"马铃薯盒子"。

3. 炖 家常炖马铃薯，将马铃薯洗净削皮切片或块，锅内放少许油，油热后放入马铃薯翻炒，加调味料、适量清水，烧开炖熟即可。

也可与牛肉、羊肉、猪肉、鸡肉等，加上马铃薯粉条、豆腐、蔬菜等一起炖，较为熟悉的有"陕北大烩菜""新疆大盘鸡""土豆炖牛肉""羊肉熬茄子""猪肉熬酸菜"等菜肴。将肉切丁或剁块，焯水，再放入锅中加葱姜蒜、干辣椒、八角等调料翻炒，加水炖八成熟时加入马铃薯块，调料入味、炖熟即可。此外，还可与排骨、红烧肉、茄子、豆角等一起炖熟，方法类似。

4. 踏 马铃薯搅团属于踏、砸类的一种做法，又称"踏搅团"。将蒸熟或者煮熟的马铃薯晾温后剥皮，放到踏马铃薯的专用木槽或者石头做的凹窝里，用木槌用力去砸。先砸成薯泥，越踏越黏，再踏成为颇有黏度的一团马铃薯膏，这便是马铃薯搅团了。用木铲盛在碗内，然后依喜好加上酸菜、浆水或是醋水，调上油泼辣子即可食用，吃起来柔软爽口。

5. 凉粉 马铃薯淀粉做成的凉粉切块，放上生抽、香油、蒜泥、油泼辣椒、醋，再撒上香菜，凉拌食用，柔软筋道，富有弹性。还可热锅起油，葱姜爆香，放入切块的凉粉翻炒，倒入生抽、蚝油、食盐、香辣酱，再加入少量清水翻炒均匀即可食用，这种"炒凉粉"是西北地区陕西、宁夏、甘肃的一种风味小吃。

凉粉价廉物美，原料易得，制作简单，乡镇和街道食品厂、家庭均可制作。

6. 粉条 马铃薯淀粉做的粉条。凉水先泡软，配上肉、葱等进行翻炒，即为炒粉条，或粉条炒肉；也可以与酸菜一起炒即为酸菜粉条；也可用粉条配以胡萝卜丝炒，即为胡萝卜粉条。配以什么菜就叫什么粉条，如白菜粉条、莲花菜粉条等。还可与韭菜鸡蛋、胡萝卜豆腐、豆角等菜拌在一起作为馅料，做成包子。

以马铃薯淀粉为原料制作粉条，工艺简单，投资小，设备简单，适合乡镇企业、农村作坊和加工专业户生产。

(1) 工艺流程。淀粉→冲芡→和面→揉面→漏粉→冷却清洗→阴晾、冷冻→疏粉、晾晒→成品。

(2) 操作要点。

① 冲芡。选用含水量40%以下、质量较好、洁白、干净、呈粉末状的马铃薯淀粉作为原料，加温水搅拌。在容器（盆或钵即可）中搅拌成糨糊状，然后将沸水猛冲入糨糊中（否则会产生疙瘩），冲芡淀粉：温水：沸水＝1：1：1.8，同时用木棒顺着一个方向迅速搅拌，以增加糊化度，使之凝固成团状并有很大黏性。芡的作用是在和面时把淀粉粘连起来，至于芡的多少，应根据淀粉的含量，外界温度的高低和水质的软硬程度来决定。

② 和面。和面通常在搅拌机或简易和面机上进行。和好的面团中含水量为48%～

50％，温度 40 ℃左右，不得低于 25 ℃。

③ 揉面。和好的面团中含有较多的气泡，通过人工揉面排除其中气泡，使面团黏性均匀，也可用抽气泵抽去面团中的气体。

④ 漏粉。将揉好的面团装入漏粉机的漏瓢内，机器安装在锅台上。锅中水温 98 ℃，水面与出粉口平行，即可开机漏粉。粉条的粗细由漏粉机孔径的大小、漏瓢底部至水面之间的高度决定，可根据生产需要进行调整。

⑤ 冷却清洗。粉条在锅中浮出水面后立即捞出投入冷水中进行冷却、清洗，使粉条骤冷收缩，增加强度。冷浴水温不可超过 15 ℃，冷却 15 分钟左右即可。

⑥ 阴晾、冷冻。捞出来的粉条先在 3～10 ℃环境下阴晾 1～2 小时，以增加粉条的韧性，然后在 -5 ℃的冷藏室内冷冻一夜，目的是防止粉条之间相互粘连，降低断粉率。

⑦ 疏粉、晾晒。将冻结成冰状的粉条放入 20～25 ℃的水中，待冰融后轻轻揉搓，使粉条成单条散开后捞出，放在架上晾晒，气温以 15～20 ℃为最佳，气温若低于 15 ℃，则最好无风或微风。待粉条含水量降到 20％以下便可收存，自然干燥至含水量 16％以下即可作为成品进行包装。

(3) 质量要求。粉条粗细均匀，有透明感、不白心、不粘条、长短均匀。

还可在和面过程中加入研磨细腻的番茄浆液，做成马铃薯-番茄粉条。以马铃薯淀粉和番茄为主要原料生产的，所得的产品颜色呈淡红色、口感好、有番茄特有的香气。此产品制作工艺简单，生产难度不大，适合于乡镇企业、农村作坊以及加工专业户选用。

7. 粉皮　制作工艺和粉条相似，只是形状为圆形薄片状。可以与鱼肉、猪肉一起炖，也可与鸭蛋一起翻炒，口感丝滑。

(1) 工艺流程。淀粉→调糊→成形→冷却、清洗→阴晾、冷冻→疏粉、晾晒→成品。

(2) 操作要点。

① 调糊。取含水量为 45％～50％的淀粉，将约为粉量 2.5 倍的冷水徐徐加入，并用木棒不断地搅拌。

② 成形。用粉勺取调成的粉糊少许，放入旋盘内，旋盘为铜或白铁皮做成的、直径约 20 厘米、底部略微外凸的浅盘。粉糊加入后，即将盘浮入锅中的开水上面，并用手拨动旋转，使粉糊受到离心力的作用随之由盘底中心向四周均匀摊开，同时受热而按旋盘底部的形状和大小糊化成形。

③ 冷却、清洗。待中心没有白点时，将旋盘置于冷水中，冷却片刻后再将成形的粉皮脱出放在清水中冷却、清洗。

④ 阴晾、冷冻。捞出来的粉皮先在 3～10 ℃环境下阴晾 1～2 小时，然后在 -5 ℃的冷冻室内冷冻一夜。

⑤ 疏粉、晾晒。将冻结成冰状的粉皮放入 20～25 ℃的水中，待冰融后轻轻揉搓，然后放在架上晾晒，气温以 15～20 ℃为最佳，自然干燥至含水量 16％以下即可作为成品进行包装。

（三）制作风味食品和糕点，丰富饮食文化

马铃薯营养全面、饱腹感强，单位体积的热量低，富含不溶性膳食纤维，还含有许多可以促进人体健康的生物活性物质如多酚、黄酮、类胡萝卜素等功能成分，对减肥、抗衰老、预防肠道疾病等都能起到很好的预防作用，因此，马铃薯食品的深度开发越来越得到重视，可制作多种风味食品和糕点。主要通过焙烤制作成马铃薯桃酥、马铃薯栲栳、马铃薯发糕、马铃薯饼干、马铃薯菜糕和马铃薯煎饼等。

1. 马铃薯桃酥 将白砂糖、碳酸氢钠放入和面机中，加水搅拌均匀，再加入混合油（猪油＋花生油）继续搅拌，最后加入预先混合均匀的马铃薯全粉和面粉，搅拌均匀，即成面团；将调好的面团切成若干长方形的条，再搓成长圆条，按定量切成面剂子，每剂约45克，然后撒上面粉；将切好的剂子放入模具按实，再将其表面削平，用力磕出，即为生坯。按照一定的间隔距离均匀地将生坯摆放入烤盘内；将烤盘送入烤箱或烤炉中。烘烤温度为180～190 ℃，时间10～12分钟。烘烤结束后，经过自然冷却或吹风冷却，进行包装，即为马铃薯桃酥。

2. 马铃薯栲栳 栲栳为食界一绝，其原料为莜面，经手艺高超的加工者手工推卷成面筒，整齐地排在笼屉上蒸熟。它薄如纸，柔如绸，食之筋道。在传统手工艺制作的基础上，混合马铃薯粉，并采用加工机械制作成的马铃薯栲栳，不但口感更好，而且食用方便。

将马铃薯全粉和莜麦粉按3∶1的比例混合，加入适量沸水，在和面机中迅速搅拌，调制成软硬适度的面团。精选的无脂羊肉清理干净后，切成小块，放入绞肉机中绞成肉泥，再加入适量的葱、姜、蒜、盐、五香粉等调料，在锅中微炒，制成馅料。趁热将面团送入滚压式压片机中压成薄片，再将压片切成长方形片块。在片块上均匀地涂上羊肉馅料，然后将一边折起卷成圆筒状。把卷成筒状的栲栳坯竖立在蒸笼中蒸20分钟左右，蒸熟后趁热装入保鲜盒内，封口要严。常温下保质期为1周，冷藏条件下保存时间可达2个月之久。

3. 马铃薯发糕 将马铃薯干粉、面粉、苏打、白砂糖加水混合均匀，然后将油炸后的花生米均匀混于其中。将混合物料在30～40 ℃下进行发酵。发酵后的物料揉成面团，置于笼屉上铺平，用旺火蒸熟。将蒸熟后的面团切成各式各样形状，在其一面涂一定量红糖，滚粘一些芝麻，冷却，即成马铃薯发糕。

4. 马铃薯饼干 将疏松剂碳酸氢钠或碳酸氢铵放入和面机中，加入冷水溶解，然后依次将白糖、鸡蛋液等加入，充分搅匀后，将预先混合均匀的马铃薯全粉、马铃薯淀粉、面粉及植物油放入和面机内，充分混匀制成面团。面团调制时温度以24～27 ℃为宜，温度过低黏性增加，过高则增加面筋的弹性。将调制好的面团送入辊轧成形机中，经过辊轧成形后，即可进行烘烤。采用高温短时工艺，烘烤前期温度为230～250 ℃，能使饼干迅速膨胀和定型，后期温度为180～200 ℃，是脱水和着色阶段，烘烤时间为3～5分钟。烘烤结束后的饼干采用自然冷却的方法冷却，时间为6～8分钟。冷却过程是饼干内水分再分配及水分继续向空气扩散的过程。不经冷却的酥性饼干易变形。经冷却的饼干待定型后便可进行包装，即得成品。

5. 马铃薯菜糕 将马铃薯洗净，上笼蒸熟，剥去皮，稍晾放入碗内，用手压成泥，加入面粉揉匀揉光，即成糕面团。将粉条用水泡软剁碎；鸡蛋磕入碗内，加入少许食盐打散，倒入炒锅中炒熟，并用刀剁碎；豆腐干切成碎丁；韭菜洗净切碎。将上述原料放入盆内，加入姜末、酱油、食盐、味精、麻油、五香粉，拌匀，制成馅料。将揉好的糕面团揪成1/10的小糕团，按成扁圆皮，包入菜馅料，封口，再按成圆饼形，放入六成热的植物油中炸至金黄色，捞出即为成品。

6. 马铃薯煎饼 将 0.25 千克马铃薯煮熟，剥去皮，捣烂成马铃薯泥。洋葱洗净切成末。剩余马铃薯削去皮切碎，包入干净布内，挤干水分，加入马铃薯泥中。将马铃薯泥放入盆内，磕入鸡蛋，用木勺搅匀，再加入面粉、食盐、胡椒粉、洋葱末、牛奶，用木勺搅匀，制成马铃薯泥糊。将煎锅置于火上，放入黄油，把马铃薯泥糊煎成马铃薯泥饼，煎至边缘酥脆呈金黄色即成。

7. 风味马铃薯膨化食品 利用马铃薯粉、片状脱水马铃薯泥、颗粒状脱水马铃薯等为原料，可以生产各种风味和形状的薯条、薯片、虾条、虾片等膨化食品。这些产品酥脆、味美可口，其原料配方、加工工艺大同小异。

(1) 工艺流程。 原料→混合→蒸煮→冷藏→成形→干燥→膨化→调味→成品。

(2) 操作要点。

① 混合。按照配方比例称量各种物料，然后将各种物料充分混合均匀。

② 蒸煮。采用蒸汽蒸煮，使混合物料完全熟透（淀粉质充分糊化）。先进的生产方法是将混合物料投入双螺杆挤压蒸煮成形机，一次完成蒸煮、成形工作。经挤压成形工艺成形的产品不仅形状规则一致、质地均匀细腻，而且只要更换成形模具，就能加工出各种不同形状（片状、方条、圆条、中空条等）的产品。

③ 冷藏、成形。于 5～8 ℃的温度下冷藏，放置 24～48 小时成形。

④ 干燥。将成形后的坯料干燥至水分含量为 25%～30%。

⑤ 膨化、调味。利用气流式膨化设备将干燥后的产品进行膨化处理，然后进行调味、包装即为成品。

8. 风味油炸马铃薯条 取无腐烂变质、无虫害、无机械损伤的新鲜马铃薯，洗净，去皮，去掉芽眼，将去皮后的马铃薯沿轴向切 3～5 厘米长条，厚为 8～12 毫米。将切好的马铃薯条放入开水中煮熟，捞出沥干水分。将沥干的马铃薯条加入盐、胡椒粉拌匀备用。向面粉中加入冷水、蛋清调制面糊，面粉与水的质量比为 1∶（2～3），面粉与蛋清的质量比为（8～10）∶1。腌制好的马铃薯条裹上面糊后放入温度 150～160 ℃油中进行油炸，炸至金黄后捞出。这种油炸马铃薯既可即食，又可与青菜、猪肉一起炖菜。最近两年，还出现了一些马铃薯制作的风味小吃，很受年轻人欢迎，比如"旋风薯塔"，不仅好吃，外观还很吸引人。首先将马铃薯去皮、清洗干净放入清水中备用（在清水中加少量盐、防止马铃薯氧化变黑），利用薯塔机将马铃薯切成螺旋片，穿上竹签展开，将脆浆粉加水和成稀糊状，将已经定型的薯塔均匀地沾裹脆浆粉面糊，将油温调至 160 ℃炸至薯条金黄色即可，出锅后淋上椒盐、番茄酱即可出售。此外，还可做成"狼牙土豆""风味土豆球"等小吃。

9. 马铃薯保健面包

(1) 原料配方。 高筋面粉 100 千克，绵白糖 20 千克，黄奶油 20 千克，鸡蛋 20 千克，马铃薯 15 千克，酵母 1.5 千克，面包添加剂 0.3 千克，水 40 升，精盐 2 千克。

(2) 工艺流程。 原料选择→马铃薯液的制备→原辅料预处理→面团调制→发酵→压面→分割→成形→醒发→烘烤→出炉→冷却→包装→成品。

(3) 操作要点。

① 原料选择。注意选用优质、无杂质、无虫、合乎等级要求的原辅料。

② 马铃薯液的制备。将马铃薯清洗干净，煮熟去皮，研成马铃薯泥（煮马铃薯的水

留下备用），取马铃薯泥、煮马铃薯水配制成一定浓度的马铃薯溶液，备用。

③原辅料预处理。面粉进行过筛备用，酵母、面包添加剂、白糖、精盐分别用温水溶化备用，鸡蛋打散备用。

④面团调制。先将面粉倒入食品搅拌机内，进行慢速搅拌，在加入马铃薯溶液、鸡蛋及酵母、面包添加剂、白糖、精盐的溶解液后，快速搅拌，待面筋初步形成后，加入黄奶油搅拌，呈细腻、有光泽且有弹性和延伸性的状态即可。

⑤发酵。发酵的理想条件是温度 27 ℃，空气相对湿度 75％。温度过低则发酵慢，保气能力变差，组织粗糙，表皮厚，易起泡；温度过高则易生杂菌，发酸，风味不佳，颗粒大，表皮颜色深。

⑥压面。压面是利用机械压力使面团组织重排、面筋重组的过程，使面团结构均匀一致，气体排放彻底，弹性和延伸性达到最佳，更柔软，易于操作。制成后的成品组织细腻，颗粒小，气孔细，表皮光滑，颜色均匀。若压面不足，则面包表皮不光滑，有斑点，组织粗糙，气孔大；若压面过度，则面筋损伤断裂，面团粘手，不易成形，面包体积小。

⑦分割、成形。工序坚持一个"快"字，减少水分散失，并使温度适中。

⑧醒发。将成形好的面包坯放入烤盘中，一起送入提前调好的温度为 38 ℃、相对湿度为 85％的面包醒发箱中，醒发 1 小时左右。若醒发温度过高则水分蒸发太快，造成表面结皮；温度过低则醒发时间长，内部颗粒大，入炉时面团下陷。湿度过高则表皮起泡，颜色深；湿度过低，则表皮厚，颜色浅，体积小。

⑨烘烤。将醒发好的面包坯放入提前预热好面火为 190 ℃、底火为 230 ℃的烤箱中烘烤，烤至表面焦黄时出炉。若烘烤温度过高则面包表皮形成过早，限制了面团膨胀，体积小，表皮易起泡，烘烤不均匀，外熟内生；温度过低则表皮厚，颜色浅，内部组织粗糙、颗粒大。

⑩出炉、冷却。烘烤结束后将面包出炉，趁热在表面刷上一层植物油，然后冷却，包装即为成品。

（4）质量要求。

①感官指标。滋味与气味：口感柔软，具有面包的特殊风味。组织状态：内部色泽洁白，组织膨松细腻，气孔均匀，弹性好。色泽：金黄色或淡棕色，表面光滑有光泽。

②理化指标。比容≥3.4 毫升/克，水分含量 35％～46％。

③微生物指标。细菌总数≤750 个/克，大肠菌群≤40 个/克，致病菌不得检出。

二、其他部位的利用

（一）马铃薯渣的综合利用

中国是世界上马铃薯生产第一大国，马铃薯渣是马铃薯加工的副产物，含有较多的生物活性成分，高效开发和利用马铃薯渣资源可以提高其附加值，利用不当则会因腐败变臭而污染环境和土壤。因此，合理开发利用马铃薯渣具有良好的经济、环境效应。马铃薯渣中含量最高的物质为水分，其干基主要成分包括 37％的淀粉、31％的纤维素和半纤维素、17％的果胶、残土等，其中纤维素和半纤维素、果胶含量较多，可被提取利用。对于薯渣的利用，国内外学者主要集中在提取果胶、膳食纤维等有效成分以及制备单细胞蛋白饲料方面。

当前对马铃薯渣综合利用的主要方法有理化法、发酵法和混合法。理化法是用各种物理方法、化学方法及酶处理马铃薯渣提取其功能成分；发酵法是以马铃薯渣为培养基，利用微生物发酵来制备各种生物制剂和有机物；混合法是发酵结合酶处理的方法。

1. 马铃薯渣中膳食纤维的利用 膳食纤维是指植物中天然存在的、提取的或合成的糖类的聚合物，是不能被人体小肠消化吸收且对人体有健康意义的多糖类，它包括纤维素、半纤维素、木质素、甲壳素、果胶、海藻多糖等，主要存在于植物性食物中。目前，制取马铃薯膳食纤维的方法主要有酸碱法和酶解法，姚琦等（2018）采用联合酶解法提取马铃薯渣中的膳食纤维，工艺条件为添加 300 酶活力单位/克的 α-淀粉酶（酶解时间 60分钟、酶解温度 55 ℃、pH 6.5），灭活酶后，再添加 250 酶活力单位/克的糖化酶酶解（酶解时间 30 分钟、酶解温度 65 ℃、pH 4.0），提取得到膳食纤维含量为 76.92%，同时提取后的膳食纤维其持水性较马铃薯渣提高 0.85%，持油性提高 1.47%。将马铃薯渣中提取到的膳食纤维应用在面包、饼干、蛋糕等食品中，可降低蛋糕的硬度，增加面团的强度和弹性，添加马铃薯渣的食物不仅口感更好，而且有利于健康。

2. 提取果胶 果胶是一种存在于植物细胞壁和中胞层的一种酸性多糖，具有很强的重金属离子吸附能力，因具有良好的胶凝性和乳化稳定性而被广泛应用于食品和化妆品行业。将马铃薯渣作为生产果胶的原料，不仅能增加马铃薯加工的附加值，也丰富了果胶生产的原料来源。目前果胶的提取方法主要有：沸水抽提法、酸法和酸法＋微波提取等。工艺条件不同，果胶的提取率及性质均有差异。张燕等（2019）采用响应面法优化微波辅助提取马铃薯渣中果胶，所得优化技艺条件为微波加热时间 1.5 分钟、液料比 24∶1（毫升/克）、饱和硫酸铝用量 405 微升，在此条件下果胶提取率达到 13.79%；毛丽娟等（2012）利用超声波辅助盐析法提取马铃薯渣果胶，在最佳条件下果胶提取率为 18.21%，较普通盐析法高 4.52%；郑燕玉和吴金福（2004）在微波条件下用稀硫酸溶液萃取与硫酸铝沉淀提取马铃薯果胶，在确定的最佳工艺下，果胶提取率为 25.00%。

3. 生产马铃薯渣高蛋白饲料 马铃薯鲜渣或干渣均可直接用作饲料，但是其蛋白质含量低、粗纤维含量高、适口性差，饲料的品质低。研究表明，通过微生物发酵处理可大幅度提高薯渣的蛋白含量，从发酵前干重的 4.62% 增加至 57.49%。另外，微生物发酵可以改善粗纤维的结构，增加适口性，有研究先用中温 Q 淀粉酶和 Nutrase 中性蛋白酶将马铃薯渣中的纤维素和蛋白质分解，再接种产生单细胞蛋白的菌株-产朊假丝酵母和热带假丝酵母，可将单细胞蛋白中的蛋白质含量增至 12.27%。

此外，马铃薯渣中还含有多种生物活性物质，如多酚类化合物、生物碱等，可以制作发酵培养基、种曲、醋等，还可以制备燃料酒精、生物质混合燃料等，经济又环保。马铃薯渣廉价且来源广泛，研发潜力大，产品市场前景良好。提高马铃薯渣的利用效率，在处理技术和经济效益之间找到平衡点，可进一步提升马铃薯的附加值。

（二）膳食纤维的利用

膳食纤维是一种多糖，被认定为第七营养素。马铃薯膳食纤维之所以具有多种有益人体的功能主要与其理化特性相关。一是马铃薯膳食纤维较高的持水力和吸胀力，可使肠道内容物增大变软，促进肠胃蠕动，防止便秘、降低肠道疾病发生率。二是较高的持油力和对胆固醇的吸附作用，可以降低甘油三酯、胆固醇水平；对血浆葡萄糖较高的束缚力，可以调节血糖浓度，有效减少心血管疾病。三是较好的发酵作用，产生的低分子 β-葡聚糖促进乳酸杆菌、双歧杆菌增殖，产生的短链脂肪酸为肠道菌群提供能量，影响肠道微生物的组成和丰度，调节肠道微环境，降低胃肠疾病发病率。四是对金属离子的整合作用，与Pb^{2+}、Cd^{2+}等进行可逆交换，减少人体对有害金属的吸收，保护人体免受其损伤和毒害。另外，马铃薯膳食纤维对羟基自由基（·OH）、DPPH 自由基、超氧阴离子自由基（$·^{-}_{2}$）有良好的清除效果，对机体具有抗氧化作用。

1. 添加到主食中　将马铃薯膳食纤维添加到馒头、面条、面包中，可以改善食品的品质，提高其保健功效。其在油-水体系中比较稳定，可以促进油-水的混合。加入马铃薯膳食纤维的面团，手感好、弹性高、黏性低、不回缩，蒸熟或烘烤后结构细腻、质地柔软、口感更好。以高筋面粉为原料，以马铃薯膳食纤维为辅料制作的面包，在马铃薯膳食纤维添加量 4.3%、奶油 6.15%、改良剂 1.97% 时，烘烤的面包比容 6.01 毫升/克、硬度 1 785.228、咀嚼度 1 149.66、弹性 0.897、回复性 0.281，具有特殊的烘烤香味、较好的弹性和回复性。

2. 制作高纤维饮料　马铃薯膳食纤维可制作粉末冲剂，其中的活性多糖可改善其品质，高纤维饮料因其独特、高效的保健作用，备受消费者欢迎。高膳食纤维饮料研究资料很多，众多食品业巨头也推出了相应的饮品。姚琦等（2018）研制的功能性口服醋（原醋 74.55%、马铃薯膳食纤维 4.65%、蜂蜜 4.00%、白砂糖 3.77%），酸甜适中、柔和爽口。测定醋饮料对 DPPH 自由基、$·O^{-}_{2}$ 自由基和 ·OH 自由基的清除效果达 6.19%～69.25%；总菌落数 20 菌落形成单位[①]/毫升、大肠杆菌低于 3 MPN[②]，主要卫生指标符合国家标准。

3. 作为脂肪替代物　为满足人们对低能量、高膳食纤维食品的需求，人们可以用马铃薯膳食纤维替代部分脂肪，制作休闲食品或肉制品。比如制作休闲馍片，加入 5%～10% 的马铃薯膳食纤维可相应减少 3%～7% 的油脂，从而减少了食品热量。制备低脂肉丸时，人们可以按照瘦肉 70%、肥肉 24%、马铃薯膳食纤维 6% 的比例，用总量计添加淀粉 16%、大豆分离蛋白 2.5%、水 30% 调制肉馅搅拌混匀后制成的丸子，脂肪降低 39%，其他营养成分变化很小，肉丸鲜嫩爽口，筋道有弹性，品质有明显改善。

（三）马铃薯秧藤的饲用转化及综合利用

马铃薯秧藤是马铃薯植株的地上部分，是收获块茎后剩余的副产品。在传统的马铃薯种植业中，秧藤一般作为废弃物被处理。而在现代化的马铃薯种植业中，为了促进地下马铃薯块茎的成熟老化、便于机械收获马铃薯作业以及预防各类病原体的传播，一般在马铃薯收获前几天至十几天，采用化学杀秧、机械打秧等方式，将秧藤打碎还田或清除出田地。张雄杰等（2015）对秧藤青贮和提取物回收的研究表明：采用"青贮饲料＋混合粗提取物"的综合利用技术对秧藤进行青贮和提取物回收可实现一体化机械化作业，且生产效率高；所产青贮饲料产品质量良好、成本低廉；回收的粗提取物含有糖苷生物碱、茄尼醇、挥发油等 70 多种生物活性物质。回收的粗提取物均是医药、化工原料，具有良好的

---

① 菌落形成单位，CFU（Colony - Forming Units），是指在琼脂平板上经过一定温度和时间培养后形成的每一个菌落，是计算细菌或霉菌数量的单位。

② MPN（Most Probable Number），即最可能数。大肠菌群 MPN，即在 1 毫升（或 1 克）食品检样中所含的大肠菌群的最可能数。

开发前景。该种秧藤处理技术，是近年来采用的新型技术，特别是在现代化程度较高的种植地区及种薯种植地区，该技术的应用为马铃薯秧藤新资源的开发利用提供了丰富的技术基础，可以作为还田绿肥和青贮饲料等应用于农牧业生产进行大量推广。

三、马铃薯加工

（一）食品加工

马铃薯营养价值丰富，在欧洲及南美地区被称为"地下苹果"，享有"第二面包"的美誉。马铃薯的食品加工已成为许多国家发展的重点产业之一。2021年，中国栽培的马铃薯品种繁多，全国年种植面积超过10万亩的马铃薯品种有82个，超过50万亩的品种有30个。不同品种马铃薯品质特性不同，因此各品种马铃薯的加工方向也不同。有人对中国主栽马铃薯品种进行筛选研究，确定了部分马铃薯主食产品的专业品种。例如，在西北、华北地区的马铃薯主栽品种中，中薯19马铃薯的面条加工适应性最佳，阿克瑞亚、大西洋与夏波蒂次之；适宜做油炸薯片的品种有大西洋、青薯168（红）和夏波蒂等。

1. 油炸薯片 薯片食品因采用原料和加工工艺不同，又可分为油炸薯片和复合（膨化）薯片。油炸薯片以鲜薯为原料，生产过程中对生产设备、技术控制、贮藏运输、原料品质等的要求与冷冻薯条基本相同。截至2020年，中国已有40余条油炸薯片生产线，总生产能力近10万吨。油炸马铃薯片营养丰富、味美适口、卫生方便，在国外已有40～50年的生产历史，成为欧美人餐桌上不可或缺的日常休闲食品。下面介绍的生产方法适用于乡镇企业、中小型食品厂、郊区农场、大宾馆、饭店等。其特点是设备投资少，操作简单，生产过程安全可靠，产品质量稳定，经济效益明显。

（1）原料辅料。马铃薯、植物油、精食盐、胡椒粉等。

（2）工艺流程。原料准备→清洗、去皮、切片→漂洗→脱水→油炸→控油、调味→称量包装。

（3）操作要点。

① 原料准备。所用马铃薯要求淀粉含量高，还原糖含量少，块茎大小均匀，形状规则，芽眼浅、无霉变腐烂、无发黑，无发芽，并去除马铃薯表面黏附的泥沙等杂质。

② 清洗、去皮、切片。这三道工序同时在一个去皮切片机中进行。该机利用砂轮磨盘高速转动带动马铃薯翻滚转动，马铃薯与砂轮间摩擦以及马铃薯之间相互摩擦去皮，然后利用侧壁的切刀及离心力切片。切片厚度可调。要求厚度为1～2毫米。

③ 漂洗。切片后的马铃薯片立即浸入水中漂洗。以免氧化变成褐色，同时去掉薯片表面的游离淀粉，减少油炸时的吸油量以及淀粉等对油的污染，防止薯片粘连。改善产品色泽与结构。

④ 脱水。漂洗完毕。将薯片送入甩干机。除去薯片表面水分。

⑤ 油炸。脱水后的薯片依次批量及时入电炸锅油炸。炸片用油为饱和度较高的精炼植物油或加氢植物油，如棕榈油、菜籽油等。根据薯片厚度、水分、油温、批量等因素控制炸制时间，油温以160～180℃为宜。

⑥ 控油、调味。将炸好的薯片控油后加入粉末调料或液体调料调味。

⑦ 称量包装。待薯片温度冷却至室温以下时，称量包装。以塑料复合膜或铝箔膜袋充氮包装，可延长商品货架期。防止产品运输、销售过程中挤压、破碎。质量要求：薯片外观

呈卷曲状，具有油炸食品的自然浅黄色泽，口感酥脆，有马铃薯特有的清香风味。理化指标：水分≤1.7%，酸价≤1.4毫克/克（以 KOH 计），过氧化值≤0.04，不允许有杂质。

2. 马铃薯全粉虾片　虾片又称"玉片"，是一种以淀粉为主要原料的油炸膨化食品。由于其酥脆可口、味道鲜美、价格便宜，很受消费者喜爱，尤其是彩色虾片更受青睐。目前市面上的虾片大多是以木薯淀粉为主要原料，配以其他辅料制成的，马铃薯全粉代替部分淀粉加工虾片未见报道。油炸马铃薯片和薯条加工中，因马铃薯大小不均匀、形状不规则，切片、切条时产生边角余料，通常这些边角余料被废弃导致环境污染，同时降低原料的利用率。用这些边角余料加工成全粉，或提取马铃薯淀粉后加工虾片，不仅可防止污染环境，提高马铃薯原料综合利用率，而且可以丰富虾片品种。另外，马铃薯全粉加工过程中基本保持马铃薯植物细胞的完整，马铃薯的风味物质和营养成分损失少。因此，马铃薯全粉加工虾片，产品具有马铃薯的特殊风味，并且营养价值高。

（1）生产材料。马铃薯淀粉、马铃薯全粉：市售。新鲜虾仁：市售，捣碎后备用。棕榈油、白糖粉、味精、食盐：均为食品级，市售。

（2）工艺流程。配料→煮糊→混合搅拌→成形→蒸煮→老化→切片→干燥→包装→半成品→油炸→成品。

（3）操作要点。

① 配料。虾片基本配方：马铃薯淀粉与马铃薯全粉质量之和为 100 克，虾仁 15 克，味精 2 克，蔗糖粉 4 克，食盐 2 克，加水按一定比例混合。

② 煮糊。将总水量 3/4 倒入锅中煮沸，同时加入味精、蔗糖粉、食盐等基本调味料，另取 20% 左右的淀粉与剩余 1/4 的水调和成粉浆，缓缓倒入不断搅拌的料水中（温度＞70℃），煮至糊呈透明状。

③ 混合搅拌。将剩余淀粉、马铃薯全粉、虾仁倒入搅拌机内，同时倒入刚刚糊化好的热淀粉浆，先慢速搅拌，接着快速搅拌，不断搅拌至其成为均匀的粉团，需 8~10 分钟。

④ 成形。将粉团取出，根据实际要求制成相应规格的虾条。

⑤ 蒸煮。用高压锅（压力为 1.2 兆帕）蒸煮，一般需要 1~1.5 小时，使虾条没有白点，呈半透明状，虾条身软而富有弹性，取出自然冷却。

⑥ 老化。将冷却的虾条放入温度为 2~4℃ 的冰箱中老化，使条身硬而有弹性。

⑦ 切片。用切片机将虾条切成厚度约 1.5 毫米的薄片，厚度要均匀。

⑧ 干燥。将切好的薄片放入温度为 50℃ 的电热鼓风干燥箱中干燥。

⑨ 油炸。用棕榈油炸。

（二）低糖马铃薯果脯加工

传统工艺生产的果脯多为高糖制品，含糖量高达 60% 以上，已不适合现代人的健康营养观念。因此，开发风味型、营养型、低糖型马铃薯果脯是充分利用马铃薯资源、创造农副产品经济效益的有效途径之一。马铃薯果脯加工工艺如下。

（1）生产材料。马铃薯：市售。优质白砂糖：市售一级。饴糖：浓度 70% 以上。$NaHSO_3$、无水 $CaCl_2$：均为分析纯试剂。柠檬酸、维生素 C、羧甲基纤维素钠（CMC - Na）：均为食品级试剂。

（2）工艺流程。选料→清洗→去皮→切片→护色和硬化→漂洗→预煮→糖煮、糖渍→

控糖（沥干）→烘烤→成品。

（3）操作要点。

① 选料。要求选用新鲜饱满，外表面无失水起皱，无病虫害及无机械损伤，无锈斑、无霉烂、无发青发芽，无严重畸形，直径 50 毫米以上的马铃薯。

② 清洗。用清水将马铃薯表面泥沙清洗干净。

③ 去皮。人工去皮可用小刀将马铃薯外皮削除，并将其表面修整光洁、规则。也可采用化学去皮法，即在 90 ℃ 以上 10％ 左右的 NaOH 溶液中浸泡 2 分钟左右，取出后用一定压力的冷水冲洗去皮。

④ 切片。用刀将马铃薯切成厚度为 1～1.5 毫米的薄片。

⑤ 护色和硬化。将切片后的马铃薯立即放入 0.2％ $NaHSO_3$、1.0％ 维生素 C、1.5％ 柠檬酸和 0.1％ $CaCl_2$ 的混合液中浸泡 30 分钟。

⑥ 漂洗。用清水将护色硬化后的马铃薯片漂洗 0.5～1 小时，洗去表面的淀粉及残余硬化液。

⑦ 预煮。将漂洗后的马铃薯片在沸水中烫漂 5 分钟左右，直至薯片不再沉底时捞出，再用冷水漂洗至表面无淀粉残留为止。

⑧ 糖煮、糖渍。按一定比例将白砂糖、饴糖、柠檬酸、CMC - Na 复配成糖液，加热煮沸 1～2 分钟后，放入预煮过的马铃薯片，直接煮至产品透明、终点糖度为 45％ 左右时取出，并迅速冷却至室温。注意，在糖煮时应分次加糖，否则会造成吃糖不均匀。糖煮后不需捞出马铃薯片，在糖液中浸泡 12～24 小时。

⑨ 控糖（沥干）。将糖渍后的马铃薯片捞出，平铺在不锈钢网或竹筛上，使糖液沥干。

⑩ 烘烤。将盛装马铃薯片的不锈钢网或竹筛放入鼓风干燥箱中，在 70 ℃ 温度下烘制 5～8 小时，每隔 2 小时翻动 1 次，烘至产品表面不粘手、呈半透明状、含水量不超过 18％ 时取出。

（4）成品质量指标。

① 色泽。产品乳白至淡黄色，鲜艳透明发亮，色泽一致。

② 组织形态。吃糖饱满，块形完整无硬心，在规定的存放时间内不返砂、不干瘪、不流糖。

③ 口感。甜酸可口，软硬适中，有韧性，有马铃薯特有风味，无异杂味。

理化指标：总糖 40％～50％，还原糖 25％，含水量 18％～20％。无致病菌及因微生物作用引起的腐败特征，符合国家食品卫生相关标准。

（三）马铃薯饴糖加工

马铃薯含有丰富的淀粉及蛋白质、脂质、维生素等成分。用马铃薯加工的饴糖，口味香甜、绵软适口、老少皆宜，具有广阔的市场前景。其加工方法如下。

（1）生产材料。六棱大麦、马铃薯渣和谷壳。

（2）工艺流程。麦芽制作→马铃薯渣料制备（预处理、拌料）→蒸料→降温、拌料、糖化→过滤→熬制→成品。

（3）操作要点。

① 麦芽制作。将六棱大麦在清水中浸泡 1～2 小时（水温保持在 0～25 ℃），当其含水量达 45％ 左右时将水倒出，继而将膨胀后的大麦置于 22 ℃ 室内让其发芽，并用喷壶给大麦洒水，每天两次，4 天后当麦芽长到 2 厘米以上时便可使用。

② 马铃薯渣料制备。将马铃薯渣经研磨器研磨过滤，加入 20％ 谷壳，然后把 80％ 左右的清水洒在配好的原料上，充分拌匀，放置 1 小时备用。

③ 蒸料。将制备好的马铃薯渣料分 3 次加入蒸锅中，一次上料 40％，等上气后加料 30％，再上气时加入最后的 30％，待大气蒸出起计时 2 小时，把料蒸透。

④ 降温、拌料、糖化。将蒸好的料放入木桶，并加入适量浸泡过麦芽的水，充分搅拌。当温度降到 60 ℃时，加入制好的麦芽（占 10％ 为宜），然后上下搅拌均匀，再倒入些麦芽水，待温度下降至 54 ℃时，保温 4 小时。温度再下降后加入 65 ℃的温水继续让其保温，使其充分糖化。

⑤ 过滤。经过充分糖化后，把糖液滤出。

⑥ 熬制。将糖液放置锅内加温，经过熬制，浓度达到 40 波美度时，即成为马铃薯麦芽糖。

（四）多种风味食品加工

风味马铃薯食品包括油炸薯条、橘香马铃薯条、仿马铃薯菠萝豆、马铃薯香辣片、马铃薯酱、马铃薯酸乳和马铃薯膨化食品等种类。

1. 油炸薯条

（1）**原料配方**。马铃薯鲜薯 100 千克，大豆蛋白 1 千克，碳酸氢钠 0.25 千克，植物油 2 千克，焦亚硫酸钠 45 克，柠檬酸 100 克，食盐 1 千克，各种调味品适量。

（2）**工艺流程**。原料→切条护色→脱水烘炸→调味包装。

（3）**操作要点**。

① 切条护色。挑选大小适中、皮薄芽眼浅、表面光润的马铃薯鲜薯清洗干净，按要求去皮切条，放入 1％ 的食盐水溶液中浸渍 3～5 分钟，捞出后沥干。将焦亚硫酸钠和柠檬酸用水配成溶液，浸泡沥干的马铃薯条（以淹没薯条为宜），约 30 分钟后取出用清水冲洗，至薯条无咸味即可。

② 脱水烘炸。将薯条用纱布包好后放到脱水桶内脱水 1～2 分钟。在一个较大的容器中，将备好的大豆蛋白粉、碳酸氢钠、植物油等充分混合均匀，然后均匀涂抹在薯条表面，静置 10 分钟后，放入微波炉中烘炸 10 分钟至熟。

③ 调味包装。将烘制好的薯条直接撒拌上调味品即为成品。

椒盐味：花椒粉适量，用 1％ 的食盐水拌匀。

奶油味：喷涂适量的奶油香精即可。

麻辣味：适量的花椒粉和辣椒粉与 1％ 的食盐拌匀。

用铝塑复合袋，按每袋 50 克成品薯条装入，包装机中充氮密封包装上市。

2. 橘香马铃薯条

（1）**原料配方**。马铃薯鲜薯 100 千克，面粉 11 千克，白砂糖 5 千克，柑橘皮 4 千克，奶粉 1～2 千克，发酵粉 0.4～0.5 千克，植物油适量。

（2）**工艺流程**。选料→马铃薯制泥→橘皮制粉→拌料炸制→风干、包装。

（3）**操作要点**。

① 制马铃薯泥。选无芽、无霉烂、无病虫害的新鲜马铃薯，浸泡 1 小时左右，用清水洗净表面，然后置蒸锅内蒸熟，取出去皮，粉碎成泥状。

② 橘皮制粉。洗净柑橘皮，用清水煮沸 5 分钟，倒入石灰水浸泡 2～3 小时，再用清

水反复冲洗干净，切成小粒，放入 5%～10% 的盐水中浸泡 1～3 小时，并用清水漂去盐分，晾干，碾成粉状。

③ 拌料炸制。按配方将各种原料放入和面机中，充分搅拌均匀，静置 5～8 分钟。将适量植物油放入油锅中加热，待油温升至 150 ℃ 左右时，将拌匀的马铃薯泥混合料通过压条机压入油中。当泡沫消失，马铃薯条呈金黄色即可捞出。

④ 风干、包装。将捞出的马铃薯条放在网筛上，置干燥通风处自然冷却至室温，用食品塑料袋密封包装即为成品。

3. 仿马铃薯菠萝豆

(1) 原料配方。 马铃薯淀粉 25 千克，精面粉 12.5 千克，低筋面粉 2 千克，葡萄糖粉 1.25 千克，脱脂粉 0.5 千克，鸡蛋 4 千克，蜂蜜 1 千克，碳酸氢钠 25 克。

(2) 工艺流程。 配料→制作成形→烘烤包装。

(3) 操作要点。

① 制作成形。将上述原料充分混合均匀，加适量清水搅拌成面，然后做成菠萝豆形状。

② 烘烤包装。将上述做好的成形菠萝豆置于烤箱烤熟，取出冷却，然后装入食品塑料袋中密封。

4. 马铃薯香辣片

(1) 原料配方。 马铃薯粉 72%，过 60 目筛后，入锅炒至有香味时出锅备用，辣椒粉 12%，过 60 目筛后备用，芝麻粉 10% 和胡椒粉 2%，入锅炒出香味后备用，食盐 3%，食糖 1%。

(2) 拌料。 将以上各料加适量优质酱油调成香辣湿料，置于成形模中按需求压成各种形状的湿片坯，晾干表面水分。

(3) 油炸。 将香辣片坯入沸油锅炸制，待表面微黄时出锅，冷却后包装。

5. 马铃薯酱

(1) 原料配方。 马铃薯泥 50 千克，白砂糖 40 千克，水 17 千克，酸水 0.2 千克，粉末状柠檬酸 0.16 千克，食品色素、食用香精、营养剂适量。

(2) 工艺流程。 原料→清洗→擦筛→蒸煮→调 pH→成品包装。

(3) 操作要点。

① 将马铃薯洗净，除去腐烂、出芽部分，削皮，蒸熟，出笼摊晾，擦筛成均匀的马铃薯泥备用。

② 将白砂糖、水与酸水（即醋坊的酸水）用少量稀米饭拌，和麸皮放在缸中，倒缸 1 周，每天 1 次，滤下的酸水作为醋引，放入锅内熬至 110 ℃ 时，将马铃薯泥倒入锅内，用铁铲不断翻动，直至马铃薯泥全部压散。

③ 继续加热至 115 ℃，将柠檬酸、色素加入，并控制其 pH 为 3～3.2。

④ 用小火降温，当锅内物料温度降至 90 ℃ 时，将水果食用香精和营养添加剂加入锅内，用铁铲搅匀后，即得马铃薯酱成品。

6. 马铃薯酸乳 马铃薯酸乳是用乳酸菌将牛乳中的乳糖、添加蔗糖及马铃薯中部分糖类分解，产生大量有机酸、醇类及各种氨基酸的代谢物，以提高其消化率，降低血脂和胆固醇含量，从而预防心血管疾病的发生；马铃薯酸乳中还含有大量活力很强的乳酸菌，能改善肠道菌群的分布，刺激巨噬细胞的吞噬功能，有效防治肠道疾病。马铃薯酸乳还具有润肤、明目固齿、健发的功效。

(1) 原料配方。 马铃薯鲜薯 10％，牛乳 80％，蔗糖 7％，菌种 3％。

(2) 工艺流程。 马铃薯处理→加牛乳液→混合、打浆→灭菌→冷却→接种→发酵→灌装→冷藏成熟→成品。

(3) 操作要点。

① 马铃薯处理。将新鲜成熟的马铃薯用清水洗净表面的泥沙及污物，用蒸汽或沸水煮熟后，迅速撕去外皮，用玻棒、木棒等捣成均匀的泥状。

② 牛乳液的调制。按配方称取奶粉和砂糖，用 50 ℃的温水冲调成液或直接将过滤后的鲜乳或脱脂乳中加入适量的砂糖调制成乳液。

③ 混合、打浆。按比例将薯泥与乳液混合，用胶体磨打成浆状，并用均质机在 9.8 万帕的压力下均质成稳定的匀浆。

④ 灭菌、冷却。将马铃薯匀浆放入电热式蒸煮锅中加热到 85～90 ℃，保持 20 分钟完成杀菌作用后，用冷却缸迅速降温至 40 ℃左右，再用定量灌装机分别注入预先灭菌的包装容器中。

⑤ 接种、发酵。冷却后的料液接入 2％～5％的菌种后，装入发酵罐中，在 42～44 ℃的温度下发酵 3.5～4 小时，当 pH 为 3.8 时取出。

⑥ 冷藏成熟。发酵后的酸乳在 2～4 ℃的环境中冷藏 6～8 小时，促进马铃薯酸乳的芳香物质双乙酰和 3-羟基丁酮的产生，增强制品的风味。

7. 马铃薯膨化食品　马铃薯膨化食品是以马铃薯全粉为主要原料，经挤压膨化等工艺加工而成的系列食品。膨化后的马铃薯食品除水溶性物质增加外，部分淀粉转化为糊精和糖，马铃薯中的淀粉彻底糖化，改善了产品的口感和风味，提高了人体对食物的消化吸收率，在其理化性质上有较高的稳定性。马铃薯膨化产品具有食用快捷方便、营养素损失少、消化吸收率高、安全卫生等特点，是粗粮细作的一种重要途径。根据加工过程的不同，可以生产出直接膨化食品（如马铃薯酥、旺仔小馒头等）和膨化再制食品（即将马铃薯全粉膨化粉碎，并配以各种辅料而得的各种羹类、糊类制品）。马铃薯膨化食品是以马铃薯全粉为主要原料，采用双螺旋杆挤压膨化工艺，也可采用山东济南生产的双螺旋杆挤压膨化休闲食品生产线来生产休闲食品，如马铃薯圈、马铃薯酥、马铃薯脆片及粥糊类方便食品。

(1) 工艺流程。

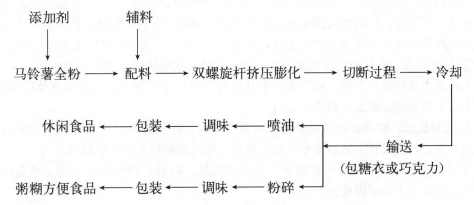

（2）**操作要点**。配料时辅料中面粉不超过 20%，大豆不超过 10%，芝麻、花生不超过 5%。若在膨化前加入砂糖，一般不超过 3%，食盐不超过 2%，含水量控制在 15%～18%。

为确保制品具有较高的膨化度，应按最佳的参数配比，并按设定工艺条件进行膨化。一般开机前清理机器，安装模具后，将膨化机预热升温，一区为 100 ℃，二区为 140 ℃，三区为 170 ℃；开机工作时，首先开启油泵电机，启动后调整转速为 400 转/分，开始喂料，进料速度逐渐增加，待正常出料后，开启旋切机，调整旋切速度直至切出所需形状的产品。

马铃薯全粉膨化后，不仅改善了口感，食品的营养成分保存率和消化率均得到提高，食用方便，而且还具有加工自动化程度高、质量稳定、综合成本低等特点。

（五）马铃薯淀粉加工

1. 马铃薯粉条

（1）**工艺流程**。选料提粉→配料打芡→和面→沸水漏条→冷浴晾条→打捆包装。

（2）**操作要点**。

① 选料提粉。选择淀粉含量高、收获后 30 天以内的马铃薯作为原料。剔除冻烂、腐烂个体和杂质，用水反复冲洗干净。粉碎、打浆、过滤、沉淀，提取淀粉。

② 配料打芡。按含水量 35% 以下的马铃薯淀粉 100 千克加水 50 千克配料。取 5 千克淀粉放入盆内，加入其重量 70% 的温水调成稀浆。用开水从中间猛倒入盆内，迅速用木棒或打芡机按顺时针方向搅动，直至搅成有很大黏性的团状物即成芡。

③ 和面。和好的面含水量为 48%～50%，面温保持 40 ℃。

④ 沸水漏条。在锅内加水至九成满，煮沸，把和好的面装入孔径 10 毫米的粉条机上试漏，当漏出的粉条直径达 0.6～0.8 毫米时，为定距高度。然后往沸水锅里漏，边漏边往外捞，锅内水量始终保持在头次出条时的水位，锅水控制在微沸程度。

⑤ 冷浴晾条。将漏入沸水锅里的粉条，轻轻捞出放入冷水槽内，搭在棍上，放入 15 ℃ 水中 5～10 分钟。取出后架在 3～10 ℃ 房内阴晾 1～2 小时，以增强其韧性。然后晾晒至含水量 20% 时，去掉条棍，使其干燥。

⑥ 打捆包装。含水量降至 16% 时，打捆包装，即可销售。

2. 马铃薯粉丝

① 原料选择。挑选无虫害、无霉烂的马铃薯。洗去表皮的泥沙和污物。

② 淀粉加工。将洗净的马铃薯粉碎过滤。加入适量酸浆水（前期制作淀粉时第一次沉淀产生的浮水发酵而成）并搅拌、沉淀酸浆水，用量依据气温而定。气温若在 10 ℃ 左右，pH 应调至 5.6～6.0；气温若在 20 ℃ 以上，pH 应调至 6.0～6.5。沉淀后，迅速撇除浮水及上层黑粉。然后加入清水再次搅匀沉淀、去除浮水，把最终产的淀粉装入布包吊挂，最好抖动几次，尽量多除掉些水分，经 24 小时左右，即可得到较合适的淀粉坨。

③ 打芡和面。将淀粉坨自然风干后，称少量放入夹层锅内，加少许温水调成淀粉乳，再加入稍多沸水使淀粉升温、糊化后，将其搅匀，形成无结块半透明的糊状体即为粉芡。将剩余风干淀粉坨分次加入粉芡中混匀。

④ 漏粉成形。将和好的面团分次装入漏粉瓢内，经机械拍打，淀粉面团就从瓢孔连续呈线状流出，进入直火加热沸水的糊化锅中。短时间粉丝上浮成形即可。

⑤ 冷却与晾晒。将成形的粉丝捞出经冷水漂洗、冷却，冷却水要勤换。冷却后，将粉丝捞出在竹竿上晾干即成。

3. 烘焙糕点　传统的饼干等烘焙点心其主要原料均使用小麦粉。马铃薯淀粉经处理能够具备小麦粉的特征，可代替小麦粉作为制作烘焙点心的主料。

（1）工艺流程。马铃薯淀粉→混合→搅拌捏合→压延→成形→烘焙→冷却→成品。

（2）操作要点。

① 选料煮沸。取马铃薯淀粉 100 千克，加水 40 千克，煮 5 分钟使之沸腾，成透明糊状。

② 加料。加白砂糖 15 千克，油脂 10 千克，食用盐 1.5 千克，碳酸铵 3 千克，白芝麻 5 千克，搅拌均匀。将混合料放入搅拌机中充分混合，静置 20 分钟。

③ 成形。用炸片机炸成约 2 毫米厚，直接移到帆布传送带上。在输送过程中成形。

④ 烘焙。成形后装入烤盘，用烤炉在 120～150 ℃温度下烘焙 5 分钟。冷却后即为成品。

四、提取和制备

（一）提取淀粉

马铃薯块茎中含淀粉 15%～24%，作为生产量仅次于玉米淀粉的第二大植物淀粉，在纺织、制药、饲料和食品等领域用途广泛。因为马铃薯淀粉有无色、高韧、高黏和高稳定性等其他淀粉无法比拟的独特特性，所以在有关植物淀粉的基础研究中应用广泛。

工艺流程：马铃薯清洗→去杂→粉碎→磨浆→水洗提取淀粉→离心分离→筛洗→精制→干燥脱水。

（二）马铃薯淀粉废水中提取蛋白质

传统提取蛋白质的方法主要有加热法、加酸法、絮凝沉淀法以及超滤法。加热提取蛋白质的提取率达到了 75%左右，但是加热使蛋白质产生不可逆沉淀，对蛋白质品质影响很大；加酸提取蛋白质的得率可达 40%；絮凝法对废水的 COD[①] 去除率较高，但是对蛋白质的回收率却很低。

任琼琼（2012）通过碱提酸沉结合超滤对提取蛋白质的工艺进行优化：淀粉废水→碱液提取→离心→调酸沉淀→离心取上清液→碱液提取→离心→调酸沉淀→离心取上清液超滤→浓缩蛋白液，优化后的碱提酸沉工艺结合超滤技术提马铃薯淀粉废水中的蛋白质，总得率可达 93.42%。

（三）制备氧化淀粉

氧化淀粉具有较高的透明度、较低的黏度及较低的糊化温度，而且引入了亲水性较强的羧基，有更好的水溶性，从而成膜性更好。

工艺流程：淀粉→35%淀粉乳→pH 调整→氧化反应（连续搅拌、控制反应温度、调整 pH）→中止反应→清除氯离子→真空干燥 24 小时→成品。

（四）马铃薯蛋白质酶解制备多肽

马铃薯蛋白的必需氨基酸平衡优于其他植物蛋白，与全鸡蛋和酪蛋白相当，其蛋白质功效比值（PER）可达到 2.3，维持人体氮平衡实验证明马铃薯蛋白优于其他作物蛋白。国外研究表明，3 种蛋白酶水解马铃薯蛋白，发现超滤后的水解产物对血管紧张素转化酶有抑制作用。这种血管紧张素转化酶抑制剂（ACEI）是一种小分子活性肽，能清除超氧

---

① COD 为化学需氧量，又称化学耗氧量。——编者注

阴离子自由基、羟基自由基等，可预防并治疗癌症、动脉粥样硬化和糖尿病等疾病。

工艺流程：原料→去皮→研磨→提取→过滤→沉淀→过滤→冷冻干燥→溶于缓冲液→加温→水解→过滤。

（五）马铃薯淀粉制备磷酸寡糖

磷酸寡糖具有对人体健康有益的特殊生理功能，它在弱碱性条件下能与钙离子结合成可溶性复合物，抑制不溶性钙盐的形成，从而提高小肠中有效钙离子的浓度，促进人体对钙质的吸收，且不被口腔微生物发酵利用。它还有加强牙齿釉质再生、防止龋齿发生的作用，同时还具有抗淀粉老化的功效。

工艺流程：马铃薯淀粉→调浆→配料→调节 pH→加液化酶→低压蒸汽喷射液化→一次板框压滤→液化保温→快速冷却→加真菌酶糖化→二次板框压滤→活性炭脱色→检测。

五、酿　造

（一）酿醋

传统的醋酿造方法能源和劳动力消耗太大，而生料发酵法可节约 70％的损耗，淀粉利用率可达 65％，比传统发酵法淀粉利用率高 1 倍以上。且生料发酵法采用的复合菌种，性能稳定，可直接用于工业生产，减少菌种的污染概率。

1. 原料　马铃薯、大米、曲种、中科 AS1.41 醋酸菌。

2. 工艺流程

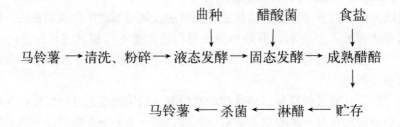

3. 操作要点　辅料添加量 60％（m/m），料水比 1∶2，接种 3％曲种，发酵温度 30 ℃。调整酒精度为 7％，拌入质量比为 6∶4 的谷糠与麸皮，接种 5％醋酸菌，发酵温度 32 ℃。

（二）酿酒

马铃薯用途多，产业链条长，是农业生产中加工产品最丰富的原料作物。研究适宜的酿造工艺，采用大米和马铃薯混酿小曲白酒，不仅能够丰富小曲白酒的品种，还能拓展马铃薯资源的利用和深加工，创造良好的经济效益和社会效益。

1. 原料　大米、马铃薯、酒饼粉（米香型）、糖化酶（粉剂型，活力 5 万酶活力单位/克）、水。

2. 工艺流程

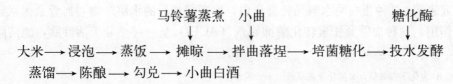

3. 操作要点

（1）**原料蒸煮**。马铃薯洗净后蒸至完全软化透心；大米经浸泡、沥干，蒸煮至均匀熟透。

（2）**配料**。将大米饭与蒸熟的马铃薯按9∶1比例捣烂、混匀，注意分散薯料不结块儿。

（3）**拌曲**。当饭薯料摊晾至28～30℃时撒入0.3%的酒饼粉拌匀、装入酒瓮。

（4）**糖化发酵**。当装料至瓮高4/5时于料中央挖一空洞，以利于足够的空气进入醅料进行培菌糖化。当糖化至酒瓮中下部出现3～5厘米酒酿时即表示糖化过程基本结束。之后按料水比1∶2投水、添加糖化酶进行液态发酵。

当酒醪发酵至闻之有扑鼻的酒芳香、尝之甘苦不甜且微带酸味时，表明发酵基本结束，约7天。

（5）**蒸酒**。发酵采用蒸馏甑、接入蒸汽蒸馏取酒。蒸酒期间控制流酒温度38～40℃，出酒时掐去酒头约5%，当流酒的酒精度降至30%以下时，立即截去酒尾。

参考文献

蔡旭冉，顾正彪，洪雁，等，2012.盐对马铃薯淀粉及马铃薯淀粉-黄原胶复配体系特性的影响 [J].食品科学，33（9）：1-5.

曹艳萍，杨秀利，薛成虎，等，2010.马铃薯蛋白质酶解制备多肽工艺优化 [J].食品科学，31（20）：246-250.

常坤朋，高丹丹，张嘉瑞，等，2015.马铃薯蛋白抗氧化肽的研究 [J].农产品加工（7）：1-4.

陈蔚辉，苏雪炫，2013.不同热处理对马铃薯营养品质的影响 [J].食品科技（8）：200-202.

迟燕平，姜媛媛，王景会，等，2013.马铃薯渣中蛋白质提取工艺优化研究 [J].食品工业（1）：41-43.

崔璐璐，林长彬，徐怀德，等，2014.紫马铃薯全粉加工技术研究 [J].食品工业科技（5）：221-224.

邓春凌，2010.商品马铃薯的贮藏技术 [J].中国马铃薯，24（2）：86-87.

丁丽萍，2003.马铃薯加工饴糖 [J].农业科技与信息（8）：41.

方国珊，谭属琼，陈厚荣，等，2013.3种马铃薯改性淀粉的理化性质及结构分析 [J].食品科学，34（1）：109-113.

郭俊杰，康海岐，吴洪斌，等，2014.马铃薯淀粉的分离、特性及回生研究进展 [J].粮食加工，39（6）：45-47.

郝琴，王金刚，2011.马铃薯深加工系列产品生产工艺综述 [J].食与食品工业（5）：12-14.

郝智勇，2014.马铃薯贮藏的影响因素及方法 [J].黑龙江农业科学（10）：112-114.

贺萍，张喻，2015.马铃薯全粉蛋糕制作工艺的优化 [J].湖南农业科学（7）：60-62，66.

洪雁，顾正彪，顾娟，2008.蜡质马铃薯淀粉性质的研究 [J].中国粮油学报，23（6）：112-115.

侯飞娜，木泰华，孙红男，等，2015.不同品种马铃薯全粉蛋白质营养品质评价 [J].食品科技（3）：49-56.

焦峰，彭东君，翟瑞常，2013.不同氮肥水平对马铃薯蛋白质和淀粉合成的影响 [J].吉林农业科学，38（4）：38-41.

李超，郭华春，蔡双元，等，2013.中国马铃薯主栽品种块茎营养品质初步评价 [M]//中国作物学会，马铃薯产业与农村区域发展.哈尔滨：哈尔滨地图出版社.

李芳蓉，韩黎明，王英，等，2015.马铃薯渣综合利用研究现状及发展趋势 [J].中国马铃薯，29（3）：

175-181.

刘婷婷，魏春光，王大为，2013. 马铃薯高品质膳食纤维在面包生产中的应用 [J]. 食品科技 (12)：188-193.

刘喜平，陈彦云，任晓月，等，2011. 不同生态条件下不同品种马铃薯还原糖、蛋白质、干物质含量研究 [J]. 河南农业科学，40 (11)：100-103.

卢戟，卢坚，王蓓，等，2014. 马铃薯可溶性蛋白质分析 [J]. 食品与发酵科技，50 (3)：82-85.

吕振磊，李国强，陈海华，2010. 马铃薯淀粉糊化及凝胶特性研究 [J]. 食品与机械，26 (3)：22-27.

马娇燕，2013. 七种甘薯茎和叶营养品质分析 [J]. 陕西农业科学，59 (2)：73-76.

毛丽娟，汪继亮，马浩钰，等，2012. 马铃薯渣中果胶的提取工艺 [J]. 食品研究与开发 (2)：36-40.

梅新，陈学玲，关健，等，2014. 马铃薯渣膳食纤维物化特性的研究 [J]. 湖北农业科学，53 (19)：4666-4669，4674.

潘牧，陈超，雷尊国，等，2012. 马铃薯蛋白质酶解前后抗氧化性的研究 [J]. 食品工业 (10)：102-104.

任琼琼，陈丽清，韩佳冬，等，2012. 马铃薯淀粉废水中蛋白质的提取研究 [J]. 食品工业科技，33 (14)：284-287.

任琼琼，张宇昊，2011. 马铃薯渣的综合利用研究 [J]. 食品与发酵科技，47 (4)：10-12，15.

石林霞，吴茂江，2013. 风味马铃薯食品加工技术 [J]. 现代农业 (8)：14-15.

史静，陈本建，2013. 马铃薯渣的综合利用与研究进展 [J]. 青海草业，22 (1)：42-45，50.

宋巧，王炳文，杨富民，等，2012. 马铃薯淀粉制高麦芽糖浆酶法液化工艺研究 [J]. 甘肃农业大学学报，47 (4)：132-142.

孙卉，张春义，姜凌，2020. 马铃薯维生素代谢研究应用进展 [J]. 生物技术进展 (4)：351-357.

王金亭，2022. 马铃薯渣膳食纤维的研究与应用现状 [J]. 食品研究与开发 (1)：210-217.

王绍帆，黄欢，张风亭，等，2020. 不同品种马铃薯化学组成及香气成分的研究 [J]. 食品研究与开发 (8)：8-16.

王雪娇，赵丽芹，陈育红，等，2012. 马铃薯生料酿醋中醋酸发酵的影响因素研究 [J]. 内蒙古农业科技 (2)：54-56.

吴巨智，染和，姜建初，2009. 马铃薯的营养成分及保健价值 [J]. 中国食物与营养 (3)：51-52.

吴娜，刘凌，周明，等，2015. 膜技术回收马铃薯蛋白的基本性能 [J]. 食品与发酵工业，41 (8)：101-104.

伍芳华，伍国明，2013. 大米马铃薯混酿小曲白酒研究 [J]. 中国酿造，32 (10)：85-88.

许丹，靳承煜，曾凡逵，等，2016. 马铃薯营养与主食化加工现状与发展趋势 [M]//中国作物学会，中国马铃薯大会论文集. 哈尔滨：哈尔滨地图出版社.

阳淑，郝艳玲，牟婷婷，2015. 紫色马铃薯营养成分分析与质量评价 [J]. 河南农业大学学报，49 (3)：311-315.

杨文军，刘霞，杨丽，等，2010. 马铃薯淀粉制备磷酸寡糖的研究 [J]. 中国粮油学报，25 (11)：52-56.

姚立华，何国庆，陈启和，2006. 以马铃薯为辅料的黄酒发酵条件优化 [J]. 农业工程学报，22 (12)：228-233.

姚琦，郭天时，刘文博，等，2018. 联合酶解法提取马铃薯渣膳食纤维的研究 [J]. 农产品加工 (8)：18-22，26.

尤燕莉，孙震，薛丽萍，等，2013. 紫马铃薯淀粉的理化性质研究 [J]. 食品工业科技，34 (9)：123-127.

曾凡逵，许丹，刘刚，2015. 马铃薯营养综述 [J]. 中国马铃薯，29 (4)：233-243.

张凤军，张永成，田丰，2008. 马铃薯蛋白质含量的地域性差异分析 [J]. 西北农业学报，17 (1)：263-265.

张高鹏，吴立根，屈凌波，等，2015. 马铃薯氧化淀粉制备及在食品中的应用进展 [J]. 粮食与油脂，28 (8)：8-11.

张根生，孙静，岳晓霞，等，2010. 马铃薯淀粉的物化性质研究 [J]. 食品与机械，25 (5)：22-25.

张立宏，冯丽平，史春辉，等，2015. 酵母发酵马铃薯淀粉废弃物产单细胞蛋白的能力强化 [J]. 东北农业大学学报，46 (7)：9-15.

张敏，马添，彭彰文，等，2017. 马铃薯淀粉制备高果糖浆工艺优化及品质评价 [J]. 农产品加工 (10)：25-29.

张庆柱，李旭，迟宏伟，等，2010. 中国马铃薯深加工现状及其发展建议 [J]. 农机化研究 (5)：240-242.

张小燕，赵凤敏，兴丽，等，2013. 不同马铃薯品种用于加工油炸薯片的适宜性 [J]. 农业工程学报，29 (8)：276-283.

张雄杰，卢鹏飞，盛晋华，等，2015. 马铃薯秧藤的饲用转化及综合利用研究进展 [J]. 畜牧与饲料科学，36 (5)：50-54.

张艳荣，魏春光，崔海月，等，2013. 马铃薯膳食纤维的表征及物性分析 [J]. 食品科学，34 (11)：19-23.

张燕，简荣超，谭乾开，等，2019. 响应面法优化微波辅助提取马铃薯渣中果胶工艺 [J]. 食品工业 (6)：30-34.

张喻，熊兴耀，谭兴和，等，2006. 马铃薯全粉虾片加工技术的研究 [J] 农业工程学报，22 (8)：267-269.

张泽生，刘素稳，郭宝芹，等，2007. 马铃薯蛋白质的营养评价 [J]. 食品科技 (11)：219-221.

赵欣，朱新鹏，2013. 安康市发展马铃薯加工分析 [J]. 陕西农业科学，59 (3)：171-173.

郑燕玉，吴金福，2004. 微波法从马铃薯渣中提取果胶工艺的研究 [J]. 泉州师范学院学报 (4)：57-61.

周颖，刘春芬，安莹，等，2009. 低糖马铃薯果脯的加工工艺研究 [J]. 科技创新导报 (23)：101-102.

Hatzis C M，Bertsias G K，Linardakis M，et al.，2005. Dietary and other lifestyle correlates of serum folate concentrations in a healthy adult population in Crete，Greece：a cross-sectional study [J]. Nutrition Journal，5 (1)：1-10.

Kim M H，Park S C，Kim J Y，2006. Purification and characterization of a heat-stable serine protease inhibitor from the tubers of new potato variety "Golden Valley" [J]. Biochemical and Biophysical Research Communications，346 (3)：681-686.

图书在版编目（CIP）数据

陕北夏马铃薯栽培 / 张春燕等主编 . —北京：中
国农业出版社，2023.6
ISBN 978 - 7 - 109 - 30528 - 1

Ⅰ.①陕… Ⅱ.①张… Ⅲ.①马铃薯－栽培技术－陕
北地区 Ⅳ.①S532

中国国家版本馆 CIP 数据核字（2023）第 046774 号

陕北夏马铃薯栽培
SHANBEI XIA MALINGSHU ZAIPEI

中国农业出版社出版
地址：北京市朝阳区麦子店街 18 号楼
邮编：100125
责任编辑：李 瑜 文字编辑：常 静
版式设计：书雅文化 责任校对：张雯婷
印刷：北京通州皇家印刷厂
版次：2024 年 7 月第 1 版
印次：2024 年 7 月北京第 1 次印刷
发行：新华书店北京发行所
开本：787mm×1092mm 1/16
印张：14.75
字数：360 千字
定价：90.00 元